中国海洋大学教材建设基金资助

海洋微生物工程

主　编：牟海津（中国海洋大学）

副主编：孔　青（中国海洋大学）

　　　　张晓华（中国海洋大学）

编　者：马悦欣（大连海洋大学）

　　　　王静雪（中国海洋大学）

　　　　王晓雪（中国科学院南海海洋研究所）

　　　　冯　娟（中国水产科学研究院南海水产研究所）

　　　　刘占英（内蒙古工业大学）

　　　　李秋芬（中国水产科学研究院黄海水产研究所）

　　　　严　群（江南大学）

　　　　张　锐（厦门大学）

　　　　林学政（国家海洋局第一海洋研究所）

中国海洋大学出版社

·青岛·

图书在版编目(CIP)数据

海洋微生物工程/牟海津主编. —青岛:中国海洋大学出版社,2016.7

ISBN 978-7-5670-1112-0

Ⅰ.①海… Ⅱ.①牟… Ⅲ.①海洋微生物 Ⅳ.①Q939

中国版本图书馆 CIP 数据核字(2016)第 060226 号

出版发行	中国海洋大学出版社		
社　　址	青岛市香港东路 23 号	邮政编码	266071
出 版 人	杨立敏		
网　　址	http://www.ouc-press.com		
订购电话	0532－82032573(传真)		
责任编辑	董　超	电　　话	0532－85902342
电子信箱	465407097@qq.com		
印　　制	蓬莱利华印刷有限公司		
版　　次	2016 年 7 月第 1 版		
印　　次	2016 年 7 月第 1 次印刷		
成品尺寸	185 mm × 260 mm		
印　　张	16.5		
字　　数	360 千		
印　　数	1～1500 册		
定　　价	39.00 元		

海洋资源开发技术专业教材编写指导委员会

　　本书通过对海洋微生物的特性、类群及资源分布等基础知识的介绍,以及海洋微生物开发利用技术、海洋微生物酶及天然产物工程、深海与极地微生物工程、海洋微生物与食品工程、地球工程、海洋生态修复工程、能源工程等应用型和工程化内容的阐述,使读者能够系统地学习海洋微生物工程这一新兴领域的基础知识、现代技术、工程范畴及发展趋势。

　　本书是应"海洋资源开发技术"、"海洋生物技术"等新兴海洋类专业的设立,从发现与利用海洋微生物资源角度出发,为推动海洋微生物资源工程化应用而编撰的,适合高年级本科生及研究生相关课程的教材。本书涉及较多前沿性的科学知识,甚至有些内容尚属目前正在探索与揭示的科学领域,需要读者从前瞻性、探索性的视角来加以甄别和取舍。同时,本书更希望为海洋微生物学领域的科学研究人员提供参考,从而帮助科研人员更有效地利用可持续发展的海洋微生物资源,研制具有我国自主知识产权的海洋微生物高值化的生物产品;强化我国海洋微生物产业发展中"中试研究"这一薄弱环节,打造覆盖海洋微生物产品"发现—中试—产业化"整个过程的完整研发链;形成海洋微生物产品、生产菌种和工艺,直至海洋微生物工程产业具有良好发展态势。

　　因为海洋微生物工程领域发展快,分支学科多,所以有些内容可能没有涉及,加之笔者水平所限,书中难免存有不足之处,希望读者能提出宝贵意见,以便再版时加以修改。

目　录 CONTENTS ▶

绪　论 [*]

海洋占地球表面积的 71%，达 $3.6×10^8$ km^2，是微生物资源研究与开发的巨大宝库。据统计，海洋微生物（marine microorganism）有 1 000 万～2 亿种，在正常海水中的数量一般少于 10^6 cells/mL。海洋生态环境复杂，高盐度、高压力、低温及特殊的光照特征可能使海洋微生物形成了不同于陆地微生物的生理结构和代谢方式。海洋微生物不仅在物质循环、能量流动、生态平衡及环境净化等方面担负着重要的角色，而且是海洋药物、保健品和生物材料的重要来源。海洋微生物作为获得新型化合物的重要来源，正日益为国内外海洋研究工作者所重视。在这一背景下，以开发利用海洋微生物资源为主要目的的海洋微生物工程学科就应运而生了。

一、海洋微生物工程的研究内容

目前还没有确切的关于海洋微生物工程的定义，而对于海洋微生物的定义，世界海洋微生物学家之间也有过争议。有的学者强调源生地，认为只有那些源生于海洋中的"土著"类群才是海洋微生物；更多的学者则坚持，只要能够适应海洋环境并能在其中持续存活、繁殖的微生物都应认为是海洋微生物，尽管据推测海洋中的许多微生物是由陆地环境经河水、污水、雨水或尘埃等途径而来的，但特殊的海洋环境赋予海洋微生物以新的活性，使海洋微生物形成了不同于陆地微生物的生理结构和代谢方式。目前较为公认的海洋微生物定义为：来自（或分离自）海洋环境，其正常生长需要海水，并可在寡营养、低温条件（也包括在海洋中高压、高温、高盐等极端环境）下长期存活并能持续繁殖子代的微生物。而陆生的一些耐盐菌或广盐的种类，在淡水和海水中均可生长，则称之为兼性海洋微生物。

"分离"和"培养"是两个不同的概念，基于 $16S$ rDNA 序列分析的结果显示，海洋中的绝大多数微生物都未获得纯培养。现在普遍认为，海洋环境中的微生物能在实验室条件下培养出来的还不到 1%，因此传统的微生物分离培养方法培养出的微生物远远无法体现出海洋中存在的微生物多样性及其所代表的真实类群。

海洋微生物工程是以开发和利用海洋微生物资源为目的的，采用现代生物工程技术，

---

[*] 本章由牟海津编写。

通过海洋微生物的代谢和生理活动,实现海洋微生物及其代谢产物在活性天然产物开发、食品工程、新能源开发、生态修复等众多领域的应用。海洋微生物工程是微生物工程在海洋领域的延伸,其实质是将海洋微生物与基因工程、细胞工程、蛋白质工程、固相化菌、固相化酶等现代生物工程技术相结合,以工程化开发和应用为导向的海洋微生物学分支学科。

二、人类发现和利用海洋微生物的历史

相比陆地微生物的研究,海洋微生物的研究历史要短得多。1838 年 Ehrenberg 第一次分离并描述了一种海洋细菌,即折叠螺旋体(*Spirochaeta plicatilis*);1864 年 Monzonneuvo 等从海草中首先发现了海洋真菌;Cohn 于 1865 年分离并报道了奇异贝氏硫菌(*Beggiatoa mirabilis*);1875 年,Pflügere 确认海鱼体内有发光细菌;Warming 于 1876 年报道了紫硫螺菌(*Thiospirillum violaceum*)、罗氏硫螺菌(*Thiospirillum rosenbergii*)及杆状无色硫杆菌(*Achromatium mulleri*)等 3 种海洋细菌。随后,Certes、Fischer、Russell、Issatchenko、Butkevich、Kusnetzow、Rubentschik、克里斯等人都对海洋微生物学的发展做出了不可磨灭的贡献。1884 年 Certes 在 Talisman 探险活动中,从海水样品中发现了 96 个好氧细菌。Fischer 最先提出外海中存在有"土著"海洋微生物,并于 1894 年通过改良的营养琼脂培养技术研究了海洋细菌的分布与种群,推断海洋细菌在海洋有机物循环过程中担负着重要的角色。Russell 于 1892～1936 年间发表 4 篇论文,论述伍兹霍尔附近大西洋海区的细菌区系、海洋发光等问题。苏联学者 Issatchenko(1914)在他的著作《北冰洋细菌的研究》中,最先阐述了海洋细菌存在的重要性,奠定了微生物在世界大洋的水团内物质循环过程中的作用基础。这些学者的贡献主要在于用传统的、初步的方法确认海洋微生物的存在和作用,并开启了海洋微生物学的研究方向,使之逐步孕育成一个独立的分支学科的雏形。

20 世纪 20 年代末、30 年代初开始了应用及定量水生细菌学研究,海洋微生物学研究进入到创建和发展时期,其代表人物就是国际著名海洋微生物学家 Zobell(佐贝尔)。佐贝尔博士(1904—1988)被国际海洋学界誉为现代海洋微生物学之父,他是海洋微生物学的先锋科学家之一和奠基人,在海洋微生物的采样、培养、特征和分布规律等方面建立了系统的研究方法和研究理论。他于 1941 年发明的 J-Z 海水采样瓶,至今仍是最经济、简便的海洋细菌水样采集装置;他发明的 Zobell 2216 系列培养基一直在海洋微生物的分离与培养中为后人所使用;所撰写的专著《海洋微生物学》(1946)被世界各国奉为经典。佐贝尔在海洋物质循环、海洋微生物研究技术、海洋病原微生物、海洋微生物应用及海洋生态学等领域均取得了重要的研究成果。由于其学识、成就和对学科发展的划时代贡献,他被公认为是该领域的杰出老人"Grand old man"。其主要成就有以下几个方面:

1. 明确了专性海洋微生物的土著性

佐贝尔当初创建现代海洋微生物学时需冲破许多陈规陋俗。首先人们普遍怀疑海洋微生物不是土著的,而是陆源污染来的。1933 年,佐贝尔与同事的一篇文章 "Are there specific marine bacteria?" 有力地证明了海洋微生物的"土著性"。他们发现淡水或非海洋的细菌在海水培养基上生长少,而海洋来源的细菌要多得多。他的人工海水培养基满足了 70%～75% 的海洋种之需,再加 10% 的真正海水进去,将使 80%～85% 的海洋种生长。

在此期间,他和他的同事发明并运用了一系列海上采样装置和培养基,如 J-Z 海水采样瓶和 Zobell 2216 系列培养基。

2. 提出了海洋微生物的附着机制

通过对浸水表面(船身)生物沾污及附生(periphytic)细菌的研究,佐贝尔发现,微生物首先在物体表面形成细菌膜,其后大生物以各种方法和营养需要而吸附上去,污损生物如藤壶等甲壳动物、贻贝等软体动物、海鞘等被囊动物及其他附着生物和定居生物及相关植物相继附着。这一机制为海洋防污损材料、油漆工业的发展提供了理论根据。

3. 证明了天然海水的杀菌性

1936 年佐贝尔提出了海水对非海洋细菌,特别是革兰氏阳性菌具有很强的杀灭作用。此后,Carpenter 等人(1938)也证明天然海水能够在半小时内杀灭来自于污水中 80% 的微生物。

4. 揭示了海洋环境微生物学的现象

佐贝尔探讨了海洋微生物是如何在生理功能上适应海洋低温、高渗、高压等环境因素等问题;创造了适于海洋环境硝化细菌的研究方法,发现了硝化作用的一部分是由光化学激活的,它们与氮循环相关。研究了海水中细菌的垂直分布现象,初步发现阳光的杀菌作用以及静水压、溶解氧、浮游生物和季节变化现象,由此将研究扩展至海洋沉积物,创立并发展了海洋的地微生物学(Geomicrobiology),所涉及内容有沉积物细菌的种群、数量、分布、活动范围、影响因子等。

5. 发展了应用和基础海洋微生物学

佐贝尔还关注海洋水产的微生物病原机制研究,不仅找到了水产动物病原菌,而且使基础海洋微生物学得到了发展。1934 年发现了新种微生物——鱼皮无色杆菌即鱼鳞假单胞菌。在直至 1944 年的 10 年中,他们一共发现了 60 个海洋新种。他鉴定的物种(包括以后鉴定的)迄今仍大多为国际命名委员会所认可。佐贝尔对海洋微生物学从应用和基础两方面产生了浓厚的兴趣,并一直贯彻于其整个生涯。此外佐贝尔对海水中细菌的有机质氧化速率、好气细菌的培养要求和培养技术、采样方法、大洋中肠系细菌的生存问题、海洋空气中的微生物、石油及烃的降解以及几丁质降解等课题也有广泛的研究。

6. 开创了海洋微生物天然产物的研究

由于技术条件和研究水平的限制,当时人们对海洋微生物的认识还很粗浅。在 1939 年出版的《伯杰氏鉴定细菌学手册》(*Bergey's Manual of Determinative Bacteriology*)第五版中,记载有 1 335 种细菌,其中只有 86 种是从海洋中分离出来的,而对海洋酵母和霉菌了解得更少。1947 年,Rosenfeld 和 Zobell 发表了海洋微生物产生抗生素的论文 *Antibiotic production by marine microorganisms*,发现所试验的 7 株海洋细菌对非海洋来源细菌或人类病原菌有明显抑制或杀灭作用,推动了海洋微生物活性物质研究历程的发展。

进入 20 世纪 60 年代以后,国际上开展了大量有关海洋微生物分布、生理特征、分离培养、发酵技术及其代谢产物的研究。海洋微生物中天然活性产物研究最成功的例子是头孢霉素,它是由顶头孢霉菌产生,顶头孢霉菌最早是 1945 年从意大利撒丁岛分离的。头孢霉素已开发到第四代,达 30 多个品种,广泛应用于临床。而从海洋假单胞菌中发现抗癌活性化合物硝吡咯菌素后,又兴起了从海洋微生物中寻找抗癌药物的热潮。近年来,海洋微生物资源的利用与开发已受到许多国家和科学界的关注,国际上许多大的制药企业纷纷建立了海洋微生物实验室,从事新的抗感染、抗肿瘤、免疫抑制剂等药物的研究与开发。

我国海洋微生物学起始于 20 世纪 50 年代末。中国海洋大学(原山东海洋学院)薛廷耀教授等 1958 年对胶州湾口细菌数量波动进行研究,由此拉开了我国海洋微生物生态调查的序幕;薛教授同时专注于海洋小球菌、发光菌和硫杆菌的研究,从海水中分离到小球菌,其生理生化特征和生物学分类进行研究;从海泥中分离培养硫杆菌,以期用作细菌肥料在强碱土改良中发挥作用;相关著作(译著)包括《海洋细菌学》、《元素的环境化学》、《水产细菌学》等。陈世阳等于 1961 年开展了海洋自生固氮菌的研究。同时期的重要代表人物还有中国科学院海洋研究所的孙国玉、丁美丽、陈骝等。1964 年由孙国玉、李世珍编译了苏联学者 A. E. 克里斯结合自己的调查研究工作写成的专著《海洋微生物学(深海)》,为深海微生物学的研究提供了宝贵的资料。徐怀恕教授提出的海洋病原菌的"非可培养状态"理论,在国际上引起了很大轰动。

三、海洋微生物工程的研究现状与发展趋势

20 世纪 90 年代以后,海洋微生物学研究逐步进入到工程化研究时期。研究人员从海洋微生物中发现了大量具有特殊生理活性的天然化合物,如抗生素、生物毒素、酶抑制剂、酶、多糖、氨基酸、不饱和脂肪酸、维生素、色素以及具有抗病毒、抗肿瘤活性的物质等,对其工程化研究和应用的工作也如火如荼地展开了。

现已发现,众多的海洋微生物可产生抗生素,其中包括链霉菌属($Streptomyces$)、别单胞菌属($Alteromonas$)、假单胞菌属($Pseudomonas$)、黄杆菌属($Flavobacterium$)、微球菌属($Micrococcus$)、着色菌属($Chromatium$)、钦氏菌属($Chainia$)、芽孢杆菌属($Bacillus$)等菌及许多未定菌,产生的抗生素包括吡咯类、酯类、糖苷、醌类、缩肽类、萜类和生物碱类等,有些结构类型从未在陆生菌中见过。日本发现约 27% 种属的海洋微生物具有抗菌活性。有人发现,海洋微生物中 14.1% 的细菌、44.0% 的放线菌、11.5% 的真菌都具有不同程度的拮抗性。海洋动植物体内也含有多种以共生或互生方式生活的微生物。苏联学者发现,20%~50% 的海鞘、海参体内的微生物可产生具有细胞毒性和杀菌活性的化合物。有人估计,海绵中的共生微生物约占海绵体积的 40%,可从中获取多种生物活性物质。例如,Kobayashi M. 等从海绵体内分离出一株弧菌,能够产生一种新型的吲哚三聚体抗生素 trisindoline;分离自海绵 $Stylotello\ agminata$ 的水溶性六环二胍抗生素 palaúamine,对链球菌、杆菌的作用明显。Ayer 等从贻贝组织匀浆液中分离到木霉属真菌,能产生有抗菌活性的多肽类物质 peptaibols。

海洋微生物产生的抗病毒、抗肿瘤物质也得到了广泛深入的研究。Custafson 等从海洋细菌中分离出一种大环内酯类化合物 madolactin,具有抗菌、抗病毒及抗癌作用。日本从海藻上分离到一株湿润黄杆菌($Flavobacterium\ uliginosum$),能产生对小鼠肉瘤 180 有明显抑制作用的胞外多糖 marinactam(MACT),其作用机制主要是激活巨噬细胞。分离自日本 3 000 多米深海底底泥的 $Alteromonas\ haloplanktis$ 在含有沙丁鱼和鱿鱼粉的

海水培养基中产生活性物质——一种离子载体类产物 bisucaberin,该产物在很小剂量(10 mg/mL)的情况下,与巨噬细胞、纤维肉瘤 1023 等肿瘤细胞一起培养时,溶瘤细胞作用明显。另外,海绵中存在有复杂的微生物群落,海绵中的抗癌物质是由海绵中共生或共栖的细菌所产生的,已报道从这些细菌中可以分离出抗白血病、鼻咽癌的活性成分;从海鱼胃内容物、海葵体内等也分离出能够产生抗肿瘤成分的链霉菌。

除分离出药物先导化合物以外,海洋微生物还是开发新型酶制剂、生物材料等的重要来源。研究工作者已经从海洋微生物中发现了几丁质酶、褐藻胶裂合酶、琼胶酶、卡拉胶酶等海洋多糖降解酶,以及低温蛋白酶、脂肪酶、溶菌酶等。海洋生态环境差异很大,有高温的深海热液喷口,有低温的南北两极,此外海底还有一些高酸碱的区域,加之深海的静压,使这些极端环境微生物能够产生出不同于陆地微生物的特有酶类。

随着海洋资源得到逐渐深入的开发和利用,许多海洋毒素得到分离和纯化。由于海洋毒素毒性较大,真正应用到临床医药上的尚不多,但实验证明,海洋毒素具有广阔的应用前景和开发价值。过去人们从海绵、海藻、海洋动物体内提取的毒素,已发现有相当一部分的真正来源是海洋微生物,如河鲀毒素、海葵毒素、石房蛤毒素、辛骏河毒素等。

此外,利用海洋微生物处理海洋环境污染也取得了很大的进展,特别是在海洋石油污染的生物修复方面,国外在 20 世纪 40 年代就开展了细菌降解油污的研究,我国这方面的研究始于 20 世纪 70 年代末期。研究表明,在海洋中存在着大量能够降解石油的微生物,它们的种类组成和土壤、淡水中降解石油微生物有很大不同。已报道能够降解海洋石油污染物的微生物有 200 多种,分属于 70 个属,其中细菌有 40 个属。能够降解石油烃的细菌有假单胞菌属(*Pseudomonas*)、弧菌属(*Vibrio*)、不动杆菌属(*Acinetobacter*)、黄杆菌属(*Flavobacterium*)、气单胞菌属(*Aeromonas*)、无色杆菌属(*Achromobacter*)、产碱杆菌属(*Alcaligenes*)、肠杆菌科(Enterobacteriaceae)、棒杆菌属(*Coryhebacterium*)、节杆菌属(*Arthrobacter*)、芽孢杆菌属(*Bacillus*)、葡萄球菌属(*Staphylococcus*)、微球菌属(*Micrococcus*)、乳杆菌属(*Lactobacillus*)、诺卡氏菌属(*Nocardia*)等。能够降解石油烃的酵母菌有假丝酵母属(*Candida*)、红酵母属(*Rhodotorula*)、毕赤酵母属(*Pichia*)等。海洋中能够降解石油烃的霉菌数量要少于细菌和酵母菌,主要有青霉属(*Penicillium*)、曲霉属(*Aspergillus*)、镰孢霉属(*Fusarium*)等。20 世纪 80 年代末美国在 Exxon Vadez 油轮石油泄漏的生物修复项目中,短时间内清除了污染,治理了环境,是生物修复成功应用的开端,同时也开创了生物修复在治理海洋污染物中的应用。

自 20 世纪 70 年代以来,人们将目光进一步投向广阔大洋的深水和海底及沉积物或岩石中、下层的地壳圈,并成为海洋生命科学和环境科学的焦点之一。一系列成果的取得使人们认识到海底广阔领域——由表层沉积物几米到表面下 800 m 的沉积物中均有生物存在。对这一范围的探索及对一些迹象的推断,使人们大胆地提出了海底深部生物圈(Subseafloor deep biosphere,缩写为 SFDB)这一概念,并使该生物圈年龄可上溯到 1 500 万年前。SFDB 是深海微生物学研究的主要内容和领域之一。它的重中之重是由深海(洋)地学和深海(洋)微生物学等生物学科相交叉而形成的边缘科学,即深海(洋)地微生物学(deep sea geomicrobiology)。迄今相关研究及其前景吸引并推动多学科学者的热烈参与。

海洋微生物作为一种重要的生物资源,在研究与开发生物活性物质和海洋药物方面具有明显的优势:① 来源于海洋的微生物具有特异的遗传和代谢特性,容易产生新的活性物质;② 来源于陆地的海洋微生物经过长期的环境适应过程,其生理和代谢特征也发生了明显的变化,因而能够产生陆地微生物所不能产生的新型活性物质;③ 海洋微生物往往与海洋动植物存在共生或共栖关系,为提高宿主在海洋环境中的适应性和生存力,常常产生抑制宿主竞争对手的次生物质,这类微生物产生抗生素的能力远远高于非附生海洋微生物和陆地微生物;④ 与海洋动植物相比,海洋微生物具有生长周期短、代谢易于控制、菌种易于选育及可通过大规模发酵实现工业化生产的优势;⑤ 海洋微生物的开发不至于导致海洋生态环境失衡,更具有自然资源的可持续利用性。

虽然海洋微生物学的研究历史较短,而以海洋微生物天然产物开发为主体的海洋微生物工程的研究仍处于起步阶段,但是近年来已经成为世界各国开发的热点,有关海洋微生物及其代谢产物在活性天然产物利用、食品工程、新能源开发、生态修复等领域的研究报道层出不穷,展现出巨大的发展潜力。海洋微生物资源非常丰富,但是国内外在海洋微生物工程领域的总体研究水平尚存在不足,相信随着细胞工程、发酵工程、基因工程、分离工程等技术的发展应用,海洋微生物工程领域的研究一定会取得迅猛发展,为蓝色经济建设产生强劲的助推力。

第一章

海洋微生物资源概述 *

海洋微生物资源丰富,在正常海水中的密度一般少于 10^6 cells/mL。在 1 L 海水里会有超过 2 万种海洋微生物,也就是说,在大海里游泳时,如果不小心咽下了一口海水,那么就等于咽下了 1 000 种细菌。这些微生物绝大多数为海水中的正常菌群成员,在海水、海洋动植物体表、体内广泛存在。据有关调查,海洋动植物体表共生或附生的微生物数量为,细菌:$1.0×10^5 \sim 2.1×10^5$ CFU/g(CFU:菌落形成单位 colony forming units),放线菌:$7.7×10^3 \sim 5.2×10^4$ CFU/g,真菌:$5.4×10^4 \sim 3.1×10^5$ CFU/g。而在对中国对虾暴发性流行病的调查过程中,检测到对虾甲壳表面的异养菌数量为 $2.3×10^3 \sim 9.3×10^5$ CFU/cm²,血淋巴中为 $1.0×(10^2 \sim 10^3)$ CFU/mL,肠道中为 $9.3×10^6 \sim 7.3×10^9$ CFU/g,肝胰腺中为 $4.3×10^3 \sim 9.9×10^3$ CFU/g。

海洋细菌中的革兰氏阴性菌数量超过 90%,其中弧菌属(*Vibrio*)占海洋细菌总数的 18.2% ~ 70.6%,其特征为革兰氏染色阴性,端生单根鞭毛,扫描电镜观察菌体只有一个弯曲(图 1-1),呈弧状或逗点状,一般长 0.8~3 μm、宽 0.5~1.5 μm;在弧菌鉴别性培养基——TCBS 培养基表面生长,并形成黄色或绿色的菌落(图 1-2)。海洋微生物中有些为条件病原菌,在正常海洋环境中大量存在,在海洋动物机体体质下降、环境条件恶化或该种微生物大量繁殖等情况下,有可能引起海洋动物发病。

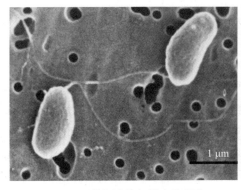

图 1-1　弧菌细胞的扫描电镜照片

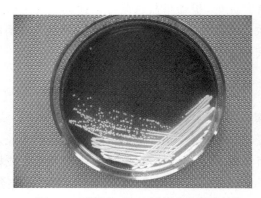

图 1-2　弧菌在 TCBS 平板上的菌落特征

* 本章由牟海津、张晓华编写。

第一节　海洋微生物的基本特征

与陆地环境相比,海洋环境复杂多样,以高盐、高压、低温和寡营养为主要特征。海洋平均深度为 4 km,最深处达 11 km,是全球水循环的最终贮存所。海水生境的垂直分布,显著影响海洋生物的种类和数量。海水有充足光线射入的区域称为透光带,水温较高;其下为无光带,一般 25 m 以下就不会有光线透入。在远洋区,水深 0～200 m 为表面海洋带;水深大于 200 m 至不超过 6 000 m 为深海区,黑暗而寒冷;水深大于 6 000 m 则为超深渊海区,寒冷且压力大。海水温度从海洋表面至水深 50 m 范围内下降迅速,水深大于 50 m 通常低于 10 ℃。氧气浓度从表面往下逐渐降低,约在 1 000 m 处最低,在 1 000～4 000 m 范围内又逐渐升高。

处于海洋环境中的微生物为了生存,必须从自身的生理结构、代谢方式及生活行为等方面发生适应性的改变。因此,从海洋环境中筛选得到的微生物,通常具备不同于陆地微生物的特殊生理活性,并可能产生某种特殊的代谢产物。

一、海洋微生物的生理特征

1. 嗜盐性

嗜盐性是海洋微生物最普遍的特点。真正的海洋微生物的生长必需在海水中,海水中富含多种无机盐类和微量元素。除了钠为海洋微生物生长与代谢所必需之外,钾、镁、钙、磷、硫及其他微量元素也是某些海洋微生物生长所必需的。典型海洋微生物生长最适的盐度为 20～40,并且在缺乏氯化钠时不生长。嗜盐微生物可在盐度为 40 以上的环境中生长,而极端嗜盐菌(extreme halophiles)可在盐度为 150～300 的范围中生长。极端嗜盐菌主要分布在古菌中的几个属,能够在盐田、海底盐池等地方生长,而真细菌中极端嗜盐菌只有红色盐杆菌(*Salinibacter ruber*)等少数细菌。

在高渗环境中,海洋微生物需要通过合适的机制保持一定的细胞液浓度,从而避免水分的丢失。一种常见的方式是在细胞内积累糖、醇类或氨基酸等极易溶于水的物质,如海洋蓝细菌能够合成 α-葡萄糖基甘油(α-glucosylglycerol),海洋革兰氏阴性细菌能够合成甘氨酸甜菜碱(glycine betaine)或谷氨酸盐(glutamate),海洋革兰氏阳性细菌能积累脯氨酸。此外,极端嗜盐古菌可以通过一种主动机制,将胞外的 K^+ 泵到胞内,直到胞内的 K^+ 浓度与胞外 Na^+ 达到平衡。极端嗜盐菌的酶和结构蛋白中还含有大量的酸性氨基酸,保护其构象不受高盐浓度的影响。

2. 嗜压性

海洋中每下降 10 m 就会增加 1 个大气压,75% 以上面积的海洋深度超过 1 000 m,深海微生物必须承受十分强大的静水压。从深海中分离培养出来的细菌和古菌能够耐受高压,在 1～400 个大气压的范围中生长。一些深海微生物只有在压力超过 400 个大气压时才生长良好,这些微生物称为专性或极端嗜压菌(obligate or extreme barophiles, or piezophiles)。利用特殊技术,如将样品采集到有压力的容器中培养,可以使更多的专性嗜压菌被培养出来。基因组学研究表明,大多数的极端嗜压微生物和普通的耐压菌或压力敏感菌(barosensitive)的亲缘关系较近,但同时也存在一些独特的分类群。在海底热液喷口附近,还生存有一些专性嗜压的化能自养古菌。

高压通常会使微生物的生长速率和代谢活性降低。高压降低了酶与底物的结合,所以耐压菌在进行压力培养时的代谢速率相对较低。嗜压菌的蛋白质中脯氨酸和甘氨酸的比例下降,弹性较小,不易受压力的影响。高静水压下生长的微生物含有较高浓度的渗透活性物质,可以保护蛋白质在高压下不受水合作用的影响。

3. 嗜冷性

大约90%的海洋环境温度在 5 ℃以下,在深海和两极的海水温度一般为－1 ℃～4 ℃。大部分的海洋微生物不适于在 30 ℃以上的环境中生长,通常最适宜的生长温度为 18 ℃～28 ℃,在 0 ℃～4 ℃生长缓慢。嗜冷(psychrophilic)微生物是指最高生长温度为 20 ℃左右,最适生长温度低于 15 ℃,最低生长温度为 0 ℃以下的微生物。耐冷(psychrotolerant)微生物是指最高生长温度高于 20 ℃,最适温度高于 15 ℃,在 0 ℃～5 ℃可生长繁殖的微生物。这两类微生物的生态分布和适应低温的分子机制存在一定差异。在丰富底物存在条件下,嗜冷菌在 0 ℃的生长要超过耐冷菌。嗜冷菌只能在较窄的温度范围内生长,而耐冷菌则能在较宽的温度范围内生长。嗜冷菌主要分布于极地、深海或高纬度的海域中。

嗜冷菌中的蛋白质含有较多的 α- 螺旋和较少的 β- 折叠。在蛋白质的活性区域存在特殊的氨基酸,使底物更容易进入活性区域。嗜冷菌产生的嗜冷酶在工业上有很好的应用前景。*Colwellia psychroerythrea* 是第一个被全基因组测序的嗜冷菌。此外,嗜冷菌的细胞膜构造具有适应低温的特点,其细胞膜中普遍发现有多聚不饱和脂肪酸类(PUFAs),使得细胞膜在低温条件下能够维持流动性,有利于低温条件下营养物质的吸收。

4. 低营养性

海水中营养物质比较稀薄,营养物质含量成为决定海水中微生物分布最重要的影响因子。河口湾、港口附近的海水、养殖水体微生物种类及数量较多,例如,海洋细菌数量在河口湾区域约 10^5 cells/mL,养殖水体中 $10^5 \sim 10^6$ cells/mL(到发病季节 6～8 月份可超过 10^7 cells/mL),而在远洋海水中仅为 10～250 cells/mL。部分海洋细菌要求在营养贫乏的培养基上生长。在一般营养较丰富的培养基上,有的细菌于第一次形成菌落后即迅速死亡,有的则根本不能形成菌落。这类海洋细菌在形成菌落过程中因其自身代谢产物积聚过甚而中毒致死。这种现象说明常规的平板法并不是一种最理想的分离海洋微生物的方法。

5. 趋避性

许多海洋细菌和古菌都有一条或多条鞭毛,可以游动。鞭毛的数量和位置可作为菌种分类的重要指标。海洋细菌中,在细胞的一端附着一条单鞭毛(极生鞭毛),或以周生鞭毛(peritrichous flagella)形式遍布在细胞的表面。细菌鞭毛的直径约 20 nm,由许多单一的鞭毛蛋白(flagellin)亚基组成。目前对古菌鞭毛的合成和结构所知甚少,其基本结构类似于细菌鞭毛,但古菌鞭毛由多种蛋白质亚基构成,并且更为纤细(13 nm)。细菌鞭毛具有刚韧性,可以像螺旋桨一样运动,如海洋弧菌的鞭毛可以每秒旋转 1 700 转。极生鞭毛对于细胞游离状态时的运动非常有效,而侧生鞭毛可以使细胞在黏性环境中易于运动。海洋细菌的鞭毛还在细菌定植和生物膜形成过程中发挥重要作用。

在中性环境中,细菌会以一种完全随机的方式运动,沿着一条直线游动,在一个"翻滚(tumble)"后,又沿着另一个直线方向前进。但是,如果环境中存在诱导剂(attractant)或趋避剂(repellent),改变运动方向的频率就会发生变化,随机运动(random walk)就有了偏向性。沿着诱导剂的浓度梯度,细胞翻滚的频率降低,朝向诱导剂来源的方向直线运动的时间增长,这即是正趋化性(positive chemotaxis)。细菌通过细胞表面一系列的化学感应器(chemoreceptors)感觉外界化合物浓度的细微变化,并以一套信号传递系统向鞭毛的"翻滚发生器(tumble generator)"传递信号,这一复杂过程涉及大量的功能蛋白质和酶类。

向光运动,即趋光性(phototaxis),在海洋光合细菌中很常见,它们能够探测不同波长可见光的强度,并向着更高光强的区域游动。一种嗜盐古菌,盐沼杆菌(*Halobacterium salinarum*)具有视紫红质,是一种光线感应器。此外,其他的趋向性运动包括趋氧性(aerotaxis)、趋磁性(magnetotaxis)等。某些种类的海洋细菌中具有一种内含体(inclusion body),即磁小体(magnetosomes),可使细胞向着磁场的方向运动(图1-3)。

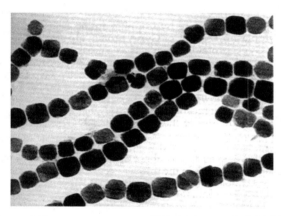

图1-3 *Aquaspirillum magnetotacticum* 细胞内以 Fe_3O_4 为主要成分的磁小体

6. 附着生长与密度感应系统

海水中的营养物质虽然稀薄,但海洋环境中各种固体表面或不同性质的界面上吸附积聚着较丰富的营养物。海洋细菌附着在海洋中生物和非生物固体的表面,形成细菌生物被膜(bacterial biofilm, BBF),并为其他生物的附着创造条件,从而形成特定的附着生物区系。某些专门附着于海洋植物体表而生长的细菌称为植物附生细菌。由此看来,海洋细菌的生存状态主要有两种:游离状态和附着于固体表面的生物被膜状态,生物被膜状态的细菌比游离状态的具有更强的抗逆性。

细菌生物被膜,是指细菌吸附于固体表面后,分泌大量的以胞外多糖(exopolysaccharide, EPS)为主的胞外基质,细菌相互粘连并将自身菌落聚集包裹其中形成的膜状物。生物被膜中存在多种生物大分子,如蛋白质、多糖、DNA、RNA、肽聚糖、脂和磷脂等物质。研究表明,海洋环境中大多数细菌细胞外都包围有胞外多糖,对海洋细菌的生长和生理功能的正常发挥起到重要的作用。胞外多糖可以通过影响细菌细胞周围海洋环境的方式,帮助细菌忍受海洋中的极端温度、为细胞提供屏障保护、帮助细菌细胞对基质表面的吸附、缓冲 pH 以及海水盐浓度的变化、促进细胞间的生化作用、吸附可溶性有机物以获取营养等。生活在南极的很多海洋细菌也会产生胞外多糖,能够保护细胞免受冰晶的伤害。

附着现象是海洋微生物较普遍存在的一种生物学特征,相当多的种类是在多种生物和非生物表面附着生活。微生物附着时都会产生黏着性的胞外产物进行固着(settlement)。不同的细菌形成生物被膜的能力是不同的,生物被膜的形成包含复杂的理化过程和生物群落的相互作用。影响细菌附着的不仅是其胞外黏多糖(多糖和糖蛋白的聚合物),细菌鞭毛的有无和数量也有直接的影响。细菌的端生鞭毛首先黏附在物体表面上,侧生鞭毛是菌体接触表面之后诱导产生的,使菌体在物体表面上牢固地附着。生物被膜的形成过程包括细菌起始黏附、生物膜发展和成熟等阶段,成熟的生物被膜结构是不均匀的、高度组织化的多细胞结构,同一菌株的生物被膜细菌和游离状态细菌具有不同的生理代谢特性。在海洋环境中,所有类型的表面,如岩石、植物、动物等都可能被生物被膜侵占,进而形成多层的结构——微生物垫,有几毫米厚。微生物垫的组成受物理因素如光、温度、水分及流速的影响,也受化学因素如 pH、氧化还原电位、氧分子和其他化学物质以及溶解的有机化合物的影响。

细菌生物被膜本身具有极强的耐药性和抵抗外界不良环境(如宿主机体防御作用)的能力。此外,海洋细菌附着生长的特性,对于海洋生物和非生物固体表面膜的形成起着重要作用,如海洋物体表面污着生物的形成,就是在这个基础上发展起来的。在贻贝等半人工采苗中,附苗季节应适当提早投放采苗器,可以使采苗器上附生一层细菌和丝状藻类,给幼虫附着变态创造一个良好条件。

值得注意的是,生物被膜细菌启动了一套完全不同的基因表达系统,使其表现出与浮游状态下明显不同的生物学特性。细菌生物被膜为适应不利生存环境,通过讯息传导进行相互交流而形成自我保护的共生模式。这种讯息传导被称为群体感应或细胞密度感应(quorum sensing, QS)。群体感应是当细菌的数量达到一定的密度(quorum)时发生的感应现象(sensing)。在一个特定的环境中,细菌的数量不断增加时,细菌可以产生和释放特定的化学信号分子,称为自诱导分子(autoinducer),其浓度随细胞数量的增加而不断地升高,这时细菌与细菌之间就会通过这种信号分子来协调种群的活动,调控特定基因的表达,对较高的细胞密度做出共同的感应。

群体感应首先是由美国 Hastings 等在海洋费氏弧菌(*Vibrio fischeri*)中观察到的现象,在该细菌中群体感应控制着生物发光的现象。目前发现的细菌群体感应系统主要有以下三类:① 革兰氏阴性菌的以酰基高丝氨酸内酯(acylated homoserine lactones, AHL)为化学信号分子的 LuxI-LuxR 型群体感应系统;② 革兰氏阳性菌的以寡肽为化学信号分子的群体感应系统;③ 杂合型的群体感应系统。目前已知的群体感应系统能够调控细菌的多种生物学功能如生物发光、次级代谢产物合成、致病基因的表达、生物膜的形成等。

7. 多形性

在显微镜下观察海洋细菌形态时,有时在同一株细菌纯培养中可以同时观察到多种形态,如球形、椭球形、杆状及其他不规则形态的细胞。这种多形现象在海洋革兰氏阴性杆菌中表现尤为普遍。这种特性看来是微生物长期适应复杂海洋环境的产物。

二、几种特殊形式的海洋微生物

1. 共附生海洋微生物（symbiotic and epiphytic marine microorganisms）

微生物在海洋中的分布非常广泛，在高盐、高压、高温、严寒的环境中都有微生物存在。它们有的自由生活在海水中，有的存在于一些沉淀物、海底泥的表面，还有一部分与海洋动植物处于共生、共栖、寄生或附生的关系中。迄今为止，已从这些共附生海洋微生物中发现了许多具有不同生物活性的物质，包括毒素、抗生素、抗肿瘤活性物质、酶类、色素等，并有许多已具有工业化生产价值。

共附生海洋微生物的宿主非常广泛，主要有藻类植物、蓝细菌、海绵动物、腔肠动物、尾索动物（被囊动物，如海鞘）、软体动物、须腕动物、棘皮动物、刺胞动物（如海葵）、节肢动物、鱼类等。目前发现的活性物质主要是在海绵、海鞘、甲壳动物、苔藓虫和裸鳃亚目动物中分离到的。据估计，20%～50%的海鞘或海参体内的微生物可产生具有细胞毒性或抑菌活性的化合物。海绵中的共生微生物约占海绵体积的40%，可从中获取多种生物活性物质。

海洋微生物与海洋动植物共附生是一个非常普遍的现象，有关此现象的描述也越来越多。但是对共附生海洋微生物与其宿主的确切关系了解不多。1988年Distel等人报道了化能自养菌与生活在海底热液喷口的无脊椎动物的共生关系。他们认为海底火山口喷发的硫化物为化能自养菌提供所需的能量和还原力，而生活于海底火山口的无脊椎动物一般具有退化的消化道或根本没有消化道，因而不得不依靠与其内共生的化能自养菌来生存。海洋动植物宿主提供与其共附生的微生物营养环境以利于生长，而共附生微生物则产生多种活性物质以利于宿主生长代谢或对其提供化学保护。

随着研究的深入，很多文献报道指出，许多以前认为是由海洋动植物产生的活性物质实际上是由与其共附生的海洋微生物产生的。Yasumato和Baguchi等人分别在分离自红色钙藻 *Jania* sp. 的假单胞菌和分离自蟹 *Atergatis floridus* 的弧菌的培养物中发现了河鲀毒素 tetrototoxin（TTX）。TTX是一种神经毒素，以前一直被认为是由海洋动物产生的，但是由于在多种海洋微生物提取物中发现TTX，因此TTX可能是来源于海洋微生物。

海绵体内有着非常复杂的微生物系统。许多与海绵共附生的微生物培养物中都分离到与海绵提取物相同或相似的物质。1994年Oclarit等从海绵 *Hyatella* sp. 制备的匀浆液中分离到一株弧菌，其发酵产物肽类抗生素 andrimid 也曾在该海绵的提取物中发现。Miki等从海绵 *Reniera japonica* 中分离出产生类胡萝卜素的屈挠杆菌属海洋细菌 *Flexibacter* sp.。Yokoyama等从海绵中分离到一株黄杆菌属细菌，能够产生一种橙色色素 myxol。

Tapiolas等人在采集于加利福尼亚海沟的一种珊瑚 *Pacifigugia* sp. 的表面分离到的链霉菌的培养物中发现了结构新颖的 octalacions A 和 B。Takahashi等人在海鱼 *Halichkoeres bleekeri* 的胃肠道中分离到链霉菌 *Streptomyces hygroscopicus*，此菌在人工海水培养基中可产生 halichomycin——一种新的大环内酯类化合物。一种分离于巨大海藻 *Pocockiella variegeta* 的海洋革兰氏阴性嗜盐菌 *Pelagiobacter variabilis* 在海水培养基中30℃培养4 h，可产生一种吩嗪类化合物 pelagimicins，这种化合物能抗多种革兰氏阳性菌、革兰氏阴性菌，且在体外对 Hela、Balb3T3、Balb3T3/H-ras 细胞有显著的抑制作用。Yazawa等从太平洋鲐鱼中分离到的一株海洋细菌,可产生不饱和脂肪酸 EPA(二十碳五烯酸),含量占总脂的 24%～40%,占细胞干重的 2%。

2. 发光细菌(luminescent bacteria, luminous bacteria)

发光细菌在海洋系统中很常见,它们在海水中自由生活,或存在于有机物碎片上,或在许多海洋动物的肠道中共栖和作为发光器官的共生菌。常见的海洋发光细菌包括印度发光杆菌(*Photobacterium indicum*)、磷光发光杆菌(*P. phosphorescens*)、哈维氏弧菌(*Vibrio harveyi*)、费氏发光杆菌(*P. fischeri*),此外还有火神弧菌(*V. logei*)、灿烂弧菌(*V. splendidus*)、费氏弧菌(*V. fischeri*)、鳀发光杆菌(*P. leiognathi*)、羽田希瓦氏菌(*Shewanella hanedai*)、伍迪希瓦氏菌(*S. woodyi*)等(图 1-4)。

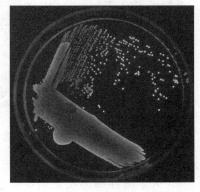

图 1-4 海洋发光细菌在平板上的菌落特征

寄生于南极虾等甲壳动物和一些大洋深层鱼的体表发光细菌,往往于宿主死后迅速生长,继而出现明显发光现象;这些寄生性发光细菌的发光现象,易于导致宿主被掠食性鱼类捕食,借此进入鱼的肠道生长繁衍,成为宿主肠道内的共栖细菌。

浮游型海洋发光细菌以哈维氏弧菌、费氏弧菌、鳀发光杆菌 3 种海洋细菌最为常见。Orndorff 和 Colwell 从马尾藻海 160～320 m 深的海水中分离出 83 株发光细菌,其中 60%以上属于哈维氏弧菌,其余几乎都是费氏弧菌或鳀发光杆菌。加州沿岸表层水所含发光细菌中,哈维氏弧菌和费氏弧菌占 99%以上;夏季时哈维氏弧菌占 60%～70%,但冬季时此种几乎完全消失,剩下的几乎全部是费氏弧菌。Caccamo 等对意大利西西里东北方的第勒尼安海(Tyrrhenian Sea)沿岸水的 15 株发光细菌分离株,进行了表型和分子生物学测试,结果显示,分离株虽可区分为 4 类表型或 3 类基因型,但都属于哈维氏弧菌。除了广泛分布于沿岸水域外,哈维氏弧菌常出现于海水养殖池,一旦感染池中鱼虾,往往给养殖场造成严重的损失;该菌也能通过污染海鲜类食品和饮水,成为人的病原菌。

费氏弧菌、鳀发光杆菌和明亮发光杆菌 3 种发光性海洋弧菌,常与海洋中特定鱼类及头足类形成紧密共生关系。它们密集生存于宿主发光器官内,借此获得比较安全而不缺乏营养的环境。宿主则可借助共生细菌发光,获得惊吓、驱退捕食者、诱捕饵料生物及"呼朋引伴"、求偶等效果。3 种内共生发光细菌在浮游、体表附生或肠道内共栖状态下也都能生存繁衍,因此一般认为,发光器官与外界有相通管道,这些菌由此进出发光器官。有证据显示,鱼类和头足类发光器官的内共生发光细菌,并非得自亲代传承,而是子代于成长过程中从周围海水中获得的(图 1-5)。

海洋发光细菌可被用作检测水域污染状况的指示生物,因为该菌的发光强度对毒性物质相当敏感,可受低浓度的环境污染物所抑制,抑制程度与受试物的毒性大小(种类)和浓度呈线性相关。图 1-6 是发光细菌对 Cr^{6+}、Hg^{2+} 和 Cd^{2+} 三种重金属污染物的发光抑制效应。根据这一原理,我国国家环保局 1995 年发布了水质急性毒性的测定方法——发光细菌法。

图 1-5　鮟鱇鱼的发光器官

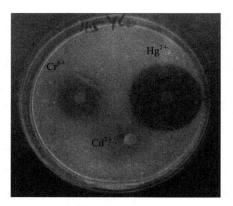

图 1-6　海洋发光细菌发光性能对
重金属污染物的敏感性

　　关于海洋细菌发光的机制，已证实在发光细菌体内存在细菌荧光素酶（luciferase），能够催化长链脂肪醛、$FMNH_2$ 和 O_2 的氧化反应，发出最大发光强度在波长 $450 \sim 490$ nm 处的蓝绿光（图 1-7）。

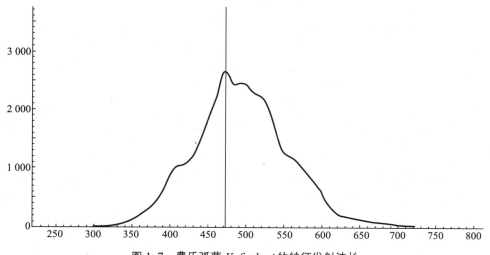

图 1-7　费氏弧菌 *V. fischeri* 的特征发射波长

　　细菌发光的反应机制如图 1-8 所示，荧光素酶是一种具混合功能的氧化酶，能够同时催化还原态的黄素单核苷酸（flavin mononucleotide，$FMNH_2$）和长链脂肪醛（RCHO）的氧化。所有发光细菌的荧光素酶都是由 α（约 40×10^3）和 β（约 35×10^3）亚单位构成的二聚体。反应式可表示如下：

$$FMNH_2 + RCHO + O_2 \rightarrow FMN + RCOOH + H_2O$$

　　如前所述，海洋细菌的发光现象也是群体感应系统表达的结果，即每一个海洋发光细菌产生少量的自诱导物分子并释放到环境中，当发光细菌感测到有足够浓度的自诱导物分子时，则所有细菌的发光基因开始启动表达，使我们看到发光现象。当在实验室的液体培养基中培养费氏弧菌时，细菌进入对数末期或稳定期且细菌的数目达到一定的密度（一般为 10^7 cells/mL）时才发光。细菌的群体感应最先在海洋发光细菌费氏弧菌中发现。费氏弧菌通过检测自诱导分子而引起信号级联,最终导致发光(图 1-8)。

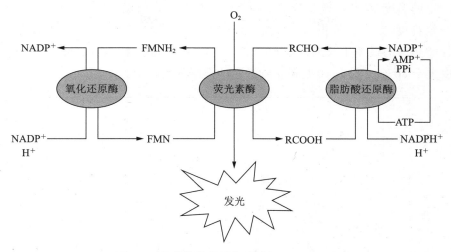

图 1-8　细菌的发光反应(引自 Munn,2003)

　　发光基因(lux gene)系统中包括结构基因 *luxC*、*luxD*、*luxA*、*luxB*、*luxE* 和调节基因
luxI 和 *luxR* 等。从不同发光细菌中分离得到的发光基因其种类和数量有所差异,如 *luxF*
仅发现于明亮发光杆菌,但以上 5 个结构基因普遍存在于已知的所有发光细菌中。编码
荧光素酶的基因是 *luxA* 和 *luxB*,以哈维氏弧菌为例,其 *luxA* 基因长 1 065 bp,编码的 α 亚
基是 355 个氨基酸的多肽,相对分子质量为 40 000; *luxB* 基因长 972 bp,编码的 β 亚基是
324 个氨基酸的多肽,相对分子质量为 36 000。两亚基组成的荧光酶的相对分子质量为
76 000。发光现象由在不同操纵子的调控基因 *luxI* 和 *luxR* 控制,*luxI* 编码发光细菌自诱导
物因子合成酶,*luxR* 编码发光系统的调节蛋白。图 1-9 中,a:代表在低细胞密度下的一个
细胞,*luxI* 和 *luxR* 基因的转录水平较低。b:代表随着细胞密度的增加,细胞周围的自诱导
分子的浓度增加。调节蛋白 LuxR 是 lux 操纵子启动子的抑制因子,当 LuxR 与自诱导分
子结合时,它与启动子上游的 lux box 紧密结合,并激活其右侧操纵子的转录,促进发光现
象的产生。

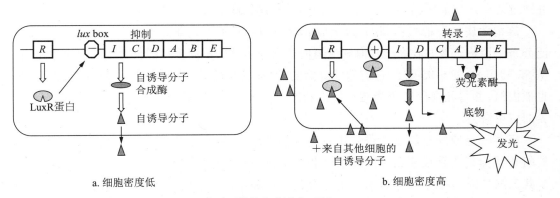

图 1-9　费氏弧菌的密度感应(引自 Munn,2003)

3. 深海热液喷口微生物（microorganisms in deep-sea hydrothermal vents）

在一定的温度范围内,微生物的代谢活动与生长繁殖随温度的升高而升高,但当温度上升到一定程度,就会导致蛋白质变性、细胞膜溶化、DNA 变性等,进而导致微生物的死亡。专性嗜热菌的最适生长温度在 65 ℃～70 ℃;极端嗜热菌（hyperthermophiles）的最适生长温度大于 80 ℃。图 1-10 是微生物通常的温度耐受范围。

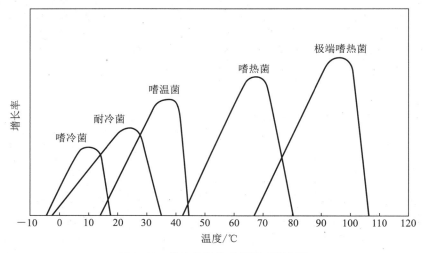

图 1-10 微生物通常的温度耐受范围

在海底发生扩张运动的地方,地壳会有裂口,沿着裂口会逐渐形成热液喷口。有些喷口是"海底黑烟囱",喷出的水柱因含有化学物质而呈现出灰色和黑色。在海底热液系统中,海水的温度超过 350 ℃,与周围的海水形成一个温度梯度,分布着大量的极端嗜热菌。大部分的极端嗜热菌都属于古菌域,几个极端嗜热古菌的全基因组已被测序。细菌域中只有两个主要的属,即产液菌属（*Aquifex*）和热袍菌属（*Thermotoga*）是极端嗜热菌。

产液菌属如嗜火产液菌（*A. pyrophilus*）和风产液菌（*A. aeolicus*）是极端嗜热菌（最高生长温度可达 95 ℃）,而且是化能自养菌,它们在海洋热液喷口处的初级生产力中起主要作用。它们以氢气、硫代硫酸盐或元素硫为电子供体,以氧气或硝酸盐为电子受体而生长,并通过还原性柠檬酸循环这一与众不同的过程进行碳的固定。

热袍菌属如海栖热袍菌（*T. maritima*,图 1-11）和那不勒斯热袍菌（*T. neapolitana*）,广泛分布于地热区域并存在于浅海和深海的热液喷口处。不同菌种的最适生长温度也不同,从 55 ℃到 80 ℃～95 ℃。它们为发酵型的、厌氧的化能异养菌,能利用多种碳水化合物,也能固氮,并将元素硫还原为硫化氢。和产液菌属一样,热袍菌属在生物工程方面有相当大的应用潜力。

极端嗜热菌既有好氧菌也有厌氧菌,既有化能自养菌也有化能异养菌。这些微生物的酶和结构蛋白有很高比例的疏水区和二硫键,在蛋白质的关键部位特定的氨基酸影响了其三维结构,因而在高温条件下有很高的活性和稳定性。极端嗜热古菌的细胞膜含有醚连接的异戊二烯单元,而且具有单层膜的结构,在高温条件下更加稳定。

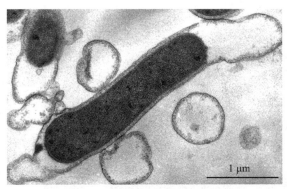

从细胞两端延伸出疏松的鞘,标尺＝ 1 μm

图 1-11　海栖热袍菌(引自 Prescott et al,2002)

4. 最大的海洋细菌——费氏刺骨鱼菌(*Epulopiscium fishelsoni*)

费氏刺骨鱼菌(图 1-12)是已知最大的细菌之一,最初发现于大堡礁(Great Barrier Reef)和红海的食草棘鱼(surgeonfish)消化道中的共生生物,因为个体较大曾被误认为是一种原生生物。费氏刺骨鱼菌的细胞可达 600 μm×80 μm,并有特殊的细胞内结构。大量的 DNA 围绕着细胞周质形成核体网。细胞质中含有一些小管、液泡和囊状物,与真核原生生物中的类似,参与胞内营养物质的运输和代谢废物的排泄。其繁殖方式也非常特殊,费氏刺骨鱼菌是"胎生的"(viviparous),即新的细胞在母体细胞内形成,然后母体细胞局部裂解释放出子代细胞。尽管目前这类菌还未能培养出来,但最近 16*S* rDNA 测序结果表明,费氏刺骨鱼菌与多胞锥柱杆菌(*Metabacterium polyspora*)的亲缘关系最近。

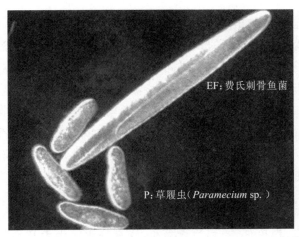

EF:费氏刺骨鱼菌

P:草履虫(*Paramecium* sp.)

图 1-12　费氏刺骨鱼菌(*E. fishelsoni*;200×;引自 Prescott et al,2002)

5. 细菌的"活的非可培养状态"(viable but nonculturable, VBNC)

细菌的"活的非可培养状态",是指细菌处于不良环境条件下的一种特殊存活形式,呈现另一种休眠的状态,用常规培养基在常规培养条件下不能使其生长繁殖,但细胞仍具有代谢活性。进入 VBNC 状态的细菌,其形态、生理生化、遗传机制等都发生了变化,尤其是它在本可以生长的常规培养基上失去了生长繁殖的能力,这使得它们极易在常规检测中被遗漏。但 VBNC 状态的细菌在适宜条件下可以恢复其正常生长繁殖的功能。

已知能诱导细菌进入 VBNC 状态的环境因素包括温度、射线、盐度或渗透压、寡营养条件、干燥、pH 的剧烈变化等。大多数细菌进入 VBNC 状态后,细胞体积变小,缩成球状,对营养物质的吸收减少,核糖体及核酸物质的密度明显降低,细胞质浓缩,蛋白质和脂质总量下降,同时细菌在 VBNC 状态下对多种胁迫条件的抗性增强。在 DNA 合成抑制剂的作用下,添加一定量的营养物培养时,这些细胞虽然不能分裂,但仍可以伸长生长,证明其仍然存活,并非死亡(图 1-13)。

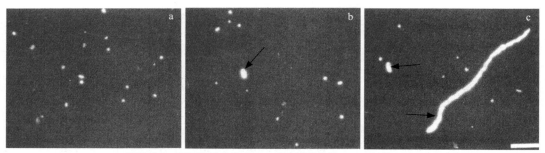

a. 培养前;b. 萘啶酮酸培养 6 h;c. 萘啶酮酸培养 18 h。标尺 = 10 μm

图 1-13　DAPI 染色的海洋细菌在荧光显微镜下的图像

当前,关于 VBNC 状态的细菌在自然环境中是如何复苏并恢复可培养状态的过程尚不完全清楚。直接逆转不利的环境条件可使某些 VBNC 状态的细菌复苏,如将培养温度恢复至最适条件、在培养基中添加某些营养盐、过氧化氢分解剂、添加渗透压保护剂抵抗盐度胁迫等。

细菌 VBNC 状态概念的出现,对传统的微生物生态学、食品安全、环境监测、菌种保藏以及流行病学研究等均提出了新的认识和挑战。目前检验检疫系统流行的微生物学检验主要是用常规培养法。由于细菌活的非可培养状态的存在和发现,常规培养法所得结果的可靠性应重新审查,因为常规培养法不能检测出在自然界中实际存在的、仍然具有毒力的、在特定条件下可以复苏的非可培养状态的病原菌和粪便污染指示菌。很大比重的进出口食品为冷冻食品,由于低温、干燥等物理、化学因素的影响,很多细菌可能以活的非可培养状态的形式存在。这些常规培养法检测不出来的细菌对人们的健康构成潜在的威胁,应引起检验检疫系统细菌检验人员的高度重视。

三、海洋微生物的分布特征

海洋具有盐度高、温度低、有机物含量少、深海静水压力大及多种极端生态环境等特点,使得其包括了几乎所有的微生物类型,其种类约是陆地微生物种类的 20 倍以上。海洋微生物的分布非常广泛,无论是在高温的海底火山口、热泉口,或是在低温的极地、深海,还是在营养丰富的河口、近海海岸、养殖水体以及营养贫瘠的远洋区域,都有海洋微生物的踪迹。目前已经描述过的海洋微生物种群大致分布在海水(2%);沉积物(23%);鱼类(9%);藻类(10%);无脊椎动物,如海绵动物(33%)、软体动物(5%)、腔肠动物(2%)、被囊动物(5%)、甲壳类动物(2%)、其他(如蠕虫等)(9%)。

营养物质是影响微生物分布的主要因素。海洋中微生物的分布以近海岸和表层沉积物为最多,远海微生物的数量相对较少。在海水垂直分布中,10～50 m为光合作用带,浮游藻类生长旺盛,有机物丰富使得异养微生物大量生长繁殖,而更深的水体中微生物的数量则大大减少。海洋沉积物是地球上最大面积的覆盖层,约为3.5×10^8 km^2,占地球面积的48.6%,也是地球上最复杂的微生物栖息地。近年来开展的大洋钻探计划表明,在不同深海区域的沉积环境中存在着不同的微生物种群。海底热泉、冷泉和甲烷水合物富集区等为化能自养微生物提供了如H$_2$S,H$_2$等丰富的氧化还原物质,故具有较高的微生物丰度,其生物量高出一般沉积环境一万倍;而在深海洋盆等寡营养区域的沉积物中,微生物的丰度相对较低。在一般海洋区域,沉积物中微生物丰度则随着深度的增加而降低,这与真光层的有机物输出、水深、温度等因素有关。据估计,海洋中大约75%的微生物生物量存在于沉积物10 cm的表层中,约占全球微生物总量的13%。而在沉积物表层10 cm以下因为溶解氧的不同,微生物种群的分布与丰度也有差异,在高溶解氧区域比低溶解氧区的丰度高。伴随地壳运动、深海底流、生物扰动等多种因素的影响,在不同经、纬度深海沉积物中,微生物呈现不连续、非均质的斑块状分布。

在海洋微生物中,海洋细菌分布广、数量多,在海洋生态系统中起着特殊的作用。海洋中细菌数量分布的规律是:近海区的细菌密度较大洋大,内湾与河口内密度尤大;表层水和水底泥界面处细菌密度较深层水大,一般底泥中较海水中大;不同类型的底质间细菌密度差异悬殊,一般泥土中高于沙土。大洋海水中细菌密度较小,每毫升海水中有时分离不出1个细菌菌落,因此必须采用薄膜过滤法:将一定体积的海水样品用孔径0.2 μm微米的薄膜过滤,使样品中的细菌聚集在薄膜上,再采用直接显微计数法或培养法计数。海水中的细菌以革兰氏阴性杆菌占优势,常见的有假单胞菌属等10余个属。相反,海底沉积土中则以革兰氏阳性细菌偏多。芽孢杆菌属是大陆架沉积土中最常见的属。

海洋真菌多集中分布于近岸海域的多种基底上,按其栖住对象可分为寄生于动植物、附着生长于藻类和栖住于木质或其他海洋基底上的类群。某些真菌是热带红树林中的特殊菌群。某些藻类与菌类之间存在着密切的营养供需关系,称为藻菌半共生关系。大洋海水中酵母菌密度为5～10 cells/L,近岸海水中可达每升几百至几千个。海洋酵母菌主要分布于新鲜或腐烂的海洋动植物体上,海洋中的酵母菌多数来源于陆地,只有少数种被认为是海洋种。海洋中酵母菌的数量分布仅次于海洋细菌。

四、水生动物中的微生物类群

1. 水生动物体表微生物

健康水生动物的肌肉、血液以及与外界不连通的脏器,一般认为是无菌的。而水生动物体表及其黏质物、鳃和消化器官等部位,常存在多种微生物,通常为好氧菌。在新鲜鱼体表黏质物中分离到的好氧菌种类主要包括:假单胞菌属(*Pseudomonas*)、无色杆菌属(*Achromobacter*)、黄杆菌属(*Flavobacterium*)、微球菌属(*Micrococcus*)、芽孢杆菌属(*Bacillus*)、弧菌属(*Vibrio*)、变形杆菌属(*Proteus*)、产碱杆菌属(*Alcaligenes*)和沙雷氏菌属(*Serratia*)等。

体表是动物与外界直接接触的部位,也是病原菌侵染机体的主要途径。许多动物为了防止病原菌的入侵,构建了皮肤和黏膜屏障。陆生动物通常是依靠角质化的坚实表皮防止病原菌的入侵,病原菌经体表感染的机会与经其呼吸和消化器官感染的机会相比较少。而对于水生动物而言,水作为病原菌的传播媒介是极其适宜的,因此,水生动物的体表也就成为病原菌最容易入侵的途径。

黏附作用是病原菌侵染的第一步,它对病原菌侵入宿主细胞并有效地发挥其致病性具有决定性的作用。例如,鱼类体表覆盖一层由外胚层球状细胞分泌的黏液层,病原菌只有先黏附于鱼类的体表黏液上,才能进一步侵染机体感染致病,因此对黏液的黏附能力的研究是病原菌毒力研究的一个重要方面。目前已证明病原菌、宿主体表黏液和环境因素是影响黏附作用的三大要素。

在对太平洋的19种脊椎动物和14种无脊椎动物的研究中发现,从其体表上分离出的微生物主要为革兰氏阴性无芽孢杆菌,并且假单胞菌和节杆菌属在所有动物体表中数量最多。相比较同一海区脊椎动物和无脊椎动物体表,无脊椎动物体表上的微球菌属和黄细菌属的数量较大。太平洋热带区域水生动物体表上的微球菌和肠细菌数比北太平洋水生动物体表上的数量大,并且它们的生理生化特性也不尽相同。在热带海域,嗜温菌和蛋白分解菌占优势,而在温度较低海域,优势菌则为嗜冷菌和能够分解碳水化合物的微生物。水生脊椎动物体表所附着的微生物,其生物活性相比水生无脊椎动物而言较高。

许多海洋鱼类具有发光器官,这些器官通常在形态学上是高度分化的,并寄生着发光细菌,如费氏发光杆菌(*Photobacterium fisheri*)。很多鱼体表面还附着真菌,研究人员从海洋动物包括无脊椎动物的体表,鱼类体表、鳃、口部及肠道,哺乳动物体表及肠道中分离得到一部分海洋酵母。许多能够分泌甲壳质分解酶的细菌通常较易附着于甲壳动物体表。而桡足类外表及其卵囊表面主要附着的细菌是弧菌。弧菌具有甲壳质分解酶,并且易附着于甲壳类动物表面,因此弧菌是造成养殖对虾细菌性病害的主要原因,一旦虾体遭受外伤或是受到甲壳质分解酶的分解作用,弧菌趁机侵入对虾机体内部而引起虾体病变。大多数海洋细菌还会有利于无脊椎动物幼体的附着,并可作为其幼体的饵料提供营养。由此可见,海洋细菌与海洋动物有着密切关系。

2. 水生动物体内微生物

许多研究表明:一般淡水鱼类肠道内专性厌氧菌以 A 型拟杆菌(*Bacteroides*)等为主,好氧和兼性厌氧细菌则以气单胞菌属(*Aeromonas*)、肠杆菌科(Enterobacteriaceae)等为主。此外,还有黄杆菌属、不动杆菌属(*Acinetobacter*)、莫拉氏菌属(*Moraxella*)、链球菌属(*Streptococcus*)、棒杆菌属(*Corynebacterium*)、微球菌属、B 型拟杆菌;海水鱼类消化道则以弧菌属细菌为主,其次是假单胞菌属、莫拉氏菌属、不动杆菌属、拟杆菌科(Bacteroidaceae)的细菌,再者,还有芽孢杆菌属、黄杆菌属、微球菌属、梭菌属(*Clostridium*)、葡萄球菌属(*Staphylococcus*)、着色球属(*Chromatium*)的细菌。一般认为,肠道微生物群可根据其作用分为三类:共生型、致病型和中间型。

与陆生恒温动物一样,鱼类的消化道菌群与鱼类的营养密切相关。鱼类对消化道内食物的消化,一部分通过消化腺分泌多种酶类进行,一部分通过细菌产酶进行。Okutani 等发现花鲈(*Lateolabrax japonicus*)消化道内既有细菌酶又有非细菌酶。鱼类消化道的兼性厌氧菌一般多于专性厌氧菌,但罗非鱼、六带刺鲽鱼等一些热带淡水鱼消化道的厌氧菌总数高于兼性厌氧菌。Sugita 等研究认为罗非鱼中专性厌氧菌,特别是 *Bacteroides* type A 占优势地位,而斑点叉尾鮰(*Ictalurus punctatus*)中则专性厌氧菌含量较少,而专性厌氧菌,如拟杆菌、梭菌属是维生素 B_{12} 的主要产生菌。由此可以解释罗非鱼不易患维生素 B_{12} 缺乏症、而斑点叉尾鮰易患维生素 B_{12} 缺乏症的原因。

海水鱼消化道存在着大量的细菌等微生物群落,构成了海水鱼消化道微生物区系,这些微生物群落是动物长期进化的结果,它们与机体的免疫功能、营养需求等都有着极其密切的关系。鱼类消化道微生物包括好氧菌、兼性厌氧菌和专性厌氧菌,易受到水环境和饵料的影响,绝大多数细菌不能定植在消化道。海水鱼类处于健康状态时,体内外环境会形成一个相对稳定的微生物菌群间的动态平衡,菌群数量与组成受鱼的种类、栖息水域、是否摄饵和投饵时间、饵料性质和生理状况等的影响。

副溶血性弧菌是海洋环境中的常见菌,也是水生动物体内的一种条件性病原菌。沙门氏菌和李斯特氏菌作为主要的食源性病原菌有可能存在于水生动物体内。肠道内致病性嗜水气单胞菌(*A. hydrophila*)也是引起疾病的原因。滨口昌巳等还发现患病金枪鱼的肠道内,弧菌属(*Vibrio*)、发光杆菌属(*Photobacterium*)的数量增加,且能产生细胞外溶血因子。梭菌属细菌是水生动物消化道常见厌氧菌群。有些梭菌能产生毒素,进而引起鱼类中毒:E 型肉毒梭菌能够在 3.3 ℃低温下生长,可引起鲑科鱼类的肉毒素中毒症,发病鱼平衡失调,游动减弱最后死亡,从死亡的鱼体消化道可检测到肉毒素。

第二节　海洋细菌

伴随着分子生物学技术的发展,以 16S rDNA 测序技术为代表的分子生物学方法已广泛应用于细菌分类学的研究,这标志着对细菌分类已从表型水平发展到基因型水平,这是细菌分类学研究上的一步很大的跨越和一次极为重要的改革。过去往往只限于对在实验室条件下可培养的一些细菌进行研究,而对那些尚不能被培养的细菌,只能据其与被广泛研究的种类之间的关系、生境以及与其活性相关的地球化学现象来推测其可能具有的特性。而现在,基因测序的先进性意味着能够通过分析基因编码的关键酶类来预测尚未被培养细菌种类的代谢本质。

《伯杰氏细菌学手册》是当前国际上普遍采用的细菌分类系统。从 20 世纪 80 年代初起,该手册的撰写发起人组织了 20 余国的 300 多位专家,合作编写了 4 卷本的新手册,书名改为《伯杰氏系统细菌学手册》(*Bergey's Manual of Systematic Bacteriology*),并于 1984~1989 年分 4 卷陆续出版。这本书在表型分类的基础上,广泛采用细胞化学分析、数值分类方法和核酸技术,尤其是 16S rDNA 核苷酸序列分析技术,以阐明细菌的亲缘关系。表 1-1 是《伯杰氏系统细菌学手册》第二版中细菌域的 23 个门、纲和代表属的名称。

表 1-1　细菌域的门、纲和代表属名称

1	产液菌门（Aquificae） 产液菌属（*Aquifex*），氢杆菌属（*Hydrogenobacter*）
2	热袍菌门（Thermotogae） 热袍菌属（*Thermotoga*），地袍菌属（*Geotoga*）
3	热脱硫杆菌门（Thermodesulfobacteria） 热脱硫杆菌属（*Thermodesulfobacterium*）
4	异常球菌—栖热菌门（Deinococcus-Thermus） 异常球菌属（*Deinococcus*），栖热菌属（*Thermus*）
5	产金色菌门（Chrysiogenetes） 产金色菌属（*Chrysiogenes*）
6	绿屈挠菌门（Chloroflexi） 绿屈挠菌属（*Chloroflexus*），滑柱菌属（*Herpetosiphon*）
7	热微菌门（Thermomicrobia） 热微菌属（*Thermomicrobium*）
8	硝化螺旋菌门（Nitrospira） 硝化螺旋菌属（*Nitrospira*）
9	脱铁杆菌门（Deferribacteres） 脱铁杆菌属（*Deferribacter*），地弧菌属（*Geovibrio*）
10	蓝细菌门（Cyanobacteria） 原绿蓝细菌属（*Prochloron*），聚球蓝细菌属（*Synechococcus*），颤蓝细菌属（*Oscillatoria*），鱼腥蓝细菌属（*Anabaena*），念珠蓝细菌属（*Nostoc*），真枝蓝细菌属（*Stigonema*），宽球蓝细菌属（*Pleurocapsa*）
11	绿菌门（Chlorobi） 绿菌属（*Chlorobium*），暗网菌属（*Pelodictyon*）
12	变形细菌门（Proteobacteria） • α- 变形菌纲（Alphaproteobacteria） 红螺菌属（*Rhodospirillum*），立克次体属（*Rickettsia*），柄杆菌属（*Caulobacter*），根瘤菌属（*Rhizobium*），布鲁氏菌属（*Brucella*），硝化杆菌属（*Nitrobacter*），甲基杆菌属（*Methylobacterium*），拜叶林克氏菌属（*Beijerinckia*），生丝微菌属（*Hyphomicrobium*），玫瑰杆菌属（*Roseobacter*），鞘氨醇单胞菌属（*Sphingomonas*） • β- 变形菌纲（Betaproteobacteria） 奈瑟菌属（*Neisseria*），伯克霍尔德氏菌属（*Burkholderia*），产碱菌属（*Alcaligenes*），丛毛单胞菌属（*Comamonas*），亚硝化单胞菌属（*Nitrosomonas*），嗜甲基菌属（*Methylophilus*），硫杆菌属（*Thiobacillus*） • γ- 变形菌纲（Gammaproteobacteria） 着色菌属（*Chromatium*），亮发菌属（*Leucothrix*），军团菌属（*Legionella*），假单胞菌属（*Pseudomonas*），固氮菌属（*Azotobacter*），弧菌属（*Vibrio*），埃希氏菌属（*Escherichia*），克雷伯氏菌属（*Klebsiella*），变形杆菌属（*Proteus*），沙门氏菌属（*Salmonella*），志贺氏菌属（*Shigella*），耶尔森氏菌属（*Yersinia*），嗜血菌属（*Haemophilus*） • δ- 变形菌纲（Deltaproteobacteria） 脱硫弧菌属（*Desulfovibrio*），蛭弧菌属（*Bdellovibrio*），黏球菌属（*Myxococcus*），多囊菌属（*Polyangium*） • ε- 变形菌纲（Epsilonproteobacteria） 弯曲菌属（*Campylobacter*），螺杆菌属（*Helicobacter*）

13	厚壁菌门（Firmicutes）（低 G ＋ C 革兰氏阳性菌） • 梭菌纲（Clostridia） 梭菌属（*Clostridium*），消化链球菌属（*Peptostreptococcus*），真杆菌属（*Eubacterium*），脱硫肠状菌属（*Desulfotomaculum*），螺旋杆菌属（*Heliobacterium*），韦荣氏菌属（*Veillonella*） • 柔膜菌纲（Mollicutes） 支原体属（*Mycoplasma*），尿原体属（*Ureaplasma*），螺原体属（*Spiroplasma*），无胆甾原体属（*Acholeplasma*） • 芽孢杆菌纲（Bacilli） 芽孢杆菌属（*Bacillus*），显核菌属（*Caryophanon*），类芽孢杆菌属（*Paenibacillus*），高温放线菌属（*Thermoactinomyces*），乳杆菌属（*Lactobacillus*），链球菌属（*Streptococcus*），肠球菌属（*Enterococcus*），李斯特氏菌属（*Listeria*），明串珠菌属（*Leuconostoc*），葡萄球菌属（*Staphylococcus*）
14	放线菌门（Actinobacteria）（高 G ＋ C 革兰氏阳性菌） • 放线菌纲（Actinobacteria） 放线菌属（*Actinomyces*），链霉菌属（*Streptomyces*），微球菌属（*Micrococcus*），节杆菌属（*Arthrobacter*），棒杆菌属（*Corynebacterium*），分枝杆菌属（*Mycobacterium*），诺卡氏菌属（*Nocardia*），游动放线菌属（*Actinoplanes*），丙酸杆菌属（*Propionibacterium*），链霉菌属（*Streptomyces*），高温单胞菌属（*Thermomonospora*），弗兰克氏菌属（*Frankia*），马杜拉放线菌属（*Actinomadura*），双歧杆菌属（*Bifidobacterium*）
15	浮霉状菌门（Planctomycetes） 浮霉状菌属（*Planctomycetes*）
16	衣原体门（Chlamydiae） 衣原体属（*Chlamydia*）
17	螺旋体门（Spirochaetes） 螺旋体属（*Spirochaeta*），疏螺旋体（*Borrelia*），密螺旋体属（*Treponema*），钩端螺旋体属（*Leptospira*）
18	丝状杆菌门（Fibrobacteres） 丝状杆菌属（*Fibrobacter*）
19	酸杆菌门（Acidobacteria） 酸杆菌属（*Acidobacterium*）
20	拟杆菌门（Bacteroidetes） 拟杆菌属（*Bacteroides*），卟啉单胞菌属（*Porphyromonas*），普雷沃氏菌属（*Prevotella*），黄杆菌属（*Flavobacterium*），鞘脂杆菌属（*Sphingobacterium*），屈挠杆菌属（*Flexibacter*），噬纤维菌属（*Cytophaga*）
21	梭杆菌门（Fusobacteria） 梭杆菌属（*Fusobacterium*）
22	疣微菌门（Verrucomicrobia） 疣微菌属（*Verrucomicrobium*）
23	网球菌门（Dictyoglomi） 网球菌属（*Dictyoglomus*）

图 1-14 是利用 16*S* rDNA 序列建立的细菌域进化谱系树，多数分支的代表种类都能在海洋生境中发现。

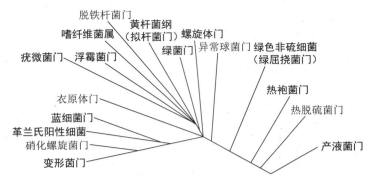

黑体字表示有海洋种类的分支

图 1-14　建立在 16S rDNA 序列基础上的细菌域进化谱系树(引自 Munn,2003)

下面,介绍一些代表性的海洋细菌:

一、产氧的光合细菌——蓝细菌(cyanobacteria)

1. 蓝细菌的本质

蓝细菌是一个种类很多和高度多样的类群,其成员在光合作用中可以释放氧气。蓝细菌中含有叶绿素 a(chlorophyll a)以及辅助光合色素 —— 藻胆素(phycobilin),利用水作为氢供体,在光照下同化二氧化碳,并放出氧气。尽管蓝细菌是原核生物而且是细菌域一个较大的分支,但许多海洋生物学家和分类学家仍然习惯上将其作为藻类的一个分支。蓝细菌在陆地和水环境中分布非常广泛,甚至存在于高温和高盐环境中。在海洋环境中,蓝细菌存在于浮游生物、海冰和表层沉积物中,另外也存在于无生命物体表面的微生物垫(microbial mats)以及其他藻类和动物组织中。

2. 形态

蓝细菌的形态多样,有的是单细胞的,有的是由分枝的丝状体或没有分枝的丝状体组成。单细胞蓝细菌以二分裂、多分裂或通过释放称为外孢子的顶端细胞进行繁殖;丝状体通过断裂或通过释放菌丝/菌殖段(很小的能运动的、松散连接的细胞链)进行繁殖。叶绿素 a 存在于称为类囊体的光合作用双片层上,片层外表面具颗粒(即藻胆蛋白体),含藻胆蛋白色素(图 1-15)。许多蓝细菌能形成起浮力作用的胞内气泡,这些气泡是由蛋白膜构成的气囊组成,使菌体能够保持在有光区。

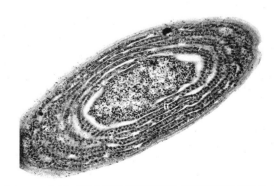

深蓝聚球蓝细菌(*Synechococcus lividus*)有大量的类囊体系统,藻胆蛋白在类囊体上呈粒状排列(85 000×)

图 1-15　蓝细菌的类囊体和藻胆蛋白(引自 Prescott et al,2002)

蓝细菌的运动方式只有滑行运动(gliding motility)，而无鞭毛运动。滑行运动对蓝细菌在物体表面的定植非常重要，速度最高可达 10 μm/s，是沿细胞的长轴进行，同时还分泌多糖黏液。

3. 固氮作用(nitrogen fixation)

海洋蓝细菌的主要分支中都含有能固氮的种类。固氮过程的关键酶即固氮酶，由两个蛋白组分组成，可与铁、硫和钼结合。因为固氮酶对氧非常敏感，所以固氮作用通常在没有氧气产生的晚上进行。大多数固氮菌都是厌氧菌，但蓝细菌是好氧菌。许多高效的固氮菌在菌丝内含有特化细胞即异形胞(heterocysts)。然而，一种比较常见的海洋固氮菌束毛蓝细菌属(*Trichodesmium*)却不含异形胞。束毛蓝细菌属在富营养和亚营养条件下可形成高密度的水华。

二、化能自养菌(chemolithotrophs)

化能自养菌的能源来自无机物氧化所产生的化学能，碳源是二氧化碳(或碳酸盐)。它们可以在完全无机的环境中生长繁殖。这类微生物包括硝化细菌、硫细菌、铁细菌和氢细菌等。

1. 硝化细菌(nitrifying bacteria)

硝化细菌是指能够氧化无机氮化物，从中获取能量，从而把二氧化碳合成为有机物的一类自养细菌。以前，对硝化细菌主要按形态特征分类。然而，16*S* rDNA 分析显示，硝化细菌分布在变形菌门的几个分支中，而且硝化螺菌属(*Nitrospira*)形成了一个明显的门。海洋中的硝化细菌存在于悬浮颗粒和沉积物的上层，包括亚硝化单胞菌属(*Nitrosomonas*)和亚硝化球菌属(*Nitrosococcus*)(把氨氧化成亚硝酸盐)、硝化杆菌属(*Nitrobacter*)和硝化球菌属(*Nitrococcus*)(把亚硝酸盐氧化成硝酸盐)。

硝化细菌在海洋的氮循环中起着主要作用，在浅海沉积区和上升流以下区域的作用更为明显。硝化作用是一个严格的好氧过程，通常情况下几毫米的深度内的沉积物中才能进入足够的氧。在水中植物光合作用释放氧气，因此硝化作用的速率较高，同时硝化作用产生的硝酸盐又刺激植物生长，这对海草的生长非常重要。

2. 硫氧化性化能自养菌(sulfur-oxidizing chemolithotrophs)

许多变形菌门的细菌可以利用还原性硫化物作为电子供体进行化能自养生长，最终形成硫酸，其中硫杆菌属(*Thiobacillus*)最为常见，能利用硫化氢、元素硫或硫代硫酸盐作为电子供体。丝状细菌，如贝氏硫菌属(*Beggiatoa*)、发硫菌属(*Thiothrix*)和卵硫菌属(*Thiovulum*)在海洋环境中分布也很广。

纳米比亚珍珠硫菌(*Thiomargarita namibiensis*，图 1-16)于 1999 年被发现，是目前最大的原核生物之一。其球形细胞的直径通常为 100～300 μm，但是有的直径高达 750 μm。它们在纳米比亚的沿海沉积物中含量很高，以丝状形式存在，外包一共同的黏液鞘。在显微镜下硫颗粒发出闪烁的白色，好像一串闪亮的珍珠链，因此取名为珍珠硫菌。珍珠硫菌利用硝酸盐氧化元素硫，硝酸盐贮存于液泡中，而元素硫贮存于细胞周质中作为营养物储备，这样细菌就可在无外界营养物的条件下生长几个月。

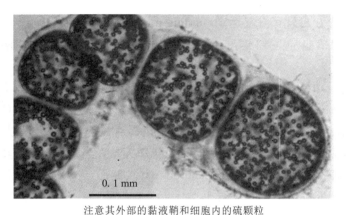

注意其外部的黏液鞘和细胞内的硫颗粒

图 1-16　一串纳米比亚珍珠硫菌（*Thiomargarita namibiensis*），
光镜观察照片（引自 Prescott et al, 2002）

3. 氢氧化性细菌（hydrogen-oxidizing bacteria）

许多细菌可以氢气作为电子供体，而以氧气作为电子受体。在海洋生境中发现的此类群有变形杆菌属（*Proteus*）、产碱杆菌属（*Alcaligenes*）、假单胞菌属（*Pseudomonas*）和雷尔氏菌属（*Ralstonia*）。尽管大多数氢氧化性细菌能够利用还原态的有机化合物进行异养生长，但是它们还可以固定二氧化碳进行自养生长。氢氧化细菌通常存在于沉积物和悬浮颗粒中，该处氧的浓度较低（小于 10%），因此适于该菌生长。

4. 好氧性嗜甲烷菌（aerobic methanotrophs）和甲基营养菌（methylotrophs）

好氧性嗜甲烷菌和甲基营养菌广泛分布于沿岸和大洋海域，尤其是在海洋沉积物的顶层，在该处它们利用厌氧性产甲烷古菌所产生的甲烷而生长。好氧性嗜甲烷菌中有一种独特的铜络合酶，即甲烷单加氧酶（methane monooxygenase），使反应中形成甲醇：

$$CH_4 + O_2 + XH_2 \rightarrow CH_3OH + H_2O + X$$

（X 是一种还原性的细胞色素）

在反应中甲醇又被甲醇脱氢酶转化成甲醛：

$$CH_3OH \rightarrow HCHO + 2e^- + 2H^+$$

三、弧菌科（Vibrionaceae）

1. 弧菌科分类

弧菌科是 γ-变形菌纲的成员，在海洋环境中是最常见的细菌类群之一，广泛分布于近岸及河口海水、海洋生物的体表和肠道中，是它们中的正常优势菌群。弧菌是目前研究最多、了解较为清楚的海洋细菌，其分类学研究进展较快，被研究和描述的弧菌种类也越来越多。2005 年《伯杰氏系统细菌学手册》第二版所收录的弧菌属包含的种多达 63 种。

弧菌科（Vibrionaceae）中，除弧菌属外其他比较突出的海洋菌属包括发光杆菌属（*Photobacterium*）（7 个种）、格瑞蒙特菌属（*Grimontia*）（1 个种）、肠道弧菌属（*Enterovibrio*）（1 个种）和盐弧菌属（*Salinivibrio*）（1 个种）。原归入弧菌科的气单胞菌属（*Aeromonas*）移出弧菌科，单独设为 1 个科——气单胞菌科（Aeromonadaceae）；邻单胞菌属（*Plesiomonas*）

移入肠杆菌科(Enterobacteriaceae)。气单胞菌属通常被认为是淡水种类,杀鲑气单胞菌(*Aeromonas salmonicida*)比较特殊,是海水和淡水养殖的鲑鱼和虹鳟鱼的主要病原菌。

以下是鉴别弧菌属种类的主要表型特征依据:

(1)形态。

短杆状、弯曲状、偶尔成"S"形或螺旋形,其细胞弯曲程度在静止期比指数生长期更容易分辨,革兰氏阴性。

(2)鞭毛。

多以单一的鞘极生鞭毛运动,其外面由细胞壁外膜相连的鞘包被。如溶藻胶弧菌就有较粗的鞘生鞭毛,而哈维氏弧菌的鞘生鞭毛显得更为粗大。偶尔可见一端3~12根丛生的鞭毛出现,例如,费氏弧菌(*V. fischeri*)和火神弧菌(*V. logei*),在固体基质上能形成许多侧生鞭毛,其附着性明显。

(3)菌落形态。

多产生突起、光滑、边缘整齐的乳白色菌落。在反复培养或较长时间保存后,菌落可变得粗糙或皱褶,且菌落牢固黏附在培养基上不易被乳化。某些种可见菌落的变异。产生色素者少,仅发现火神弧菌呈橘黄色,产气弧菌(*V. gazogenes*)为红色,黑美人弧菌(*V. nigripulchritudo*)为蓝黑色。

(4)生长条件。

对盐度适应范围广泛,最适盐度为30,Na^+能刺激所有弧菌生长。在缺钠的条件下一般不生长。所有种在20 ℃均生长,大部分种可在30 ℃生长,少数可在37 ℃甚至40 ℃~43 ℃下生长。pH范围为6~9,大多数种能耐受中度碱性环境并在pH为9的环境中生长,霍乱弧菌甚至可以在pH为10的环境中生长。

(5)生理和代谢。

化能异养、兼性厌氧。发酵葡萄糖产酸,氧化酶和接触酶阳性,对特异的弧菌抑制剂O/129敏感,DNA的(G + C)mol%为35~50。在厌氧条件下多以混合酸发酵方式代谢,而使生长环境的pH下降呈偏酸性。由于存在细胞色素C,所以大多数弧菌氧化酶呈阳性,几乎所有种类均含铁超氧物歧化酶(SOD)。

2. 病原性海洋弧菌

已知能感染鱼类或人类并造成病害的病原性海洋弧菌不少于20种。其中能感染人类而引起疾病者超过10种,但以霍乱弧菌(*V. cholerae*)、副溶血弧菌(*V. parahaemolyticus*)和创伤弧菌(*V. vulnificus*)三者最为重要,对人类危害较大。

霍乱是通过水和食物传播的严重的消化道疾病,经常发生于饮水和其他卫生条件不良的发展中国家。根据世界卫生组织年报,在2000~2002年间,全球至少有1万人死于霍乱,其中96%发生于非洲。在2003~2004年间,单是非洲就发生了至少15 000件霍乱感染的实例。美国疾病控制预防中心所管辖的一个弧菌监测系统,在2000年报告了296件弧菌感染病例。大多数病原菌株(268株)是从患者粪便、伤口和血液中分离得到,其中被鉴定为副溶血弧菌、创伤弧菌和霍乱弧菌的分别为137、64和27株。病人中死于创伤弧菌感染的最多,共有22人。美国疾控中心的另一份报告指出,大多数感染实例发生于夏季,起因于病人食用的鱼、虾和牡蛎。霍乱弧菌在环境中的作用似乎并不重要,然而一旦经由受污染的食物和饮水进入人体,使附着在人体肠道上皮组织,会分泌一种称为霍乱毒素(cholera toxin,CT)的内毒素,这种内毒素可引起病人发生严重的水样腹泻,甚至死亡。副溶血弧菌产生 TDH(thermostable direct hemolysin)和 TRH(TDH related hemolysin)两类溶血素,能引起感染病人罹患胃肠炎,出现下痢、反胃、呕吐、腹绞痛、头痛和轻度发烧等现象。创伤弧菌是唯一容易经由外伤感染人体的海洋弧菌,感染伤口会起水泡、红肿发炎,甚至形成蜂窝组织炎,严重者甚至会引发致死性败血症。荚膜多糖(capsular polysaccharide,CPS)是创伤弧菌的主要毒力因子,与感染者体内出现的发炎症状有关。

溶藻胶弧菌(*V. alginolyticus*)、弗氏弧菌(*V. furnissii*)、哈维氏弧菌(*V. harveyi*)、辛辛那提弧菌(*V. cincinatiensis*)、拟态弧菌(*V. mimicus*)、霍氏格里蒙菌(*Grimontia hollisae*)和美人鱼发光杆菌美人鱼亚种(*Photobacterium damselae* subsp. *damselae*)等海洋弧菌也属于人类病原菌,但这些菌种感染的病例都属散发性且不常见。

有些海洋弧菌是海洋动物的病原菌,已发现的海洋动物的病原弧菌有溶藻胶弧菌、鳗弧菌(*V. anguillarum*)、坎贝氏弧菌(*V. campbellii*)、非 O1 型霍乱弧菌、辛辛那提弧菌、溶珊弧菌(*V. coralliilyticus*)、费氏弧菌(*V. fischeri*)、弗氏弧菌、哈维氏弧菌、牙鲆肠弧菌(*V. ichthyoenteri*)、火神弧菌(*V. logei*)、拟态弧菌、病海鱼弧菌(*V. ordalii*)、副溶血弧菌、杀扇贝弧菌(*V. pectenicida*)、杀对虾弧菌(*V. penaeicida*)、解蛋白弧菌(*V. proteolyticus*)、海弧菌(*V. pelagius*)、杀鲑弧菌(*V. salmonicida*)、灿烂弧菌(*V. spendidus*)、蛤仔弧菌(*V. tapetis*)、塔氏弧菌(*V. tubiashii*)、创伤弧菌、霍氏格里蒙菌和美人鱼发光杆菌等。根据目前掌握的文献资料,大部分致病弧菌能够同时感染多种海水养殖动物,只有少数几种仅感染某一类或两类水产养殖动物,至于这些病原菌能否对其他种类的生物致病,目前尚未见报道。

四、立克次氏体(rickettsia)

立克次氏体是介于细菌与病毒之间,而接近于细菌的一类原核生物,革兰氏染色阴性,一般呈球形或杆状,多营专性动物细胞内寄生。立克次氏体活跃地穿入宿主细胞并在细胞质内繁殖导致宿主细胞裂解。鲑鱼立克次氏体(*Piscirickettsia salmonis*)是鲑鱼的一种主要病原体,在海水养殖的病虾中也分离出几种立克次氏体。然而,目前对海洋环境中立克次氏体的研究很少,它很有可能是许多海洋动物的病原体。值得指出的是,鱼立克次氏体属(*Piscirickettsia*)与立克次氏体属(*Rickittsia*)在系统分类上相距甚远,前者归入 γ- 变形菌纲,而后者归入 α- 变形菌纲。鱼立克次氏体属在形态上与埃立希氏体属(*Ehrlichia*)相似,但是埃立希氏体属在分类上也归入 α- 变形菌纲。

五、螺旋菌(spirilla)

螺旋菌,又称螺菌,是细胞坚韧且呈螺旋状的细菌,可具有不到一圈到多圈的螺旋,以特征性的螺旋状运动或进行直线游动。细胞可有单极或双极,单生或丛生鞭毛。

趋磁细菌是一类能够沿着磁力线运动的特殊细菌。最早是 1975 年美国生物学家 Blakemore 在研究海泥中的螺旋菌时发现的。趋磁细菌细胞中含有由 Fe_3O_4 和 Fe_3S_4 组成的磁小体(magnetosome)链(图 1-17),使细菌朝向地球磁场的方向并以极生鞭毛运动。分子生物学研究表明,趋磁性不仅仅局限于先前所认为的一个小的、特化的进化支,而是分布于多个菌属，最常见的有水螺菌属（*Aquaspirillum*）、趋磁螺菌属（*Magnetospirillum*）和趋磁细菌属（*Magnetobacterium*）等。在深海沉积物中发现的磁铁矿结晶的微体化石（microfossiles）被认为是来源于至少 5 000 万年以前的趋磁细菌。

蛭弧菌属是 δ- 变形菌纲中的一类细小的螺旋形细菌，其与众不同的特性在于可捕食其他的革兰氏阴性细菌。蛭弧菌贴在它的捕获物上，钻穿其细胞壁并在周质间隙繁殖，最终引起宿主细胞裂解并释放出多达 30 个的子代蛭弧菌（图 1-18）。蛭弧菌广泛分布于海洋环境中，尽管还不了解其全部的生态作用，但它可能在控制其他细菌的数量上有重要意义。

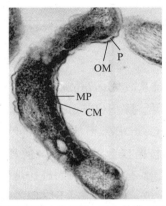

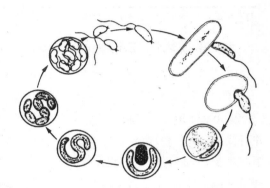

可见电子密度高的磁小体长链。OM. 外膜；CM. 细胞质膜；P. 周质间隙；MP. 磁小体

图 1-17　趋磁水螺菌（*Aquaspirillum magnetotacticum*）的透射电镜照片（引自 Prescott et al, 2002）

图 1-18　蛭弧菌的生活周期示意图

六、变形菌门中的硫和硫酸盐还原细菌

大多数硫和硫酸盐还原细菌（sulphate reducing bacteria, SRB）的成员被归入 δ- 变形菌纲，它们的活性在缺氧海洋环境的硫循环中非常重要。SRB 利用有机化合物或氢气作为电子供体，SO_4^{2-} 或元素硫作为电子受体获得能量进行代谢和生长，这被称为异化硫酸盐还原。SRB 产生 H_2S，H_2S 有很强的毒性，可以影响许多海洋生物的生存，但是许多化能营养菌和光能营养菌可以利用 H_2S 完成硫素循环。目前已记载的此类菌超过 25 种（它们也存在于土壤、动物肠道和淡水生境），代表性的例证及其特征见表 1-2。有些 SRB 可以乙酸盐或乙醇作为氧化底物还原元素硫（而不是 SO_4^{2-}）成为 H_2S，而有些 SRB 可以一系列有机化合物或氢气作为氧化底物还原 SO_4^{2-}。

表 1-2　海洋硫或硫酸盐还原细菌的部分属（引自 Munn, 2003）

属	形　态	最适温度/℃	DV	DNA 的 (G + C) mol%	代谢类型
脱硫弧菌属（*Desulfovibrio*）	弯曲的杆状，运动	30～38[①]	+	46～61	硫酸盐还原，不利用乙酸盐
脱硫微球菌属（*Desulfomicrobium*）	杆状，运动	28～37	—	52～57	
脱硫橄榄样菌属（*Desulfobacula*）	卵形或球形	28	ND	42	

续表

属	形　态	最适温度 /℃	DV	DNA 的 (G ＋ C)mol%	代谢类型
脱硫菌属（*Desulfobacter*）	卵形或弯曲的杆状，可能运动	28～32	—	45～46	硫酸盐还原，氧化乙酸盐
脱硫杆菌属（*Desulfobacterium*）	卵形，可能有气泡	20～35	—	41～59	
脱硫单胞菌属（*Desulfuromonas*）	杆状，运动	30	—	50～63	异化硫还原，还原硫酸盐
脱硫短杆菌属（*Desulfurella*）	短杆状	52～57	—	31	

DV ＝ desulfovoridin，是一种用于化学分类的色素；①有一种是嗜热的。

七、革兰氏阳性菌（gram-positive bacteria）

1. 芽孢形成菌——芽孢杆菌属（*Bacillus*）和梭菌属（*Clostridium*）

革兰氏阳性菌中有两个大的分支，即厚壁菌门（Firmicutes）和放线菌门（Actinobacteria）。厚壁菌门是单细胞并有低的（G ＋ C）mol%，而放线菌门可形成菌丝体并有高的（G ＋ C）mol%。厚壁菌门中芽孢杆菌属和梭菌属含有许多不同的种类，并以土壤腐生菌而闻名，但它们也是海洋沉积物中的主要菌群。有些种类因为最初是从海洋沉积物中分离出来而被命名，如海洋芽孢杆菌（*Bacillus marinus*）。目前对于它们的丰度和分布仍知之甚少，在海洋中可能还有许多种类有待发现。它们最独有的特征是能产生有极大抗逆性的芽孢，使它们能够抵抗高温、射线和干燥，芽孢可能存活几千年。芽孢杆菌属一般是好氧的，但梭菌属是严格厌氧。梭菌属有多种发酵途径，因此可形成有机酸、乙醇和氢气。有一些种类能有效地固氮。梭菌属在无氧海洋沉积物的分解和氮循环中起主要作用。肉毒梭菌（*Clostridium botulinum*）在鱼类产品中可产生肉毒素。

2. 其他的厚壁菌门细菌

葡萄球菌属（*Staphylococcus*）、乳杆菌属（*Lactobacillus*）和李斯特氏菌属（*Listeria*）是好氧或兼性厌氧、接触酶阳性的球菌和杆菌，有典型的呼吸代谢。它们偶尔可在海洋样品中分离出来，可能成为鱼类腐败和食物中毒的重要因素。

3. 放线菌门

放线菌是细菌中较大的和变化多样的类群，也有高的（G ＋ C）mol%。它们的细胞形态多样，从棒状（球棒状）（如棒杆菌属 *Corynebacterium* 和节杆菌属 *Arthrobacter*）到带有分生孢子的分枝丝状（如链霉菌属 *Streptomyces* 和小单孢菌属 *Micromonospora*）都有。放线菌广泛分布于海洋沉积物中。由于它们在土壤中的丰度很高，所以沿岸沉积物中的放线菌很有可能来自于陆地的土壤流失，然而在深海样品中也发现有放线菌。海洋种类中只有红球菌属中的海生红球菌（*Rhodococcus marinonascens*）已经培养出来并对其进行了详细的研究，但是 16*S* rDNA 的研究表明海洋放线菌的种类是多种多样的。它们的主要生态学意义是起分解作用和参与异养营养素循环，因为它们可以产生胞外酶分解多糖、蛋白质和脂类，放线菌也是次级代谢产物的重要源泉。许多应用很广泛的抗生素都来自于放线菌，但来自于海洋的极少。一些制药公司正在调查海洋放线菌的多样性，并在鉴定一些有生物工程学潜在价值的独特化合物。

八、噬纤维菌属—黄杆菌属—拟杆菌属组(the *Cytophaga-Flavobacterium-Bacteroides* group, CFB group)

噬纤维菌属、黄杆菌属、拟杆菌属的细菌形态多样,是好氧或兼性厌氧的化能异养菌,它们均归入细菌域的一个主要分支——拟杆菌门(Bacterioidetes)。该门的许多重要属如噬纤维菌属、黄杆菌属、拟杆菌属、屈挠杆菌属(*Flexibacter*)和食纤维素属(*Cellulophaga*)是多元的(polyphyletic),它们的分类非常混乱。基于对 *gryB* 基因的分析,最近建立了一个新属,即附着杆菌属(*Tenacibaculum*),主要包括以前属于屈挠杆菌属的海洋种类。噬纤维菌属和黄杆菌属的许多海洋菌株有特殊的 flexirubin 色素和类胡萝卜素。如果把沉积物、海雪和动植物表面的采样接种到海洋琼脂平板上并在室温下好氧培养,噬纤维菌和黄杆菌因能产生有颜色的菌落而很容易被分离出来。它们最显著的特征是能够滑动并能产生胞外酶,这些酶可以降解一些多聚物,如琼脂、纤维素和几丁质等。一般情况下,琼脂能够抵抗细菌的降解,这也是为什么细菌培养基选用琼脂作为凝胶剂,但是经常发现属于噬纤维菌属、黄杆菌属和拟杆菌属的许多海洋分离菌株能够软化琼脂或在琼脂平板上形成漏斗形。这类细菌产生的水解酶在降解复杂的有机物质(如浮游植物的细胞壁和甲壳动物的外壳)上有非常重要的生态学意义。有些种类对鱼类和无脊椎动物有致病性。许多种类有嗜冷性,通常可在冷水的海洋生境甚至海冰中分离出来。拟杆菌属的正常生境是哺乳动物的消化道,它们也可能存在于污染的水体中,并可在海洋中持续生存很长时间。

第三节　海洋古菌

如前所述,16*S* rDNA 分类法的应用证实了古菌是原核生物中一个完全独立的域。其他信息也支持古菌是单系类群(monophyletic group)这一观念,特别是在核糖体的本性及复制、转录和翻译的机制方面。现在已知原先把古菌(先前称为古细菌 archaeobacteria)作为细菌的一个独特子分支(subset)的观点是完全错误的。在海洋环境中,古菌的丰度很高且种类众多。

一、古菌域(Archaea)的系统发生类群

目前,人们把古菌域的系统发生树(图 1-19,未显示纳米古菌门)分为 4 个主要分支(门),即广域古菌门(Euryarchaeota)、泉生古菌门(Crenarchaeota)、初生古菌门(Korarchaeota)和纳米古菌门(Nanoarchaeota)。目前许多学者认为,正如真核生物域可分为动物界、植物界等一样,古菌域可分为若干"界"而不是"门",但本书中为了和细菌域的分类方式一致,仍采用了"门"。人们对许多海洋古菌的了解还仅限于分离自环境样品中的古菌基因序列,目前大部分海洋古菌还没有被培养出来。表 1-3 是目前古菌域的 4 个门、纲和主要属的名称。

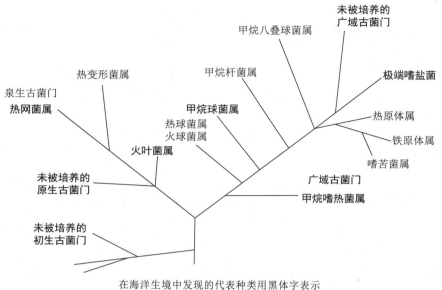

在海洋生境中发现的代表种类用黑体字表示

图1-19 古菌域的简化系统发生树（引自 Munn, 2003）

表1-3 古菌域的门、纲和主要属的名称

广域古菌门（Euryarchaeota）
- 甲烷杆菌纲（Methanobacteria）
  甲烷杆菌属（*Methanobacterium*），甲烷短杆菌属（*Methanobrevibacter*），甲烷球形菌属（*Methanosphaera*），甲烷热菌属（*Methanothermus*）
- 甲烷球菌纲（Methanococci）
  甲烷球菌属（*Methanococcus*），甲烷热球菌属（*Methanothermococcus*），甲烷暖球菌属（*Methanocaldococcus*），甲烷炎菌属（*Methanotorris*）
- 甲烷微菌纲（Methanomicrobia）
  甲烷微菌属（*Methanomicrobium*），甲烷囊菌属（*Methanoculleus*），甲烷泡菌属（*Methanofollis*），产甲烷菌属（*Methanogenium*），甲烷裂叶菌属（*Methanolacinia*），甲烷盘菌属（*Methanoplanus*），甲烷粒菌属（*Methanocorpusculum*），甲烷螺菌属（*Methanospirillum*），甲烷砾菌属（*Methanocalculus*），甲烷八叠球菌属（*Methanosarcina*），甲烷类球菌属（*Methanococcoides*），甲烷盐菌属（*Methanohalobium*），甲烷嗜盐菌属（*Methanohalophilus*），甲烷叶菌属（*Methanolobus*），甲烷食甲基菌属（*Methanomethylovorans*），甲烷微球菌属（*Methanimicrococcus*），甲烷咸菌属（*Methanosalsum*），甲烷鬃菌属（*Methanosaeta*）
- 盐杆菌纲（Halobacteria）
  盐杆菌属（*Halobacterium*），盐盒菌属（*Haloarcula*），盐棒菌属（*Halobaculum*），盐二型菌属（*Halobiforma*），盐球菌属（*Halococcus*），富盐菌属（*Haloferax*），盐几何菌属（*Halogeometricum*），盐微菌属（*Halomicrobium*），盐棍菌属（*Halorhabdus*），盐红菌属（*Halorubrum*），盐简菌属（*Halosimplex*），盐陆生菌属（*Haloterrigena*），钠白菌属（*Natrialba*），钠线菌属（*Natrinema*），盐碱杆菌属（*Natronobacterium*），盐碱球菌属（*Natronococcus*），盐碱单胞菌属（*Natronomonas*），盐碱红菌属（*Natronorubrum*）
- 热原体纲（Thermoplasmata）
  热原体属（*Thermoplasma*），嗜苦菌属（*Picrophilus*），铁原体属（*Ferroplasma*）
- 热球菌纲（Thermococci）
  热球菌属（*Thermococcus*），古老球菌属（*Palaeococcus*），火球菌属（*Pyrococcus*）
- 古球状菌纲（Archaeoglobi）
  古球状菌属（*Archaeoglobus*），铁球状菌属（*Ferroglobus*），地球状菌属（*Geoglobus*）
- 甲烷火菌纲（Methanopyri）
  甲烷火菌属（*Methanopyrus*）

2	泉生古菌门（Crenarchaeota） • 热变形菌纲（Thermoprotei） 　热变形菌属（*Thermoproteus*），暖枝菌属（*Caldivirga*），热棒菌属（*Pyrobaculum*），热分支菌属（*Thermocladium*），火山鬃菌属（*Vulcanisaeta*），热丝菌属（*Thermofilium*），暖球形菌属（*Caldisphaera*），除硫球菌属（*Desulfurococcus*），酸叶菌属（*Acidilobus*），气火菌属（*Aeropyrum*），燃球菌属（*Ignicoccus*），葡萄嗜热菌属（*Staphylothermus*），斯梯特氏菌属（*Stetteria*），厌硫球菌属（*Sulfophobococcus*），热盘菌属（*Thermodiscus*），热球形菌属（*Thermosphaera*），热网菌属（*Pyrodictium*），超热菌属（*Hyperthermus*），火叶菌属（*Pyrolobus*），硫化叶菌属（*Sulfolobus*），喜酸菌属（*Acidianus*），生金球菌属（*Metallosphaera*），憎叶菌属（*Stygiolobus*），硫磺球形菌属（*Sulfurisphaera*），硫磺球菌属（*Sulfurococcus*），餐古菌属（*Cenarchaeum*）
3	初生古菌门（Korarchaeota）
4	纳米古菌门（Nanoarchaeota） 　纳米古菌属（*Nanoarchaeum*）

早期一直认为海洋古菌只生存于海洋极端生境（高温、高盐、厌氧等）中。20世纪90年代开始，人们发现古菌广泛分布于大洋、近海、沿岸等非极端环境的海域，它们在海洋超微型浮游生物中占相当的比例，对海洋生态系统具有举足轻重的作用。此外，在海洋生物体内也发现存在与之共生的古菌。

研究发现，古菌在海洋中的种类和数量分布极不平衡。一般而言，古菌大量存在于海水中，是海洋浮游生物的主要组成类群；而在海洋沉积物中，除极端环境外，古菌仅占沉积物中原核生物的2.5%～8%，或更少。在类群分布上，不同海域存在不同的分布特点。Karner等（2001）的研究表明，太平洋表层海水中多为广域古菌，随深度增加泉生古菌所占比例高达39%，从而成为海洋浮游生物中最丰富的菌群代表；相反，南极极地深海处的浮游生物中，则存在数量较多的广域古菌。Kim等（2005）的研究表明，韩国江华岛的潮滩沉积物（tidal flat sediment）的古菌中，广域古菌和泉生古菌所占的比例分别为46.1%和53.9%。此外，无论是海水还是沉积物中，均存在海洋特有的古菌类群，并已从各海域中分离获得许多新属种的古菌。其中产甲烷古菌与硫酸盐还原古菌（sulfate reducing archaea）是海洋厌氧环境中碳和硫循环的主要贡献者。

二、广域古菌门（Euryarchaeota）

1. 产甲烷古菌（methanogenic archaea）

广域古菌门的大量成员对有机物进行厌氧生物降解的最后一步是能够产生甲烷。产甲烷古菌（图1-20）一般是嗜温菌（mesophilic）或嗜热菌（thermophilic），可以从动物消化道、缺氧沉积物和腐烂物等很多地方分离到。产甲烷古菌也作为厌氧原生动物的内共生体，发现于白蚁的后肠中。消化木材和纤维素的船蛆（shipworms）和其他海洋无脊椎动物的消化道中的纤毛虫（ciliates）很可能含有内共生古菌。嗜热产甲烷古菌（thermophilic methanogens）也是海底热液喷口处微生物群体的重要组成部分。产甲烷古菌还是无氧海洋沉积物中产生大量甲烷的主要原因，其中很多甲烷以甲烷水合物（methane hydrate）的形式被隔绝了几千年。甲烷水合物作为未来的能量来源，对全球具有重要意义。甲烷的去向也是非常重要的，因为它作为温室气体将影响着气候变化。

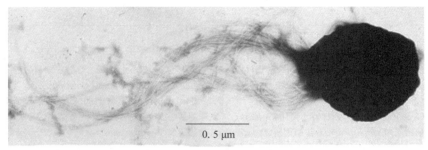

0.5 μm

该古菌有运动性,生存于海底的热液喷口,以氢气为能源

图 1-20　产甲烷古菌——甲烷球菌 *Methanococcus jannaschii*（引自 Talaro, 2005）

虽然产甲烷古菌是专性厌氧菌,但也能从表面微生物垫（surface microbial mats）和海水中发现,这些区域的溶解甲烷含量很高。据推测,产甲烷古菌存在于颗粒内部的厌氧区,在这些区域,氧已被其他生物的呼吸活动耗尽。在深水中含有营养物的上升流,甲烷的产生也同样重要。在深水中,沉降的有机物发生强烈的异养氧化,导致氧气耗尽。

2. 极端嗜盐古菌（extreme halophilic archaea）

极端嗜盐菌都是嗜盐古菌,它们生活在 NaCl 浓度大于 9% 的环境中,其中有很多种类竟能生活在饱和的 NaCl 溶液（35%）中。它们分布于盐湖中,如犹他州的大盐湖（the Great Salt Lake）和中东地区的死海（the Dead Sea）。极端嗜盐古菌也发现于沿海盐场的盐田中,盐田按半连续的方法运转,可终年保持相对稳定的盐浓度。用传统微生物学方法和 16*S* rRNA 法分析显示,随着盐浓度升高,微生物多样性下降。当 NaCl 浓度达到 11% 后,盐田细菌种类与沿海海水中的相似（大多数海洋细菌是中度嗜盐菌）,而古菌的种类则很稀少。然而,当 NaCl 浓度超过 15% 时,可培养的古菌如盐红菌属（*Halorubrum*）、盐杆菌属（*Halobacterium*,图 1-21a）、盐球菌属（*Halococcus*,图 1-21b）和盐几何菌属（*Halogeometricum*）则变为优势菌种,还含有一些先前未鉴定基因序列的古菌。

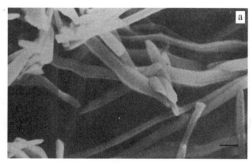
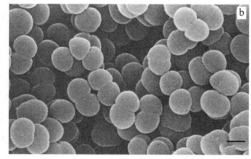

a. 盐沼盐杆菌（*Halobacterium salinarum*）。培养时间短时呈长杆状;
b. 鳕嗜盐球菌（*Halococcus morrhuae*）

图 1-21　嗜盐古菌扫描电镜照片,标尺 = 1 mm（引自 Prescott et al, 2002）

目前已分离鉴定的嗜盐古菌约有 20 个属,大部分类型都可在海水演化的各类高盐极端环境中发现。嗜盐古菌都是革兰氏阴性的杆菌或球菌,有的种类含有非常大的质粒,其DNA 含量可占基因组的 30%。它们是化能异养菌,常常利用氨基酸或有机酸作为能量来

源。嗜盐古菌要承受如此大的胞外 Na^+ 浓度，则需要把大量的 K^+ 注入膜内，以维持内部的高渗透压，防止细胞脱水。如果胞外没有如此高浓度的 Na^+，细胞就会崩解，因为 Na^+ 能稳定细胞壁中大量带负电荷的酸性氨基酸。

　　嗜盐古菌在高盐浓度、低氧分压的光照条件下生长时，可在细胞膜上形成一种特殊的、呈六边形格子状的紫色斑，这种紫色斑膜又称为紫膜（purple membrane，PM）。紫膜的颜色是由膜上的菌视紫质决定的。紫膜由 75% 的蛋白质和 25% 的脂质组成，它可以覆盖细胞膜表面的一半左右，其所含的蛋白质完全相同，即菌视紫质蛋白（bacterioopsin）。菌视紫质蛋白与一种视黄醛（retinal）形成的复合物即菌视紫质可以吸收光，产生质子原动力（proton motive force）来生成 ATP。

三、泉生古菌门（Crenarchaeota）

　　泉生古菌门在系统发生上与前面提到的广域古菌门截然不同，尽管许多种类与其具有相似的生理特征，包括极端嗜热的特性。大多数已被培养的代表菌种是从陆地温泉中发现的，其他一些种类则发现于海底热液喷口处。它们在代谢中可利用的电子供体和受体范围很广，或者营化能自养，或者营化能异养，大多数是专性厌氧菌。

　　最近几年的一个重大发现是，泉生古菌并不仅生存于高温环境，在海洋中到处都有泉生古菌门的成员。人们不仅在南极水域和海冰中发现了泉生古菌的基因序列，而且发现泉生古菌门在深海水体中有着丰富的生命形式，这使人们从根本上对海洋原核生物的多样性和生态学方面进行了重新评价。

　　另外，Ingalls 等（2006）用化合物特异性同位素示踪技术，示踪了有机碳和无机碳流入深海水域古菌脂类中的情况，证实深海泉生古菌是自养菌，其碳源为 CO_2，由此推测深海泉生古菌在海洋生物化学循环中起着非常重要的作用。

　　燃球菌（*Ignicoccus* sp.）为硫化物还原型化能自养菌，有着与其他古菌不同的结构。它有一个外膜，像一个疏松的囊袋包围在细胞周围，将很大的周质间隙围在里面，周质间隙中还含有负责转运的囊泡。后来发现一种燃球菌，其表面被另一种与之共生的、极小的球形古菌所覆盖（图 1-22）。

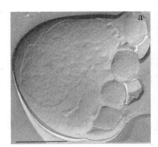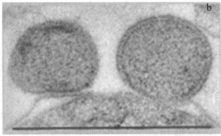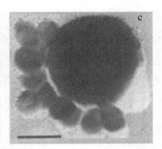

a、b 和 c 中较大的细胞为燃球菌，附着其上的小细胞为骑行纳米古菌

图 1-22　燃球菌（*Ignicoccus* sp.）和骑行纳米古菌（*Nanoarchaeum equitans*）的
电镜照片（引自 Prescott et al，2002）

四、初生古菌门（Korarchaeota）

利用分子生物学手段在美国黄石公园的样品中检测到一类古菌——初生古菌门，目前尚未将其培养出来。这类古菌在进化上与嗜冷的泉生古菌比较近，但是与嗜热微生物也有许多共同点，它们在系统进化树上又处于根部，因此这就为生命热起源研究提供了一定的证据。

五、纳米古菌门（Nanoarchaeota）

纳米古菌门迄今只有一个种，即骑行纳米古菌（*Nanoarchaeum equitans*），这是与另一种古菌——火球菌营共生的专性共生菌。纳米古菌的细胞直径大约为 400 nm，基因组只有 0.48 Mb，是迄今所知的最小生物。实验发现，这种古菌极端嗜热，在 100 ℃下依然可以生存。

第四节　海洋真核微生物

海洋真核微生物主要包括海洋原生生物（protists）和海洋真菌（fungi）。原生生物最初被用来涵盖那些不适于归到植物界、动物界或真菌界的真核生物，它被划分为两大分支，分别是原生动物（protozoa）和原生植物（prophyta）或称真核微藻（microalgae），划分依据是它们分别代表动物和植物的原始形式。下面介绍真核微生物的几个主要类群。

一、海洋真菌（fungi）

1. 海洋真菌的分布

真菌通常会被认为主要是陆地生物，正因如此，对海洋栖息环境中真菌的相关研究甚少。在已知的近 10 万种真菌中，海洋真菌仅有 500～1 500 种。已分离的海洋真菌多属于子囊菌纲（Ascomycetes）、半知菌纲（Deuteromycetes）、担子菌纲（Basidiomycetes）、壶菌纲（Chytridiomycetes）和卵菌纲（Oomycetes）等。在这些类群中，又以子囊菌纲和半知菌纲居多。有些种类是专性海洋真菌，如 Halosphaeriales 是子囊菌纲的一个目，几乎全部由海洋真菌构成（有 43 个属和 133 个种）。子囊菌纲主要生长在海洋漂浮木上，有性时期产生子囊和子囊孢子。半知菌纲因其成员的生活史中尚未发现有性阶段而得名，海水、海洋沉积物、海洋动物和海洋藻类中均有分布，这一分类单元的真菌无性繁殖大多十分发达，以芽殖、裂殖的方式产生形形色色的分生孢子。这些孢子体积小、重量轻，如粉尘状，可随气流或附着在固体或液体上，传播很远的距离，也可在陆地与海洋之间传播。少数种类是海洋低等动物和海藻的病原菌；有些种类能导致食品腐败以及原料、器材的腐蚀或变质，在海岛等潮湿地域尤为严重；不少种类的代谢产物可产生抗生素、有机酸和酶制剂，是重要的工业真菌和医药真菌，也是国内外开发海洋真菌的重点。

海洋真菌广泛分布于海洋环境中，从潮间带高潮线或河口到深海，从浅海沙滩到深海沉积物中都有它们的踪迹。海洋酵母适应海洋中生长控制因素（如渗透压、静水压、温度、酸碱度或氧张力等）的能力较强，因此在海滨、大洋及深海沉积物中都能分离到它们，但其数量较细菌少，在近岸海域中仅为细菌的 1%。丝状真菌的生长要求有适宜的基物作为栖息场所，因此多集中分布在沿岸海域，它们在海洋中不如细菌和酵母常见。由于海洋真菌营腐生或寄生生活,特别是许多海洋真菌有特定的寄主,所以其地理分布特点取决于寄主的地理分布范围。另外,海水中溶解氧浓度和海水温度也是影响海洋真菌生存与发展的重要因子。几乎所有真菌都可在低于海水中 NaCl 浓度的条件下生长,因此耐盐性不能作为区分海洋真菌与陆地真菌的标志。

海洋真菌同海洋细菌一样,也存在嗜压和嗜冷的类型,如来源于超过 500 米深的海洋环境中的真菌,明显地具有适应高压、低温生长的能力。甚至在 5 000 多米深的深海,也发现了海洋真菌的踪迹。有人对海洋真菌的分布特点进行了总结:随着盐度降低,水霉菌种类数目增加,但子囊菌种类数目减少;热带水域比寒温带水域中海洋真菌种类多;随平均水温增高,水生真菌耐盐能力降低。

2. 海洋真菌的生态类型

真菌是异养型生物,且大多数是腐生的,这在分解环境中对复杂的有机物具有重要的意义。目前了解最多的海洋真菌都是那些能分解植物组分的,如能使木头、叶子和潮间水草腐烂的真菌。最近的研究发现,盐沼植物和热带红树林中的海洋真菌特别丰富,对其进一步研究也许将发现更多的新种。这些种类成为研发新的酶和药物的潜在来源。其他一些真菌栖息地则包括河口淤泥及藻类、珊瑚和沙子的表面以及动物的肠道。人们已经搞清了一些海洋真菌中能降解纤维素、半纤维素和木质素的酶。

海洋地衣(lichens)通常生活于潮间带的岩石表面。地衣是真菌和藻类或蓝细菌之间建立的一种亲密的互惠共生关系而产生的。真菌产生的菌丝体结构使地衣能够牢固地结合在岩石表面,也能产生溶质帮助其获取水分和无机营养物,并从光合作用的藻类那里得到有机物。海洋真菌也可以通过形成菌根而与盐沼植物形成共生关系。

有些真菌是海洋动物(如甲壳动物、珊瑚、软体动物和鱼类)或植物(如海藻、潮间带水草和红树根)的病原体,但对其研究的较少。

3. 海洋红酵母

海洋红酵母是半知菌亚门/芽孢纲/隐球酵母目/红酵母属真菌,是一类抗逆性较强的腐生菌,呈圆形或卵圆形,菌落红色;无性繁殖,多极出芽;无酒精发酵能力,不同化乳糖,能分解脂肪,硝酸盐利用能力为"－/＋",无脲酶;最适生长温度为 22 ℃～30 ℃;适宜生长于偏酸性、有一定碳源和氮源的环境;不需要光照条件。海洋红酵母细胞中富含蛋白质、肝糖颗粒、不饱和脂肪酸、维生素、色素等物质。

在海水和淡水等营养相对缺乏的环境中,红酵母是最常见的酵母菌种类,陈淑芬等(1981)对世界范围内的海洋酵母菌资源的研究结果表明,红酵母菌是海洋酵母菌的优势属之一。周与良等(1999)调查了我国黄海、渤海沿岸不同基物上红酵母的种类,共鉴定了216 株,分属于 4 个种,即深红酵母 153 株、粘红酵母 39 株、小红酵母 15 株和牧草红酵母9 株。

红酵母最重要的代谢产物是胡萝卜素和虾青素。由于红酵母所产生的类胡萝卜素能提高养殖动物的产量并增强其抗病性,已广泛应用于海水养殖。虾青素具有极强的抗氧化性能,动物试验表明,虾青素有抗肿瘤和增强免疫功能的作用。海洋红酵母作为益生菌,能显著提高幼苗的存活率,并能增强动物体的免疫功能、减少抗生素用量,是优良的水产养殖饲料添加剂。此外,海洋红酵母还具有培养周期短、适应能力强、成本低等优点,使其在医药、食品、化工和农业等领域得到越来越广泛的重视。

二、真核微藻类（microalgae）

海洋真核微藻是海洋生态系统中的初级生产者,也是重要的海洋生物资源。海洋微藻遍布全球海洋,种类多、数量大、繁殖快,在海洋生态系统的物质循环和能量流动中起着极其重要的作用。近几十年来,随着现代生物技术的应用、分离鉴定手段的提高、遗传工程和基因工程等的迅猛发展,人类对海洋微藻的研究开发进入到崭新的阶段。海洋微藻的很多种类具有很高的经济价值,其营养丰富,富含微量元素和各类生物活性物质,而且易于人工繁殖,生长速度快,繁殖周期短,所以在医药、保健品、化妆品、水产养殖、化工和环保等领域具有广阔的应用前景。特别是利用微藻开发多不饱和脂肪酸（PUFA）和生物柴油的研究得到快速发展,利用微藻提取 EPA（二十碳五烯酸）和 DHA（二十二碳六烯酸）具有工艺简单、无腥味、不含胆固醇成分等优点。

真核微藻的一般构造见图 1-23。

海洋微藻也是形成赤潮（red tide）的重要原因。赤潮泛指海洋浮游生物（海洋微藻、原生动物或细菌）过度繁殖或聚集而令海水变色（一般为红色）的现象。近年来,国际上将那些造成直接危害的赤潮,称为有害藻类水华（harmful algal bloom, HAB）。甲藻是形成有害藻类水华的最重要类群,最常见的甲藻有夜光藻（*Noctiluca scintillans*）、塔玛亚历山大藻（*Alexandrium tamarense*）、海洋原甲藻（*Prorocentrum micans*）、微小原甲藻（*P. minimum*）、短裸甲藻（*Gymnodinium breve*）、链状裸甲藻（*G. catenatum*）、米氏裸甲藻（*G. mikimotoi*）和叉状角藻（*Ceratium furca*）等。在我国,引发过有害藻类水华的甲藻主要有塔玛亚历山大藻、海洋原甲藻、

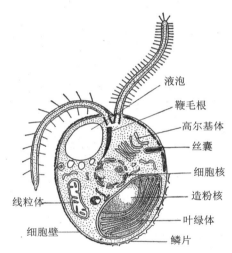

图 1-23　真核微藻（带鞭毛）的一般构造
（引自郑重等,1984）

微小原甲藻、链状裸甲藻、米氏裸甲藻等。近年来,我国东海频繁发生原甲藻水华,第一优势种为东海原甲藻（*P. donghaiense*）。另外,有些甲藻产生的毒素还会在贝类和鱼类体内积累,使人类和海洋动物致病或死亡。

近岸海水中发现的甲藻有约 2% 是生物发光的,其中了解最多的是夜光藻属和膝沟藻属（*Gonyaulax*）。它们遍布世界各地,但是只在某些热带近岸海域存在高密度群落,当晚间的时候,常会看到大片磷光（phosphorescence）的壮观景象。甲藻发出的光常常是闪亮的蓝绿光（波长约 475 nm）。膝沟藻也能发红光,波长为 630～690 nm。发光的刺激因素一般是因为细胞膜变形（deformatiom）产生切力（shear forces）,如鱼引起水的搅动、破波（breaking waves）或船的尾流（the wave of a boat）造成细胞膜的变形而导致发光。

三、原生动物（protozoan）

原生动物是一大类具有或无明显亲缘关系的单细胞"低等动物"的泛称或集合名词。从系统发生上讲，它们是一个非单源起源的混合体。相对于多细胞的"后生动物"，原生动物的共同结构特征为：它们都是单细胞动物或由其形成的简单（无明确细胞分化）的群体。与高等动物体内的细胞不同，它们自身即是一完整的有机体，并以其特化的细胞器（organelles），如鞭毛、纤毛、伪足、吸管、胞口、胞肛、伸缩泡、射出体等，来完成诸如运动、摄食、营养、代谢、生殖和应激等生理活动。作为细胞来讲，它们无疑是最复杂和最高等的细胞，在形态结构等生物学特征上均表现出极大的多样性（图 1-24）。原生动物中，绝大部分种类的个体大小为 10～200 μm，在海洋中分布十分广泛。

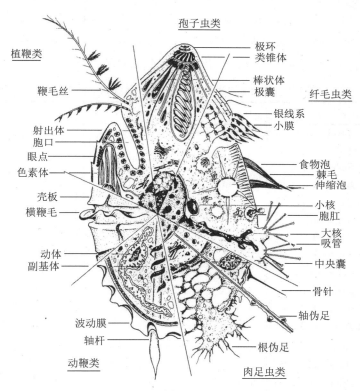

图 1-24　原生动物的细胞模式（引自宋微波等，1999）

第五节　海洋病毒

海洋病毒是海洋环境中一类土著性、超显微、仅含有一种类型的核酸（DNA 或 RNA）、专性细胞内寄生（或游离存在）的非细胞结构的微生物。它们在活细胞外具有一般化学大分子的特征，而进入宿主细胞后则具有生命特征。Spencer 在 1955 年首次发现海洋病毒，在此后的几年里，人们用透射电镜对海洋病毒的结构进行了详细的描述。然而，直到 35 年后人们才发现病毒在海洋环境及海洋生物中广泛存在，其丰度大大高于海洋细菌。

病毒是海洋生态系统中个体最小也是丰度最高的成员。所有形式的原核和真核生物都能被病毒感染。病毒的大小多介于 20～200 nm,由核酸(DNA 或 RNA)及包在外部的蛋白质衣壳构成。它们不能独立代谢和生长,只能通过控制宿主的生物合成机制来进行自我复制。在海洋生态系统和生物圈循环中,病毒的丰富程度和重要性在最近十几年才被认识到,到 20 世纪 90 年代这一领域已发展成为海洋微生物学中最有前景的分支学科之一。

一、海洋病毒在海水中的存在

海洋病毒的存在方式包括游离、吸附于无机或有机颗粒、海洋生物非感染性携带、海洋生物急性或慢性感染和海洋生物溶源性感染。游离的病毒在海洋中分布广泛,含量极其丰富,其中主要是大量的噬菌体和藻类病毒。近几年的大量研究表明,水体中的病毒丰度远远高于先前所估计的。据测定,北大西洋的病毒密度约为 $1.49×10^9$ cells/mL,切斯贝克海湾为 $1.01×10^7$ cells/mL,长岛海湾为 $1.5×10^7$ cells/mL,而加利福尼亚圣塔海区为 $(1.5～2)×10^7$ cells/mL。按个体数量来计算,病毒是海洋中丰度最高的生物群体,其总体数量是细菌数量的 5～25 倍。表 1-4 列出了一些有代表性的海洋病毒类群及其宿主。

表 1-4　感染海洋生物的病毒举例(引自 Munn,2003)

病毒类群	核酸	形状	大小/nm	宿主
肌尾噬菌体科(Myoviridae)	dsDNA	多角形,有可伸缩尾	80～200	细菌
短尾噬菌体科(Podoviridae) 长尾噬菌体科(Siphoviridae)	dsDNA	二十面体,有不可伸缩尾	60	细菌
微噬菌体科(Microviridae)	ssDNA	二十面体,有刺突	23～30	细菌
光滑噬菌体科(Leviviridae)	ssRNA	二十面体	24	细菌
覆盖噬菌体科(Corticoviridae) 复层噬菌体科(Tectiviridae)	dsDNA	二十面体,有刺突	60～75	细菌
囊病毒科(Cystoviridae)	dsRNA	二十面体,有脂外壳	60～75	细菌
脂毛噬菌体科(Lipothrixviridae)	dsDNA	粗杆状,有脂外壳	400	古菌
SSV1 group	dsDNA	柠檬状,有刺突	60～100	古菌
细小病毒科(Parvoviridae)	ssDNA	二十面体	20	甲壳动物
嵌环样(杯状)病毒科(Caliciviridae)	ssRNA	球形	35～40	鱼类、海洋哺乳动物
整体病毒科(Totiviridae)	dsRNA	二十面体	35～40	原生动物
呼肠孤病毒科(Reoviridae)	dsRNA	二十面体,有刺突	50-80	甲壳动物、鱼类
双 RNA 病毒科(Birnaviridae)	dsRNA	二十面体	60	软体动物、鱼类
腺病毒科(Adenoviridae)	dsDNA	二十面体,有刺突	60～90	真菌
正黏病毒科(Orthomyxoviridae)	ssRNA	形状多样,主要为丝状	20～120	海洋哺乳动物
杆状病毒科(Baculoviridae)	dsDNA	杆状,有的有尾	100～400	甲壳动物
藻 DNA 病毒科(Phycodnaviridae)	dsDNA	二十面体	130～200	藻类
虹彩病毒科(Iridoviridae)	dsDNA	二十面体	125～300	鱼类
弹状病毒科(Rhabdoviridae)	ssRNA	子弹状,有放射状突起	100～430	鱼类

海洋病毒在海水中的含量呈动态变化,会随其他参数的变化而快速变化。病毒与藻类、细菌的关系非常密切。在近岸海域和大洋中,当藻类大量繁殖,特别是春秋季赤潮发生时,藻类生长旺盛,与病毒接触的概率增大,受感染的机会也增加,从而导致病毒的丰度升高。随着时间的积累,病毒含量越来越高,直至藻类生长开始衰退,病毒含量才会随之

减少。研究表明,病毒的丰度与海水中叶绿素 a 的含量及细菌的数量也有很好的相关性。海水中病毒的空间分布呈现近岸密度高、远岸密度低的特点,近岸海水中的病毒丰度高于外海。在海洋真光层(photic zone)中病毒的数量较大,并且随着海水深度的增加丰度逐渐减少,在接近海底的水层中又有所回升,其密度有时可达 10^9 cells/mL。工业和生活废水的排放及河流的汇入,将大量有机物携带入海水中,使附近海水富营养化,藻类和细菌大量繁殖,随之也会带来病毒的大量增殖。

海洋病毒几乎对所有的海洋生物都有影响,能够侵染多种海洋生物,5%～40% 的海洋生物可能是被病毒侵染致死的。海洋噬菌体(marine phage)裂解造成的异养细菌致死率占异养细菌死亡率的 60%。海洋蓝细菌、海洋真核藻类等重要的海洋初级生产者也可被海洋病毒所侵染。当前的病毒性传染疾病给世界水产养殖业带来了巨大危害和损失,成为水产养殖业发展中亟待解决的一大难题。在另一方面,病毒在海洋生态系统中的重要作用日益得到重视。大量的研究表明,病毒对微食物环(microbial food loop)中的各主要角色均有一定程度的影响,它使得微食物环中的物质流向更为复杂化,在微食物环中有着重要的生态学意义。

二、海洋病毒的形态

通过透射电镜(transmission electron microscope,TEM)观察发现,海水中大多数自由存在的病毒样粒子(virus-like particles,VLP)的衣壳为二十面体对称结构(图 1-25)。它们大小不一,直径通常为 30～100 nm,人们也曾观察到一些很大的似病毒结构(直径大约 750 nm)。有尾的和无尾的病毒形式都有,有时还会看到附属结构如刺突或尾丝等。

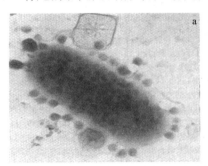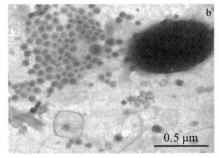

0.5 μm

a. 在裂解前的宿主细胞中的成熟噬菌体;b. 游离的病毒样粒子

图 1-25　在自然海水中噬菌体感染细菌的透射电镜照片(引自 Munn,2003)

三、海洋病毒的种类

由于海洋病毒宿主的多样性,且其对宿主有专一性,所以海洋病毒也呈现了多样性。根据宿主的不同,本书主要对海洋噬菌体、海洋藻类病毒、海洋动物病毒进行介绍。

1. 海洋噬菌体

海洋噬菌体是海洋原核微生物(包括细菌和古细菌)的病毒。由于早期人们低估了海洋中微生物的丰度,所以海洋微生物病毒也没有引起人们的重视。直到 20 世纪 90 年代,人们通过电子显微镜观察才发现海水中含有大量的病毒粒子,且其中主要为噬菌体。研究表明,噬菌体在海洋中的数量极其丰富,总量约 10^{30} cells。著名的海洋病毒学专家 Suttle

曾就这个庞大数量打了一个形象的比喻：如果将海洋中的病毒头尾相连排成一列，那么这个队列的长度将比地球附近的 60 个星系相互间的距离总和还要长。噬菌体在海洋中无处不在，可以说哪里有微生物出现，哪里就会伴有噬菌体的存在。

虽然海洋噬菌体具有很高的多样性，但是对其形态分类却很少研究。大多数已经分离得到的海洋噬菌体具有头和尾结构的复合形态，核酸为线性双链 DNA（dsDNA）。根据尾部形态特征的不同，噬菌体可以分为：长尾病毒科（Siphoviridae）、短尾病毒科（Podoviridae）和肌病毒科（Myoviridae）（图 1-26）。肌病毒科噬菌体通常具有一个粗壮且可以伸缩的尾部，具有较强的裂解能力，大多数为烈性噬菌体，它们的宿主范围较广，因此也是最容易从海水中分离出来的一类噬菌体。短尾病毒科噬菌体往往具有一个短且不可伸缩的尾部，它们也具有较强的裂解能力，但是宿主范围很小，它们侵染宿主时有严格的专一性，因此这类病毒从海水中分离出来的较少。长尾病毒科噬菌体具有较长的尾部，但不可伸缩，对宿主的裂解能力较弱，通常为温和噬菌体。

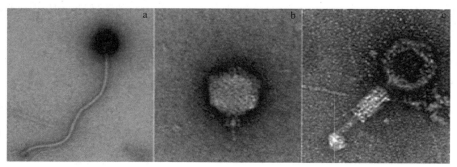

a. 长尾病毒科（Siphoviridae）；b. 短尾病毒科（Podoviridae）；c. 肌病毒科（Myoviridae）

图 1-26　几种代表性的海洋噬菌体的电镜照片

烈性噬菌体（virulent phage）侵入宿主后，能够通过控制宿主细胞的代谢机制而复制其自身的核酸并合成蛋白质，然后将这些核酸和蛋白质组装成病毒粒子并引起宿主细胞裂解。然而，温和噬菌体（temperate phage）感染细胞后会产生另外一种结果（图 1-27），细菌可以进入这样一种状态，即病毒基因组和宿主 DNA 一起复制但并不表达。通常，沉默的病毒基因组会稳定地整合到细菌基因组中，这种潜伏状态下的噬菌体就是原噬菌体（prophage）。感染有温和噬菌体的细菌称为溶源性细菌（lysogenic bacteria），在特定条件下溶源性细菌可自发裂解释放出具有感染性的病毒颗粒。一些实验条件比如置于紫外线下照射、温度改变、使用抗生素或其他化学药品处理，经常会诱导温和噬菌体进入裂解周期（lytic cycle）。海洋细菌中溶源状态的分子机制还有待于深入研究。

温和噬菌体在贫营养的海洋环境中更具生存优势。这是由于营养物质缺乏致使细菌丰度降低，从而不能满足烈性噬菌体快速大量感染的要求。在分布上，溶源性细菌呈现出远海较近岸多的特点，根本原因是远海海域受人为的影响小，水体透明度大，紫外线的穿透深度随之加深，因此造成大量游离态噬菌体粒子的死亡，于是幸存的噬菌体粒子选择以溶源性方式暂时"寄生"于宿主体内免受不良环境的威胁。Weinbauer 等人指出，深海中的异养微型生物群落主要由溶源性细菌组成。

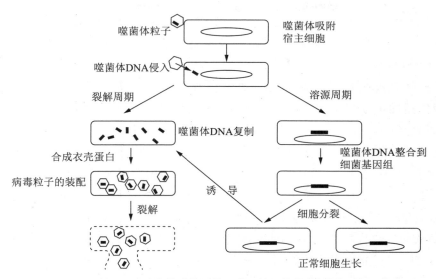

图 1-27　温和性 DNA 噬菌体感染细菌细胞后的可能结果(引自 Munn, 2003)

2. 海洋藻类病毒

藻类病毒分为原核藻类病毒和真核藻类病毒。藻类病毒最早是在蓝藻中报道的。随着越来越多的蓝藻病毒和真核藻类病毒的分离和鉴定,藻类病毒的研究也有了大量的积累。人们发现,这两类病毒无论从形态、结构,还是从生化性质、感染情况来看都很不相同。

蓝藻,又称为蓝细菌,是原核生物,具有细菌的特征,相应地把感染蓝细菌的病毒称为噬藻体。噬藻体与噬菌体非常相似,因此也将其纳入原核微生物病毒。蓝藻有丝状和单细胞两种基本形态,相应地蓝藻病毒通常也有两类,即丝状蓝藻病毒和单细胞蓝藻病毒。它们在蓝藻细胞中的感染和复制明显不同,这是因为两类蓝藻细胞的新陈代谢差异很大。病毒对丝状蓝藻的感染最明显的影响就是抑制宿主的 CO_2 固定,感染后的丝状宿主细胞很快产生一种由类囊体内陷形成的所谓的"病毒生长基质空间"(Virogenic stroma space),病毒在此繁殖,宿主 DNA 被降解,CO_2 的固定也被彻底封锁,内含物渗出细胞;而单细胞蓝藻中,病毒的复制是在核质中完成的。此外,丝状病毒一般在 3～5 h 内完成感染并释放出大量的病毒粒子,而单细胞蓝藻病毒的复制时间要长得多。因此,在一般情况下,丝状病毒比单细胞病毒有更快的生产速度,其感染率也就更大。

20 世纪 70 年代初,Lee 首先报道了真核藻类的病毒粒子,Gibbas 等则最早对真核藻类病毒进行了分离和鉴定,他们发现一种特异性地感染绿藻门的珊瑚轮藻的病毒,将其命名为珊瑚轮藻病毒。真核藻类病毒与蓝藻病毒有很大差异,是一类比蓝藻病毒大得多的双链 DNA(dsDNA)病毒,其基因组大小为 180～560 kb,分类学上属于"藻类病毒科",由 4 个属组成:绿藻病毒属、寄生藻病毒属、金藻病毒属、褐藻病毒属。真核藻类病毒的性质以及感染宿主的情况远不如蓝藻那么清楚。有人认为,在真核藻类病毒的研究中,最重要和最困难的就是藻类病毒的分离。虽然有些真核藻类可以生长在固体培养基上,如小球藻,可以利用双层平板法来分离它们感染的病毒。

3. 海洋动物病毒

20 世纪 80 年代以来,我国水产养殖业迅速发展,并且在农业产值中所占的比重逐年上升。但令人遗憾的是水生动物疾病,尤其是因病毒引起的暴发性流行病明显增多,危害极为严重。本文主要从对虾病毒、贝类病毒及鱼类病毒的角度来简单介绍海洋动物病毒。

(1)对虾病毒。

随着对虾养殖业的蓬勃发展,其病害也日益严重,特别是对虾病毒病已成为阻碍对虾养殖业发展的主要因素。对虾病毒病暴发流行给世界对虾养殖业造成了巨大经济损失,对海洋资源的可持续发展造成了巨大威胁,因此对虾病毒病的研究已成为当前世界虾病研究领域的热点之一。现在美国、法国、巴西、以色列、秘鲁、新加坡、菲律宾、日本、德国、澳大利亚、韩国、印度尼西亚、马来西亚、泰国、中国等国家和地区,都已有关于对虾病毒的报道。目前世界上已报道的对虾病毒包括杆状病毒科(Baculoviridae)、细小病毒科(Parvoviridae)、呼肠孤病毒科(Reoviridae)、虹彩病毒科(Iridoviridae)、小RNA病毒科(Picornaviridae)、弹状病毒科(Rhabdoviridae)、被膜病毒科(Togaviridae)等几个科20多种病毒(图1-28)。对虾病毒病的控制是一个系统而复杂的工程,涉及的方面很多。随着对病毒的认识加深和新技术的发展,对对虾病毒病的控制措施的可操作性也将逐渐加强。总体上说,对对虾病毒病控制应贯彻"预防为主,治疗为辅"的方针。

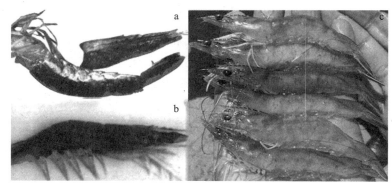

a. 对虾白斑病:示病虾整体上出现白斑;b. 肝胰脏细小病毒病:示病虾甲壳上大量黑色斑点;
c. 南美白对虾传染性肌肉坏死病毒病:病虾腹部肌肉变白不透明

图1-28 对虾常见病毒病的症状

(2)贝类病毒。

对贝类病毒病的研究最早可追溯到1972年Farley等在美洲牡蛎(*Crassostrea virginica*)中发现的一种疱疹病毒。由于病毒存在的广泛性、普遍性,所以在许多宿主上都可找到病毒的踪影。迄今世界上已发现的贝类病毒有20余种,主要有疱疹病毒科(Herpesviridae)、虹彩病毒科(Iridoviridae)、乳多空病毒科(Papovaviridae)、呼肠孤病毒科(Reoviridae)、双RNA病毒科(Birnaviridae)、反转录病毒科(Retroviridae)、副黏病毒科(Paramyxoviridae)等。贝类中发现的病毒有两种情况。第一种情况是人类或其他海洋动物(如鱼类)的致病性病毒通过贝类的滤食过程而进入贝体内。一般而言,这种病毒在贝体内不能进行感染和增殖,但经过生物积累作用,这种病毒粒子可能在其他动物体内引起感染和增殖。第二种情况是引起贝类本身发病的病毒。

(3)鱼类病毒。

对于鱼类病毒的研究,也同样引人注目,这得益于鱼类病毒诊断技术的不断改进和完善。就世界范围而言,目前发现的鱼类病毒不少,仅大菱鲆就感染有 11 种病毒。迄今鱼类病毒病研究的内容主要是病原、症状、诊断、形态观察(包括超微结构)、病理学预防等。病毒病防治方面已研制出一些病毒疫苗,但仍缺乏有效的治疗手段。

四、海洋病毒的研究意义

海洋病毒在海洋环境甚至整个生态系统中都有着重要的地位。现有的研究已经表明海洋病毒不仅在调节海洋生物的种群大小和多样性方面具有显著的作用,而且在物质的生物地球化学循环、全球气候变化以及生物间遗传物质的转移等方面起着重要的作用。

1. 病毒对海洋生物种群大小和多样性的调节

海洋生态系统中的微生物、浮游植物和动物的种群大小的动态变化是因为其增殖和消亡的数量不同引起的。这里指的消亡包括捕食作用、沉降作用以及自然消亡。近年来,随着微生物在海洋生态系统中的作用被逐渐认识,病毒作为海洋浮游生物的致死因子的作用也逐渐被揭示出来。病毒通过侵染宿主细胞使宿主患病或死亡来调节种群的大小。

噬菌体是浮游病毒的重要类群。一般认为,噬菌体对表层水体异养细菌的致死率为 10%～50%,与原生动物的捕食作用共同成为导致海域中原核生物衰亡的主要原因。而对诸如含氧量低的水域等环境中的异养细菌致死率则可达 50%～100%;对大西洋深海病毒—细菌侵染率(virus-to-bacteria ratios, VBR)的研究表明,10%～40%的细菌被病毒侵染。Moebus 等(1991,1992)对分离得到的 900 株可培养海洋细菌进行了研究,发现超过 1/3 的细菌体内至少含有一株裂解性的噬菌体,这些噬菌体造成了宿主的裂解且其对宿主的侵染是专一的。

噬藻体对蓝藻的致死率并不是很高,只有 5%～15%。病毒对真核藻类的致死率在 25%～100%之间。大多数情况下,病毒与真核藻类的关系是相对稳定的,但当真核藻类数量大暴发时,大规模裂解事件的发生会造成赤潮的消亡。由于经济发展和环境污染,加上全球气候变化,赤潮发生呈现出新的趋势:发生越来越频繁,影响的区域面积也越来越大,引发赤潮的藻种越来越多,有毒赤潮种的比例不断上升,以及有害赤潮危害的程度日益增加,已严重威胁着海洋经济的持续发展和社会的安定。Bratbak 等的研究表明,病毒在由海洋藻类 *Emiliania huxleyi* 引起的赤潮的消亡中起着重要作用。因此认为藻类病毒是赤潮的主要控制因子。将藻类病毒很好地应用到赤潮控制中是非常迫切的,也是非常有发展前景的,但这将是一个艰巨而漫长的过程。尽管国外已经有了不少藻类病毒感染赤潮藻的报道,但对于病毒如何调控赤潮藻,如何影响赤潮的消退还没有完全弄清楚。

病毒的裂解作用不仅显著影响宿主的丰度,而且使种群结构发生改变,导致生物群落的演替。宿主的专一性,通常是株系的专一性,以及病毒的侵染本性使病毒成为调控种群组成强有力的工具。病毒对某一特定宿主的侵染,不会对该区域总体生物群落的大小产生影响,只会通过影响其宿主的数量间接影响其他种群的数量和群落的结构。病毒可以以直接或间接的方式影响微生物群落的结构。最显著的直接影响是通过选择性杀灭种群中最具活性和竞争优势的种类;另一种直接影响是通过基因的横向转移从而引入新的特征起到自然选择的作用。间接影响主要包括通过裂解捕食者缓解捕食压力和影响有机物的循环来改变群落中种群的增长。病毒因此成为调节种间竞争及演替的重要生态因素。

2. 海洋病毒对生物地球化学循环的作用

微生物在海洋生态系统中对物质循环和能量流动过程起了重要作用。微型生物食物环或简称微食物环（microbial loop）中，微生物可将光合作用中释放出的溶解有机物转化为细菌自身营养，然后被微型浮游动物所利用（图1-29）。微食物环是海洋食物链的有机组成部分，具有相对独立、生态效率独特和营养物质更新速率快等特点。微食物环是经典食物链的重要补充，为海域生态系统的能量流动提供新的途径，从而提高了总的生态效率。微食物环的存在，一方面加速了有机碎屑的分解，有利于将营养物质保持在真光层中，另一方面又大大提高了有机碎屑的营养价值，使得真光层以下的食碎屑动物对有机碎屑的利用率大大提高，从而促进能量由碎屑向高营养层次的生物转移。

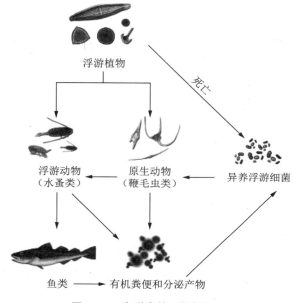

图1-29　海洋中的"微食物环"

随着对海洋病毒研究的深入，人们逐渐认识到海洋病毒在微食物环中的重要地位。病毒对自养和异养微生物的裂解会释放出大量胞内的可溶性有机物（dissolved organic matter, DOM）。这些物质不是向更高的营养级转移（如从藻类到微型浮游动物到大型浮游动物），而是可以通过微食物环的作用被异养细菌重新利用，转化为颗粒性有机物（particle organic matter, POM），从而使得细菌生产力和营养物质又重新回到或保持在正常水平，在微食物环中形成一个"病毒回路"。通过病毒回路不仅能够促进C、N、P的循环，还能够促进Fe、Zn等微量元素的循环。例如，病毒对宿主微生物的裂解过程中能够产生有机复合铁（organically complexed iron, OCI），这类铁比无机铁和EDTA-Fe更易吸收，生物利用率更高，加快了Fe元素的循环。海洋病毒的存在加速了细菌循环，使其能够多次利用海水中的营养，对细菌"无效循环"（碳流在细菌、病毒和溶解有机碳之间的反复循环流动）的形成起了很大的作用。

3. 海洋病毒参与全球气候的调控

二甲基硫（DMS）是海洋中最丰富的挥发性硫化物，在海洋挥发性硫化物中占主导地位,排放量占全球天然硫排放总量的 50% 以上。DMS 不仅与酸雨、酸雾的形成有关,而且还可以进一步形成云凝结核(cloud condensation nuclei, CCN),增加云层对太阳的反射,因此对气候的调节起重要作用。DMS 是由其前体二甲基硫丙酸(DMSP)降解得到的,许多海洋藻类中存在 DMSP 裂解酶,具有降解与积累 DMSP 的能力。DMSP 降解为 DMS 一般有以下 3 种途径:① 藻细胞自身产生的 DMSP 降解酶降解 DMSP 释放出少量的 DMS;② 病毒裂解藻细胞,或藻细胞自身衰亡将溶解性的 DMSP 释放至水体中,再由细菌产生的DMSP 降解酶降解产生 DMS,通过此途径产生 DMS 是 DMSP 降解的主要途径,对于局部甚至整个海域环境都会产生很大的影响;③ DMSP 在水体中被降解为 3- 巯基丙酸异戊酯,并被进一步降解生成 3- 巯基丙酸正丙酯或甲烷。由于病毒能够促使 DMS 释放入大气层,所以其在参与全球气候调节中扮演十分重要的角色。

4. 海洋病毒参与生物间遗传物质的转移

在长期的相互作用过程中,海洋病毒与宿主之间建立起一套互惠的基因进化机制。对 Tampa Bay 河口的研究发现,在此海域中一年内发生的由病毒介导的转导事件达 1.4×10^{14} 次。一方面,海洋病毒裂解宿主细胞时,由于错误剪切使病毒携带有部分宿主基因,这些携带有宿主基因的病毒再去侵染其他宿主时,就产生了转导现象;另一方面,在病毒裂解过程释放大量的宿主基因,这些自由的基因片段游离于水体中,可能转化进入另一宿主内并改变其遗传物质的组成。此外,由于病毒侵染的压力及病毒的诱导作用,宿主细胞自身也会利用某种机制改变自身基因,以应对病毒的侵染,从而导致宿主基因在某种程度上发生改变。

第二章

海洋微生物研究方法与工程技术 *

第一节　海洋微生物的分离和培养技术

一、海洋微生物的采样

海洋微生物范围较广,其采样介质范围涉及海水、底泥、海洋生物以及海洋生物制品等,不同采样介质的采样要求各有其特点。因此采集海洋微生物样品时,首先要确定采样的介质以及要采集的微生物种类,并据此确定采样用的器具及培养基。在采样过程中要严格控制外源性的微生物污染,取样的器具要进行无菌化处理,在操作过程中必须有"无菌操作"的概念,避免接触样品及无菌器具以外的物品。采的样品必须具有代表性,如系固体样品,取样时不应集中一点,宜多采几个部位。固体样品必须经过均质或研磨,液体样品必须经过振摇,以获得均匀稀释液。

1. 水样的采集

海洋微生物所在的水体多种多样,从远洋到近岸,从外海到池塘都是微生物研究常见的地方。水样的采集要根据水体的类型选用适宜的采水器,采水用的瓶、袋应预先灭菌,准确放置在预定水层,严格控制停滞时间。

常用的采水器类型有:尼斯金采水器、采水瓶和击开式采水器。

(1)尼斯金采水器(Niskin sampler)。

尼斯金采水器是由尼斯金(Niskin S.)于 1962 年设计的,又称蝴蝶袋式(butterfly baggie)采水器。这种气囊式采水器包括一个由弹簧激活的金属支架和一个可拆卸、密封无菌的 2 L 的一次性聚乙烯袋。接到指令后,传令器即激活一个刀片拆开密封的口部,然后释放扭杆弹簧打开气囊。这个动作产生一个吸力,可把海洋中任何深度的水样吸入采水袋。采样完成后,弹簧控制的机械装置将采水袋重新封口,防止采水器内外海水发生交换。有报道称这种采水器的问题在于塑料袋中可溶性有机物会发生渗漏,因此尽管样品是无菌采集的,但仍可能不符合某些生态学测试的要求。

---

* 本章由牟海津、冯娟、孔青、马悦欣编写。

（2）尼斯金采水瓶（Niskin bottle）。

目前，微生物海洋学上最常用的水样采集器是尼斯金采水瓶，是一种卡盖式采水器。靠水瓶内的橡皮带或涂特氟隆的弹簧来关闭采水瓶盖，用双重或三重旋转温度计架测温度。使用时，采水瓶开口进入海水中，到预定取样深度，连在盖上的绳子使瓶盖上的机械装置脱钩，瓶内橡皮带或弹簧便把瓶盖拉紧，将预定水层的水样牢牢封闭在尼斯金采水瓶中，然后将采水瓶提出水面完成取水任务。大多数现代海洋学研究采样时都把很多采水瓶安装在一个直径为 $1\sim2$ m 的环状支架上，形如玫瑰花，因此被称为玫瑰花型采水器。一般来说，把装载有 $10\sim24$ 个采水瓶的支架从海面的调查船上由电控装置下放到海里，这个装置叫塔门（pylon）。用这种采样器采集水样，必须有一个电控采样缆绳和一个环境感应器，这种环境感应器又称传导—温度—深度（conductivity-temperature-depth，CTD）装置，来提供海水深度和其他生境特征的实时信息，如光线、光的吸收和散射、荧光和溶解氧等。这些实时数据对于在特别感兴趣的区域（如荧光最大值、颗粒最大值和溶解氧最小值）中采水瓶的定位是非常有价值的。利用玫瑰花型采水器，可在同一深度采多个样，以满足统计学分析和大量样品的需要。采样缆绳和玫瑰花型采水器的 PVC 采水瓶都可用 1 mol/L 的盐酸彻底清洗，然后用蒸馏水冲洗干净。对于大量样品（> 5 L）的采集，使用玫瑰花型采水器一般很难做到真正的无菌采集。目前使用的尼斯金采水瓶的材质基本是聚乙烯，其容量可高达 30 dm^3。

（3）击开式采水器。

击开式采水器是根据佐贝尔采水器改制而成的，适用于在 500 m 以内的水层中采样。该采水器由机架和采水瓶两部分组成。采水瓶为 500 mL 的注射用盐水瓶，瓶口由一个带有进水管的橡皮塞封闭（在深水采样时，为了防止橡皮塞被压入瓶内，可在瓶内安放一根适当长度的玻璃棒来支撑橡皮塞）。进水管由一根弯曲成直角形的玻璃管（内径 $6\sim7$ mm）、一段长 260 mm 的厚壁橡皮管与一段长 160 mm 的进水管三部分连接而成。直角形玻璃管的一端从橡皮塞中央插入盐水瓶内与盐水瓶相通，另一端与厚壁橡皮管连接。进水玻璃管的一端与厚壁橡皮管连接，其自由端则事先用酒精喷灯拉细，并在端部塞入少量棉花，整根进水管安装在盐水瓶上即成采水器。将采水瓶用纸包好，经 121 ℃高压蒸汽灭菌 20 min，取出并立即用酒精喷灯把进水玻璃管上事先拉细的部分烧融密封。这样整个采水瓶内可以保持无菌的半真空状态，有利于水样进入瓶内。机架部分由一块黄铜板制成，呈梯形，共两翼呈 72° 角张开，高为 290 mm，宽为 210 mm，厚约 6 mm。采水瓶被安装在可以上下调节的半圆形孔板上，并由半环形铜带加以固定。进水管的橡皮部分卡在机架右上角下侧的半圆形缺口内，进水管玻璃部分则横放在机架左右两翼上角的两个缺口内，并被敲击杠杆和弹簧夹所固定。整个采水器用两个固定夹固定在钢丝绳上。在分层采水时，要在上一个采水器的弹簧连接杠下部的挂钩上挂一个使锤。

将挂有采水器的钢丝绳放入水中后，下放到预定的深度，投放使锤，敲打在敲击杠杆的后部，使其前端向上击起，折断进水玻璃管。由于瓶内是半真空状态，会产生负压而使海水进入采水瓶内。与此同时，弹簧连接杆受到敲击杠杆后部的压力而下降，致使其下端挂钩上的使锤脱落，沿着钢丝绳下滑，打击第二个采水器的敲击杠杆，折断第二个采水瓶的进水玻璃管,使第二个采水瓶进水,如此连续进行,使钢丝上采水器全部采到预定水层的水样。采集的水样要在 2 h 内处理完毕,或者在 4 ℃的条件下 24 h 内处理完毕。

2. 泥样的采集

目前还很少有专用的微生物采泥器,在采集泥样时,多借用底栖生物的采泥器,常用的采泥器主要有箱式采泥器、多管采泥器和弹簧采泥器。泥样中含有的微生物数量比上层海水中多得多,而且还包括底泥上面水层中所含有的全部微生物种类。至于采泥器本身所带的微生物则在采集器下沉到海底的过程中已经受到充分的冲刷,因此采泥器在使用前一般不必进行灭菌处理。采集海底沉积的样品,可以使用大洋型采泥器、小型底栖生物柱状采样管或地质取样管。海洋沉积物中微生物的取样层次,大面调查取表层;断面调查时,将岩芯管以 3 cm 间隔分层取样;对于特殊的样品要求,可根据实际需要确定采样层次。

当采泥器提到甲板之后,用无菌器具从预定层次中取 $10\sim20$ g 样品,置于无菌容器中。样品处理时称取约 2 g 泥样,精确称重后,置于装有含吐温 $-80(10\ cm^3/dm^3)$ 的 $18\ cm^3$ 海水并加玻璃珠的无菌三角瓶中,充分摇荡,制成悬浮液随即进行后续的微生物调查研究。剩余的泥样要烘干称重,以换算得到处理的泥样的干重。

3. 生物样品的采集

海洋生物上通常携带了大量的微生物,它们之间呈共生、共栖或是寄生的关系,有些微生物可以帮助海洋生物更好地生存,有些微生物则可导致海洋生物的死亡。采集的海洋生物样品要有特征性,即具有携带目的微生物的典型表征,如研究致病微生物需采集有典型病症、濒死的生物个体,研究共生发光菌需采集发光强度较高的个体等。

海洋生物样品采集后根据规格和要求一般分为整体采样和组织采样两种。整体采样针对个体小、不能进行解剖取样或是解剖取样极易污染的生物样品,样品采集后需用无菌海水多次洗涤以尽量去除外源微生物污染,并进行整体匀浆以备后续培养分析。组织采样是对个体较大,可以进行解剖取部分组织进行定点分析的生物样品,样品采集后需用 75%的酒精体表消毒,用无菌的解剖工具进行剖检并暴露特定的组织器官,直接采用平板划线法接种或是取部分组织样品于无菌容器内以备后续培养分析。

4. 水产食品样品的采取和送检

在食品的检验中,样品的采集是极为重要的一个步骤。所采集的样品必须具有代表性,这就要求检验人员不但要掌握正确的采样方法,而且要了解食品加工的批号、原料的来源、加工方法、保藏条件、运输和销售的流程等各个环节。如果取样没有代表性或对样品的处理不及时、不得当,得出的检验结果可能毫无意义。如果根据一小份样品的检验结果去说明一大批食品的质量或一起食物中毒的性质,那么设计一种科学的取样方案及采取正确的样品制备方法是必不可少的。

（1）样品的采取和送检。

赴现场采取水产食品样品时,应按检验目的和水产食品的种类确定采样量。除个别大型鱼类和海兽只能割取其局部作为样品外,一般都采取完整的个体。待检验时再按要求在一定部位采取检样。在以判断质量鲜度为目的时,鱼类和体型较大的甲壳类虽然应以个体为一件样品单独采取,但当对一批水产品作质量判断时,仍需采取多个个体做检样以反映全面质量;一般小型鱼类和小虾、小蟹,因个体过小在检验时只能混合采取检样,在采样时需采数量更多的个体,一般可采 500~1 000 g;鱼糜制品(如灌肠、鱼丸等)和熟制品采取 250 g,放灭菌容器内送检。

样品的采取必须遵循无菌操作程序,防止一切可能的外来污染。每取完一份样品,应更换新的取样用具或将用过的取样用具迅速消毒后,再取另一份样品,以免交叉污染。从取样至开始检验的全过程中,应采取必要的措施防止食品中固有微生物的数量和生长能力发生变化。水产食品含水较多,体内酶的活性也较旺盛,易于变质。因此在采取好样品后应在 3 h 内送检,在送检过程中一般都应加冰保藏。冷冻样品应在 45 ℃以下不超过 15 min 或在 2 ℃~5 ℃不超过 18 h 解冻,若不能及时检验,应放于-15 ℃左右保存;非冷冻而易腐的样品应尽可能及时检验,若不能及时检验,应置于 6 ℃~10 ℃冰箱保存,在 24 h 内检验。

(2)检样的处理。

① 鱼类。

采取检样的部位为背肌。先用流水将鱼体体表冲净,去鳞,再用 75% 酒精棉球擦净鱼背,待干后用灭菌刀在鱼背部沿脊椎切开 5 cm,再沿垂直于脊椎的方向切开两端,使两块背肌分别向两侧翻开,然后用灭菌剪子剪取 25 g 鱼肉,放入灭菌乳钵内,用灭菌剪子剪碎,加灭菌海砂或玻璃砂研磨(有条件情况下可用均质器),检样磨碎后加入 225 mL 灭菌生理盐水,混匀成稀释液。

剪取肉样时,勿触破及粘上鱼皮。鱼糜制品和熟制品应放乳钵内进一步捣碎后,再加生理盐水混匀成稀释液。

② 虾类。

采取检样的部位为腹部内的肌肉。将虾体在流水下冲净,摘去头胸部,用灭菌剪子剪除腹部与头胸部连接处的肌肉,然后挤出腹节内的肌肉,称取 25 g 放入灭菌乳钵内。之后操作同鱼类检样处理。

③ 蟹类。

采取检样的部位为头胸部肌肉。将蟹体在流水下冲净,剥去壳盖和腹脐,去除鳃条,再置于流水下冲净。用 75% 酒精棉球擦拭前后外壁,置于灭菌搪瓷盘上待干。然后用灭菌剪子剪开,成左右两片,用双手将一片蟹体的头胸部肌肉挤出(用手指从足根一端向剪开的一端挤压),称取 25 g,置灭菌乳钵内。之后操作同鱼类检样处理。

④ 贝壳类。

采样部位为贝壳内容物。先用流水刷洗贝壳,刷净后放在铺有灭菌毛巾的清洁搪瓷盘或工作台上,采样者将双手洗净并用 75% 酒精棉球涂擦消毒后,用灭菌小钝刀从贝壳的张口处隙缝中徐徐切入,撬开壳盖,再用灭菌镊子取出整个内容物,称取 25 g 置灭菌乳钵内。之后操作同鱼类检样处理。

水产食品兼受海洋细菌和陆生细菌的污染,检验时细菌培养温度一般为 30 ℃。以上检样处理的方法和检验部位均以检验水产食品肌肉内细菌含量而判断其鲜度质量为目的。如需检验水产食品是否受某种病原菌污染时,其检样部位可能包括胃肠消化道和鳃等呼吸器官:鱼类检样取肠管和鳃;虾类检样取头胸节内的内脏和腹节外缘处的肠管;蟹类检样取胃和鳃条;贝类中的螺类检样取腹足肌肉以下的部分,贝类中的双壳类检样取覆盖在斧足肌肉外层的内脏和瓣鳃。

5. 样品的贮存

水样和泥样经过贮存,首先发生的是细菌数目稍微减少,接着而来的是数目大量增加和种类不断减少。这种变化几乎都是在样品采集后 1～2 h 最为显著,而且变化可能持续好几天。变化的大小是由下列因子来决定的:检样的原始成分、温度、检样大小、氧的有效供应、阳光的暴露及其他因子。大多数微生物学研究者认为,如果将海水及海泥样品贮存在低温处,就能减少其中的微生物种类与数量的变化,但是甚至在 0 ℃ 也不能避免其中的变化。因此,多数研究者强调立即分析水样的重要性。研究表明,在 0 ℃～7 ℃ 将水样贮存 24 h,水样中活细菌数目没有多大变动,但是它们的种类却大为改变。由于在野外分析海洋检样的困难,所以在文献中经常见到的许多研究报告都是来自检样经过几天或几周的贮存所得的结果。如果是在这种情况下,检验结果必须注明贮存的时间与温度。贮存温度最好在 0 ℃ 左右。

底泥检样中无论是量的变化还是变化的速度都没有海水检样中那么大。这也许是因为环境因子对贮存的底泥菌数的影响,不像对贮存的海水检样的菌数影响那么大。

二、海洋微生物的培养和分离纯化

培养海洋微生物的方法有许多,可采用不同的培养基,但尚未有一种方法能够适用于所有海洋微生物的培养。海洋异养微生物分离常用培养基为 2216E 海洋琼脂培养基。在实际培养中,往往要根据所需微生物的生理生化特性,给予合适的营养物质、培养温度和通气条件。对于海洋微生物培养所需的特殊条件,如 NaCl 含量、压力条件等必须予以考虑。

2216 E 海洋琼脂(ZoBell 2216E marine agar)

蛋白胨	5.0 g;
酵母膏	1.0 g;
$FePO_4$	0.01 g;
琼脂	15.0～20.0 g;
陈海水	1000 cm^3;
pH	7.4～7.8。

需要注意的是,由于天然海水中存在多种杀菌因素,在配制培养基之前,应将采集的天然海水在室内静置存放 2 周以上,使海水中的杀菌因素逐渐消除,固体颗粒性物质沉降后,再取上层海水使用。

选择合适的培养基接种后,针对不同微生物种类的培养条件也有差异。生长在深海或寒冷地区的嗜冷菌,培养时需要低温,而分布在温热带海区的嗜温菌,培养的适宜温度一般在 25 ℃～30 ℃。不同菌种所需的培养时间也有较大的差别,常见的弧菌及大肠杆菌等在适宜温度下培养 1～2 d 即可长出明显的菌落,而有些嗜冷菌则往往需要培养几周才能出现肉眼可辨的菌落。

关于一个微生物物种的生理学和生物地球化学活性机理方面的数据不容易直接从自然界中获得，只有严格控制实验室条件，才能仔细、系统地检测出环境变化对微生物生长和行为的影响，因此将微生物从自然环境中分离出来并建立纯培养，是研究其形态特征、生理特性、生态特性及基因测序基础。自从 Zobell（1941，1946）开拓性地开展了海洋细菌的培养工作以来，随着对海洋微生物的生理特性和生态要求认识的不断深入，海洋微生物的培养技术有了很大的改进，越来越多的微生物被分离出来，获得了纯培养。虽然有许多方法可用来培养海洋环境中的微生物，但没有任何一种单独的方法能够适用于所有的微生物种类。一种方法只能培养全部海洋微生物群落中的一小部分，应用多种培养技术才能得出有意义的数据。

针对海洋中难培养的微生物，近年来，研究者发明了许多新型培养方法，能分离到许多新菌种的方法大都是通过模拟自然条件的生存环境，对环境中的微生物进行富集培养，再转移至普通平板进行分离纯化。虽然这种方法能提高分离得到难培养细菌的概率，但是还有许多难培养的细菌可能要依靠同一环境中其他菌株的存在才能生长，这些因为要有辅助菌株的存在才能形成菌落的细菌大多未能单独分离纯化得到。目前，即使在国外，许多研究似乎只是停留在对分离得到的细菌进行鉴定和分类的层面上，并未对难培养、未培养细菌的可培养机理进行深入研究。因此，对于分离得到的难培养、未培养细菌，深入关注其培养成活的原因是一个有困难但却极具意义的课题。是培养基的成分、培养温度、培养时间、氧气要求、pH 要求等常见问题，还是受环境中其他细菌分泌的某种糖类、肽类等影响因子的控制等细节问题，这些都需要进行深入研究。

1. 极限稀释培养

1993 年 Button 等首先利用稀释培养法（dilution culture）从海洋环境中分离得到两种新的寡营养异氧菌 *Sphingomonas alaskensis* 和 *Cycloclasticus oligotrophus*。稀释培养法是从概率论的角度出发而提出的一个新方法，即利用环境样品不断稀释浓度，当把样品中微生物群体总数稀释至一定浓度时，主要存在的寡营养微生物可以不受少数优势微生物的抑制、竞争作用等的干扰，因而大大提高主体寡营养微生物被培养的可能性。利用这种方法，舒特等也从海洋水体中分离得到典型的海洋细菌 *Sphingomonas alaskensis*（菌株RB2256）。

2. 高通量筛选技术

应用高通量分离培养技术有望培养出许多以前未被培养出来的微生物种类，事实证明海水样品中多达 14% 的微生物细胞可用高通量分离培养技术培养出来。高通量分离培养技术一般采用微孔板结合以流式细胞仪检测，这样可增加细胞检测的灵敏度，缩短低生长率细胞的培养时间。其中，美国 Diversa 公司建立的高通量分离培养技术是先制备包埋单个微生物细胞的琼脂糖微囊，然后将包埋在微囊中的微生物在缓慢流动的培养基中进行培养，培养结束后用流式细胞仪检测含有微菌落的微囊。在以上方法中，以美国 Diversa 公司建立的高通量分离培养技术最有发展前景。

3. 微孔滤膜贴膜法

过滤的方法常常用于大量水样中含有较少细菌的样品的计数。过滤的机械作用会损伤或杀死一些细菌,不同品牌质量的滤膜也可能影响计数结果。此外,细菌个体小于滤孔的直径时,这部分细菌就不能留在滤膜上,造成计数结果偏低。目前计数海洋细菌时通常选用孔径为 0.22 μm 的微孔滤膜。计数结果也受培养基和培养条件的影响。这种方法特别适合于计数含菌量极少的大洋水样。如果使用特殊的选择性培养基,还可以用来分离含量极少的特殊细菌,如分离海洋与河口样品中的霍乱弧菌、副溶血弧菌等。

4. 凝胶微滴培养法

凝胶微滴培养法也叫作单细胞封装培养法。最初是应用于海洋微生物的分离研究。该方法主要是利用凝胶微滴技术对环境中的单个细胞进行包埋,并结合流式细胞技术进行筛选分离的高通量培养方法。Zengler 等利用该方法,将稀释到一定浓度的菌液与融化的琼脂糖混合,制成包埋单个微生物细胞的琼脂糖微囊,然后将微囊装入凝胶柱内,用自然培养液进行流动培养。最后对所有培养分离得到的细菌进行 16S rRNA 序列分析,结果表明该方法能分离得到种类广泛的海洋细菌,如 SAR11 分支、Cytophaga 分支、SAR116 分支等,并且在分离得到的 150 株细菌中,只有 71 株细菌是分类于常见的细菌分支中,另外许多细菌则是之前未被培养出来的,也不存在于环境基因组库中。该方法允许被分离的细胞处于环境营养条件下进行生长,因此能分离得到许多有生存能力但不可培养的微生物。

5. 模拟自然环境的扩散盒培养法

2002 年,Kaeberlein 等通过模拟海洋微生物自然生长的环境,设计了一种名为扩散生长盒(diffusion growth chamber)的培养装置。该扩散盒由一个环状的不锈钢垫圈和两侧胶连的孔径为 0.03 μm 的滤膜组成。具体操作是将被分离的环境样品放置于封闭的扩散盒中,并在模拟采样点环境条件的玻璃缸中进行培养。扩散盒滤膜的孔径大小可使盒内与盒外互相有益的小分子代谢物自由出入,但是细胞不能自由移动。Kaeberlein 等通过这种方法,分离到一株新的菌株,16S rDNA 序列比对亲缘关系最近的是 *Lewinella persica*,序列相似性只有 93%。该菌株不能在人工培养基上生长,而要在有其他菌株存在下即共培养的条件下才能形成菌落。

三、海洋微生物长期保存方法

菌种保存可以保持菌种的长期存活、特性稳定以及不受污染,对于微生物资源的保护、利用和研究开发,意义都非常巨大。菌种保存开始于 19 世纪末,最早开始菌种保存的是捷克斯洛伐克的微生物学家 Frantisek Karl。他们利用玻璃管封闭的琼脂斜面、明胶或土豆的薄切片来保存菌种,并建立了世界上第一个菌种保存室。到目前为止,已建立发展了许多长期保存菌种的方法,其基本原则都是使细菌的新陈代谢处于最低或几乎停止的状态,但又具有复苏的能力。一般是使细菌处于低温、干燥、缺氧和营养成分极度贫乏的环境条件下,将其新陈代谢限制在最低范围内,使其生命活动处于半永久性的休眠状态,使菌种能够存活、不污染杂菌、不发生或较少发生变异,保存菌种原有的生物学性状。

现有保存菌种的方法大体分为传代法、悬液法、普通干燥法、冷冻法、真空干燥法等。各种方法所应用的种类和效果各有差异,下面介绍保存海洋细菌的几种常用方法。

1. 斜面或半固体传代保藏法

斜面传代法是最常用的暂时保存方法。把菌种接种到 2216E 斜面培养基上,在

28 ℃条件下培养过夜，使之长成健壮的菌体。然后用封口膜封口后保存于 15 ℃的环境中，以后每隔一定时间重新接种传代一次，就这样可以保持几周甚至数月。有些海洋细菌尤其是弧菌，在低于 10 ℃、渗透压变化、寡营养（oligotrophic）（含碳源 1～1.5 mg/mL）等环境中，容易形成活的非可培养（viable but nonculturable, VBNC）状态，难以用常规培养法使其恢复生长。已证实常见的约 20 种弧菌均出现了 VBNC 状态，因此不宜将弧菌置于 4 ℃的普通冰箱保存，以免出现"假死"现象。

在斜面或半固体穿刺培养基上，加封一层（2～3 cm）无菌液体石蜡，防止培养基干燥并隔绝氧气，使菌种代谢降低。然后置于 15 ℃培养箱中保存。这样一般每隔半年需移种传代一次。接种传代时，可直接用无菌接种环挑取斜面上的菌苔，然后在 2216E 平板上划线纯化，挑取典型单菌落接种斜面即可。

2. 冷冻保存法

将培养好的接种斜面，用 0.1% 的蛋白胨水洗一下菌苔，制成菌悬液（菌浓度达 10^9 CFU/mL），或直接用液体培养物，加冷冻保护剂如甘油、二甲亚砜、蔗糖和吐温-80 等，至终浓度为 15%（V/V），转移至 2 mL 的塑料菌种保存管中。每个菌种一般保存 3～5 管，于冷冻后置于 −80 ℃的超低温冷冻箱，可保存 10 年以上。也可将加有甘油或二甲基亚砜（DMSO）等保护剂的菌种管，经预冷冻（低于 −60 ℃）后保存于液氮中（−186 ℃）。这样菌种可以保存 30 年以上，保存期间菌种不易变异，效果很好。该方法已经被世界上许多菌种保存机构如美国的 ATCC 等作为常规的菌种保存方法应用。在没用超低温条件的单位，也可以将菌种管保存于 −20 ℃冷冻箱中，这样也可以保存一年以上。

注意在超低温保存过程中，一定要经过几级预冷冻（−20 ℃，20 min；−40 ℃，20～30 min；−60 ℃，20～30 min）处理，最后再长期保存于超低温（−80 ℃）的条件下。在置于液氮保存时，最好预先置于 −80 ℃冷冻箱一段时间，然后置于液氮罐液面以上气态部分进一步预冷却几分钟，再置于液氮中长期保存，这样可以避免细胞冻伤。菌种复苏时，可直接从超低温条件下取出菌种管，置于室温条件下解冻，然后取菌悬液涂布平板或平板划线，培养至长成单菌落。

3. 真空冷冻干燥法

将培养好的菌种斜面，加入保护剂（如脱脂牛奶），制成菌悬液，装入特制的菌种冻干管中，迅速预冷冻至低于 −70 ℃。然后置于真空干燥装置中冷冻干燥，至水分含量在 1%～2%。火焰熔封管口，至 4 ℃避光保存。该方法对陆生菌种保存效果较好，一般为数年至 30 年，但对海洋细菌的保存效果稍差。

第二节 海洋微生物的检测和鉴定技术

一、海洋微生物的群体定量

1. 显微镜直接镜检计数法

除吖啶橙（acridine orange）外，还有其他一些荧光染料如 4′6- 二酰胺 -2- 苯基吲哚（4′6-diamidino-2-phenylindole, DAPI）、Yo-Pro-I 和 SYBR Green I 等也可与细胞中的核

酸物质特异性结合,从而被用于海洋细菌的荧光显微计数。用荧光显微计数法对那些体积微小的细菌进行计数,比使用普通光学显微镜和相差显微镜计数更为准确。

(1)吖啶橙直接镜检计数法(AODC法)。

AODC法是测定水样中细菌总数最常用的方法之一。Fransisco等(1973)最早应用AODC法计数自然水体中的细菌总数,并确定了其基本程序,后来几经改进而成为现在比较通用的细菌总数计数法。AODC法的基本原理是吖啶橙分子可以和细菌细胞中的核酸物质特异性结合,在450~490 nm波长的入射光激发下,吖啶橙与RNA或单链DNA结合发橙红色荧光,与双链DNA结合发出绿色荧光。处于不同生理状态的细菌细胞可以发出不同颜色的荧光。如处于快速生长状态的菌体细胞内含有较多的RNA和单链DNA,它们与吖啶橙结合后,在荧光显微镜下呈现橙红色荧光;处于不活跃或休眠状态的菌体细胞内的主要核酸成分为双链DNA,与吖啶橙结合后,会发出绿色荧光;死亡的细菌细胞中的DNA被破坏成单链的DNA,结合吖啶橙后,亦呈现橙红色荧光。另外,菌体的荧光颜色也和样品的处理过程关系密切。

AODC法中可使用落射光荧光显微镜观察菌体发射的荧光。落射光荧光显微镜克服了透射荧光显微镜的许多不足,不仅可以用于多种水环境及沉积物样品的细菌测定,也可用于水下物体表面附着细菌的直接计数,包括像钢片、塑料等不透明物体表面细菌的测定,大大增加了荧光显微计数法的应用范围。目前,将落射光荧光显微镜与影像分析仪及电脑联机,使得测定水体中细菌数量、体积及生物量的过程实现自动化。

计数时在荧光显微镜蓝光道、油镜条件下,随机取10个视野,对具有细菌形态呈亮绿色的细胞计数,每个样品至少计数300个菌体。按下列公式计算样品中的细菌数量。

$$BN = Na \times S / [S_f \times (1 - 0.05) \times V]$$

式中 BN——样品含菌数,单位为个每升(cells/L);

Na——各视野平均菌数,单位为个(cell);

S——滤膜实际过滤面积,单位为平方毫米(mm^2);

S_f——显微镜视野面积,单位为平方毫米(mm^2);

V——过滤样品量(式中0.05为加入37%~40%甲醛占固定样品总体积的比例),单位为升(L)。

(2)活菌直接镜检计数法。

长期以来,困扰微生物生态学者的一个主要问题就是大多数能在显微镜下观察到的细菌,却无法用常规培养法计数。有研究结果表明,在大洋的样品中,用琼脂平板计数法所得的结果只有直接镜检计数法所得结果的0.1%。由于AODC法不能区分活细菌、死细菌以及非生命颗粒,所以用镜检计数法计数结果往往偏高。1979年,Kogure等将荧光显微技术与培养法结合起来,设计出活菌直接镜检计数法(DVC),较好地解决了水环境中活细菌的计数问题。

DCV法是在AODC法基础上发展而成的一种活菌直接镜检计数方法。其基本原理是先向海水样品中加入微量的酵母膏和萘啶酮酸(nalidixic acid)进行一段时间的预培养,然后再用AODC法计数。萘啶酮酸是DNA促旋酶(gyrase)的抑制剂,而促旋酶在依赖

ATP 的反应中，能催化将负超螺旋引入双链 DNA 中。促旋酶由两个亚基组成，A 亚基负责 DNA 链的剪切和链接，B 亚基负责水解 ATP。萘啶酮酸能作用于复制基因，使之在无 ATP 的情况下，不能将负超螺旋引入 DNA 中，从而切断 DNA 的合成。萘啶酮酸能抑制细菌 DNA 的复制，但不影响细菌中其他合成代谢途径的继续运行。具有代谢活性的细菌能够吸收营养物质，在一定浓度营养物质的存在下，并在萘啶酮酸的刺激下，菌体可生长、伸长、变粗，但不分裂。经过预培养的水样再用吖啶橙进行染色，用荧光显微镜观察计数。由于这些增大了的细菌细胞处于生长阶段，所以细胞内含有较多的 RNA，与吖啶橙结合后发橙红色荧光；而那些不活跃的细胞，一方面个体较小，另一方面，由于细胞内含有较少的 RNA，与吖啶橙结合后发绿色的荧光。这样就可以很容易计数水样中的活菌数，同时可以计数总菌数。

（3）四氮唑还原法。

四氮唑还原法是由齐默尔曼等（1978）建立的一种用于计数水环境中具有呼吸活性的细菌的方法。其理论依据是，所有活的细菌均具备电子传递系统（electronic transfer system，ETS），这可以通过添加人工电子受体（活菌指示剂）的方法检测出来。当以 2，3，5-氯化三苯基四氮唑或称红四氮唑（2，3，5-triphenyl tetrazolium chloride，TTC）为人工电子受体时，在活细胞内 TTC 在呼吸链中接受来自 1，5-二氢黄素腺嘌呤二核苷酸（$FADH_2$）的氢，并使自己还原成红色的 2，3，5-三苯基甲腙（triphenyl formazan，TF，遇氧气不褪色），显微镜下即可见细胞内出现暗红色的斑点。

2. 培养计数法

（1）涂布平板计数法。

稀释平板计数是根据微生物在固体培养基上所形成的单个菌落，即是由一个单细胞繁殖而成的这一培养特征设计的计数方法，即一个菌落代表一个单细胞。计数时，首先将待测样品制成均匀的系列稀释液，尽量使样品中的微生物细胞分散开，使其呈单个细胞存在（否则一个菌落就不只是代表一个细胞），再取一定稀释度、一定量的稀释液接种到平板中，使其均匀分布于平板中的培养基内。经培养后，由单个细胞生长繁殖形成菌落，统计菌落数目，即可计算出样品中的含菌数。

涂布平板计数法是分析可培养细菌最常用的方法。由于没有一种培养方法是适合于所有海洋细菌的，平板上生长的并不是样品中实际的总活菌数，所以该方法只能计数一部分海洋细菌的数目。如果改变培养基的配方、pH、培养温度及通气条件，用此法还可测得不同生理类型的活细菌数目。由于 99% 以上的细菌在现有的人工培养基上是不能被培养的，所以利用涂布平板方法计数，结果比实际值约小两个数量级。这是涂布平板计数法的局限性。但是，该方法具有可以同时获得纯培养物的优点，而且在实际应用中，该方法在检测环境中普通异养菌数量时，仍然具有较大的应用价值。

目前，我国的《海洋调查规范》中规定，用 Zobell 2216E 海洋琼脂平板来计数海水和沉积物中可培养的总异养菌数，因为这种培养基适合于寡营养要求的海洋细菌生长。用弧菌选择性培养基——TCBS 平板可以对绝大多数弧菌的总数进行计数。

（2）最可能数（most probable number, MPN）计数法。

1915 年，McCrady 首次发表了用 MPN 法（最可能数计数法）来估算细菌浓度的方法，这是一种应用概率理论来估算细菌浓度的方法，适用于测定在一个混杂的微生物群落中虽不占优势，但却具有特殊生理功能的类群。因为细菌在样本内的分布是随机的，所以检测细菌时，可按概率理论计算菌数。微生物检测中 MPN 法一般采用 3 管法或是 5 管法，即每个样品有 3 个以上的稀释度，每个稀释度接种 3 管或 5 管平行检测管，培养一定时间后根据 3 个有效稀释度的阳性管数计算出样品的含菌量。MPN 法是一种采用数学理论推算，用置信区间描述菌落浓度的一种间接计数法，虽然实验结果以 MPN 值表示，但 MPN 值并不能表示实际菌落数，而实际菌落数落在置信区间内的任何一点。因此 MPN 法用于微生物计数时精确度较差，但对于某些微生物污染量很小的供试品，MPN 法可能是更适合的方法。

（3）微孔滤膜计数法。

该技术已在前面"海洋微生物的培养和分离纯化"部分有所介绍。

3. 流式细胞仪计数法

流式细胞术（flow cytometer, FCM）是一种在功能水平上对单细胞或其他生物粒子进行定量分析和分选的检测手段，它可高速分析上万个细胞，并能同时从一个细胞中测得多个参数，与传统荧光镜检查相比，具有速度快、精度高、准确性好等优点，成为当代最先进的细胞定量分析技术。最早期流式细胞仪被用于检测矿尘中飞浮质颗粒；第二次世界大战中美军实验室用其检测细菌和孢子；20 世纪 40 年代末，报道显示流式细胞仪可用于检测细菌样本、悬浮颗粒；20 世纪 70 年代，随着商业流式细胞仪的发展，用流式细胞仪研究哺乳类生物细胞发展迅速。随着流式细胞仪光学系统的改进及发现新的荧光素，流式细胞仪在微生物学中的应用开始发展。20 世纪 90 年代末，微生物学对流式细胞仪的应用快速发展起来，可用于鉴别死/活细菌和酵母菌并计数、区分革兰氏阳/阴性细菌、研究酵母菌细胞器、探讨病毒细胞相互作用以及病毒引起的细胞凋亡等。

在很多微生物学应用方面，正确地鉴别和测定细菌死活和细菌总数很重要。传统的培养检测方法耗时，且对于不可培养的生物体，不能提供实时的结果或及时的信息。流式细胞仪可以分析细菌的生存、新陈代谢作用和抗原标志。而且流式细胞仪能够应用于检测样本中可繁殖的细菌。活细胞有完整的细胞膜且不渗透染料如 PI 染料，这是唯一一个能渗透受损细胞膜的染料，而 TO 是渗透染料能够进入所有的细胞，包括活的、死的、不同程度的细胞。对革兰氏阴性细菌，用 EDTA 损耗多脂糖层很容易促进 TO 上调。因此，结合这两个染料提供一个快速、可靠的方法来区别细菌的死活。BD Liquid Counting Beads（BD Biosciences, San Jose, CA），即流式细胞仪定量微球，能够用于精确地定量样本中细菌的总数及死活。

二、海洋微生物类群的检测与鉴定技术

海洋微生物检测中常常需要进行某类群微生物的检测，比如病原菌、病毒或是涉及海洋生物制品安全的微生物等。检测这类微生物需要通过特异性强、准确度高的检测技术手段，在现在的检测方法中包括传统分类鉴定技术、基于抗原抗体反应的血清学方法以及基于特异性的基因检测的分子生物学方法等。

1. 传统分类鉴定技术

常规宏观菌落形态学观察,主要观察菌落在其适合的培养基上的生长状况:细菌在固体培养基上的生长形态、大小、颜色是否均匀一致、菌落个体表面及边缘的生长状况;在液体培养基上的浑浊状况、沉淀状况、液面菌膜状况;半固体培养基上穿刺接种后,观察细菌是否沿着接种线生长以及其生长状态是呈毛刷样生长还是均匀生长,上下生长是否一致;在鉴别培养基上培养,观察结果是否跟预期结果相同。

细菌的个体形态学观察,即通过显微镜观察。观察前细菌需要着色,要根据预先确定的观察项目选择与之相对应的染色方法,目前常用的染色方法包括革兰氏染色法、美蓝染色法、Ziehl-Neelsen 染色法、姬姆萨染色法、鞭毛染色法、芽孢染色法等。尽量挑选对数生长期的细菌进行染色观察,此时的细菌生长处于幼期,利于观察,因为一些陈旧细菌的染色结果会有变化,如本为革兰氏阳性菌经过长期搁置后染色结果可能为革兰氏阴性。同时细菌培养时要注意培养基的挑选,一些细菌的特殊结构如荚膜、鞭毛、菌毛、芽孢等需要在特定的培养基上才能正常发育;有的细菌如炭疽在一般的培养基上不形成荚膜,只有在动物体内才能形成明显的荚膜,所以需先接种实验动物后用病料进行涂片镜检。在镜检时观察细菌基本形态结构和大小及其排列状态、菌端形状、有无两极染色、有无形成芽孢和荚膜等。

形态学鉴定辅以生化试验在细菌鉴定中具有重要的意义,生化试验是根据细菌培养过程中不同菌种所产生的新陈代谢产物不同,表现出不同的生长特性。通过生物化学的方法来检测这些物质的存在与否,从而能够得到细菌的鉴定结果。如糖(醇)类代谢试验、氨基酸和蛋白质代谢试验、有机酸盐和胺盐利用试验、呼吸酶类试验、毒性酶类试验等。

血清型鉴定是根据细菌具有相对特异性的抗原结构这个特点进行微生物鉴定的特异方法。抗原的特异性程度又存在于属间细菌所共有的共同抗原,这种抗原的存在能表明其属性。另一类特异性抗原只存在于特定的种、型,是确定细菌种、型的重要依据。通过专门的分型血清即可对这些细菌的血清型进行鉴定。

细菌毒力的测定,病原菌侵入机体能否引起疾病与其本身的毒力、侵入机体的数量和侵入部位有关。不同的病原菌或同种细菌不同的型或株,毒力常不一致。常用 LD_{50} 或 ID_{50} 表示毒力,即在一定时间内,能使一定条件的某种动物半数死亡或感染需要的最小细菌数或毒素量。毒力测定在菌种鉴定过程中可用于鉴别一些有代表性的菌株。LD_{50} 可用 Reed-Muench 公式进行计算。

2. 血清学检测技术

血清学检测技术是基于免疫学中抗原同抗体能特异性结合,由此可通过抗原/抗体来检测抗体/抗原的检测技术。

酶联免疫吸附试验(enzyme-linked immunosorbent assay,ELISA)是以免疫学反应为基础,将抗原、抗体的特异性反应与酶对底物的高效催化作用相结合起来的一种敏感性很高的试验技术。试验主要包括抗原或抗体的固相化以及抗原或抗体的酶标记,结果通过酶活性测定来确定抗原或抗体的含量。将酶分子与抗体或抗抗体分子共价结合,此种结合要求既不改变抗体的免疫反应活性,也不影响酶的生物化学活性。用于标记抗体的酶很多,常用的有辣根过氧化物酶(horseradish peroxidase,HRP)、碱性磷酸酶(alkaline phosphatase，AP）等。标记方法有氧化法与交联法。氧化法常采用过碘酸钠，故又称过碘酸钠法。过碘酸钠是一种强氧化剂，能将酶的甘露糖部分（如 HRP 中与酶活性无关的部分）的羟基氧化成醛基，然后与抗体的氨基结合，形成酶标抗体。交联法常用的交联剂是戊二醛，故又称戊二醛法，主要利用戊二醛分子上对称的两个醛基，分别与酶和蛋白质分子中游离的氨基、酚基等以共价键结合而进行标记。

免疫传感器就是利用抗原（抗体）对抗体（抗原）的识别功能而研制成的生物传感器。免疫传感器使用光敏元件作为信息转换器，生物识别分子被固化在传感器，通过与光学器件的光的相互作用，产生变化的光学信号，通过检测变化的光学信号来检测免疫反应。免疫传感器作为一种新兴的生物传感器，以其鉴定物质的高度特异性、敏感性和稳定性受到青睐，将传统的免疫测试和生物传感技术融为一体，不仅减少了分析时间、提高了灵敏度和测试精度，也使得测定过程变得简单，易于实现自动化，有着广阔的应用前景。

3. 分子检测技术

分子检测技术是现今进行病原检测和诊断的主要技术方法，其根据目标生物的一段特异性的基因序列，进行序列扩增或是特异性探针结合，通过电泳或是显色或是荧光等方式进行阳性结果判定。

聚合酶链式反应（polymerase chain reaction，PCR）是体外酶促合成特异 DNA 片段的一种方法，由高温变性、低温退火及适温延伸等几步反应组成一个周期，循环进行，使目的 DNA 得以迅速扩增，具有特异性强、灵敏度高、操作简便、省时等特点。它不仅可用于基因分离、克隆和核酸序列分析等基础研究，还可用于疾病的诊断或任何有 DNA、RNA 的地方，因此又称无细胞分子克隆或特异性 DNA 序列体外引物定向酶促扩增技术。该技术由美国科学家 PE（Perkin Elmer，珀金·埃尔默）公司遗传部的穆利斯发明，由于 PCR 技术在理论和应用上的跨时代意义，穆利斯因此获得了 1993 年诺贝尔化学奖。

PCR 技术的基本原理类似于 DNA 的天然复制过程，其特异性依赖于与靶序列两端互补的寡核苷酸引物（图 2-1）。PCR 由变性、退火、延伸三个基本反应步骤构成：① 模板 DNA 的变性：模板 DNA 经加热至 93 ℃ 左右一定时间后，使模板 DNA 双链或经 PCR 扩增形成的双链 DNA 解离，使之成为单链，以便它与引物结合，为下轮反应作准备；② 模板 DNA 与引物的退火（复性）：模板 DNA 经加热变性成单链后，温度降至 55 ℃ 左右，引物与模板 DNA 单链的互补序列配对结合；③ 引物的延伸：DNA 模板 — 引物结合物在 TaqDNA 聚合酶的作用下，以 dNTP 为反应原料，靶序列为模板，按碱基互补配对与半保留复制原理，合成一条新的与模板 DNA 链互补的半保留复制链，重复循环变性 — 退火 — 延伸三过程就可获得更多的"半保留复制链"，而且这种新链又可成为下次循环的模板。每完成一个循环需 2 ～ 4 min，2 ～ 3 h 就能将待扩目的基因扩增放大几百万倍。

PCR 的模板可以是 DNA，也可以是 RNA。模板的取材主要依据 PCR 的扩增对象，可以是病原体标本如病毒、细菌、真菌等，也可以是病理生理标本如细胞、血液、羊水细胞等，法医学标本有血斑、精斑、毛发等。标本处理的基本要求是除去杂质，并部分纯化标本中的核酸。多数样品需要经过 SDS 和蛋白酶 K 处理。难以破碎的细菌，可用溶菌酶加 EDTA 处理。所得到的粗制 DNA，经酚、氯仿抽提纯化，再用乙醇沉淀后用作 PCR 反应模板。

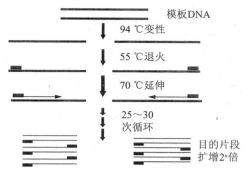

图 2-1 PCR 反应原理示意图

实时定量 PCR（Real-time PCR）是指在 PCR 指数扩增期间,通过连续检测荧光信号强弱的变化来即时测定特异性产物的量,并根据此推断目的基因的初始量。该技术实现了 PCR 从定性到定量的飞跃,使得临床检验结果更具有精确性。目前实时定量 PCR 作为一个极有效的实验方法,已被广泛地应用于分子生物学研究的各个领域,在微生物的检测方面具有很好的应用前景和研究价值。

2000 年日本学者 Notomi 在《核酸研究》杂志上公布了一种新的基因诊断技术,即 LAMP（Loop-mediated isothermal amplification）,中文名为"环介导等温扩增反应",受到了世界卫生组织（WHO）各国学者和相关政府部门的关注,短短几年,该技术已成功地应用于 SARS、禽流感、HIV 等疾病的检测中。LAMP 法不需要长时间的温度扩增,只需在恒温条件下作用 1 h,即可将极微量的核酸物质扩增至 10^9 的拷贝数,是一种经济、简便、灵敏、特异的核酸扩增方法。LAMP 反应的结果可直接靠扩增副产物焦磷酸镁的沉淀浊度进行判断,亦可通过加入荧光染料,肉眼观察荧光的强弱来判断扩增结果,适合现场或是基层的快速检测。而对 LAMP 扩增产物进行琼脂糖凝胶电泳分析时,在紫外灯下可观察到典型的梯状条带,可通过不同梯形来区分特异性扩增与非特异扩增。

此外,利用分子生物学原理建立的微生物检测和鉴定技术还包括斑点杂交（dot blot）、原位杂交（in situ hybridization）、基因芯片（gene chip）技术等。例如,国外一些学者用基因芯片技术进行了海洋微生物检测的研究。Taroncher-Oldenburg 等（2003）利用 70 mer 长的寡核苷酸作为探针来检测河水、海湾等环境中氮循环基因的多样性,这些基因包括 *amoA*,*nifH*、*nirK* 和 *nirS* 等。他们用 PCR 扩增这些基因的全长片段并同时进行荧光标记。研究表明,每种对象的检测灵敏度为 10 pg DNA,大约是 10^7 拷贝数。Tiquia 等（2006）利用 763 个 50 mer 长的寡核苷酸探针来检测美国普基特海湾（Puget Sound）不同深度的沉积物中 *amoA*,*pmoA*,*nirS*,*nirK*,*nifH* 和 *dsrAB* 基因的分布情况,这些基因是编码生态系统中硝化作用、甲烷氧化作用、反硝化作用、固氮作用以及硫还原作用（sulfur reduction）中的关键酶。利用该基因芯片技术,发现这些基因的多样性在深的沉积物中明显比在浅的沉积物中低。

4. 快速鉴定系统和自动化分析

由于传统鉴定方法需从形态、生理生化特征等方面进行数十项试验,才能将细菌鉴定到种,工作量大,花费时间长。因此,20 世纪 70 年代起国外开始实行成套的标准化鉴定系统和与之相结合的计算机辅助鉴定软件,使细菌鉴定技术日益朝着简便化、标准化和自动化的方向发展。目前常见的细菌鉴定系统有 API 系统、BIOLOG 系统、MIS（MIDI）系统、Enterrotube 系统、PhP 系统、VITEK 系统等。这些简单鉴定系统的设计，最初是针对肠杆菌科的细菌及相关的 G⁻ 杆菌，目的在于简化细菌鉴定的生化项目。简易细菌鉴定系统对临床上分离菌株的鉴定，取得了较满意的效果，准确率高、操作简便，并能大大缩短细菌鉴定时间。然而，对于从海洋环境中分离到的细菌，采用这些系统尚有一定的局限性，往往不能将所鉴定的菌株鉴定到种，而且有些鉴定结果不可靠。这主要是由于海洋细菌所要求的生长条件和常规的肠杆菌科的不同，另外，这些快速鉴定系统所收集的标准菌株数据库中尚无足够的海洋细菌的特征资料。比如，MacDonell 等报道用 API20E 鉴定海洋及河口细菌时，稀释液的盐度对鉴定结果会产生影响。因此，对于这些系统在海洋细菌鉴定中的应用，有待于做进一步的试验比较，积累更多的资料。对其中的某些试验条件，如温度和培养基盐度等应作适当的调整，使之更适合于海洋细菌的鉴定。下面对几种常见细菌快速鉴定系统作一简单介绍。

（1）API 细菌数值鉴定系统。

API 系统是目前世界上应用最为广泛的细菌鉴定系统，主要由含 20 种脱水基质的微型管、API 试验条以及试验结果读数表和检测试剂等组成。每个试验条可对 1 株细菌进行 23 项生化试验。挑取分离纯化后的单个菌落，制成菌悬液，按要求加入 API 试验条的微型管中，适宜温度下培养 24 h。以其自身代谢产物颜色的变化或加入试剂后颜色的变化加以鉴定。其结果以一个 7 位数字形式查对检索表或直接输入计算机即可得到相应的种名。其中 API20E 主要用于检测发酵型 G⁻ 杆菌，可对 98 种肠道 G⁻ 杆菌进行准确鉴定。

（2）Enterotube 系统。

Enterotube 系统是用无菌的互相间隔开的塑料管组成一个整体，其中 8 个小室，分别装有不同酶作用物和指示剂，每个塑料管两端各有一个帽盖并封存一只接种针，接种时除去接种针外端的帽盖，并用该针从原始培养平皿上挑取菌落，然后伸入进塑料管中，将菌种接种到培养基上，再将针体部分抽出，拆掉留在管外的部分。遗留在管内的部分针体有助于保持厌氧条件，接种针抽出部分则可提供需氧条件。盖上帽盖，将接种管孵育过夜。该装置可做下列试验：葡萄糖产酸产气、赖氨酸和鸟氨酸脱羧酶、硫化氢、靛基氢、乳糖和卫矛醇发酵、苯丙氨酸脱氢酶、尿素酶和柠檬酸盐等试验。改进后的 Enterotube 型，除可做上述 11 种试验外，又增加了侧金盏花醇、阿拉伯糖、山梨醇和 VP 试验 4 种。

（3）Biolog 全自动或手动细菌鉴定系统。

Biolog 微生物自动分析系统是美国 Biolog 公司从 1989 年开始推出的一套微生物鉴定系统，该系统主要根据细菌对糖、醇、酸、醋、胺和大分子聚合物等 95 种碳源的利用情况进行鉴定。细菌利用碳源进行呼吸时，会将四唑类氧化还原染色剂（TV）从无色还原成紫色，从而在鉴定微平板（96 孔板）上形成该菌株特征性的反应模式或"指纹图谱"，通过纤维光学读取设备 —— 读数仪来读取颜色变化（分为"自动"和"人工"两种读取方式），由计算机通过概率最大模拟法将该反应模式或"指纹图谱"与数据库相比较，可以在瞬间得到鉴定结果，确定所分析的菌株的属名或种名。以 Biolog 系统 6.01 版数据库为例，包含了革兰氏阴性好氧菌 524 种、革兰氏阳性好氧菌 341 种、厌氧菌 361 种、酵母菌 267 种、丝状真菌(含部分酵母菌)619种以及几种特殊的病原菌,目前这个数据库已进行更新。利用微生物快速系统进行细菌鉴定,能节省时间,但由于其在数据比对过程中记入一些非特异性的阳性反应孔,会造成偶然误差,从而引起个别鉴定结果不稳定,另外此类仪器本身及其耗材价格均较高。

(4) Sherlock MIS 系统。

Sherlock MIS 系统是由美国 MIDI 公司开发,专用于微生物鉴定。PLFAs的组成和含量水平具有种属的特异性,Sherlock MIS 系统需通过气相色谱分析。Sherlock MIS 系统菌种库包括好氧菌 1 500 种,厌氧菌 800 种及酵母菌(包括放线菌) 30 000 种。分离纯化后的细菌,按规定方法提取脂类物质,注入仪器的层析柱中,仪器可自动分析细菌样品中的脂类物质成分及含量,并与计算机内存储的细菌资料进行比较,鉴定出细菌的种名。

(5) RiboPrinter 鉴定系统。

RiboPrinter 全自动微生物基因指纹鉴定系统,是迄今为止全球唯一自动化 DNA 指纹仪器,用于鉴定、鉴别微生物并给出分子信息。该系统为环境分离物、病原菌、有害微生物、质控菌株、有益微生物等建立了一个全自动的基因指纹图库,这一精确到菌株水平的鉴定具有追溯细菌来源、对所有微生物环境进行控制及流行病学调查等功能。RiboPrinter 鉴定系统是基于核糖体 DNA 分型技术,使用限制性内切酶消化待检菌的 DNA,消化后的基因片段经电泳分离转印到硝酸纤维素膜上,与 DNA 探针杂交,该探针包括编码高度保守的 16*S* rDNA 和 23*S* rDNA 片段以及间隔序列,杂交信号经处理产生“条形码”状条带图像(RiboPrinter 模式),即 rDNA 基因指纹图谱,并与数据库比较从而达到细菌鉴定、分型的目的。该系统目前可以区分超过 180 个属的 1 400 多株菌。

第三节　海洋微生物天然产物筛选技术

近一个世纪以来,随着各种色谱技术特别是高效液相色谱技术、结构鉴定技术如各种二维核磁共振技术和各种串联质谱技术的发展,天然产物化学研究取得了长足的进步,天然产物因其新颖的结构和特殊的生物活性有的直接成为临床应用药物,有的为合成药物提供了设计模版。1981 到 2002 年全球范围公布的 877 个新药物实体中,有 61% 的药物是直接来源于天然产物或受天然产物的启发而设计合成的。在过去的 100 年间,天然产物化学研究的对象主要是陆生植物资源,近 20 年来随着陆地资源的减少、人口的增加和科技水平的迅猛发展,人类面临的可持续发展与资源匮乏以及环境恶化的矛盾日益突出,以开发海洋资源为标志的“蓝色革命”(blue revolution)正在形成前所未有的浪潮,发达国家对海洋资源的争夺也日益白热化。生命起源于海洋,海洋生物种类繁多,与对陆生生物的研究相比,人们对海洋生物的认识还相当有限,可能有相当数量的海洋生物如海洋微生物和无脊椎动物等目前并未被发现,估计海洋生物总种类要比现在已知的还要多数倍,海洋生物的利用率更是不足 1%。海洋特殊生态环境中的生物资源已成为拓展天然药用资源的新空间,也是目前资源最丰富、保存最完整、最具有新药开发潜力的新领域,占地球表面积 71.8% 的浩瀚海洋将成为 21 世纪的大药库。

一直以来,微生物来源的天然产物在人类疾病的治疗过程中发挥着重要作用。近 20

年来,随着传统抗生素的广泛使用,细菌的耐药性迅速增加,而从传统的土壤微生物中发现结构新颖的活性化合物的速度却出现了明显的下降趋势。在探索具有生物活性天然产物新来源的过程中,海洋微生物引起了广泛的关注。海洋微生物主要包括生活在海水、海洋沉积物(海泥)及与海洋动植物共附生的微生物。由于其所处的高压、低温、缺氧等独特的生理环境,海洋微生物能够产生大量结构新颖并具良好活性的天然产物。Jensen等早在 1994 年就从生态学的角度分析了从海洋微生物中发现次级代谢产物的策略,系统地阐述了海洋微生物次级代谢及次级代谢产物的生态学意义。在过去 10 年中,越来越多的海洋天然产物被发现和报道。仅 2006 年新发现的海洋天然产物就超过了 2001 到 2005 年的总和,2007 年较 2006 年又增加了 24%,2008 年则较 2007 年增加了 11%。海洋微生物天然产物的研究已经积累了丰富的研究材料,总结了许多宝贵的经验,特别是近年来分子生物学技术的高速发展,为海洋药物开发提供了新的研究方法、思路和发展方向。尽管如此,在研究海洋微生物的过程中,人们依然面临着许多挑战,如:对海洋微生物仍缺乏一个准确的定义;海洋微生物的分布及多样性需要更深入的研究;可培养的海洋微生物仍集中在少数类群中,对于那些不可培养的微生物个体,很难直接从中获得相应的次级代谢产物等等。

在获得可培养的海洋微生物后,如何从中筛选到有活性的海洋微生物天然产物,才是研究工作的目标。传统的天然产物筛选方法,同样适用于海洋微生物来源的活性天然产物的筛选,并已有诸多的成功报道。常用的筛选方法主要包括三类:一是传统的活性筛选,此方法以活性为基础,根据活性追踪发酵液中的相应组分;二是模型筛选,这类筛选一般需建立针对特定靶标的筛选模型,并对模型进行多种参数的评估后再进行筛选;三是基因筛选,基因筛选是根据微生物天然产物生物合成基因簇中一些酶的保守区域设计引物,从微生物中特异性地筛选具有某类核心结构或后修饰基团的天然产物。需要说明的是这三类筛选方法并不是孤立的:通过分析海洋微生物次级代谢产物中相关酶编码基因的同源性,可预测经活性筛选或模型筛选得到的化合物的结构,如以该酶的基因作为出发点,最终还能挖掘到负责该化合物生物合成的基因簇;而通过基因筛选得到的某类化合物,最终也需要通过传统的活性检验或特定的模型评价这些天然产物作为先导化合物的潜力。无论以哪种筛选方法为主导,在确定活性组分后,经分离纯化、图谱解析,最终可确定化合物的结构。

一、传统活性筛选

传统的活性筛选,即直接对菌株发酵液或提取物进行活性测试,根据活性跟踪化合物进行筛选。较常见的活性筛选方法包括:抗菌、抗肿瘤、抗病毒、抗寄生虫等。Abdelmohsen 等对海绵动物中分离的放线菌的天然产物进行了抗细菌、抗真菌和抗寄生虫的活性筛选;Zheng 等就海洋植物或动物表皮和肠道中共生的放线菌,采用四甲基偶氮唑盐比色法(MTT)对其中的天然产物进行了抗肿瘤活性分析。

下面以抗菌活性筛选为例来说明。某些微生物在新陈代谢过程中,能产生抗生素类物质来抑制周围微生物的生长。若把这些微生物置于含有供试菌的琼脂平板上,则其周围会形成一个圆形的不长菌的透明区域,即透明圈。这样就可以选择不同类型的微生物作供试菌,来寻找能抑制该类微生物生长的抗生素产生菌。从"体外抗菌体内也抗菌"的观点出发,以实验菌为对象进行筛选是一种非常经典的模型,可采用的检测方法有琼脂挖块法、杯碟法和纸片扩散法。

二、模型筛选

模型筛选一般是基于药理学原理建立特定的模型,并对模型进行有效的评估后,进行针对性筛选,此类筛选往往涉及细胞水平甚至分子水平。

几十年来,人们一直致力于抗肿瘤药物的研究。寻找选择性强、对实体瘤有效的新型抗肿瘤药物,是摆在研究人员面前的重要任务。建立合理高效快速的筛选模型才能提高筛选效率和质量,才能尽可能地降低新型抗肿瘤药物的开发成本。由于微生物具有生长快、操作简单等优点,可以利用微生物筛选模型进行抗肿瘤药物的筛选,多采用经过人工改造或野生的细菌或真菌作为模式菌株。如 BIA 活性检测菌是一株具有 $\gamma\text{-}lacZ$ 片段的大肠杆菌,该菌在正常情况下不产生 β- 半乳糖苷酶,当有药物作用于该菌 DNA 时,则诱导产生 β- 半乳糖苷酶,因而可通过检测 β- 半乳糖苷酶产生与否来判断该药物是否作用于肿瘤的 DNA。据报道,美国的研究人员曾建立了 70 多种具有 DNA 损伤修复缺陷的酵母突变系,每个酵母突变系 DNA 损伤修复缺陷的背景不同,或与 DNA 修复基因突变有关,或与细胞周期调控基因的突变有关。因此可以通过检验对某个酵母突变株是否有抑制作用,来筛选对该突变株具有同源突变背景的肿瘤细胞有抑制作用的药物,但前提是活性药物对正常微生物模型无抑制。

除了上述抗肿瘤药物的筛选模型外,还有许多有关微生物活性物质筛选的模型被报道。如 Sandberg 等建立了一种在 96 孔板中高通量筛选抑制 *Staphylococcus aureus* 生物被膜形成的化合物的筛选模型。此模型以结晶紫染色为基础,可特异性地筛选 *S. aureus* 生物被膜抑制剂,而非杀菌化合物,因此,该法所筛选到的活性产物对于减少细菌的耐药性有较大的意义。Gao 等建立了与动脉粥样硬化相关的 ATP- 结合盒转运蛋白 A1(ABCA1)高通量筛选模型,此蛋白能够通过增加胆固醇和磷脂的泵入量而提高高密度脂蛋白的水平,从而为预防动脉粥样硬化起到积极的作用。韩小贤等在探索如何快速获取具有抗肿瘤活性的菌株时,组合使用致死法和 tsFT 210 细胞的流式细胞术筛选法分别进行初筛和复筛,该法与流式细胞术的单独筛选模式相比,具有无漏筛、成本低、速度快和宜于进行大规模筛选等特点。

三、基因筛选

基因筛选是以某类化合物特定的骨架结构或后修饰基团为出发点,根据生物合成途径中相应酶基因的保守序列设计引物,进行筛选。基因筛选是生物信息学发展的必然产物,这种筛选方法往往能够快速获得含预期结构的化合物。通过对 PCR 扩增出来的基因进行生物信息学分析,不仅能推测化合物的类型,还可从生物学角度对产生相同次级代谢产物的菌株进行排重。如 Zhang 等对从中国南海海绵动物中分离得到的 109 个细菌中非核糖体肽的合成潜力进行了研究,通过 PCR 扩增非核糖体肽合酶(NRPSs)腺苷化结构域(A domain)基因并进行测序,推测其中 15 个菌株具有合成非核糖体多肽的潜力。Andreas

等针对负责苯环或吡咯环卤化的黄素腺嘌呤二核苷酸($FADH_2$)依赖的卤化酶保守区设计引物,筛选到 103 个新的卤化酶;对这些卤化酶基因进行系统的进化分析表明,它们与负责大环内酯类、糖肽类、脂肽类、烯二炔类、氨基香豆素类和安莎类化合物卤化的卤化酶具有不同程度的同源性;进一步通过 HPLC-ESI-MS/MS 对 6 个糖肽类卤化酶阳性菌株发酵产物进行分析,表明它们均在相对分子质量为 1 000～1 700 范围内显示出含卤化合物同位素峰,其二级质谱中也发现了特征性的糖碎裂峰。Gontang 等对海洋沉积物中分离到的 60 个放线菌进行了酮合酶结构域(KS domain)和 A domain 的 PCR 筛选,将扩增的基因片段进行克隆测序并在 NCBI 中进行比对,结果表明某些菌株包含几套不同 KS/NRPS,根据同源性的高低可进一步预测每一套 KS/NRPS 所编码的产物与已知产物的异同。这样,在全基因组信息未知的情况下,可对菌株的次级代谢潜能作一个生物信息学的评估。

四、基因组测序在海洋微生物天然产物发现中的应用

通过基因组测序获得的大量生物学信息,可以分析菌株的次级代谢潜能,快速发现可能的新天然产物生物合成基因簇。由于许多次级代谢产物均由组装成模块的多功能合酶 PKS/NRPS 所催化,且往往与调节基因和抗性基因相连成簇,因此通过对 PKS/NRPS 中结构域的分析,可预测新聚酮和非核糖体多肽的大致化学结构。通过优化发酵条件或采用异源生物合成等方式,最终促使"沉默"的基因簇得到表达,从而获得新的天然产物。Udwary 等测了 *Salinispora tropica* CNB-400 中 5 183 331 bp 的环状基因组序列,经生物信息学分析,找到了 17 个次级代谢生物合成基因簇,这些基因簇的总长度大约 518 kb,占基因组容量的 10% 左右。这是在已测序的微生物中,次级代谢相关基因所占比例最大的菌株。而到目前为止,从该菌株中分离得到的化合物仅有 salinosporamides、sporolides、lymphostin 和 salinilactam。此外,从这 17 个次级代谢相关的生物合成基因簇中,分别发现了 desferrioxamine、yersiniabactin 和 coelibactin 相似的生物合成基因簇。需要说明的是,基因组测序和化合物结构解析对化合物的鉴定是相辅相成的,如在大环聚烯化合物 salinilactam 的发现过程中,基因组测序获得的信息加快了该化合物结构的解析;而结构的最终确定反过来也揭示了相关化合物生物合成基因簇的排列方式,有助于人们了解海洋放线菌的次级代谢能力及阐述其与海洋环境相适应的生理特性。随着基因组测序技术的发展和成本的降低,越来越多的海洋微生物中次级代谢生物合成基因簇及其相关的新产物将会陆续被发现。

五、高通量筛选技术

高通量筛选(high throughput screening, HTS)是目前药物筛选的主流技术,它是以多孔板为载体,用高密度、微量自动化加样的方法,快速平行地测试化合物和靶标之间的结合能力或生物学活性,是集现代分子细胞生物学、蛋白质组学、计算机技术、生物芯片技术、集合化学合成和组合生物合成技术等高新技术于一体的药物筛选技术。将高通量运用于微生物初级代谢产物的筛选,可极大地提高筛选效率,加速发现新先导化合物的进程。所以可利用高通量筛选技术研究先导化合物和衍生物的转运、代谢、毒性和作用机理,快速确定治疗药物的候选物,提高药物研制和开发效率。

现阶段对于海洋微生物活性的筛选主要集中在以下几个方面：① 分离菌的来源。尽可能扩大微生物活性物质的产生菌的采集范围，包括深海以及极端环境下的微生物。② 微生物发酵。微生物的发酵方式与活性物质的产生密切相关，也是微生物能否产生活性物质的关键。③ 新型筛选模型和方法设计研究。随着高通量筛选研究的不断深入，对筛选模型的评价标准、新的药物作用靶点的发现以及筛选模型的新颖性和实用性的统一，高通量筛选技术必将在未来的药物研究中发挥越来越重要的作用。

六、异源生物合成、共附生或不可培养的海洋微生物天然产物

许多细菌、放线菌、真菌能与海洋藻类和无脊椎动物共附生，其中细菌主要集中在假单胞菌属（*Pesudomonas*）、弧菌属（*Vibrio*）、微球菌属（*Micrococcus*）、芽孢杆菌属（*Bacillus*）、肠杆菌属（*Enterobacter*）和别单胞菌属（*Alteromonas*）；放线菌主要包括链霉菌属（*Streptomyces*）和小单胞菌属（*Micromonaspora*）；海洋共附生真菌主要有枝顶孢霉属（*Acremonium*）、链格孢属（*Alternaria*）、曲霉属（*Aspergillus*）、小球腔菌属（*Leptophaeria*）、青霉属（*Penicillium*）和茎点霉属（*Phoma*）等。*Pseudoalteromonas* 是一个新建的属，这个属中的许多种常与多种海洋生物（如海绵、鱼类、贝类、被囊动物和许多海洋植物）共附生，并产生毒素、胞外多糖、胞外酶和许多有抗菌、抗病毒活性的物质。共附生海洋微生物的宿主主要有藻类植物如红藻、绿藻、褐藻，蓝细菌，海绵动物，腔肠动物海葵、珊瑚，尾索动物（即被囊动物）海鞘，苔藓动物，软体动物，须腕动物，棘皮动物，蠕虫，节肢动物虾、蟹，鱼类等。

然而，共附生海洋微生物在实验室条件下通常难以培养，因而限制了其产生的活性天然产物的研究及应用。通过克隆活性产物的生物合成基因簇，并将其导入异源宿主进行表达而获得目的产物不失为一种良策，异源生物合成的关键在于选择合适的宿主和开发相应的载体。菌株中的（G＋C）含量、密码子偏好性及宿主中是否含有表达产物所需的起始前体均是选择宿主时应考虑的。选择与原始菌株在遗传学上具有相似性的宿主，可在最大程度上提供原始的细胞环境。此外，开发相应的遗传工具对于成功实现次级代谢产物的异源生物合成也具有重要意义。所选择的载体需要有一定的容量，连接需表达的基因簇后，具有较好的稳定性，不会出现基因的丢失或重排等问题，并同时便于进行遗传操作。Liu 等从海洋被囊动物 *Aplidium lenticulum* 的共生菌中分离到一个主产物为灰紫红菌素 A 的链霉菌 *Streptomyces* sp. JP95，灰紫红菌素 A 是一个含高度氧化的螺酮缩醇结构的芳香聚酮化合物，是端粒酶和逆转录酶的强抑制剂。初步研究发现其生物合成基因簇中有 11 个开放阅读框负责芳香聚酮环的氧化修饰，最终形成环氧螺酮缩醇骨架。通过在 *Streptomyces lividans* ZX1 中异源表达该化合物的生物合成基因簇，绕过了 *Streptomyces* sp. JP95 对外源 DNA 的"限制性"，最终检测到灰紫红菌素 A 和其他 3 个类似物。异源表达的成功为下一步利用组合生物合成研制有相似骨架的"非天然"产物打下了良好的基础。到目前为止，实现异源生物合成的大多是一些结构较为简单的次级代谢产物，对于一些复杂的 PKS 和 NRPS 衍生的化合物来说，除基因在异源宿主中有兼容性问题外，抗性基因的表达对于宿主的生存是必需的。尽管许多抗性基因存在于生物合成基因簇中，但越来

越多的事实表明,抗性是由多个因素决定的,而某些抗性基因与该产物的生物合成基因簇相距甚远,这是在进行异源表达时应注意的问题。随着越来越多的难培养或不可培养海洋微生物天然产物生物合成基因簇的克隆,同时伴随着宿主和载体的开发,更多的海洋微生物天然产物将会陆续实现异源生物合成。

第四节　海洋微生物发酵工程技术

微生物发酵工程技术是微生物资源利用的基础之一,它是指利用微生物的特定性状,通过现代工程技术生产有用物质,或直接应用于工业化生产的一种技术体系。它主要包括菌体的生产和应用,微生物代谢产物的生产以及菌种的选育和保藏等技术。20 世纪 70 年代以来,它已与基因重组、细胞融合、蛋白质工程等新技术相结合,发展成为现代微生物发酵工程,并形成了抗生素、酶制剂、维生素及氨基酸等新产业。

发酵工程由三部分组成:上游工程,中游工程和下游工程。其中上游工程包括优良种株的选育,最适发酵条件(pH、温度、溶氧和营养组成)的确定,营养基质的准备等。中游工程主要指在最适发酵条件下,发酵罐中大量培养细胞和生产代谢产物的工艺技术:包括发酵开始前采用高温高压对发酵原料和发酵罐以及各种连接管道进行灭菌的技术;在发酵过程中不断向发酵罐中通入干燥无菌空气的空气过滤技术;在发酵过程中根据细胞生长要求控制加料速度的计算机控制技术;还有种子培养和生产培养的不同工艺技术。下游工程指从发酵液中分离和纯化产品的技术:包括固液分离技术(离心分离、过滤分离、沉淀分离等工艺),细胞破壁技术(超声、高压剪切、渗透压、表面活性剂和溶壁酶等),蛋白质纯化技术(沉淀法、色谱分离法和超滤法等),最后还有产品的包装处理技术(真空干燥和冰冻干燥等)。

海洋微生物的发酵是一个复杂的过程,尤其是大规模的工业发酵,需要结合微生物的普遍特征及海洋微生物的自身特性,形成一套完整的、适合海洋微生物的发酵技术。海洋微生物蛋白酶的发酵生产、微藻和海洋酵母菌的高密度发酵等都是海洋微生物发酵的应用实例。

一、海洋微生物发酵工程的工艺控制

海洋微生物与陆生微生物相比,在营养需求和环境条件方面存在一定的特质性,具体特征在本书第一章已有所阐述。发酵过程中,发酵条件既能影响微生物的生长,又能影响代谢产物的形成。因此,研究生产菌种所需的最佳发酵工艺条件,并以此为依据进行发酵工艺控制,将会有效地提高发酵水平。

1. 基质对发酵的影响及其控制

对于发酵控制来说,基质是生产菌代谢的物质基础,涉及菌体的生长繁殖和代谢产物的形成。因此,选择适当的基质和控制其适当的浓度是提高代谢产物产量的重要方法。基质对发酵的影响主要从碳源、氮源、无机盐和微量元素等方面发挥作用。

(1)碳源。

碳素是构成菌体的主要元素,也是细胞贮藏物质和产生多种代谢产物的骨架,还是菌

体生命活动能量的主要来源。目前工业发酵菌种大都为异养型微生物，只能利用有机碳，如葡萄糖、果糖、蔗糖、甘露醇、可溶性淀粉、小麦粉、粗粒度大豆等。有些菌种当碳源浓度过高时，代谢产物会对发酵生产有阻遏作用，可采用流加法使碳源浓度保持在较低水平以防止阻遏作用的发生。

（2）氮源。

氮素是生物体内的各种含氮物质，如氨基酸、蛋白质、核苷酸和核酸等成分。微生物产生蛋白酶的有机氮源有酪蛋白、酪蛋白氨基酸（casamino acid）、明胶、豆饼粉、蛋白胨、大豆粉等，无机氮源有 NH_4Cl、$NaNO_3$ 等。微生物不同，其适宜的氮源种类和浓度也不同。如黄海黄杆菌 *Flavobacterium* sp. 在只用无机氮源的培养基上，海洋低温蛋白酶合成几乎不能进行，有机氮源（豆饼粉）对蛋白酶生产有促进作用。而 $NaNO_3$ 是普鲁兰短梗霉（*Aureobasidium pullulans*）产生碱性蛋白酶的理想氮源，有机氮源如胰蛋白胨、酪蛋白等反而对该菌酶的产生有抑制作用。

（3）无机盐。

蛋白酶产生的发酵培养基中需要有 P、S、K、Mg、Na、Ca 和 Fe 元素等。通常以 KH_2PO_4、K_2HPO_4 等磷酸盐提供 P 和 K，以 $MgSO_4$ 提供 S 和 Mg。*Pseudomonas* sp. 145-2 生长和产酶需要 Na^+、K^+、Ca^{2+} 和 Mg^{2+}。培养基中补充 0.4%（W/V）NaCl 和 0.05%（W/V）$FeSO_4 \cdot 7H_2O$ 可增加克劳氏芽孢杆菌（*Bacillus clausii* I-52）蛋白酶的产量。用海水配制的发酵培养基可使地衣芽孢杆菌（*Bacillus licheniformis*）产生的蛋白酶活性比用自来水配制的提高150%。人工海水中的 K^+ 对 *Pseudomonas* sp. 7-11 产生蛋白酶具有关键作用。

2. 环境条件对发酵的影响及其控制

环境条件主要包括发酵温度、pH、溶解氧、二氧化碳、泡沫等。

（1）温度。

在影响和控制发酵的多种因素中，最先考虑的就是温度对发酵过程的影响。温度对发酵过程的影响是多方面的，它会影响酶反应的速率，改变菌体代谢产物的合成方向，影响微生物的代谢调控机制。除这些直接影响外，温度还对发酵液的理化性质产生影响。理论上，整个发酵过程中不应只选一个培养温度，而应根据发酵的不同阶段，选择不同的培养温度。在生长阶段，应选择最适生长温度；在产物分泌阶段，应选择最适生产温度。

黄海黄杆菌 YS-9412-130 产低温碱性蛋白酶的发酵温度为18 ℃，克劳氏芽孢杆菌 I-52 为37 ℃。发酵温度的变化主要随微生物代谢反应，发酵中通风、搅拌速度的变化而变化。在发酵过程中，微生物不断吸收培养基中的营养物质合成菌体的细胞物质和酶时的生化反应都是吸热反应；当菌体生长时营养物质被大量分解，分解代谢的生化反应都是放热反应。发酵初期合成反应吸收的热量大于分解反应放出的热量，发酵液需要升温。当菌体繁殖旺盛时，情况相反，发酵液温度就自行上升，加上因通风而带入的热量和搅拌所产生的机械热，这时，发酵液必须降温，以保持微生物生长繁殖和产酶所需的适宜温度。

（2）pH。

不同种类的微生物对 pH 的要求不同，大多数细菌的最适 pH 为 6.5～7.5，海洋异养菌培养基的 pH 通常为 7.6，霉菌的最适 pH 一般为 4～5.8，酵母菌的 pH 一般为 3.8～6。

发酵液的 pH 变化对菌体的生长繁殖和产物的积累影响极大,所以在工业发酵中,维持最适 pH 是生产成败的关键因素之一。既有利于菌体的生长繁殖,又可最大限度地获得高产量的产物是选择最适 pH 的原则。

产酶微生物生产的合适 pH 通常和酶反应的最适合 pH 相接近。在发酵过程中,微生物不断分解和同化营养物质,同时排出代谢产物,使发酵液中的 pH 不断变化。生产上 pH 的变化情况常作为生产控制的根据。一般来说,培养基中的碳/氮(C/N)比高,发酵液倾向于酸性,pH 低;C/N 比低,发酵液倾向于碱性,pH 高。培养基中的糖和脂肪被分解和同化时的氧化程度直接影响 pH,如通气量大,糖和脂得到完全氧化,产生 CO_2 和 H_2O;如果通气量不足,糖和脂氧化不完全,则产物为中间产物有机酸,使培养基中 pH 出现不同程度的降低。在碳源严重不足,微生物被迫利用氨基酸的碳架,留下—NH_3,pH 也可能上升。pH 的这些变化情况,常常引起细胞生长和产酶环境的变化,对产酶带来不利的影响。因此生产中常采用一些控制 pH 的方法,通常有:添加缓冲液维持一定的 pH;调节培养基的起始 pH,保持一定的 C/N 比;当发酵液 pH 过高时添加糖或淀粉来调节,pH 过低时用通氨或加大通气量来调节。

(3)通风量和搅拌。

对于好氧发酵,溶解氧浓度是重要的参数之一。好氧微生物深层培养时,需要适量的溶解氧以维持其呼吸代谢和某些产物的合成,氧的不足会造成代谢异常,产量降低。要维持一定的溶氧水平,需从供氧和需氧两方面着手。

发酵工业中,通风量以 VVM 来表示,即单位时间内(min)通过单位体积(m^3)发酵液的空气体积(m^3)。如 0.5 VVM 表示每分钟每立方米发酵液供给 0.5 m^3 的空气,也可用通气量 1:0.5 来表示。发酵过程中,通风量的多少应根据培养基中的溶解氧而定。一般来说,在发酵初期,虽然年轻细胞呼吸强度大,需氧多,但由于菌体少,相对通风量可以少些;菌体生长繁殖旺盛时,耗氧多,要求通风量大些;产酶旺盛时的通风量因菌种和酶种而异,一般需要强烈通风;但也有例外,通风量过多反而抑制酶的生成。菌种、培养时期、培养基和设备性能都能影响通风量,从而影响酶的产量。

深层发酵时,除了需要通气外,还需要搅拌。搅拌有利于热交换、营养物质与菌体均匀接触,降低细胞周围的代谢产物,从而有利于新陈代谢。搅拌可把通入的空气打碎成小泡,因而增加气液接触的有效界面,加速氧的溶解速度。搅拌能使发酵液形成湍流,增加湍流速度,从而提高溶氧量,增加空气利用。但搅拌速度主要因菌体大小而异,由于搅拌产生切应力,易使细胞受损。同时搅拌带来一定机械热,易使发酵温度发生变化。搅拌速度还与发酵液黏度有关。

二氧化碳的浓度视其对发酵的影响而定。如果对发酵有促进作用,就应该提高其浓度;如果对发酵有抑制作用,就应该降低其浓度。

(4)泡沫的影响。

在大多数微生物的发酵过程中,在通气条件下培养液中会形成泡沫,这是由于发酵液受到强烈的通气搅拌和培养基中某些成分的变化以及代谢产生的气体所形成的。发酵过程中产生少量泡沫是正常的,过多的泡沫则会降低发酵罐的装料系数和氧传递系数,阻碍

了 CO_2 的排出,影响氧的溶解,同时影响添料,也易使发酵液溢出罐外,甚至导致代谢异常或菌体自溶。

因此,生产上必须采用消泡措施。一般除了机械消泡外,还可利用消泡剂。消泡剂消泡的机理有两个方面,一是加入消泡剂后,可降低泡沫的表面张力,使泡沫破裂;二是改变电荷性质,降低泡沫的机械强度。消泡剂主要是一些天然的矿物油类、醇类、脂肪类、胺类、酰胺类、醚类、硫酸酯类、金属皂类、聚硅氧烷和聚硅酮等,其中聚甲基硅氧烷效果最好。我国常用天然油类、甘油聚醚(聚氧丙烯甘油醚)或泡敌(聚环氧丙烷环氧乙烷甘油醚)。理想的消泡剂,其表面相互作用力应较低,而且应难溶于水,还不能影响氧的传递效率和微生物的正常代谢。在酶生产中一般随菌体生长繁殖旺盛和酶的积累而泡沫增多,因此消泡剂的强度应根据泡沫上升程度而定。通常发酵罐内消泡剂的消泡作用不能控制泡沫上升时就应及时添加,消泡剂的添加以勤加、少加效果较好,不宜一次大量添加,如果添加过量,不仅抑制菌体生长和产酶,还影响酶制剂的提取。

3. 发酵终点的判断

微生物发酵终点的判断对提高产物产量和经济效益影响很大。生产能力是指单位时间内单位罐体积发酵液的产物积累量。生产过程中既要考虑生产率,又要考虑产品的成本问题。确定合理的放罐时间,需要考虑以下因素。

(1)经济因素。

发酵时间的确定应以最低的成本获得最大的产量为依据。在实际生产中,缩短发酵周期有利于提高设备利用率。因此,要从经济学角度确定一个合理的放罐时间。

(2)产品质量因素。

发酵时间对后续工艺和产品质量有很大影响。发酵时间过短,会有很多未代谢的营养物质残留在发酵液中,对产品的分离、提纯等工序不利。而发酵时间过长,菌体会自溶,导致发酵液的性质改变,扰乱产物的提取。因此,要考虑发酵周期长短对提取因素的影响。

(3)特殊因素。

微生物发酵过程中有时需要考虑一些特殊因素。在染菌、代谢异常等情况下,就要根据实际情况进行适当处理。有时为了得到尽量多的产物,应适当提前或延后放罐时间。

二、发酵工程技术

1. 固态发酵技术

一切使用不溶性固体基质来培养微生物的工艺过程,称为固体基质发酵(solid substrate fermentation),也称固态发酵。该法采用麸皮或米糠为主要原料,也可用豆粕和稻糠等作为主要原料或辅助原料,加入适量的自来水或陈海水拌成半固体状态,经蒸汽灭菌后凉至室温,接入种曲后,置于浅盘式、盆式、柱式、转鼓式、搅拌式等不同形式的固态发酵装置,控制温度、湿度或通气条件,使微生物能比较适宜地生长繁殖和产酶。图 2-2 为固态发酵的装备示意图。

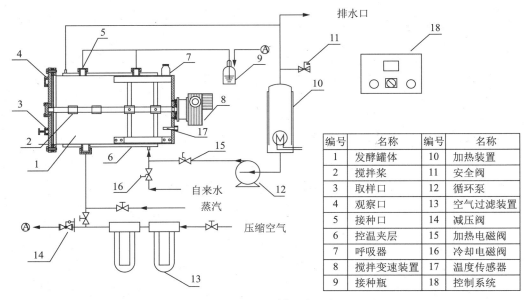

编号	名称	编号	名称
1	发酵罐体	10	加热装置
2	搅拌浆	11	安全阀
3	取样口	12	循环泵
4	观察口	13	空气过滤装置
5	接种口	14	减压阀
6	控温夹层	15	加热电磁阀
7	呼吸器	16	冷却电磁阀
8	搅拌变速装置	17	温度传感器
9	接种瓶	18	控制系统

图 2-2　固态物料发酵系统

固态发酵具有以下特点:

(1)固态发酵培养基中没有游离水,水是培养基中含量较低的组分。培养基中水活度小于 0.99,适宜于水活度在 0.93~0.98 的微生物生长,限制了其应用范围,同时也限制了某些杂菌的生长。

(2)微生物从湿的固态基质中吸收营养物,营养物浓度存在梯度,发酵不均匀,菌体的生长、对营养物的吸收和代谢产物的分泌不均匀。

(3)固态发酵中培养基提供的与气体的接触面积要比液体深层发酵中与气泡的接触面积大得多,供氧更充足,同时,空气通过固体层的阻力较小,能量消耗低。

(4)使用固体原料,在发酵过程中,糖化和发酵过程同时进行,简化了操作工序,节约了能耗。

(5)高浓度的底物可以产生高浓度的产物。

(6)由于产物浓度高,提取工艺简单可控,没有大量有机废液产生,但提取物含有底物成分。

(7)生产机械化程度较低,缺乏在线传感仪器,过程控制较困难。

固态发酵工艺中,通风方式、物料温度、湿度、物料混合程度等是决定发酵效果的关键性参数。在固态好氧发酵中,压缩空气经除菌、除湿后成为无菌空气,均匀穿透料层;固态厌氧发酵则通常不需要通风。固态发酵中,微生物在生长和代谢过程中会释放大量生物热,尤其是在微生物的对数生长期,菌体生长旺盛,产热速度很快,会造成物料大面积板结,加之固态发酵中没有自由流动相,导热性能差,单位距离上存在很大的温度梯度,不利于菌种生长和产酶。由于固态发酵最大的特点是存在无游离水,所以基质含水量的变化,必然会对微生物的生长与代谢能力产生重要的影响。此外,由于固体物料的含水量偏低,菌体代谢会导致物料 pH 发生较大变化。因此,在固态发酵过程中,物料搅拌和混合尤为重要。

固态发酵可利用多种工农业残渣作为底物大量生产化学物质,如有机酸、酒精、单细胞蛋白、蘑菇、酶制剂、生物活性物质及风味物质等,尽管上述研究有的还处在实验室研究阶段,但固态发酵被认为是可再生性资源综合利用最有希望的途径,特别是海洋低值原料和海洋食品加工副产物等的高值化利用方面,固态发酵表现出极大的发展潜力。

2. 液体深层发酵技术

液体深层发酵法是目前应用最广泛的发酵方法,采用具有搅拌桨叶和通气系统的密闭发酵罐,从培养基的灭菌、冷却到发酵都在同一发酵罐内进行。图2-3是海洋生物酶的液体深层发酵生产工艺流程。

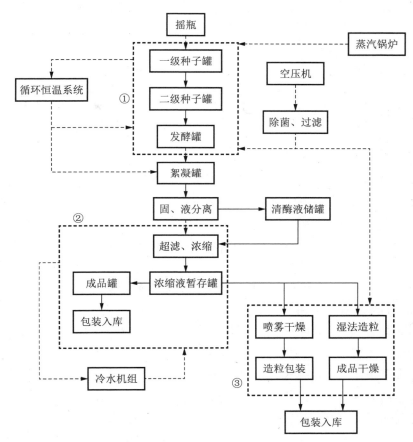

图 2-3　海洋生物酶总体发酵工艺流程图

该海洋生物酶示范工程系统的主要构成如下:① 发酵罐体、补料系统、空气除菌过滤系统、发酵后处理系统;② 与温度、pH、溶解氧、转速、泡沫和罐压等配套的检测与控制系统;③ 由数据采集系统、电气控制系统等组成的机电仪一体化设备。

深层发酵时最大威胁是染菌。发酵罐越大越易染菌,造成损失越大。染菌主要来自:种子带菌;空气带菌;培养基灭菌不彻底;设备渗漏;设计方案不合理等方面。发酵工业中大量空气的除菌主要依靠过滤除菌,采用定期灭菌的干燥介质来阻截流过空气中的所有微生物,从而获得无菌空气。常用的过滤介质按空隙的大小分为两大类,一类是介质空隙大于微生物,故必须有一定厚度的介质滤层才能达到过滤除菌的目的,称之为深层过滤,如棉花、活性炭、玻璃纤维、有机合成纤维、烧结材料(烧结金属、烧结陶瓷、烧结塑料)等;另一类介质的空隙小于细菌,含细菌等微生物的空气通过介质,微生物就被截留于介质上而实现过滤除菌,称之为绝对过滤,如微孔滤膜,其孔径只有 $0.1\sim0.45\ \mu m$,因此可把细菌等微生物全部去除。微孔滤膜除拦截筛除作用外,还具有较强的静电吸附作用,因此也能部分去除噬菌体。

三、发酵产物的下游工程

以酶为例,发酵产物的提取过程一般需经历发酵液的预处理、固液分离、酶液浓缩、酶的纯化、酶成品的制备等过程。酶是比较脆弱的物质,如果处理条件不当,容易变性失活。在酶提取之前应对目的酶的基本性质有所了解,如等电点、pH 和热稳定性、氧化还原剂对其影响等。

1. 发酵液预处理

为了防止不完全澄清导致的酶活性损失或防止滤器堵塞,在开始分离之前有必要对发酵液进行预处理。发酵液通常使用絮凝剂以产生较大的絮凝物或凝聚物,进而加速固液分离。

凝聚是指向胶体悬浮液中加入某种电解质,在电解质中异电离子作用下,胶粒的双电层电位降低,从而使胶体脱稳并使粒子相互聚集成直径 1 mm 左右块状凝聚体的过程。电解质的凝聚能力可用凝聚值来表示,使胶粒发生凝聚作用的最小电解质浓度(mmol/L)称为凝聚值。根据 Schuze-Hardy 法则,反离子的价数越高,该值就越小,即凝聚能力越强。应用较广泛的凝聚剂有 $Al_2(SO_4)_3 \cdot 18H_2O$(明矾)、$AlCl_3 \cdot 6H_2O$、$FeSO_4 \cdot 7H_2O$、$FeCl_3$ 和 $ZnSO_4$ 等。

絮凝是指使用絮凝剂(通常是天然或合成的大相对分子质量聚合物)将胶体粒子交联成网,形成 10 mm 左右絮凝团的过程。其中絮凝剂主要起架桥作用。絮凝剂是一种能融入水的高分子聚合物,其相对分子质量甚至大于一千万,它们具有长链状结构,其链节上含有许多活性官能团,包括带电荷的阴离子(如$-COOH$)或阳离子(如$-NH_2$)基团以及不带电荷的非离子基团。它们通过静电引力、范德华力或氢键的作用,强烈地吸附在胶粒的表面。当一个高分子聚合物的许多链节分别吸附在不同颗粒的表面上,产生架桥连接时,就形成了较大的絮团,这就是絮凝作用。对絮凝剂的化学结构一般有两方面的要求:一方面要求其分子必须含有相当多的活性官能团,使之能和胶粒表面结合;另一方面要求必须具有长链的线性结构,以便同时与多个胶粒吸附形成较大的絮凝团,但相对分子质量不能超过一定限度,以使其具有良好的溶解性。根据活性基团在水中解离情况的不同,絮凝剂可分为非离子型、阴离子型和阳离子型三类。根据其来源不同,工业上使用的絮凝剂又可分为如下三类:① 有机高分子聚合物,如聚丙烯酰胺类衍生物和聚苯乙烯类衍生物等;② 无机高分子聚合物,如聚合铝盐和聚合铁盐等;③ 天然有机高分子絮凝剂,如聚糖类胶粘物、海藻酸钠、明胶、骨胶、壳多糖和脱乙酰壳多糖等。

2. 固液分离

通常使用真空转筒过滤机和碟片式离心机从发酵液中去除细胞、固体或胶体。真空转筒过滤机是一种连续操作的过滤设备,其操作流程如图 2-4 所示。设备的主体是一个由筛板组成能转动的水平圆筒(图2-5),表面有一层金属丝网,网上覆盖滤布。圆筒内沿径向被筋板分割成若干个空间,每个空间都以单独孔道通至筒轴颈端面的分配头上,分配头内沿径向隔离成3个室,它们分别与真空和压缩空气管路相通。

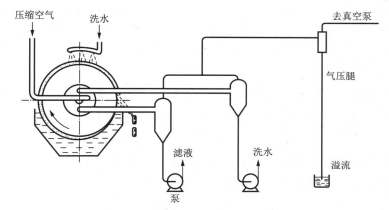

图2-4　转筒真空过滤机流程图

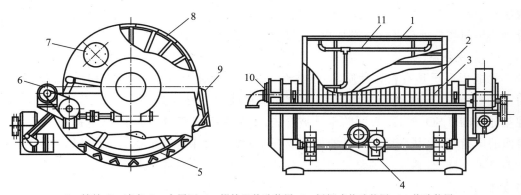

1—转鼓;2—滤布;3—金属网;4—搅拌器传动装置;5—摇摆式传动装置;6—传动装置;

7—手孔;8—过滤室;9—刮刀;10—分配阀;11—滤液管路

图2-5　转筒真空过滤机的结构

转筒下部浸没在发酵液中,圆筒缓慢旋转时(转速 0.5～2 r/min),可顺序进行过滤、洗涤、吸干、吹松、卸饼等项操作。即整个圆筒分为过滤区、洗涤及脱水区、卸渣及再生区3个区域。

过滤区:圆筒下部的空间与发酵液相接触,由于在这个区的空间与真空管联通,于是滤液透过滤布被吸入筒内并经导管和分配头排至滤液贮罐中,滤渣则滞留在滤布的表面形成滤饼。为防止发酵液中固体沉降,在发酵液槽中安装摇摆式搅拌器。

洗涤及脱水区:当圆筒从发酵液槽中转出后,有喷嘴将洗涤水喷向圆筒面上的滤饼层进行洗涤,由于此区也与真空管路相通,于是洗涤水穿过滤饼层而被吸入筒内,并经分配头引至洗水贮罐中。

卸渣及再生区:经洗涤和脱水的滤饼层继续旋转进入此区,由于此区与压缩空气管路连通,于是压缩空气从圆筒内向外穿过滤布面将滤饼吹松,随后由刮刀将其刮除。刮掉滤饼的滤布通压缩空气继续吹,吹净残余滤渣,使滤布再生。

碟片式离心机是目前生产中应用最广泛的离心机,它具有密闭的转鼓,转鼓内设有数十个至上百个锥角为 60°～120° 的锥形碟片,以缩短沉降与分离时间,碟片之间的间隙用碟片背面的狭条来控制,一般碟片间的间隙为 0.5～2.5 mm。当碟片间的悬浮液随着碟片高速旋转时,固体颗粒在离心力作用下沉降于碟片的内腹面,并连续向鼓壁沉降,澄清液则被迫反方向移动至转鼓中心的进液管周围,并连续被排出。

3. 酶液浓缩

常用超滤膜浓缩法。超滤(ultrafiltration)是在加压的情况下(0.1～0.6 MPa 由外源氮气等惰性气体形成),使酶液通过超滤器,小分子的杂质透过膜,而大分子的酶截留在膜腔内,达到酶浓缩和纯化的目的。聚丙烯腈、聚烯烃、聚砜、聚醚砜是常用的膜材料,其中聚砜膜和聚醚砜膜耐热性和 pH 适应性好。膜的孔径为 0.002～0.06 μm,截留相对分子质量为 1 000～500 000 的范围。可以根据目的酶的相对分子质量数量级范围,选择不同孔径大小的超滤膜。膜分离设备主要有 4 种形式:板式、管式、中空纤维式和螺旋卷式。采用此法可使酶液浓缩到体积分数为 10%～50%,回收率高达 90%。这种方法适用于酶液的浓缩和脱盐,其优点是成本低,操作方便,条件温和,回收率高;缺点是超滤膜容易被污染,分离效果与物料处理及性质密切相关,需精心保养、清洗。

4. 盐析分离

酶或蛋白质具有胶体性质,即蛋白质在水中借助水化层和带电荷等性质能均匀分散而不凝聚,盐是一种电解质,由于中性盐的亲水性大于蛋白质的亲水性,当加入大量的中性盐如 $(NH_4)_2SO_4$ 时,酶表面的水分被脱去,使亲水系统变为憎水系统,电荷被中和,使酶表面的电荷下降,从而引起可见的凝聚或沉淀现象。使不同微生物的蛋白酶沉淀所加盐析剂的量是不同的,需通过试验来确定。有时候也可以利用有机溶剂沉淀的方法实现酶蛋白与液体的分离。

酶制剂干燥的方法较多:气流干燥、喷雾干燥、沸腾干燥、振动干燥和真空冷冻干燥等。

5. 发酵产物的精制与纯化

经浓缩、提取的酶液为粗酶液,可以直接应用,或进一步处理制成干粉后使用。工业上可把浓缩后的酶液作为商品粗酶液,或者略浓缩后喷雾干燥,或者盐析后制成干粉出售。这些粗酶中含有其他蛋白质、多糖、脂类和核酸等杂质,与目的酶相比,不纯物质含量很高,要得到较纯制品还要去杂纯化,大多数蛋白酶的纯化方案是需要依据酶的性质设计多步的分离程序。常用的纯化技术包括离子交换层析、凝胶过滤、亲和层析等。

第三章

海洋微生物天然产物工程 *

第一节　海洋微生物胞外多糖

胞外多糖（extracellular polysaccharides）简称 EPS，是由细菌细胞所分泌的，游离在胞外或在细胞表面形成松散黏液层的多糖物质。

微生物胞外多糖的分类：

微生物胞外多糖 ┤ 同型多糖
　　　　　　　　　异型多糖 ┤ 中性杂多糖
　　　　　　　　　　　　　　　酸性杂多糖
　　　　　　　　　　　　　　　含氨基杂多糖

细菌胞外多糖具有的独特物理化学性质，已通过不同方式应用于石油、化工、食品和制药等多个领域，如黄原胶、结冷胶、透明质酸、右旋糖酐及 $\beta\text{-}D\text{-}$ 葡聚糖等。同时，某些细菌胞外多糖在抗感染、抗肿瘤及抗辐射等方面还表现出新型的生物学活性，从而引起人们的广泛关注。到目前为止，已大规模生产的微生物胞外多糖主要有黄原胶（xanthan gum）、结冷胶（gellan gum）、凝胶多糖（cardlan）、葡聚糖（dextran）、茁霉多糖（pullulan）、小核菌葡聚糖（scleroglucan）等；而海洋微生物来源的多糖尚未获得大规模生产和应用。

现已发现，革兰氏阳性菌胞外多糖的结构很复杂，而革兰氏阴性菌胞外多糖的结构相对比较简单，通常是同多糖（一般是由 $D\text{-}$ 葡聚糖组成）或杂多糖。杂多糖通常是由双糖至八糖形成的规则的重复单位构成，而这些重复单位则是由 2～4 种单糖所组成，其中许多糖链上又携带有乙酰、丙酮酸、糖醛酸等特征基团。这些特点决定了胞外多糖组成和结构的多样化。以克雷伯氏菌为例，目前已经发现 82 种 K 抗原血清型，表 3-1 中列出了部分已报道的克雷伯氏菌不同血清型的胞外多糖结构。

表 3-1　部分已报道的克雷伯氏菌不同血清型胞外多糖的结构

胞外多糖的结构	来源菌株
Manα1 → 4GalAα1 → 3Manα1 → 2Manα1 → 3Gal	K 3
Glcα1 → GlcAα1 → 3Manα1 → 3Glc	K 4

---

* 本章由牟海津、孔青、严群编写。

胞外多糖的结构	来源菌株
GlcAβ1 → 2Manα1 → 2Manα1 → 3Glcβ1 → 3Glc 　　　　　　　　3 　　　　　　　　↑ 　　　　　　　Galα1	K 7
Galβ1 → 4GlcAα1 → 3Manβ1 → 4Glcα1 → 3Glc	K 13
Glcβ1 → 2Rhaα1 → 4GlcAα1 → 3Rha 　　　　　3 　　　　　↑ 　　　　Rhaα1	K 17
Manβ1 → 4GlcAβ1 → 3Manα1 → 2Manα1 → 3Glc	K 24
Glcβ1 → 2GlcAβ1 → 4Galβ1 → 4Glc	K 25
Galβ1 → 4Glcβ1 → 6Glcα1 → 4GlcAα1 → 3Manα1 → 2Manα1 → 3Gal	K 26
Glcβ1 → 4GlcAβ1 → 2Rhaα1 → 3Rhaα1 → 2Rhaα1 → 3Gal	K 36
Glcβ1 → 4GlcAβ1 → 2Manα1 → 4GlcAβ1 → 2Manα1 → 3Glc	K 39
Rhaα1 → 2Rhaα1 → 4GlcAα1 → 2Manα1 → 2Manα1 → 3Gal	K 40
Manβ1 → 4GlcAβ1 → 2Manα1 → 2Manα1 → 3Gal	K 43
Glcβ1 → 4Glcα1 → 4GlcAβ1 → 2Rhaα1 → 3Rhα	K 44
Glcβ1 → 3Manβ1 → 4GlcAα1 → 3Manα1 → 3Galα1 → 3Gal	K 46
Galα1 → 2Galα1 → 4Rhaα1 → 3Galβ1 → 2Rhaα1 → 4GlcA	K 52
Manα1 → 4GalAα1 → 2Manα1 → 3Gal	K 57
Glcα1 → 4GlcAβ1 → 3Galα1 → 3Manα1 → 3Glc 　　　　　　　　2　　　　　2 　　　　　　　　↑　　　　　↑ 　　　　　　　Glcβ1　　　Glcβ1	K 60
Galα1 → 3GalAα1 → 3Fuc	K 63
Galβ1 → 4GlcAα1 → 3Manα1 → 2Manα1 → 3Gal	K 74
Rhaα1 → 3Rhaα1 → 4GlcAβ1 → 2Rhaα1 → 3Rhaα1 → 3Gal	K 81

一、海洋微生物胞外多糖的组成和结构

海洋环境中大多数细菌细胞外都包围有胞外多糖,其对海洋细菌的生长和生理功能的正常发挥起到重要的作用。胞外多糖可以通过影响细菌细胞周围海洋环境的方式,有助于细菌忍受海洋中的极端温度、为细胞提供屏障保护、有助于细菌细胞对基质表面的吸附、缓冲 pH 以及海水盐浓度的变化、促进细胞间的生化作用、吸附可溶性有机物以获取营养等。生活在南极的很多海洋细菌也会产生胞外多糖,能够保护细胞免受冰晶的伤害。

已有的研究表明,海洋微生物胞外多糖具有多样性、复杂性和特殊性。这类多糖大多是由多种单糖按照一定比例组成的杂多糖,其中葡萄糖、半乳糖和甘露糖最为常见;另外还含有葡萄糖醛酸、半乳糖醛酸、氨基糖和丙酮酸等。结构的多样化使得海洋微生物胞外多糖具有许多特殊的理化特性,在医药、化工等领域具有广阔应用前景(表3-2)。

表 3-2　分离自南极和深海热液喷口的部分海洋细菌胞外多糖

菌　种	海洋来源	胞外多糖的组成	应用价值
Pseudoalteromonas sp.	南极过滤的海冰微粒	硫酸化异型多糖,富含乙酰基和糖醛酸	/
Pseudoalteromonas sp.	海洋微粒	硫酸化异型多糖,富含琥珀酰、乙酰基和糖醛酸	/
海洋细菌 HYD-1545	海洋环节动物组织	硫酸化异型多糖,富含丙酮酸和糖醛酸	/
Alteromonas macleodii subsp. *fijiensis*	海水	硫酸化异型多糖,富含丙酮酸和糖醛酸	食品增稠剂,生物脱毒和废水处理,骨质愈合及心血管疾病治疗
Pseudoalteromonas sp.	无脊椎动物组织	硫酸化异型多糖,富含糖醛酸、丙酮酸和乙酸	生物脱毒和废水处理,骨质愈合
Pseudoalteromonas sp.	无脊椎动物组织	硫酸化异型多糖,富含糖醛酸、丙酮酸和乙酸	生物脱毒和废水处理,骨质愈合
Vibrio sp.	无脊椎动物组织	异型多糖,富含糖醛酸和氨基糖及少量中性糖	抗凝剂,抗 HIV 等活性

　　早在 1983 年,Boyle 等就对源于两种潮间带细菌的胞外多糖进行了研究,发现两者均由葡萄糖、半乳糖和甘露糖构成,后者还含有丙酮酸;Umezawa 等对 1 063 株海洋细菌进行研究,结果发现 167 株可产生丰富的胞外多糖;Lee 从济州岛海洋沉积物中分离到的细菌 *Hahella chejuensis* 产生一种胞外多糖,相对分子质量大于 2 000 000,由半乳糖、葡萄糖、木糖和核糖构成,具有良好的乳化性,可用作乳化剂;从我国黄海沉积物中分离到的丝状真菌 *Phoma herbarum* YS4108 产的胞外多糖,平均相对分子质量为 130 000,由半乳糖、葡萄糖、鼠李糖、甘露糖和葡萄糖醛酸构成。

　　在海洋生物共附生微生物方面,分离自东方牡蛎 *Crassostrea virginica* 的海洋细菌 *Shewanella colwelliana* 可产生一种由甘露糖、葡萄糖、半乳糖和丙酮酸构成的酸性胞外多糖;海洋生物附着性弧菌 *Vibrio alginolyticus* 产生的胞外多糖由葡萄糖、氨基阿拉伯糖、氨基核糖和木糖构成,相对分子质量为 6 390 000,其溶液具有较好的流变性,但对高温和强碱不稳定;从南海海洋红树林内生真菌菌体中分离得到一种胞外多糖,相对分子质量为 34 000,主要由葡萄糖、半乳糖和少量木糖构成,还含有 35.12 % 的葡萄糖醛酸。

　　近年来,海洋热泉微生物胞外多糖的研究已引起特别关注,这对揭示热泉生物生存机制和生命奥秘具有重要意义。分离自东太平洋深海热泉环节动物门多毛纲 *Alvinella pompejana* 外皮的别单胞菌(*Alteromonas* sp. HYD 1545)能产生一种酸性胞外多糖,由葡萄糖、半乳糖、葡萄糖醛酸、半乳糖醛酸和 4,6-丙酮酸半乳糖构成;别单胞菌 *A. macleodii* subsp. *fijiensis* ST716 的胞外多糖与黄原胶相似,由葡萄糖、半乳糖、甘露糖、葡萄糖醛酸和半乳糖醛酸(1.3:1:1.2:1.5:0.7)构成。假别单胞菌(*Pseudoalteromonas*)也是海洋中的特有微生物,在深海热液喷口经常分离到,假别单胞菌 HYD 721 产生的胞外多糖由葡萄糖、半乳糖、甘露糖、鼠李糖和葡萄糖醛酸(2:2:2:0.8:1)构成,且是一个支链化的八糖重复单元结构。

二、海洋微生物胞外多糖的生物学活性

1. 抗肿瘤活性

海洋微生物胞外多糖在抗肿瘤药物的开发方面展示出良好的发展前景。Umezawa 等 1983 年就对源于海水、海泥和海草的 167 株细菌的胞外多糖进行抗肿瘤活性筛选，发现 6% 的多糖有明显的抗 S_{180} 活性。分离自 Sagami 海湾海藻表面的湿润黄杆菌（*Flavobacterium uliginosum*）MP-55 产生的由葡萄糖、甘露糖和岩藻糖（7:2:1）构成的胞外多糖 Marinactan 具有显著的抗肿瘤活性，当以 10~50 mg/kg 剂量给药 10 d 时，发现对昆明种小鼠 S_{180} 肉瘤的抑制率为 70%~90%，已作为多糖类抗肿瘤新药进入临床研究，开辟了海洋微生物胞外多糖药用的先河。

2. 免疫增强活性

海洋微生物胞外多糖具有较强的免疫增强活性，为新型免疫调节剂的研究开辟了新的途径。采自厦门海区潮间带的海洋放线菌中有 3 株产生的胞外多糖在体内外具有较强的免疫增强活性，其中链霉菌（*Streptomyces* sp.）2305 菌株产生的胞外多糖具有显著的非特异性免疫、细胞免疫及体液免疫增强活性。从南海红树林内生真菌获得的胞外多糖 W_{21}，体内与环磷酰胺合用可提高环磷酰胺的抑瘤率，提高机体的免疫能力。

3. 清除自由基和抗氧化活性

海洋多糖和低聚糖在抗氧化和自由基清除方面有较多的研究报道，包括海洋动物（壳聚糖）、海洋植物（海藻多糖）和海洋微生物等不同来源。海洋微生物胞外多糖的抗氧化和自由基清除活性，对防治由自由基导致的重要生物分子过氧化而引发的严重疾病，如癌症、动脉粥样硬化和早老性痴呆症，具有重要意义。例如，海洋丝状真菌胞外多糖 EPS2 对超氧自由基和羟自由基具有显著的清除活性，对人低密度脂蛋白（LDL）的铜催化氧化反应具有剂量依赖性抑制作用。

4. 其他活性

来自于海洋别单胞菌和假别单胞菌的富含糖醛酸的胞外多糖具有促进骨质愈合及心血管疾病治疗的活性。海洋弧菌 *V. diabolicus* 产生的胞外多糖是有效的骨骼愈合物质，可以保护骨骼的完整性；来自深海热液的无脊椎动物组织中的海洋弧菌，能够产生富含糖醛酸和氨基糖的胞外多糖，具有一定的抗凝血和抗 HIV 等活性；海洋热泉嗜温别单胞菌 *A. infernus* 产生的胞外多糖经化学修饰后获得的高硫酸化多糖具有抗凝血活性，而且降解成低相对分子质量的硫酸化多糖抗凝血活性有所增强；高硫酸化胞外多糖还具有促进血管生成作用，在临床上对于促进伤口愈合和缺血部位的血管生成具有重要的应用价值。

三、海洋微生物多糖的分离纯化

多糖中羟基较多，极性大，通常用不同温度的水、稀碱溶液或稀酸溶液提取。粗提物中含杂质较多，主要为氨基酸、肽、蛋白质以及极性大的小分子和色素。肽和蛋白质通常用 Sevage 法、三氟或三氯乙烷法和三氯乙酸法除去，前两种方法多用于微生物多糖的提取，后一种方法多用于植物多糖的提取，3 种方法均不适合糖肽，因为糖肽也会沉淀出来。多糖中的色素多为酚类化合物，通常在碱性条件下以过氧化氢氧化法脱色。小的极性分子

则通过透析法除去。

粗多糖是相对分子质量极不均匀的混合物,需要进行分级和纯化。纯化的方法很多,常用的方法有分步沉淀法、金属离子络合法、离子交换层析法、凝胶过滤法等。

分步沉淀法包括有机溶剂分步沉淀法和盐析法。有机溶剂分步沉淀法是利用多糖在不同浓度的有机溶剂(常用醇或酮)中溶解度的差异,使不同相对分子质量的多糖沉淀出来。乙醇是应用最广泛的分步沉淀剂,简单方便,成本低。多糖在有机溶剂里溶解度小,在多糖的水溶液中加入乙醇破坏多糖溶剂化水膜,降低溶液介电常数,使多糖沉淀出来。加入低浓度的乙醇,相对分子质量大的多糖先沉淀出来,依次增加乙醇的浓度得到相对分子质量由大到小的多糖组分。因此乙醇沉淀法也用于多糖的分级。沉淀往往在 pH 7 左右进行,在此条件下多糖较稳定。盐析法是根据不同多糖在不同盐浓度中溶解度不同的性质,加入盐析剂使多糖逐步沉淀出来,常用的盐析剂有氯化钠、氯化钾、硫酸铵等,但硫酸铵最常用。

季铵盐沉淀法利用季铵盐与酸性多糖生成不溶于水的多糖化合物的特性,分离酸性多糖与中性多糖。常用的季铵盐有溴代十六烷基三甲胺(CTAB)和十六烷基盐酸吡啶(CPC)。多糖季铵盐复合物可溶于盐溶液或有机溶剂中,季铵盐可用透析法除去。多糖季铵盐复合物在不同盐溶液中溶解度不同,可以利用这一性质对多糖进行分级。若用此方法沉淀中性多糖,多糖应转化为负离子,才能与季铵盐生成沉淀,一般可使多糖形成硼酸盐复合物或在很高的 pH(至少大于 9)条件下进行沉淀。

离子交换层析法适用于分离携带电荷的多糖和低聚糖。如海洋硫酸酯多糖和多聚糖醛酸的分离,可利用该多糖中的羧基和硫酸基的取向、类型和数量的差异,用不同离子强度的氯化钠溶液洗脱,得到带不同电荷的多糖。另外通过柱层析,许多杂质被牢牢吸附于柱上端,从而达到纯化多糖的目的。凝胶过滤法又叫分子筛层析,此类层析的固相载体或介质是一些多孔性或网状结构物质,并且具有分子筛效应,当含有不同大小分子的混合物流经这一介质时,能将混合物中的各组分按分子大小进行分离,从而达到把分子大小不同的多糖分离开。凝胶过滤常用不同浓度的盐溶液洗脱,用硫酸—苯酚比色法或示差折射及紫外光谱法检验糖的浓度。

第二节　海洋生物毒素

一、海洋生物毒素概论

1. 简述

海洋生物毒素是有毒海洋生物分泌的一类具有奇特结构和高活性的特殊代谢成分,其资源丰富、种类多、分布广,据估计有 1 000 多种,其中已确定结构的有几十种。目前,海洋生物毒素已成为国内外研究海洋药物的热点。

海洋微生物产生的毒素种类繁多,但它们有着某些共同的特点:

(1)化学结构新颖多样。

海洋微生物的多样性,使其毒素的化学构型远较陆地微生物丰富,且因海洋生态环境的特殊性,海洋中许多微生物毒素的化学结构又是独有的,同时这种多样性和新颖性对人类而言又极为重要。

（2）作用机理特殊。

除了一些和陆地微生物相同的作用之外，海洋微生物毒素很显著的一个特点是，其主要作用于神经和肌肉可兴奋细胞膜上的电压依赖性离子（如 Na^+、Ca^{2+} 等）通道，从而阻滞、干扰和破坏对生命过程起重大作用的"信息物质"的扩散和传递，引发一系列的药理和毒理作用及严重的中毒过程。

（3）毒性强烈，生物活性高。

海洋微生物毒素对受体作用具有高选择性和高亲和性，因而很少的量就可以产生巨大的作用。如河鲀毒素的毒性是 NaCN 的 1 250 倍，对人的致死剂量仅为 0.3 mg。

（4）较易合成。

部分海洋微生物毒素为低分子化合物或者低肽类物质，使其工业化合成生产成为可能。

多数海洋生物毒素均有较强的神经毒性，且可作用于离子通道，对神经系统起着重要作用，因而可成为药理学和神经科学研究的有力工具和新药开发的新来源。同时，由于人类的很多神经性疾病均与离子通道有关，因此海洋生物毒素还有可能广泛适用于镇痛、抗癫痫及其他神经性疾病的治疗，因而它有望成为新型的海洋药物。

按其化学结构的不同，可将海洋生物毒素大致分为多肽类毒素、聚醚类毒素、生物碱类毒素等三大类。表 3-3 列出了部分已报道的聚醚类海洋生物毒素。

表 3-3　聚醚类海洋生物毒素

名　称	来　源	作用靶点	代表毒素
岩沙海葵毒素（palytoxin, PTX）	岩沙海葵	神经毒性，细胞毒性	42-Hydroxy-palytoxin
刺尾鱼毒素（maitotoxin, MTX）	腰鞭毛虫岗比甲藻	电压依赖型钙离子通道激活剂	
西加毒素（ciguatoxin, CTX）	岗比毒甲藻	电压依赖型钠离子通道激活剂	Pacific ciguatoxin, Caribbeanciguatoxin, Indianciguatoxin
虾夷扇贝毒素（yessotoxin, YTXs）	腰鞭毛虫甲藻	神经毒、钠离子通道激活剂	PbTx-2
短裸甲藻毒素（brevetoxin, BTX）	短裸甲藻	神经毒、钠离子通道激活剂	
原多甲藻酸毒素（azaspira acid, AZA）	紫贻贝（*Mytilus edulis*）等	细胞纤维肌动蛋白	AZA1-11
大田软海绵酸（okadaic acid, OA）	海绵动物、利马原甲藻、*P. maculosum* 藻株		OA, OA-1-2, OA-3-4

目前已经发现，很多海洋动植物毒素的真正来源是与其共附生的海洋微生物，例如，neosurugatoxin 和 prosurugatoxin 是最早从海洋共附生微生物中发现的毒素。1965 年，生长于 Suruga 海湾的一种可食的软体动物 *Babylonia japonica* 在日本引起大规模的食物中毒。通常人们认为海洋毒素的积累是由食物链引起的，但是 *B. japonica* 并不吞食有毒的

浮游生物；而且，这种软体动物只在 6 月到 9 月当海水温度达到 25 ℃ 时才会有毒。所以很多人认为毒性可能是由微生物产生有毒物质并在 *B. japonica* 体内积累而引起的。进一步研究发现，分离于 *B. japonica* 消化腺中的一种革兰氏阳性棒杆菌可产生 neosurugatoxin 和 prosurugatoxin 两种化合物，它们是很强的交感神经阻滞剂，活性高于现有药物 meconylamine 和 hexamethonium 近 5 000 倍，是研究脑神经系统很好的工具。

2. 海洋生物毒素的作用机理

海洋微生物产生的毒素，除一些和陆地微生物毒素相同的作用机理外，其独特之处在于它们作用于离子通道的专一性。由甲藻产生的聚醚类毒素的代表 —— 西加毒素是电压依赖性 Na^+ 通道的激动剂，可增加细胞膜对 Na^+ 的通透性，产生强去极化，致使神经肌肉兴奋性传导发生改变。而另一类由海洋细菌和放线菌产生的毒素 —— 河鲀毒素则是 Na^+ 通道的阻滞剂，结合在 Na^+ 通道外边，从而阻塞 Na^+ 的通过。一些细菌和藻类产生的石房蛤毒素也属 Na^+ 通道的阻滞剂，引起神经肌肉信号传导故障，导致麻痹性中毒。此外蓝细菌产生的一些肽类毒素也可使 Na^+ 通道失活，是作用强烈的神经毒素。另有一些毒素是作用于 Ca^{2+} 通道，也有阻滞和激动两种作用。

3. 海洋生物毒素的应用

毒素带给人类的是危害和难以估量的损失，但随着认识的深入，其潜在的应用价值吸引着人们去开发和利用。目前的研究着重对毒素在神经系统、心血管系统、抗肿瘤等方面的作用进行药物开发。河鲀毒素和神经、肌肉、浦肯野纤维等可兴奋细胞膜上的专一性受体相结合后，通过"关启机制"使通路关闭，从而阻滞细胞的兴奋和传导。这种作用被用于镇痛、解痉、局部麻醉和降压等治疗过程，与传统药物相比，药效极强且不具成瘾性。这些特点使它成为一种极其珍贵的药物，有很高的经济价值，每千克近 2 亿美元。国内外均有相关机构对该毒素做应用开发研究。石房蛤毒素和河鲀毒素具有相似的作用，已开发为局部麻醉用药物，药效比普鲁卡因或可卡因强 10 万倍，且不会成瘾。西加毒素作用于 Na^+ 通道后产生强去极化，增加 Na^+ 对膜兴奋时的渗透性，动物试验表明它能兴奋交感神经纤维使心率加快、心脏收缩力增强，可开发作强心剂。其他如定鞭金藻素等毒素，具有抗菌和溶血作用，有望用作心血管疾病的治疗药物。另外，由于海洋生物毒素特殊的作用位点和机理，它们在基础药物学和神经生理学研究中也是不可多得的工具药，在 Na^+、Ca^{2+} 通道的鉴定、分离和结构功能研究中起到过很大的作用。

海洋微生物毒素在资源利用中有着很大的优势。复杂而独特的海洋环境中的微生物具有遗传、生理和产毒多样性，提供丰富的应用微生物资源的同时，也为药物开发提供了结构特殊、作用机理独特的毒素。此外，微生物分离、培养、改造和发酵技术的成熟使得毒素的大量获取成为可能，而基因工程手段和生物化学的发展，使得人们对相对分子质量小、易合成毒素的改造利用更加容易。

海洋生物碱类生物毒素（表 3-4）是一类含氮的有机化合物，海洋生物碱类毒素主要来源于天然海洋生物次级代谢成分，是一类含有胺型氮功能基和复杂的碳骨架环系结构的具有重要生物活性的碱性有机物。其结构新颖独特，生物活性广泛，如抗肿瘤、抗菌、抗病毒、抗心脑血管疾病、抗阿尔兹海默症和抗骨质疏松症等,因此,它们很有可能成为抗肿瘤、抗病毒和抗菌药物的先导化合物,有良好的药用前景。

表 3-4　生物碱类海洋生物毒素

名　称	来　源	作用靶点	代表毒素
石房蛤毒素(saxitoxin, STX)	膝沟藻	Na^+通道阻滞剂	STX, neo-STX
膝沟藻毒素(gonyautoxin, GTX)	膝沟藻	Na^+通道阻滞剂	Gonyautoxin I-VII
河鲀毒素(tetrodotoxin, TTX)	细菌	Na^+通道阻滞剂	
江瑶毒素(pinnatoxin)	多刺裂江瑶	Ca^{2+}通道激活剂	Pinnatoxin A-D
鱼腥藻毒素(anatoxin, AnTX)	水华鱼腥藻	神经毒	antx-a, homoantx-a, antx-a(s)
鞘丝藻毒素(lyngbyatoxin)	巨大鞘丝藻		
骏河毒素(surugatoxin, SuTX)	日本东风螺		
蜂海绵毒素(halitoxin)	蜂海绵		
海鞘素(ecteinascidin)	加勒比被囊动物 *Ecteinascidia turbinata*	细胞毒素	ET-743
(哥伦比亚)箭毒蛙毒素(batrachotoxin, BTX)	*Phyllobates* 属的一些种	电压门控钠离子通道激活剂	

二、代表性的海洋微生物来源的毒素

1. 河鲀毒素

河鲀毒素(tetrodotoxin, TTX)是一种毒性很强、相对分子质量小的海洋生物碱类毒素。近年来的研究表明,TTX 是由细菌产生,经食物链作用传递到动物体内。其分子式为 $C_{11}H_{17}N_3O_8$,相对分子质量为 319.27,主要由 3 个氮原子组成,它们与氢氧原子形成特殊的结构(图 3-1)。河鲀毒素溶于水,但不溶于无水乙醇和普通有机溶剂,毒性为氰化物的 1 000 倍。

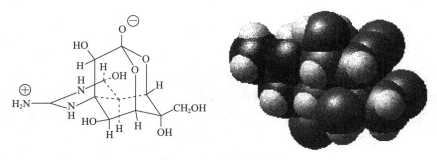

图 3-1　河鲀毒素的结构

TTX 是一种典型的钠离子通道阻滞剂,TTX 对钠离子通道的阻滞作用,决定其具有一些特殊的药理学功能。TTX 的麻醉作用比常用的麻醉药(可卡因)强 16 万倍,而且河鲀毒素还具有对神经的选择性作用,因此河鲀毒素作为工具药用于生理学和药理学研究,其潜在的临床价值一直受到人们的关注,如 TTX 能抑制去甲肾上腺素的释放,可抗心律失常、预防肾功能衰竭及降低血压等。此外,由于 TTX 是通过攻击向大脑传导疼痛信号的神经细胞来起到镇痛作用的,所以它可取代化学药物和中草药来戒毒,且患者不会成瘾。加拿大科学家已将其应用于临床,效果比较显著。河鲀毒素针剂可作为镇痛剂、镇静剂及镇痉剂等用于神经性患者的治疗;但是在临床上使用河鲀毒素的剂量过大,会导致远端神经损害,甚至累及神经根、自主神经和中枢神经。河鲀毒素的中毒剂量和治疗剂量很接近,很容易使人发生中毒。目前已研制出河鲀毒素微胶囊,把它分散地移植到坐骨神经的细胞膜下,既能起到局部麻醉的作用,又能降低它对神经系统的毒性。

2. 石房蛤毒素

石房蛤毒素(saxitoxin, STX)是一种强烈的非蛋白质毒素,因最初是从巨石房蛤(*Saxidomus giganteus*)中分离而得名。实际上,STX 并非来源于蛤,而是存在于涡鞭毛纲腰鞭毛虫目(Dinoflagllates)的链膝沟藻(*Gonyaulax catcnella*)中。STX 是四氢嘌呤的一个衍生物,其分子式为 $C_{10}H_{17}N_7O_4$,相对分子质量为 299,具有 2 个碱基,在酸性条件下其毒素稳定,而在 pH 较高的条件下其毒性迅速消失。石房蛤毒素是被首先确定的麻痹性贝毒(paralytic shellfish poisoning, PSP)毒素成分,可引起麻痹性贝类中毒,对人可造成致命性突发性中毒,致死量为 300 μg。

石房蛤毒素是 Na^+ 通道的阻滞剂,可特异地阻断可兴奋膜上的电压依赖性 Na^+ 通道,使 Na^+ 内流受阻,动作电位被抑制。由此可以把 STX 作为分析动作电位分子基础的重要工具药。STX 有较强的局麻作用,比普鲁卡因强 10 万倍,可开发成为一类新型的海洋药物局麻药。长期以来,STX 为军事实验室所应用。据称,虽然它不能与大量分布的神经毒剂相比,但它作为一种毒弹装备却较为有价值。用来福枪射出 STX 到人体,其痛感与蚊子咬相仿,但不到 15 min 人即死亡,比细菌毒素所引起的死亡时间要短很多。STX 是一种快速毒素,中毒后症状在 0.25~4.00 h 发作,是强烈的胆碱酯酶抑制剂,对中枢神经和外神经均有强烈的作用;它对中枢的作用主要表现在对心血管和呼吸中枢的作用两方面,能妨碍离子的通透,从而扰乱神经—肌肉的传导。

三、海洋生物毒素的微生物合成

1. 海洋微生物的产毒机理

微生物产毒的机理一直是人们探索的目标,人们对它的了解至今仍非常有限。从微生物自身来说,产生毒素可能是微生物在适应环境时的一种生理反应,或者说是为了在生存竞争中占据优势而产生的武器。因为许多毒素是微生物在非正常生理条件下,或者受到环境胁迫时才产生,可涉及相关基因的表达。但作为一种次级代谢产物,也有学者认为毒素的产生可能是微生物正常的生理过程,产生毒素是其调节自身生长和生理状态的结果。巨大鞘丝藻(*Lyngbya majuscula*)次级代谢产生的多种化学结构的毒素就涉及其基因簇的不同生理表达。然而有些产生毒素的微生物,本身并不具有相关的基因,却具有相关毒素转化的酶,所谓产毒,实际是一个转化的过程。而有些微生物的毒素成分就是其自身化学结构的一部分。还有人认为毒素并非微生物必需和必然的代谢产物,其生物合成是不可预测的,如在微藻的研究中发现,同一地区、同一藻种中有毒和无毒的品系可以同时存在。从环境因素来说,微生物产生毒素时受到多方面因素的影响,如营养条件、pH、温度、生长状态、其他生物影响等。研究表明,塔玛亚历山大藻毒素的产生受营养盐消耗、pH 变化、藻细胞的个体生化水平、生长速率、温度和培养周期等多种因素影响。因此,微生物产毒诱因及其产毒机制非常复杂,有待人们进一步研究。

2. 河鲀毒素的微生物合成

自 1909 年日本人田原良纯从河鲀卵巢中提取出 TTX 粗品到现在为止,已经从种系相距很远的动物中分离得到 TTX,如 1964 年美国 Mosher 等从加州蝾螈中分离得到非河鲀鱼的 TTX;1975 年,Kim 等从哥斯达黎加的斑足蟾属的 *Atelopus varius*、*A. ambulalorius*、*A. chiriquiensis* 等箭毒蛙的皮肤中测到 TTX;另外,虾虎鱼,兰斑章鱼、娑罗法螺等软体动物,花纹爱洁蟹等中均出现了 TTX。

现在的研究证明,在 TTX 的来源上,细菌和陆生、水生动物紧密相连,已分离出一系列产 TTX 的海洋细菌。Kugure 等从 4 种毛颚动物中分离到 34 株弧菌属海洋细菌,其培养物和胞外产物均可阻断 Na$^+$ 通道,经组织培养法及高效液相色谱等方法证实该产物为TTX。由此可见,合成 TTX 的细菌具有多样性。经调查,近岸和深海的海洋沉积物样品中均含有相当高浓度的 TTX,分析确定这些 TTX 为沉积物中的多种细菌产生,如芽孢杆菌属、微球菌属、不动杆菌属等。目前,已从多种海洋动物如虫纹东方鲀、多棘槭海星、马蹄形蟹等分离出产 TTX 细菌。

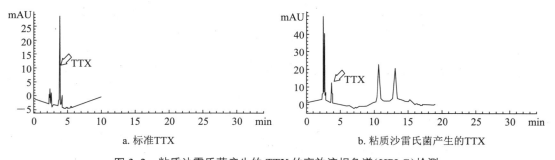

a. 标准TTX　　　　　　　　　　b. 粘质沙雷氏菌产生的TTX

图 3-2　粘质沙雷氏菌产生的 TTX 的高效液相色谱(HPLC)检测

近年对产 TTX 的细菌有较多的报道,Myoung-Ja Lee 等人从河鲀鱼 *Takifugu vermicularis radiatus* 中分离出了一株弧菌标本,具有产 TTX 的能力,并推测认为河鲀鱼的 TTX 毒性与细菌的 TTX 积累有关。清华大学的 Wu Zhenlong 等人也从渤海的河鲀鱼内脏中分离出了产 TTX 的细菌、放线菌和弧菌等。江南大学严群等则从粘质沙雷氏菌(*Serratia marcescens*)的发酵液中分离出 TTX,经 HPLC 检测及老鼠活性检测出具有 TTX毒性(图 3-2)。我国香港理工大学余振辉先后从河鲀鱼的卵巢、皮肤和肠道分离出三株产河鲀毒素的细菌(表 3-5),菌株鉴定分别为粪碱纤维单胞菌(*Cellulomonas fimi*)、粘质沙雷氏菌(*Serratia marcescens*)和约氏不动杆菌(*Acinetobacter johnsonii*),这 3 种微生物可分别在一定条件下产生 TTX,其毒素含量分别为 105.3、100.1 以及 78.3 mU/mL。

表 3-5　分离自河鲀的三株可产生 TTX 的微生物

粪碱纤维单胞菌 *Cellulomonas fimi*	粘质沙雷氏菌 *Serratia marcescens*	约氏不动杆菌 *Acinetobacter johnsonii*
（革兰氏阳性）	（革兰氏阴性）	（革兰氏阴性）

四、海洋生物毒素的应用前景展望

　　研究海洋生物毒素具有重要的理论价值和实际应用前景，一方面它可为神经生理学的研究和细胞调控分子机理提供丰富的工具药，如特异性作用于离子通道的生物活性物质大部分来自海洋生物毒素，包括芋螺毒素、河鲀毒素和西加毒素等；另一方面它对攻克人类面临的重大疑难疾病具有重要的意义，如有的海洋生物毒素具有显著的抗癌、抗肿瘤、抗病毒活性，有的在镇痛方面具有良好的效果，并且无成瘾性，有的则在调节血压方面有良好的开发潜力。

　　海洋生物中的活性物质很多，有相当数量结构已经确定的化合物尚未进行生理及药理方面的研究。到目前为止，所研究过活性物质的海洋生物还不到海洋生物总数的 1%，对有毒海洋生物的研究所占比例更少。海洋是一个庞大而复杂的生物世界，其环境中的物质交换比陆地上要频繁，食物链也复杂，这势必造成海洋生物的化学成分（包括毒素）分布呈多元性。另一方面，这也反映了海洋药物的研究确实存在着困难，如含量极少、分离纯化和合成较难等；有些具有镇痛作用的毒素需脊髓鞘内埋植套管给药，给药途径复杂，如美国上市的芋螺毒素（MVIIA）。

　　而就另一种可以微生物合成的海洋毒素河鲀毒素而言，从应用前景上看，TTX 因具有镇痛、戒毒等作用，对广大患者来说无疑是个福音，如何正确使用 TTX，最大化利用 TTX 的意义非常重大。目前仅来源于野生河鲀体内的 TTX 的产量还远远不能满足广大患者的需要，因而其价格居高不下，2012 年，TTX 公开售价为 4 454 元／毫克（Sigma-Aldrich，＞95%）。主要原因是所用的 TTX 多是从河鲀中提取，这就存在原料不足、提取不便等缺点。如果根据 TTX 的微生物起源学说，从自然界或者通过遗传工程手段筛选一些 TTX 高产株，直接从细菌或放线菌培养物中提取 TTX，则可大大提高产量，简化提取程序，实现工业化生产，从而使 TTX 在临床上的广泛应用成为可能。

第三节　不饱和脂肪酸

高度不饱和脂肪酸,特别是20:5(EPA)和22:6(DHA)等n-3系列高度不饱和脂肪酸对人类的生长发育和健康有重要的作用,具有降血脂、降血压、抗血栓、防止血小板凝聚、降低胆固醇等作用,可以用于治疗心脑血管疾病,还能抑制某些肿瘤的发生,降低其生长速度。DHA是人类大脑和视网膜正常发育必不可少的物质,能改善脑机能、提高智力和记忆力,目前尤其受到人们的重视;EPA和DHA也是海洋鱼类及甲壳类动物幼体生长发育所必需的营养要素,近年来在水产养殖中也受到特别重视。

一、海洋微藻发酵生产 EPA/DHA

近年来,海洋微藻的脂肪酸组成研究引起了各国科学家的兴趣,这不仅是由于海洋微藻是许多长链多元不饱和脂肪酸(PUFAs)的重要来源,研究发现这类脂肪酸对海洋动物和人类都具有营养学和医药学价值,而且脂肪酸组成和海藻系统分类之间存在着很大相关性。因此,可将脂肪酸组成作为海洋微藻化学分类的标记之一。

海洋微藻具有合成EPA和DHA等n-3-PUFAs的奇特能力,其他海洋生物,包括鱼类中的EPA和DHA大都通过食物链从微藻积蓄而来,而且藻油没有鱼腥味,很少含胆固醇,因此海洋微藻是EPA和DHA的另一种重要来源;海洋微藻又是海洋水产动物育苗中非常重要的生物饵料,其EPA和DHA的含量是衡量其营养价值的非常重要的指标,因此海洋微藻中高度不饱和脂肪酸的研究和开发受到了极大的重视,成为研究的热点。

林学政、李光友(2000)研究了11种微藻的脂类和EPA/DHA的组成,分析结果见表3-6。

表3-6　11种微藻的生物量、总脂和脂肪酸中EPA/DHA含量

所属门	微　藻	细胞干重 /(g/(L·D))	总脂 /%*	EPA/%**	DHA/%**
金藻	叉鞭金藻	0.047	13.1	NT	NT
	球等鞭金藻	0.045	12.1	NT	NT
	绿色巴夫藻	0.058	9.4	25	6
绿藻	塔孢藻	0.045	6.5	8	NT
	卡德藻	0.140	5.8	6	NT
	微绿球藻	0.052	7.3	1.2	NT
	扁藻	0.046	6.8	5.1	NT
	小球藻	0.046	5.3	28	NT
硅藻	新月菱形藻	0.049	9.3	17	NT
	角毛藻	0.049	8.1	NT	NT
	南极冰藻	0.074	9.2	19	NT

注:* 总脂含量系指占藻体干重的百分比;** EPA和DHA的含量系指占脂肪酸总量的百分比;NT 未检出

1. EPA、DHA 的生物活性

具有4～5个双键的高不饱和脂肪酸及其代谢产物不仅是构成动植物细胞膜结构的重

要成分,而且具有多种重要的生理功能,其中二十碳四烯酸(AA,又名花生四烯酸)、二十碳五烯酸(EPA)和二十二碳六烯酸(DHA)被认为是比较重要的多不饱和脂肪酸。

研究表明,AA 和 EPA 是前列腺素及其衍生物前列环素、凝血烷、白三烯等激素类化合物的前体,这类化合物在广泛的生理过程中起着重要的调节作用。EPA 和 DHA 能够降血脂、降血压、降胆固醇、抗血栓、防止血小板凝结、舒张血管,可用于预防和治疗心血管疾病,防止动脉粥样硬化;用于预防和治疗癌症、炎症、风湿性关节炎、糖尿病等疾病;提高人体的免疫调节机能;DHA 能够促进脑细胞的生长发育,改善脑的机能,可用于中枢神经系统疾病的预防与治疗。

2. EPA、DHA 在微藻中的分布

EPA 和 DHA 在陆生生物中含量很少,而在海洋生物如藻类、鱼类、某些软体动物、棘皮动物中含量丰富。鱼类等海洋动物本身不能合成 EPA 和 DHA,其体内的 EPA 和 DHA 是依靠食物链通过吞食藻类及浮游生物才得以积累,因此,微藻是海洋食物链中 EPA 和 DHA 的最初生产者。许多种类的微藻具有合成 EPA 和 DHA 的能力,而其他生物却不能直接合成这些多烯酸,且 EPA 和 DHA 在某些微藻中的含量较鱼油中更为丰富。表 3-7 列出了 EPA 和 DHA 含量较高、具有开发价值的某些微藻。

表 3-7 某些微藻类脂中的高不饱和脂肪酸含量(/%)

微藻	AA	EPA	DHA
金藻(*Olistho discussp*)	1.2	21.8	3
卡式前沟藻(*Amphi diniumcarterii*)		7.4	25.4
隐藻(unknown *cryptomonads*)		13.8	0.7
紫球藻(*Porphyridium cruentum*)	24.3	20.3	
三角褐指藻(*Phaeoaoct tricornatum*)	0.2	8.6	0.8
中肋骨条藻(*Skeletonema costatum*)		13.8	1.7
神秘小环藻(*Cyclotella cryptica*)		7.5	0.9
淡水海链藻(*Thalassiosira fluviatilis*)	0.5	8	2.2
圆形薄钙板藻(*Syracosphaera caoterae*)	0.1	3.9	8.6
单鞭金藻(*Monochrysis lutheri*)	1.3	16.5	13.1
眼点拟微球藻(*Nannochloropsis oculata*)	4.8	24.4	
球等鞭金藻(*Isochrysis galbana*)			19.3

3. 利用微藻开发 EPA 和 DHA 的优势

虽然某些种类的大型海洋藻类、海洋动物中也含有 EPA 和 DHA,但是利用微藻生产 EPA 和 DHA 具有不可比拟的优点:① 微藻生长繁殖较快、EPA 和 DHA 产量高,如某些微藻细胞中的多不饱和脂肪酸含量高达细胞干重的 5%～6%,远高于大型藻类和鱼油中多不饱和脂肪酸的含量;② 微藻细胞结构简单,其生长和代谢易受外界条件的影响,因此可以通过改变培养条件,如温度、光强、培养基组成等促进 EPA 和 DHA 的合成,还可利用基因工程的方法筛选出高产 EPA 和 DHA 的藻株;③ 容易利用户外大型水池、光生物反应器等进行微藻的大规模人工培养,可人为控制培养条件,容易获得稳定的代谢产物;④ 从微藻中提取 EPA 和 DHA 比从大型藻类及鱼体中提取要简单得多,而且获得的 EPA 和 DHA 制品不含鱼油的腥臭味,不含胆固醇,并且不受杀虫剂和重金属的污染,而鱼油中却可能含有这些杂质。

4. 海洋微藻 EPA 和 DHA 生产菌种的培养

目前市场上的 EPA 和 DHA 均从海鱼中提取,由于海洋渔业资源日趋紧张使原料不易获得,造成产品成本很高。与此相比,利用工厂化大规模培养微藻可以人为控制微藻的生产,原料来源稳定,因此开发微藻生产 EPA 和 DHA 具有很大的商业价值和前景。

微藻脂肪酸的合成除了受自身基因组调控外,培养条件也极大地影响微藻脂肪酸的合成与积累。这些条件包括温度、光照、营养盐浓度等。

(1)温度。

温度对微藻的影响主要体现在两个方面:一方面影响微藻的生长;另一方面影响藻细胞内生化组分的合成。大量实验表明,温度在 PUFAs 合成过程中起主导作用。Makoto 等(1999)实验表明,低温能够诱导 *Marchantia polymorpha* EPA 的积累,在 25 ℃时,EPA 含量占总脂肪酸的 3%,15 ℃时上升至 9%。菱形藻(*Nitzschia paleacea*)的 EPA 含量与温度呈负相关,当温度从 10 ℃上升到 25 ℃时,EPA 含量由 28.4% 下降至 18.1%,DHA 含量也呈相同的趋势。但是并非所有的微藻脂肪酸变化都遵循这个规律。Teshima 等(1983)在测定海洋小球藻(*Chlorella* sp.)EPA 含量对温度的响应时发现,当温度从 14 ℃上升至 24.7 ℃时,EPA 含量占总脂肪酸的比例从 28.2% 上升至 38.4%,随着温度升高而增加;当温度由 24.7 ℃上升至 28.5 ℃时,EPA 含量急剧下降至 16%。从以上可以看出嗜低温的微藻在其适宜的温度下较嗜热种合成的不饱和脂肪酸更多,微藻脂肪酸组成对温度的响应呈现出多样性,可能与微藻的生活环境与生态类型有关。

(2)光照。

对于自养微藻来说,光照不仅影响其生长,而且影响藻细胞内的代谢过程。光照对微藻脂肪酸组成的影响具有种间差异性。一般认为低光强更有利于微藻积累 PUFAs。三角褐指藻(*P. tricornutum*)在光强为 360 μmol/(m²·s)时,EPA 含量占总脂肪酸的 12.37%,当光强下降至 50 μmol/(m²·s)时,EPA 含量占总脂肪酸的 22.15%。角刺藻(*Chaetoceros simplex*)在光强为 6 μmol/(m²·s)时,EPA 含量占总脂肪酸的 15.5%,当光强为 225 μmol/(m²·s)时仅为 6.1%。

(3)盐度。

不同的微藻对盐胁迫的耐受能力和反应不同。大多数藻细胞生理和代谢过程需要 Na^+ 的参与。高 NaCl 浓度下生长的藻细胞需要更多的能量来维持其生长,作为细胞内储存物的脂肪含量相应增加。但是在高盐浓度下,微藻为了避免细胞内容物渗出和有害离子进入细胞,细胞膜流动性降低,渗透性下降,因而膜上脂肪酸不饱和度降低。Cohen 等(1989)研究了盐度对紫球藻(*P. cruentum*)的影响。结果发现在 NaCl 浓度为 0.25 mol/L 时生长较快,EPA 含量占总脂肪酸的 37.5%;当 NaCl 上升到 2 mol/L 时,EPA 含量仅占总脂肪酸的 18.9%,几乎下降了一半,总脂肪酸的含量也随着 NaCl 浓度升高而下降,但亚麻酸和 AA 的含量随着 NaCl 浓度升高而升高。

（4）通气量和培养液 pH。

微藻 PUFAs 的合成过程需要分子氧的参与，氧的有效性将决定脂肪酸的不饱和程度，培养液中氧浓度的提高能够促进 PUFAs 的合成。培养液 pH 的改变影响微藻细胞内外离子平衡、细胞渗透性、藻体内外相关酶的结构和状态、培养液中无机碳的存在形式以及微量金属的存在状态，从而间接影响微藻脂肪酸的组成及含量。

（5）培养期。

处于不同生长时期的微藻具有不同的生化组成。微藻 PUFAs 的积累与其生长并不一定同步。对于光合自养微藻，在不同的生长时期，其体内脂肪酸各组分的比例不同，而且随着培养时间的延长，不饱和脂肪酸含量通常随着培养时间的过度延长而下降。魏东等（2000）研究了后棘藻 7-14（*Ellipsoidion* sp. 7-14）和眼点拟微球藻（*N. oculata*）不同生长时期的脂肪酸组成。结果表明，两种微藻的总脂肪酸含量均在稳定期达到最大，分别占干重的 54.5% 和 43.3%，但 EPA 和 PUFAs 含量在对数早期达到最大，此时总脂肪酸含量最低，仅占干重的 22.9% 和 22.0%。隐甲藻（*C. cohnii*）在细胞培养初期，细胞生长旺盛，脂肪酸主要用于合成极性脂肪，形成生物膜；培养至稳定期，脂肪含量占干重的 24.6%；整个培养过程中 DHA 含量基本不变，PUFAs 含量随培养时间的延长而下降。

（6）培养液的化学组成。

培养液的化学组成（浓度、种类）的改变，不仅会影响微藻的生长，而且会影响微藻细胞内脂肪的积累。氮源是藻类生长最重要的营养元素之一，氮的种类和浓度均能明显影响微藻脂肪酸的组成和含量。Yongamanitchai & Ward（1991）研究了硝酸钠、氯化铵和尿素对三角褐指藻 UTEX640（*P. tricornutum* UTEX640）EPA 的影响。结果表明，以氯化铵为氮源时，EPA 含量占总脂肪酸的比例最低，为 10.1%；以尿素为氮源时，EPA 含量占总脂肪酸的比例最高，为 31.8%。一般认为，氮浓度较低时，EPA 含量随氮浓度的升高而升高，当氮浓度达到一定的水平后，EPA 含量随之下降。

碳是细胞的主要组成成分，其含量约占藻体干重的 50%。自养微藻培养一般是向培养基中通入不同浓度的 CO_2 或添加碳酸盐的方式补充碳源。CO_2 浓度对微藻的生长和 PUFAs 的合成有重要影响，天然海水中无机碳浓度大约为 2.2 mmol/L，经实验证实，海水中的无机碳无法满足微藻光合作用的需要，在培养液中充入一定浓度的 CO_2 有利于提高微藻的光合作用，促进微藻的生长。

异养培养不仅可以增加微藻的生物量，也能显著提高微藻 PUFAs 的含量。作为异养培养的微藻，可利用简单的有机碳作为碳源，如甘油、葡萄糖及醋酸盐，其中葡萄糖是工业上常用的有机碳源，可有效地转化为脂肪。

磷源对微藻 PUFAs 的影响也十分明显，培养液中 K_2HPO_4 浓度从 0.059 g/L 上升至 0.5 g/L 时，三角褐指藻 EPA 含量占总脂肪酸的比例由 20.1% 上升到 28.4%。硅是硅藻生长、繁殖所必需的元素，培养液中硅的缺乏通常会导致硅藻细胞中脂肪的积累，但硅浓度过高硅藻则表现出一定的毒性。硅浓度为 0～50 mg/L 时，三角褐指藻（*P. tricornutum*）生物量和 EPA 含量都较高；培养液中硅浓度超过 100 mg/L 时，三角褐指藻表现出明显的毒性。

　　一般认为,微藻细胞可以将外源游离脂肪酸转化为细胞内的脂肪。在培养基中添加适量的游离脂肪酸,藻细胞可以直接利用合成其他长链脂肪酸,而不用从头合成。Yongmanitchai & Ward (1991)研究发现藻类吸收油酸后,C16:0 和 C16:1 占总脂肪酸的比例明显提高。纤细裸藻(*E. gracilis*)利用外源油酸、亚油酸和亚麻酸后,明显促进细胞中的 PUFAs 的合成,尤其是 AA 和 EPA。但是有报道指出,培养液中游离脂肪酸的存在会抑制其他脂肪酸的合成。培养液中添加油酸的浓度超过 1.0 g/L 时,对微藻 EPA 的合成产生明显的抑制作用,但总脂肪酸含量增加。

　　培养液中微量元素存在与否不仅影响藻类的生长,对其脂肪酸组成也有一定的影响。向培养液中添加 10～100 mg/L 的 VB$_{12}$,三角褐指藻总脂肪酸、EPA 含量均有明显增加,而添加 VB$_1$ 则没有影响。重金属 Cu^{2+}、Zn^{2+}、Cd^{2+} 能促进月芽藻(*Selenastrum capricornutum*)油酸的合成,改变亚油酸的相对比例。

　　5. 发酵液中 EPA 和 DHA 的分离与纯化方法

　　微藻 PUFAs 的分离纯化技术是根据鱼油的方法演变而来的。下面就目前在 PUFAs 分离中最常用的方法作简单的介绍。

　　(1)低温冷冻结晶法。

　　低温冷冻结晶是利用不同的脂肪酸在低温的有机溶剂中溶解度不同而加以结晶分离。混合脂肪酸通过降温,其中大量的饱和脂肪酸和单不饱和脂肪酸结晶析出,剩下的 PUFAs 可进一步分离纯化。丙酮、甲醇和乙醇为常用的有机溶剂。低温结晶法工艺原理简单、操作方便,但需要回收大量的有机溶剂,需有极低温的冷却设备,成本费用昂贵,且分离效率不高,产品中 EPA 和 DHA 的浓度可达 42%～58%,收率为 2.8%～26%。

　　(2)尿素包合法。

　　其原理是尿素分子在结晶的过程中能与饱和脂肪酸形成稳定的晶体包合物,与单不饱和脂肪酸形成不稳定的包合物,而 PUFAs 不易被尿素包合。采用过滤的方法除去饱和脂肪酸和单价不饱和脂肪酸,可以获得纯度较高的 PUFAs。尿素包合法成本较低,设备简单,试剂便宜,操作简便,尤其是不在高温下进行,能比较完全地保留其营养和生理活性。此法的另一优点是脲包物形成后即可保护双键不受空气氧化。

　　(3)吸附分离法。

　　利用选择性吸附剂,例如将 Ag^+ 固定在吸附剂载体上,Ag^+ 与 PUFAs 络合形成稳定的络合物,不同饱和程度的脂肪酸在吸附剂上的分配系数不同而得以分离。此法的优点在于分离效果好,产品纯度高,缺点是分离规模较小,分离成本高,有些洗脱剂容易污染产品。近年来,人们开始采用大型高压液相色谱装置来制备高纯度的多烯不饱和脂肪酸,可适用于较大规模的生产,但一次性设备投资较大。

　　(4)分子蒸馏法。

　　该方法的原理是在高度真空下,根据混合物各组分挥发度不同而得以分离。在真空条件下,脂肪酸分子间引力减小,挥发度提高,因而蒸馏温度较低,可以防止 PUFAs 在蒸馏过程中被氧化。但是在蒸馏过程中需要维持高度真空,能耗较高。

（5）脂肪酶提取法

油脂是由 3 个脂肪酸与甘油形成的酯。例如 DHA 大部分键结于甘油的 2- 位，EPA 大部分键结于甘油的 2、3- 位。故理论上可利用专一性的脂解酶，将甘油的 1、3- 位的饱和脂肪酸和单元不饱和脂肪酸解离，而使大多数的 EPA 和 DHA 保留在单甘油酯及双甘油酯上。脂肪酶可以对含多种脂肪酸的甘油三酯进行选择性水解，利用脂肪酶这一性质，可以高度富集多不饱和脂肪酸甘油三酯。在具体富集 PUFAs 的应用中，单单用一种酶催化一步反应难以将 PUFAs 富集到所需的含量。而水解、酯交换和酯化反应相结合的多步酶催化富集往往可以达到较好的浓缩效果。浓缩效果可使一种多不饱和脂肪酸的含量超过 91%，收率超过 88%。

（6）超临界流体萃取法。

超临界流体萃取（supercritical fluid extraction，SFE）技术是近年来迅速发展起来的一项分离技术。具有高效、节能、实用性强等优点，尤其适合热敏感性物质和易氧化物质的分离纯化。其原理是在超临界状态下，从原料中萃取溶质，然后升温和降低压力，溶质和溶剂分离，从而达到分离的目的。最常用的为超临界 CO_2 萃取技术。以往的结果表明，超临界 CO_2 萃取技术可有效地分离碳原子数差别较大的脂肪酸，但对碳原子数相近的长链脂肪酸的分离必须与其他分离技术结合。如单独采用超临界 CO_2 萃取法时，EPA 和 DHA 浓度为 57.4%，而与尿素包合法结合使用，EPA 和 DHA 的浓度可达 90% 以上。

由于 PUFAs 具有两个或两个以上的双键，很容易被氧化，所以在提取过程中保持 PUFAs 的稳定性是目前研究的重点。分离纯化的过程中除了考虑成本、分离效果外，反应条件应尽量温和，避免使用有毒的溶剂，如氯仿、甲醇等，要选择符合食品工业要求的溶剂，如乙醇、正己烷。因此一套简便有效，可以用于工业化大量制备的提纯方法有待进一步研究。

二、裂殖壶菌/破囊壶菌生产 DHA

迄今为止，DHA 生产菌有希望的来源主要集中于破囊壶菌（*Thraustochytrium*）、裂殖壶菌（*Schizochytrium*）等海生真菌和海生异养微藻，它们体内的 DHA 以甘油三酯的形式存在，与鱼油中 DHA 的存在形式完全一致。

破囊壶菌和裂殖壶菌均分离自沿海海域，通常认为破囊壶菌在海洋珊瑚礁生态系统中起着重要作用。最初破囊壶菌因菌体类似壶菌、游动孢子近似水霉而归于卵菌纲，后来的研究发现它缺乏卵菌典型的鞭毛过渡区和细胞壁组成，同时在原生质膜外覆盖有一层鳞片。分子生物学研究结果认为它更应该属于原生动物，现被列在管毛生物界（Stramenopila）不等鞭毛门（Heterokontophyta）网粘菌纲（Labyrinthulomycetes）破囊壶菌目（Thraustochytriales）破囊壶菌科（Thraustochytriaceae）。

裂殖壶菌是单细胞、球形菌体（图 3-3），细胞内积累了大量的油脂（图 3-4），总脂肪酸中不饱和脂肪酸含量很高，主要为 DHA，另外一种 *n*-6 PUFA 的含量也较高，而其他的不饱和脂肪酸含量甚微；且细胞中 90% 以上的油脂以人体易吸收的中性油脂——甘油三脂（TG）的形式存在，是一种理想的 DHA 新生资源。

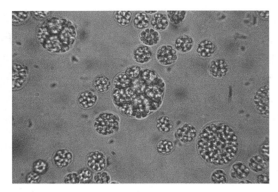

图 3-3　光学显微镜下的裂殖壶菌（引自宋晓金，2008）

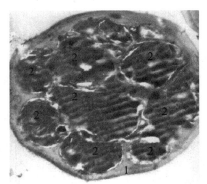

1,细胞壁；2,脂肪颗粒

图 3-4　电子显微镜下的裂殖壶菌
（引自宋晓金，2008）

　　裂殖壶菌属于破囊壶菌科，与其他的破囊壶菌比较，其具有更好的生长优势和更高的 DHA 含量（表 3-8）。Singh 和 Ward 对破囊壶菌（*Thranstochytrium roseum* ATCC28210）发酵生产 DHA 进行了研究，在优化条件后，DHA 产量达 1 011 mg/L。Yaguchi 等从 Yap 岛附近海水中分离到一株裂殖壶菌 SR21，在以葡萄糖为碳源，玉米浆或硫酸铵为氮源的优化培养基上培养，DHA 质量浓度达到 2 g/L。

表 3-8　裂殖壶菌和破囊壶菌产 DHA 比较

	裂殖壶菌	破囊壶菌
生物量/(g/L)	20	10
脂肪酸/%	50	37.5
DHA/%	40	31

　　目前利用裂殖壶菌和破囊壶菌工业化发酵生产 DHA 的关键问题是提高发酵产量，降低成本。要解决这个问题，首先要选择优良的菌种，需要其本身具有相对较高的 DHA 产量与较温和的生长条件；其次是优化培养条件，其中包括施加适当的环境胁迫，如氮饥饿、适当降低溶氧、低温处理等。影响破囊壶菌 DHA 产量的因素主要包括碳源、氮源、温度、无机盐等。选择合理的培养基配方和适宜的培养条件是提高 DHA 产量和降低生产成本最简单有效的方法。目前对于裂殖壶菌和破囊壶菌的研究已经进入分子生物学阶段，利用最近发展起来的基因组学、代谢组学等现代生物技术，可以帮助我们了解其基因组的代谢调控情况，从而从分子水平提高其代谢产物的积累，具有更广泛的应用前景。

三、海洋酵母生产 EPA/DHA

　　常见的产油酵母有：浅白色隐球酵母（*Cryptococcus albidus*）、斯达氏油脂酵母（*Lipomyces starkeyi*）、出芽丝孢酵母（*Trichosporon pullulans*）、圆红冬孢酵母（*Rhodosporidium roruloides*）、胶红酵母（*Rhodotorula mucilaginosa*）、粘红酵母（*Rhodotorula glutinis*）等。施安辉等分离出一株粘红酵母，经培养基优化后，油脂产量可达菌体干重的 67.2%，其中含 EPA 2.60%，DHA 3.60%。

第四节 其他海洋微生物天然产物

一、磁小体

趋磁性细菌能够沿磁场方向运动，缘于细胞内含有呈一条或多条链状排列的磁性物质。1979 年，Frankel 等人确定这些磁性物质成分为 Fe_3O_4，并将这种由脂膜包被的 Fe_3O_4 命名为磁小体（magnetosome）或磁颗粒（magnetie partieles），在中文文章中通称为磁小体。由于磁小体细小均匀、晶型规则独特、单磁畴等这些非生物源磁性颗粒所不具有的特性，趋磁细菌生物合成为生产高度特异性纳米磁性材料提供了新的途径。经过多年的研究，磁小体已经广泛应用于生物活性物质的分离、检测、固定，药物的磁导向，细胞与分子的磁标记、磁分离和放射性核素的回收等方面。

1. 海洋趋磁细菌

1975 年美国科学家 Blakemore 从美国马萨诸塞州的海泥中发现了趋磁细菌，引起了世界各国科学家的关注，现在已从不同水域（淡水、海水、沉积物）和土壤中分离到多种趋磁细菌。1988 年 Bazylinski 从海洋沉积物中分离纯化出第一株海洋趋磁螺旋菌 MV-1，此外还有球状趋磁菌 MC-1 以及我国学者分离出的趋磁杆菌 YSC-1 等。对这些菌体观察比较发现海洋中的趋磁细菌大部分为厌氧菌，少数好氧或微好氧。菌体内所产生的磁小体形态较一致，这可能与海洋环境比较稳定有关。1993 年，Stolz 将海洋趋磁细菌分为 3 种类型：① 专性微好氧菌，产 Fe_3O_4；② 兼性微好氧菌，产 Fe_3O_4；③ 严格厌氧菌，磁小体内包含硫化铁成分，如 FeS_2、Fe_3O_4、FeS 等，目前此类趋磁细菌尚未得到纯培养。这些趋磁细菌的形态是多样的，有球菌、杆菌、弧菌、螺菌和多细胞聚合球菌，并且不同形态的趋磁细菌其所含磁小体的组成、晶型、尺寸都不尽相同，如 MS-1 水生趋磁螺菌的磁小体为 50 nm 的 Fe_3O_4 晶体，MV-1 趋磁弧菌的磁小体为 60 nm 的 Fe_3O_4 晶体，而 MMA 多细胞聚集体的磁小体则为 80 nm 左右的 Fe_3O_4 晶体，研究表明趋磁细菌的生长条件和胞内结构以及磁小体的膜对磁小体的成形和大小均起着重要的作用。目前发现的趋磁细菌，磁小体大部分分布在细胞质，也有趋磁细菌磁小体分布在细胞壁前端的报道，但是细菌产生的磁小体同时分布在细胞质和细胞壁前端的磁小体组态目前还未见报道。

2. 磁小体的结构与性质

不同趋磁细菌所合成的磁小体的成分、形态、大小不同（图 3-5）。磁小体的突出特征表现在以下几点：① 成分纯。一般来说，在极端环境下，含铁氧化物趋磁细菌中磁小体成分为 Fe_3O_4；含铁硫化物趋磁细菌中磁小体则主要为 Fe_3S_4。② 形态独特。磁小体的形态严格受趋磁细菌细胞的控制，一般来说具有专属性。在透射电镜下观察主要可见如下几种形态：八面体形、棱面柱形、立方体形、泪滴形（子弹形）等。③ 细小均匀，磁小体直径一般为 35～120 nm，个别可达到 200 nm，属单磁畴范围。④ 有外膜包被。实际上这层膜是磁小体的一部分，使磁小体能以单颗粒形式存在。有些趋磁细菌中的磁小体呈簇状聚集在细胞的一侧，也有的呈环状分布于细胞内，但大多数趋磁细菌中的磁小体呈链状（单链或多链）沿细胞长轴排列，形成一个"生物磁铁"，能感应微弱的地磁场。Frankel 等人（1979）发现位于细胞两端的磁小体通常比中间的磁小体小，由此推测磁小体链是由中间向两端"生长"的。

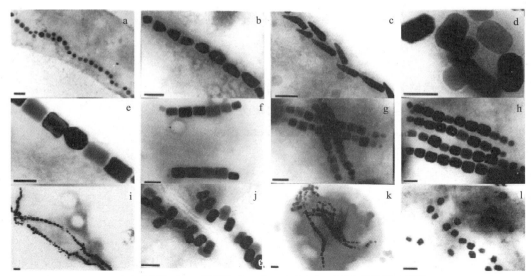

a. 立方八面体；b. c. 子弹形；d. e. f. g. h. i. j. k. 延长的棱柱形；l 矩形；
a. b. c. e. 磁小体单链排列；g. h. 磁小体多链排列；j. k. i. 无规则分布。标尺＝0.1 μm

图 3-5　趋磁细菌磁小体的形态结构图（引自 Schüler，1999）

Gorby 等人（1988）深入研究了细菌磁小体外层的脂膜，分析发现它们是由含有蛋白质的磷脂双分子层组成。脂类包括 3 个部分：中性脂类及游离脂肪酸、糖脂、硫脂和磷酸脂，它们在总脂中所占重量百分比分别为 8％、30％和 62％，其中磷酸脂的主要成分是磷脂酰丝氨酸和磷脂酰乙醇胺。并在包被磁小体的膜中发现了两种其他生物膜中不存在的可溶性蛋白，相对分子质量分别为 15 500 和 16 500。图 3-6 为细菌磁小体和磁小体表面的膜（箭头所示为磁小体表面的膜）。

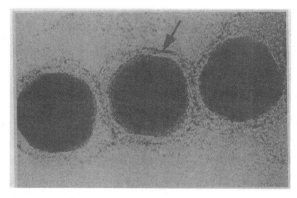

图 3-6　磁小体及其表面包被的膜（陈继峰，2005）

3. 趋磁细菌及磁小体的应用

趋磁细菌因为磁小体的存在而具有趋磁性，可以通过外加磁场方便与其他物质进行分离。菌体内的磁小体具有大小均匀、颗粒小、有膜包被、不产生细胞毒性等优点，因此，可广泛应用于废水处理、生物工程技术、医药研制及检测等多个领域。

（1）趋磁细菌用于废水处理。

在废水中加入一定量的絮凝剂及趋磁细菌，废水中的重金属和其他有害物质与趋磁细菌黏合在一起,利用高梯度磁选系统清除污水中的重金属污染(如 Pd^{2+}、Cr^{3+} 等)和其他对生物有害的污染物(如放射性核物质)。另外,趋磁细菌作为活体生物,它在废水处理过程中是可以再生的,因此可大大降低废水处理成本。

(2)趋磁细菌用于生物导航。

生活于地球上的生物总是或多或少地受到地磁场的影响,并对这种影响表现出一定的反应。趋磁细菌由于结构简单且大量存在,可以作为一种模式材料,用来了解生物体中存在磁性物质的功能和机理。

哈佛大学的 Lee 等人研究表明,磁场可以对单个和多个趋磁细菌的运动进行精确导向控制,并且,磁场的方向和强度变化对趋磁细菌的运动和排列也有影响。另外,对于导航来说,地磁力线矢量可以提供方向的信息,磁倾角和磁场强度可以提供关于位置的信息。因此,如果将趋磁细菌组装于微电极上,观测在地磁场作用下趋磁细菌的运动变化,同时记录由于细菌运动引起的电极上的电特性变化,就可以知道地磁场的方向和强度,从而可以作为飞行或航海的导航器件。

(3)磁小体用作靶向纳米药物载体。

纳米药物载体主要分四类:纳米脂载体、高分子纳米药物载体、纳米磁性颗粒和纳米智能药物载体。目前最大的研究热点就是纳米磁性颗粒,它可以利用生物体外的外加磁场富集到病变部位,减轻药物与正常组织的接触,降低毒副作用,提高药物疗效。

(4)磁小体用于连接抗体用于免疫检测。

磁小体膜上带有氨基、羧基和羟基,利用这些基团可以连接一些物质,然后参与到一些反应中去。磁小体作为生物活性物质的载体是借助于一些交联剂与生物活性物质连接起来。交联剂不同,需要采用的交联方法也不同,进而形成不同的复合体,从而实现对一些物质的检测。

(5)制备磁性细胞。

利用趋磁细菌和某些具有特殊功能的细胞融合,从而使具有特殊功能的细胞具有趋磁性,然后在外加磁场的作用下使之定向地行使某些特殊功能。如使具有生物活性的细胞具有趋磁性,它就可以在外加磁场的作用下定向攻击肿瘤细胞。Matsmigaa 和 Kmaiya 于1987年成功地利用聚乙二醇作融合剂使趋磁细菌与绵羊的红细胞融合,使绵羊的红细胞具有趋磁性。Matsungaa 等于1989年利用人体白细胞的吞噬作用将趋磁细菌导入了粒细胞和单核白细胞,每个粒细胞和单核白细胞可以吞噬 20~40 个趋磁细胞,利用 Sm-Co 磁铁收集除去这些具有趋磁性的细胞,就可得到污染率极低的淋巴细胞。

(6)其他应用。

趋磁细菌及磁小体自身具备很多的优点,因而它们在很多其他领域还有广泛的应用,比如:① 磁小体具有超微性、均匀性及无毒性,可用作磁性记录材料,不仅可以提高容量,还可达到高清晰、高保真的水平,目前国外已开始致力于这种超高密度记录磁性材料的开发;② 用磁小体固定酶,可极大地方便发酵后期酶与发酵产物的分离,提高产品的纯度;③ 磁小体还可应用于矿物分选,将会很好地解决细粒、微细粒矿物分选中遇到的一些问题;④ 利用载有 DNA 和 RNA 的微发射物进行基因转移的技术已经发展起来,一方面由于细菌磁小体能够比钨、金或人造磁粒固定更多的 DNA 或 RNA,另一方面由于用粒子枪转移而获得的某一基因的细胞可以利用 Sm-Co 磁铁进行选择性的分离,而使细菌磁小体作为一名自然的候选者应用于这一领域。

二、生物表面活性剂

能显著降低液体表面张力或两相间界面张力的物质称为表面活性剂(或界面活性剂)。表面活性剂在工业领域的各个方面都占有特别重要的地位,但化学合成表面活性剂常常存在原材料来源和价格、产品性能等方面的问题,同时在生产和使用过程中还会带来一些环境污染问题,因此,人们很早就考虑应用生物技术来生产活性高、具有特效的表面活性剂,以避免出现上述问题。生物表面活性剂比化学合成表面活性剂更具潜在的优势,主要表现在:结构的多样性(可为具体应用提供更宽的选择范围);生物可降解性;对环境的温和性等。因此,对生物表面活性剂的研究具有重要意义。

生物表面活性剂的分类主要是根据它的化学组成。通常生物表面活性剂都具有两亲基团,一类是亲水基团,主要是氨基酸、肽正离子/负离子或者单/双/寡聚糖;一类是疏水基团,一般是饱和或者不饱和脂肪酸。相应地,生物表面活性剂可分为糖脂、脂肽、脂蛋白、磷脂、脂肪酸、聚合物表面活性剂、粒状物表面活性剂等。以烃类、糖类为碳源的微生物代谢出来的生物表面活性剂最主要的是脂肽、糖脂、磷脂等,其中脂肽、糖脂一般为胞外产物,除去菌体后存在于上清或者疏水层中;磷脂一般为胞内物质,通常是由于细胞解体而被分泌到发酵液中的。

1. 生物表面活性剂的种类示例

(1)脂肽类生物表面活性剂。

脂肽类生物表面活性剂的亲水基团由短肽或氨基酸组成,疏水基团由脂肪酸组成,一种脂肽往往是多种异构单体组成的混合体。由于脂肽中的脂肪酸链长和支链数量以及氨基酸的组成具有多变性,致使脂肽表面活性剂的种类繁多。代表性的脂肽有 surfactin、lichenysin、fengycin、iturin、mycosubtilin 及 bacillomycin 等。其中, *Bacillus subtilis* 产生的 surfactin 在 sigma 公司已经商品化。脂肽类生物表面活性剂依照结构分为线性和环状两类,线性脂肽是氨基酸通过酰胺键与脂肪酸相连,环状脂肽除具有以上结构之外,其脂肪酸分子通过一个内酯键链接到亲水的肽的另一端从而形成一个环状结构。环状脂肽 surfactin 的结构如图 3-7 所示。

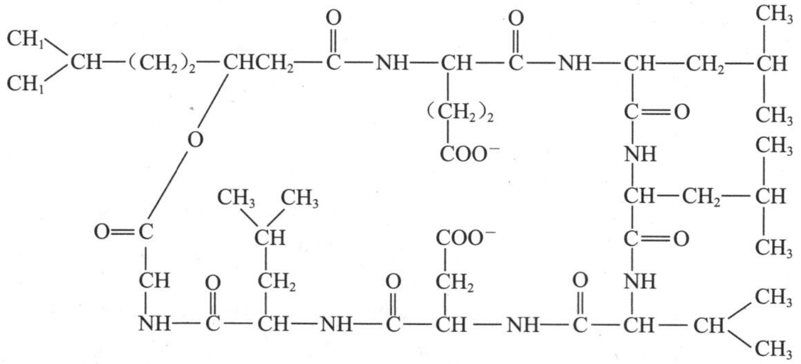

图 3-7　surfactin 结构式

大多的脂肽具有抗菌活性,例如 surfactin 具有明显的抗细菌活性;fengycin 有抗丝状真菌的能力。迄今为止,关于脂肽抗菌活性及生理作用已有很多报道。

现在发现的脂肽主要来自 *Bacillus* 属,如 *B. subtilis*、*B. circulans*、*B. cereus*、*B. polymyxa*、*B. mesentericus* 等。除了 *Bacillus* 产生脂肽外,其他一些种类的微生物也产生脂肽,如 *Mycobacterium fortuirum*、*Streptomyces canus*、*Pseudomonas fluorescens*、*Serratia marcescens* 等。Peng 从太平洋深海中分离出一株产生脂肽的红球菌(*Rhodococcus* sp. TW53),ESI-Q-TOF-MS 分析表明,此脂肽的氨基酸序列为 Ala-Ile-Asp-Met-Pro,纯化后的脂肽的 CMC 浓度为 23.7 mg/L,能将水的表面张力降低到 30.7 mN/m。乔楠等也从海洋中分离出一种食烷菌(*Alcanivorax dieselolei* B-5),产生一种脯氨酸脂的表面活性剂,这种氨基酸脂有较低的 CMC 值(40 mg/L)、很宽的温度和 pH 稳定范围、很强的离子强度耐受性及很好的乳化能力,而且无抗菌活性。

(2)糖脂类生物表面活性剂。

微生物糖脂是生物表面活性剂中数量最大、品种最多的一类。糖脂按分子中亲水部分所含糖苷的个数分为单糖脂、双糖脂、多糖脂等,其疏水部分通常是由一个或者两个长链脂肪酸或者长链羟基脂肪酸组成,它们通过酰基脂化或者配糖键与亲水部分相连。常见的糖脂主要是鼠李糖脂、海藻糖脂、槐糖脂等。然而,近些年又出现了一种新的糖脂类生物表面活性剂甘露糖赤藓糖醇脂。

鼠李糖脂(图 3-8)是假单胞菌在限制条件下所产生的胞外代谢产物,这是一种具有较高分散、乳化、发泡和渗透能力的生物表面活性剂;一般是由一个或者两个鼠李糖环上连上一个或者两个 β-羟基脂肪酸组成的,它是目前了解的最为透彻的一种糖脂。乔楠等从南海深海沉积物中分离到一株 *Dietzia* sp. N3ZF-1,产一种双鼠李糖脂,在以正十六烷为唯一碳源的液体培养基中可将发酵液的表面张力降至 33.6 mN·m^{-1}。

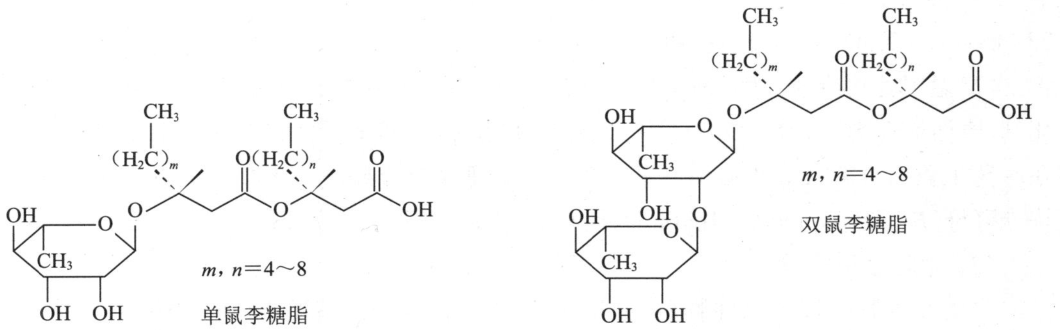

图 3-8　鼠李糖脂结构式

海藻糖脂广泛存在于棒状杆菌、分枝杆菌、诺卡氏菌中,是构成上述细菌细胞壁的主要成分之一。迄今为止,已报道了几种海藻糖脂的结构;其中,大部分 *Mycobacterium*、*Nocardia*、*Corynebacterium* 的菌株产生的海藻糖脂结构是两个海藻糖环在 C-6 和 C-6′ 处与霉菌酸相连;霉菌酸是一个有 α-支链-β-羟基的长链脂肪酸;不同菌株产生的海藻糖脂的差异主要是在霉菌酸部分:碳原子的数量、饱和程度等。图 3-9 是海藻糖-6-6′-棒杆霉菌酸双脂的结构图。海藻糖脂主要用于石油开采,其优越的破乳化性能有利于提高石油的开采率。

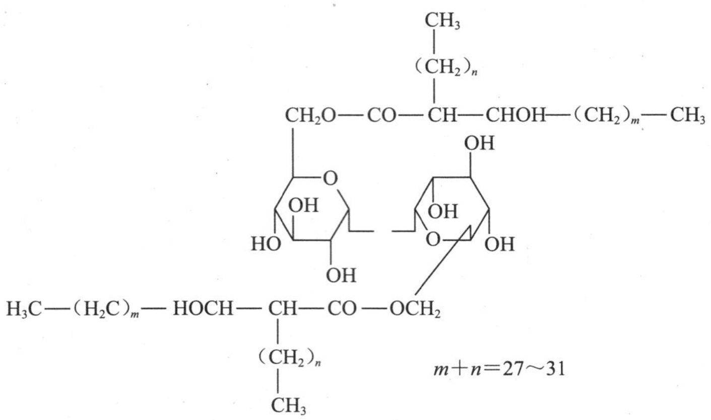

图 3-9　海藻糖脂结构式

甘露糖赤藓糖醇脂(manno-sylerythritol lipid, MELs)是一种新型的非离子型生物表面活性剂,大多由丝状真菌(如 *Ustilago maydis*)或者酵母产生,现已报道它共有四种同系物(图 3-10),即 MEL-A、MEL-B、MEL-C 和 MEL-D。MELs 有着很多优良的特性,因此越来越成为很多领域研究的热点。MELs 的 CMC 低(40～100 mg/L),亲水亲油平衡值在 8.8 左右,对皮肤和眼睛无毒,可生物降解性好,有良好的乳化性和表面活性(界面性能好,最小表面张力和界面张力分别可达

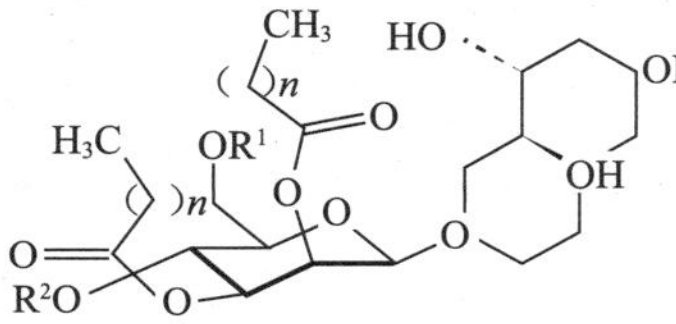

MEL-A: $R^1=R^2=Ac$
MEL-B: $R^1=Ac, R^2=H$
MEL-C: $R^1=H, R^2=Ac$
($n=6$～10)

图 3-10　甘露糖赤藓糖醇脂
结构式

28 mN/m 和 2 mN/m),还有抗菌性(特别是革兰氏阳性菌),最早应用在石油污染现场的防治上,高温下乳化废油,使其易于被微生物降解。MELs 应用于环保、食品、化妆品,用作乳化剂、表面活性剂、面粉品质改良剂、保湿剂、抗凝结剂(抑制低温储存冰浆中冰粒的凝结),在医药工业中也有很好的应用前景。乔楠等从海洋中分离出一株产甘露糖赤藓糖醇脂的毕赤酵母(*P. guilliermondii* 510-6jm),能将发酵液表面张力降至 28 mN/m 左右。

(3)脂肪酸和磷脂。

有些微生物在以疏水性物质(如烷烃、PAHs)为碳源的情况下,可以产生大量的脂肪酸和磷脂类表面活性剂。脂肪酸作为一种表面活性剂在 20 世纪七八十年代曾受到广泛关注。从生长在正烷烃上的红平诺卡氏菌(*Nocardia erythropolis*)发酵液中抽提出来的中性脂戊烷提取液中发现约 90% 为表面活性物质,其中含有一种单甘油酯、一种脂、一种脂肪醇和一些游离脂肪酸。

磷脂是细胞膜的主要成分。1982 年,Kretschmer 等人从红串球菌中分离到一类磷脂的混合物,它可以将水的界面张力(对正十六烷)降低至 1 mN/m,CMC 值仅为 30 mg/L。

2. 生物表面活性剂在海洋石油污染修复中的应用

考虑到石油烃组分的水溶性较小和微生物的可利用率较低是造成生物修复效能下降的主要因素,在海洋环境中通常使用表面活性剂来降低石油烃组分的界面张力,促进其解吸和溶解,以此来提高微生物对溢油污染物的生物降解。国内外对此展开了较为广泛的研究并取得了较为丰硕的成果,Carriere等对非离子表面活性剂(Tritonx-100)进行了研究,结果显示,通过非离子表面活性剂的作用,在生物降解过程中有效地增加了烃组分的可溶性,从而大大提高了生物降解的效率。Tiehm等同样对两种非离子表面活性剂的性能进行了探讨,结果表明,这两种表面活性剂对污染区域多环芳烃的溶解具有较强的活化作用,在表面活性剂的作用下,多环芳烃在环境中的浓度和毒性作用均有大幅度下降,促进了修复效能。

但是,化学合成表面活性剂对微生物生长的促进作用还是极为有限的。大部分的化学表面活性剂在实际的生物修复过程中,如果不对浓度进行有效控制,也会对微生物的生长带来较强的毒性危害。通常情况下,非离子型表面活性剂的毒性要小于离子型表面活性剂,并且在环境中容易被生物加以代谢和利用,黏附性较低,因此引入二次污染的程度较小。

基于此,高效、无污染的生物表面活性剂的现场应用成为溢油修复过程中的研究热点。生物表面活性剂同化学表面活性剂一样,能够对石油烃组分界面张力起到很好的降低作用,并且生物表面活性剂临界胶束浓度(CMC)较低,效率好,环境中也能够被生物有效利用,具有安全、环保、无二次污染的优点。

三、类胡萝卜素

类胡萝卜素是广泛存在于自然界中的一类具有多种生物活性的天然色素的总称,颜色从亮黄色到暗红色不等。当类胡萝卜素与蛋白质结合形成复合物时,可呈现绿色、蓝色。目前已发现并鉴定的天然类胡萝卜素已经超过700种,其中可被人体吸收利用的有40余种。

类胡萝卜素主要存在于微生物、藻类、高等植物内,是所有光合生物的基本成分。动物自身不能合成类胡萝卜素,主要通过外界食物摄入,并在结构上对类胡萝卜素分子进行修饰,从而赋予鸟类、昆虫及海洋无脊椎动物等许多特征色。

1817年人类首次从胡萝卜中分离出β-胡萝卜素,1937年又将秋天落叶中的色素鉴定为叶黄素。根据结构特征,类胡萝卜素可分为由8个异戊二烯基本单位聚合而成的碳氢四萜类化合物(胡萝卜素)和含氧衍生物(叶黄质)两大类(图3-11)。所有的类胡萝卜素都是由40碳骨架衍变而来。类胡萝卜素分子中最重要的部分是决定颜色和生物功能的共轭双键系统,随着分子里共轭双键数目的增加,其颜色由黄色逐渐变为红色。

典型的C_{40}类胡萝卜素携带β-紫罗酮作为两端的基团,也就是β-胡萝卜素。它主要由4个异戊二烯双键首尾相连而成,主要有全反式、9-顺式、13-顺式及15-顺式四种形式。纯净的β-胡萝卜素产品为深红色或暗红色,易溶于二硫化碳、苯、氯仿等有机溶剂,遇氧、热和光易发生氧化还原。β-胡萝卜素是维生素A的前体,理论上,一分子β-胡萝卜素可以转化为两分子的维生素A。β-胡萝卜素的结构及其转化为维生素A的过程如图3-12所示。

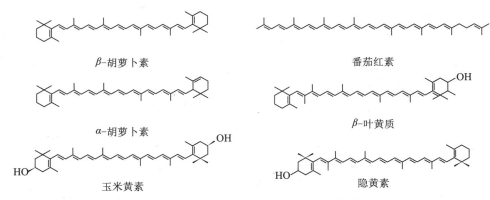

图 3-11　几种常见的类胡萝卜素的化学结构

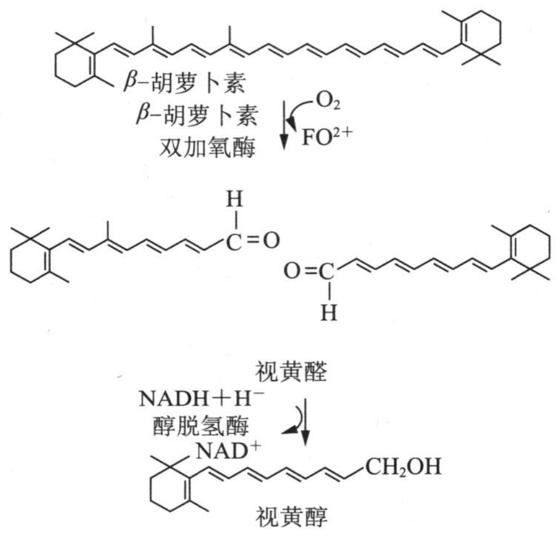

图 3-12　β-胡萝卜素转化为维生素 A 的过程

1. 合成类胡萝卜素的相关微生物

类胡萝卜素普遍存在于细菌、真菌和藻类中。

光合细菌是一类具有原始光能合成体系的原核生物。迄今,光合细菌合成的类胡萝卜素已超过 80 种,也是研究最多的产生类胡萝卜素的微生物类群,主要有着色细菌属、网硫菌属、可变杆菌、板硫菌属、荚硫菌属、红杆菌属、硫螺旋菌属、外硫螺旋菌属、红微菌属、红环菌、红球菌属、红杆菌属、突柄绿菌属、绿蔓生菌属、红螺菌属、红假单胞菌属、绿菌属、暗网菌属、绿曲菌属、日光线菌属、颤绿属等。

非光合细菌中某些葡萄球菌能产生 C_{30} 的类胡萝卜素;黄杆菌能产生 C_{45}、C_{50} 的类胡萝卜素,有资料表明,迄今 C_{45} 和 C_{50} 类胡萝卜素还只限产生于非光合细菌之中。

不同类型真菌合成的类胡萝卜素种类差别较大。酵母和霉菌中的一些种类合成类胡萝卜素的能力备受关注,成为工业发酵生产的选择对象。如用深红酵母合成红酵母红素、β-胡萝卜素和红酵母烯,红酵母合成虾黄素、β-胡萝卜素和番茄红素。此外,三孢布拉霉和布拉克须霉合成 β-胡萝卜素的能力都比较强。

类胡萝卜素广泛存在于不同微藻之中,其中以 β-胡萝卜素最为普遍。李淑清等(2000)发现有 12 种类胡萝卜素在吉兰泰杜氏盐藻(*Dunaliella salina Jilantai*)中能够检出。

2. 类胡萝卜素主要的生理功能

类胡萝卜素具有多种重要的生物功能,可以作为着色剂、饲料添加剂、抗氧化剂等,广泛应用于食品、饲料、医药行业。目前已从光合细菌中提取出的类胡萝卜素,不仅色调丰富,提取容易,而且能大量生产。

以红色类胡萝卜素为例,它是一种油溶性的色素,适宜于用作乳酸饮料、果子露、冰淇淋、果酒和清凉饮料等食品的着色剂。另外,还可用作药品片剂的色素。类胡萝卜素用作饲料添加剂能有效改善动物的营养状况,改善家禽等的皮肤和肉类及蛋黄的色泽。在家禽体内,它沉积于爪、喙及皮下脂肪中使其着色,提高家禽胴体品质。在产蛋家禽的体内类胡萝卜素沉积于卵黄中,使其呈黄色或橘黄色,提高蛋的品质。鱼虾类颜色的深浅取决于类胡萝卜素的摄入量。在水产养殖条件下,尤其是在高密度集约化养殖过程中,大量使用人工配制的饲料,鱼虾类的养殖周期被缩短,如不能获得充足的天然色素源,导致鱼虾的体色变淡,体型变得难看,品味也无法与野生的相媲美。

类胡萝卜素中 β- 胡萝卜素、番茄红素等是很好的抗氧化剂。氧化在本质上可以理解为自由基的生成、转移和焠灭。细胞内的链式自由基氧化反应可对细胞的生命过程产生极强的影响,是人类许多顽疾(如癌症和衰老)的重要起因。通常在植物中类胡萝卜素可清除活性氧而保护植物免遭强太阳光而受到灼伤。在动物体内的类胡萝卜素也可捕获清除自由基,通过抗氧化作用而保护动物细胞免遭自由基的破坏。

虾青素属于类胡萝卜素,具有很强的抗氧化功能,能清除体内由紫外线照射产生的自由基,调节和降低由光化学导致的伤害,对紫外线引起的皮肤癌有治疗效果;虾青素的抗氧化功能高于其他类胡萝卜素,具有抑制生物膜被氧化的作用;虾青素还能显著促进淋巴结抗体的产生,特别是促进与体内 T 细胞相关抗原的抗体产生。

3. 微生物发酵法生产类胡萝卜素

利用微生物发酵技术生产类胡萝卜素具有含量高、易于大规模培养的优势,是今后发展的方向。目前,国内外利用微生物合成类胡萝卜素的研究主要集中在三孢布拉霉菌和红酵母方面。其中,三孢布拉霉菌菌株生长迅速,生物量高,是国际上所采用的实现工业化生产的好菌株。苏联和东欧地区已达小规模工业生产水平,但技术工艺较为复杂。在我国,该方法正处于研究阶段。自 20 世纪 90 年代初以来,我国对此方法进行了大量研究,但发酵过程中存在的一系列复杂技术性问题,如发酵液黏稠度高、溶解氧利用难等,使得其距离大规模工业化生产还有一段相当的距离。

海洋红酵母是海洋中自然存在的一种单细胞酵母品系,其细胞中富含蛋白质、肝糖颗粒、不饱和脂肪酸、维生素、动物幼体生长激素、以虾青素为主的类胡萝卜素,具有较好的耐盐性,因此海洋红酵母是优良的虾青素生产菌和极具潜力的动物饲料蛋白和食品添加剂,同时又是天然色素源,开发海洋红酵母产品具有重要意义。此外,海洋红酵母还具有培养周期短、适应能力强、成本低等优点,使其在医药、食品、化工和农业等方面得到了越来越广泛的重视。利用海洋红酵母生产类胡萝卜素,虽然目前色素发酵水平比三孢布拉霉低得多,但它有一定的优点:① 可以利用蔗糖、废糖蜜等进行培养,成本较低廉;② 周期短,发酵控制容易,有利于工业化生产;③ 菌体无毒,并含有丰富的蛋白质、脂肪酸和维生素,可不用提取色素,整个细胞作为含类胡萝卜素的单细胞蛋白,用作饲料添加剂或水产养殖用饵料。因此,无论是从品质技术、资源还是成本等因素考虑,研究海洋红酵母生产类胡萝卜素都具有一定的应用价值和开发前景。

　　天然虾青素是由微藻、酵母等产生的。一些水生物种食用产生虾青素的这些藻类等生物,然后把这种色素储存在壳、皮肤或脂肪中,于是它们的外表呈现红色。我们经常食用的三文鱼,体内就含有丰富的虾青素。三文鱼肉平时本身是白色的,产卵时要逆流而上,为了储备能量,三文鱼会沿着大海周游,四处捕食虾等甲壳类作为食物,在体内储蓄虾青素作为产卵时沿着激流而上的能源。三文鱼在产卵时,还会将红色色素移转到三文鱼子中,以此来保护三文鱼卵在浅滩里不受到强烈的紫外线侵害。陆地养殖三文鱼吃不到天然食物,而只有鱼饲料。如果没有虾和其他虾青素来源,三文鱼就会保持白色,消费者不喜欢这样的三文鱼,所以鱼饲料中需要加入虾青素。目前,天然虾青素的生物来源一般有3种:水产品加工工业的废弃物、红发夫酵母和微藻。其中,废弃物中虾青素含量较低,且提取费用较高,不适于进行大规模生产。一些微藻,如杜氏盐藻、雨生红球藻等在特定条件下可在细胞内积累虾青素,有时可超过细胞干重的1%（图3-13）。雨生红球藻被公认为自然界中生产天然虾青素的最好生物,因此,利用这种微藻提取虾青素无疑具有广阔的发展前景,已成为近年来国际上天然虾青素生产的研究热点。

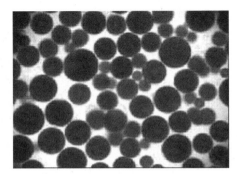

图3-13　显微镜下的雨生红球藻

第四章

海洋微生物酶工程 *

　　海洋生物代谢过程中的酶类在性质、功能上与陆地生物有很多不同，因此从海洋生物中筛选提取有应用价值的酶类，就成为海洋生物资源开发的一个重要方面。而海洋生物特别是海洋微生物是一类种类繁多的可再生的遗传基因库，是获取新型酶的重要资源。

　　海洋微生物酶研究发展迅速，自 20 世纪 80 年代，国内外相继报道一些来自海洋的极端酶（微生物酶）可开发为新型工业用酶，然而由于海洋产酶微生物资源样品采集和开发的技术难度及风险性，长期以来，该领域的研究与发展缓慢，产业化进程受限。但近些年来，借助于海洋生物高新技术手段，海洋微生物酶研究得到了快速发展，目前成为各国优先发展的新领域。现已发现的海洋微生物酶包括：蛋白酶、多糖酶、溶菌酶、脂肪酶、木聚糖酶、环糊精酶、纤维素酶、甘露聚糖酶、果胶裂解酶、氨单价氧化酶、唾液酸酶、氢化酶、谷氨酰胺酶、葡萄糖脱氢酶、甲基化酶、脂酶和 DNA 聚合酶等。

　　本章选取几种代表性的海洋微生物酶加以介绍。

第一节　蛋白酶

一、蛋白酶的定义和分类

　　蛋白酶（peptidases，或称 proteinases、proteases 或 proteolytic enzymes）是一大类可以催化蛋白质或肽类的肽键降解的水解酶类。

　　蛋白酶按酶在肽链中的作用位点，可分为外肽酶和内肽酶。外肽酶只水解接近多肽链末端的肽键，而内肽酶作用于多肽链内部的肽键。外肽酶从多肽链游离 N- 末端或 C- 末端逐步降解多肽链，包括氨肽酶和羧肽酶。内肽酶根据催化机制分为丝氨酸蛋白酶、半胱氨酸蛋白酶、天冬氨酸蛋白酶和金属蛋白酶。

　　蛋白酶按作用最适 pH 可分为三类，即碱性蛋白酶、中性蛋白酶和酸性蛋白酶，它们的最适 pH 通常分别为 pH 9～11、pH 7～8 和 pH 2.5～5。

　　蛋白酶按作用温度可分为三类，即嗜冷蛋白酶、中温蛋白酶和嗜热蛋白酶。嗜冷蛋白酶作用的最适合温度为 5 ℃～10 ℃，温度达到 30 ℃时极易失活；中温蛋白酶作用的

* 本章由牟海津、马悦欣编写。

最适合温度为 30 ℃～40 ℃,温度达到 50 ℃时极易失活;嗜热蛋白酶的最适合温度为
60 ℃～80 ℃。

二、产蛋白酶海洋微生物

1. 产蛋白酶微生物的种类

产蛋白酶微生物包括细菌、古菌、放线菌、霉菌和酵母菌。细菌有黄杆菌属
(*Flavobacterium*)、芽孢杆菌属(*Bacillus*)、假交替单胞菌属(*Pseudoalteromonas*)、弧菌
属(*Vibrio*)、别单胞菌属(*Alteromonas*)、科尔韦尔氏菌属(*Colwellia*)、海洋芽孢杆菌属
(*Oceanobacillus*)、假单胞菌属(*Pseudomonas*)、玫瑰杆菌属(*Roseobacter*)、芽孢八迭球菌
属(*Sporosarcina*)和蛀船蛤杆菌(*Teredinobacter*);古菌为甲烷球菌属(*Methanococcus*);
放线菌有链霉菌属(*Streptomyces*)和糖多孢菌属(*Saccharopolyspora*)等;霉菌有曲霉属
(*Aspergillus*)、青霉属(*Penicillium*)和侧齿霉属(*Engyodontium*)等;酵母菌有短梗霉属
(*Aureobasidium*)和梅奇酵母属(*Metschnikowia*)等。

2. 菌种的选育

根据海洋微生物的生态特征,采集浅海、深海或红树林的海水、沉积物或海洋生物
如海鱼、船蛆、贝类、海胆、海蟹和海藻等样品,根据欲分离的对象,使用稀释涂布分离法
或平板划线分离法在不同的培养基(通常用陈海水或人工海水配制)平板上分离纯化微
生物,获得纯种。细菌分离用 2216E 培养基;霉菌分离用麦芽汁琼脂(MEA)、玉米粉琼
脂(CMA)和察氏培养基(CDA)(对于深海样品,使用 1/5 浓度的培养基以模拟其低营
养条件),其中添加 0.1％链霉素(100 mL 培养基加 0.1 g)和青霉素(100 mL 培养基加
40 000 U)抑制细菌生长;酵母分离用补充 0.05％氯霉素的酵母膏蛋白胨葡萄糖(YPD)
琼脂。细菌用含脱脂牛奶的胰蛋白胨大豆肉汤培养基(TSB);放线菌用淀粉酪蛋白琼脂
(SCA),其中加放线菌酮 50 μg/mL 使真菌减至最低数量;霉菌用补充 1％的脱脂奶粉的
CDA;酵母用含 2.0％酪蛋白的 YPD 琼脂定性测试微生物蛋白酶的能力。通过筛选获得
若干产酶性能较好的菌株,按照生产菌种性能要求分别测定它们的发酵产酶能力,最后确
定 1～3 株产酶能力高的菌株。直接从自然界分离到的菌种一般不能直接用于生产,需要
经过一系列漫长的选育过程才能满足生产的要求。诱变育种是常用的菌种选育方法,即利
用物理或化学诱变剂处理待选菌株,促使其提高突变率,从中选出性能优良的突变菌株。
中国水产科学研究院黄海水产研究所以黄海黄杆菌 YS-9412-130 菌株为出发株,经亚硝
基胍、硫酸二乙酯、紫外线(UV)与微波(MI)复合诱变和自然选育,获得一株产低温碱性蛋
白酶高产稳定的突变株 YS-9412-130-SW1-104,其低温碱性蛋白酶产量为出发株的 16
倍。

三、海洋蛋白酶的酶学性质

微生物蛋白酶的一个显著特点是具有多样性和复杂性,有时同一菌株可以分泌一种
或多种蛋白酶。不同菌株分泌的蛋白酶的相对分子质量、最适 pH、最适温度、pH 及温度
稳定性、金属离子和抑制剂的影响和底物特异性等各不相同。不同海洋微生物菌株所产蛋
白酶的主要特性见表 4-1。

表 4-1 海洋微生物蛋白酶的主要特性

菌 株	相对分子质量（×10³）	最适温度/℃	最适 pH	抑制剂
细菌：				
别单胞菌 *Alteromonas* sp. O-7	115	50	7.5	EDTA、*o*-phenanthroline
氧化短杆菌 *Brevibacterium oxydans*	49	60	7～9	PMSF、AEBSF、EDTA
黄杆菌 *Flavobacterium*YS-80-122	49	30	9.5	EDTA
黄杆菌 *Flavobacterium*YS-9412-130	33	30	9.5～10.5	DFP
假别单胞菌 *Pseudoalteromonas* sp. NJ276	28	30	8	PMSF
假别单胞菌 SM9913	60.7	35	7	PMSF、EDTA、
	36	55	8	*o*-phenanthroline
莫海威芽孢杆菌 *Bacillus mojavensis* A21	20	60	8.5	PMSF
	29	60	8～10	PMSF
	15.5	60	10	PMSF
芽孢杆菌 *Bacillus* sp. EMB9	29	55	9	PMSF
河流弧菌 *Vibrio fluvialis* TKU005	41	60	9	1,10-phenanthroline、
	39	60	9	tetraethylenepentamine
假单胞菌 *P. lundensis* HW08	46	30	10.4	EDTA
蜡样芽孢杆菌 *Bacillus cereus* AK1871	38	60	8	PMSF
蜡样芽孢杆菌 *Bacillus cereus* S6	31	50	10	EDTA
假别单胞菌 *Pseudoalteromonas* sp. D12-004	34	35	7.5	EDTA
别单胞菌 *Alteromonas* sp. O-7	56	60	10	EDTA
假单胞菌 *Pseudomonas* sp. DY-A	25	40	10	PMSF、EDTA
深海詹氏甲烷球菌 *Methanococcus jannaschii*	29	116	7.5～7.8	PMSF
假单胞菌 *Pseudomonas* sp. A-14	120	40	8	EDTA
哈氏弧菌 *Vibrio harveyi* FLA-11	84	55	8	EDTA、orthophenanthrolin、phosphoramidon
灿烂弧菌 *Vibrio splendidus* FLE-2	50	55	8	EDTA、orthophenanthrolin、phosphoramidon
科尔韦尔氏菌 *Colwellia* sp. NJ341	60	35	8	PMSF
嗜麦芽窄食单胞菌 *Stenotrophomonas maltophilia*	42	60	9	EDTA、PMSF
假别单胞菌 *Pseudoalteromonas* sp. CHS	56.9	40	10	PMSF
克劳氏芽孢杆菌 *Bacillus clausii* I-52	28	60	11	PMSF
来自海洋船蛆的细菌 T8301	36	42	9	TLCK（甲苯磺酰赖氨酸氯甲酮）是一种丝氨酸蛋白酶抑制剂
放线菌：				
糖多孢菌属 *Saccharopolyspora* sp. A9	32	60	10	PMSF、AEBSF
真菌：				
焦曲霉 *Aspergillus ustus* NIOCC #20	32	45	9	PMSF
产黄青霉 *Penicillium chrysogenum* FS010	41	35	9	PMSF
白色侧齿霉 *Engyodontium album* BTMFS10	38	60	11	PMSF
普鲁兰短梗霉 *Aureobasidium pullulans* HN2-3	33	52	9	PMSF、EDTA

续表

菌 株	相对分子质量（×10³）	最适温度/℃	最适 pH	抑制剂
普鲁兰短梗霉 *Aureobosidium pullulans* 10	32	45	9	PMSF、EDTA
鲁考弗梅奇酵母 *Metschnikowia reukaufii* W6b（重组酶）	54	40	3.4	抑肽素（pepstatin）

四、蛋白酶的应用

1. 在洗涤剂工业中的应用

蛋白酶在工业上的最大用途是用于洗涤剂,在该领域广泛使用的是碱性蛋白酶,该酶添加到洗涤剂中,有助于去除血渍、奶渍、汗渍等蛋白污垢,可将污垢降解成易溶解、易分散的短肽,使之易被洗去。王海亭等研究了黄海黄杆菌 YS-9412-130 产包覆型低温碱性蛋白酶与常用阴离子型表面活性剂(LAS、AES、AOS、MES 和 SAS)、非离子型表面活性剂(AEO$_9$、TX$_{10}$、6501 和 APG)和助剂的配伍性。结果表明,非离子型表面活性剂对酶活几乎没有影响,仅在浓度较高时对酶活有轻微抑制作用。阴离子型表面活性剂对酶活有抑制作用,LAS 对酶活影响最大,AES 影响最小,影响程度次序为 LAS > SAS > AOS > MES > AES。助剂对酶的影响见表 4-2。该包覆型酶最适反应温度为 35 ℃, pH 为 10。在温度 40 ℃以下、pH 5～11 范围内均具有良好的稳定性,与常规洗涤剂各成分配伍性良好,对不同性质污布有良好的洗涤功效。

表 4-2　助剂对蛋白酶活的影响

洗涤助剂	酶残余活性/%			
	10 min	20 min	30 min	40 min
香精（1 mg/mL）	100	100	100	100
STPP（10 mg/mL）	135	135	130	130
CMC（1 mg/mL）	105	100	100	100
Na$_2$SO$_4$（1 mg/mL）	100	100	100	100
Na$_2$CO$_3$（1 mg/mL）	100	100	100	100
荧光增白剂（0.1 mg/mL）	115	110	113	115
NaSiO$_3$·5H$_2$O	100	98	95	90
含 3%包覆型酶国际洗衣粉[①]	100	96	94	91

① 洗衣粉的浓度为 2 g/L,作用温度为 25 ℃。

莫海威芽孢杆菌(*Bacillus mojavensis* A21)粗蛋白酶在非离子型(5% 吐温-80 和 5% Triton X-100)和阴离子型(1% SDS)表面活性剂中非常稳定;在温度 30 ℃～50 ℃,它的稳定性及和多种固体(7 mg/mL)和液体(1%;*V/V*)洗涤剂的配伍性良好;*B. mojavensis* A21 的粗蛋白酶能有效去除棉布上的血迹(图 4-1)。从海洋杀真菌素链霉菌(*Streptomyces fungicidicus* MML1614)部分纯化的碱性蛋白酶在较宽的 pH 8～11 和温度 28 ℃～60 ℃范围内显示出良好的稳定性,与商业用洗涤剂有较好的配伍性,两者一起使用时,可有效地去除棉布上的血迹(图4-2)。

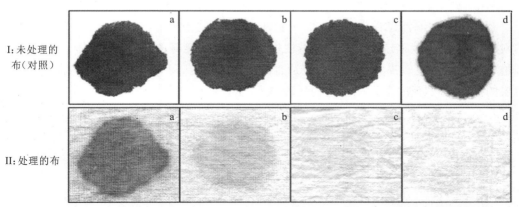

a. 用蒸馏水洗涤带血迹的污布;b. 用 Axion 洗涤带血迹的污布;c. 用 Axion 加 *B. mojavensis* 粗酶洗涤带血迹的污布;d. 用 Axion 加 protease Purafect®2000E 洗涤带血迹的污布

图 4-1   有商业洗涤剂 Axion 时 *B. mojavensis* 粗酶的洗涤性能

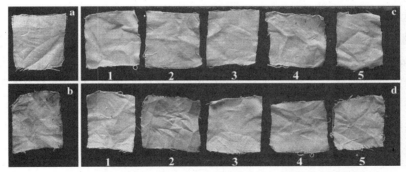

a. 非污布;b. 蒸馏水洗涤的污布;c. 杀真菌素链霉菌蛋白酶加洗涤剂洗涤的污布;
d. 洗涤剂洗涤的污布。洗涤剂 1. Ariel,2. Surf Excel,3. Rin,4. Power,5. Tide

图 4-2   海洋杀真菌素链霉菌(*Streptomyces fungicidicus* MML1614)蛋白酶的洗涤性能

2. 在食品工业中的应用

蛋白酶能水解多种天然蛋白产生明确肽谱的水解产物。利用纯化的普鲁兰短梗霉(*A. pullulans* 10)碱性蛋白酶 ALPl 水解海洋酵母蛋白、螺旋藻蛋白、虾蛋白、牛奶蛋白和酪蛋白,产生的生物活性肽产物具有抑制 ACE(angiotensin I-converting enzyme,血管紧张肽转化酶)活性和抗氧化活性,但来自虾蛋白的水解产物抑制 ACE 活性最高,达 85.3%,来自螺旋藻蛋白的水解产物的抗氧化活性最高,达 40.6%。以来自海洋微生物的碱性蛋白酶 894 为降解工具,用富含胶原的海产品下脚料制备活性胶原肽,与热水抽提,醋酸水解及胃蛋白酶、胰蛋白酶降解法比较,所需时间最短,活性(羟自由基清除率)最高,感官性状(浊白色,淡而微腥,蓬松易碎成亮碎片)最好,成本又低,在海洋功能食品原料的制备过程中体现出明显的优势。利用深海细菌(*Pseudoaltermonas* sp. SM9913)的冷适应蛋白酶 MCP-01 在低温下具有较高催化效率的特点,在冰鲜品中喷加 MCP-01,使其在保存过程中发生一定的酶解作用,产生更多的风味氨基酸,鲜味同时得到提高,MCP-01 处理的冰鲜品无论是呈味氨基酸还是必需氨基酸的含量都要明显高于 *Bacillus subtilis* SM98011 的中温蛋白酶 BP-01 处理的冰鲜品,预示着 MCP-01 在改善冰鲜品的风味方面具有良好的应用前景。

3. 在纺织行业中的应用

郝建华等用海洋碱性蛋白酶、2709 碱性蛋白酶、胰蛋白酶、Protamax 和 537 酸性蛋白酶对羊毛进行水解,结果表明,海洋碱性蛋白酶表现出良好的水解特性,与一些其他的处理酶相比水解程度较高。而且该酶在适宜的时间区间内,可以较好地水解磷脂层,而对皮质层的损害比较轻微,表现出良好的处理羊毛的特性(图 4-3)。

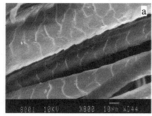

a. 对照样;b. 537 酸性蛋白酶;c. 海洋碱性蛋白酶

图 4-3　不同蛋白酶处理羊毛后的电镜照片

4. 在医药行业中的应用

蛋白酶可用于治疗伤口愈合。Raut 等通过切割伤口模型评价研制的含糖多孢菌(*Saccharopolyspora* sp. A9)蛋白酶的凝胶 carbopol 940 外用制剂用于雄性 Wistar 大鼠伤口的愈合活性,结果显示,与对照和 Soframycin® 治疗(V)的伤口比较,用 300 U/g 蛋白酶治疗(IV)的伤口收缩速度较快。伤口用 300 U/g 蛋白酶治疗的前 9 天收缩 80.40%,其影响极显著地超过对照和 Soframycin® 治疗的伤口(表 4-3)。

表 4-3　在切割伤口模型中蛋白酶凝胶对伤口收缩的影响

	伤口收缩[a]/%		
	I(对照)	V	IV
3 d	13.92±3.31	22.81±3.18	23.49±7.23
6 d	37.05±3.67	62.62±4.50	58.88±2.76
9 d	47.51±4.65	75.31±5.92	80.40±5.54*
12 d	74.26±5.66	88.82±3.16*	92.92±3.12*

a 是根据每一动物第一天的伤口面积计算的。数据是平均值 ±SEM,$n = 6$。

* 与对照组相比 $P < 0.001$

5. 在废物处理中的应用

在虾加工过程中被去除的虾头、壳和尾部分约占总捕获量的 50%,虾不可食部分无控制地随便堆放的结果是引起环境问题。为了解决这样的问题,必须注意更大程度地利用虾加工过程中的副产品。虾壳废物中几丁质和蛋白质的含量范围分别是其干重的 14%～32% 和 18%～42%,对虾类加工产业经济可通过利用虾壳废物中含有的几丁质和蛋白质而提高。河流弧菌(*Vibrio fluvialis* TKU005)能产生两种表面活性剂稳定的碱性金属蛋白酶 FⅠ和 FⅡ,其最大脱蛋白百分比是 70%～80%,但该菌株不产生几丁质酶,因此可以获得更完整的几丁质产品。此外,培养 *V. fluvialis* TKU005 第 5 天的含虾壳粉培养基上清液可促进大白菜（*Brassica campestris*）的生长，其促进效果是由于水解产物而不是蛋白酶的作用。从生产成本和生物资源的再利用角度考虑，使用 TKU005 处理食品加工废物如虾壳废物生产蛋白酶、几丁质和生物肥料是一有前景的方法。

鸡毛废物由超过 90% 的蛋白质组成，其主要成分是角蛋白，角蛋白是不溶于水的蛋白质，极耐常见蛋白水解酶的降解。Haddar 等研究了莫海威芽孢杆菌（*B. mojavensis* A21）粗酶（7 000 U 酪蛋白活性）对完整鸡毛的分解作用，两者混合并补充 5 mmol/L CaCl$_2$ 在 50 ℃下培养，商业用 Subtilisin Carlsberg 和 A21 粗酶在同样条件下使用，结果表明，培养 24 h 后 A21 粗酶比商业蛋白酶更有效，A21 粗酶可完全溶解鸡毛（图 4-4a）。他们也研究了 A21 粗酶对当地产鸡毛的降解作用，将当地产鸡毛 250 mg 与 A21 粗酶（60 000 U）一起，并补充 5 mmol/L CaCl$_2$ 和 2%（*W/V*）叠氮化钠在 50 ℃、150 rpm 震荡培养 24 h（图 4-4b），有趣的是，鸡毛减轻了 85% 的重量。鸡毛的溶解可以解释为 A21 分泌的角蛋白降解酶的存在。因此可以使用 A21 粗酶将废鸡毛转化为蛋白质水解产物，用作动物饲料组成成分或有机肥料。

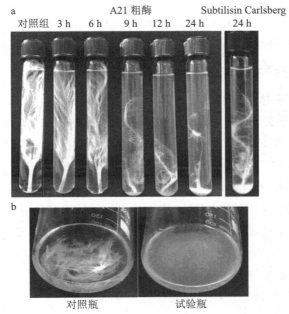

a. 在 50 ℃和不同的培养时间（6 h，9 h，12 h 和 24 h）及在 50 ℃和 24 h 培养后鸡毛被莫海威芽孢杆菌（*B. mojavensis* A21）粗酶及商业的 Subtilisin Carlsberg 降解。对照：没用粗酶处理的鸡毛。b. 鸡毛被 *B. mojavensis* A21 粗酶水解，培养条件：50 ℃，24 h 和 150 rpm。对照瓶显示完整的鸡毛，而试验瓶表示鸡毛完全被水解。

图 4-4　莫海威芽孢杆菌（*B. mojavensis* A21）粗酶及 Subtilisin Carlsberg 对完整鸡毛的分解

第二节　脂肪酶

脂肪酶是一种特殊的酯键水解酶，它可作用于甘油三酯的酯键，使甘油三酯降解为甘油二酯、单甘油酯、甘油和脂肪酸。脂肪酶按最适作用温度可分为低温脂肪酶、中温脂肪酶和高温脂肪酶。低温脂肪酶的最适作用温度在 30 ℃左右，中温脂肪酶最适作用温度 50 ℃左右（一般 < 40 ℃），高温脂肪酶的最适作用温度在 70 ℃以上。按最适作用 pH 可分为中性脂肪酶和碱性脂肪酶，中性脂肪酶适宜 pH 7～7.5，碱性脂肪酶最适 pH 9 左右。

一、产脂肪酶海洋微生物

1. 微生物的选育

脂肪酶产生微生物可从不同的海洋生境分离,如浅海、深海的海水或沉积物、河口沉积物、红树林根际沉积物、海藻、海绵动物、海蜇或海鱼消化道等。样品经含三丁基锡(tributyltin)、橄榄油、吐温-80 或吐温-20 为诱导剂的培养基富集培养,然后在 tributyltin 琼脂、橄榄油(棕榈油)罗丹明 B 琼脂平板上初筛,在 tributyltin 琼脂平板的菌落周围有透明圈、在 350 nm 紫外光照射下含甘油三油酸酯和荧光染料罗丹明 B 琼脂平板上菌落周围有橙色荧光圈的形成,表明菌体产生脂肪酶。

2. 产脂肪酶微生物的种类

产脂肪酶微生物主要包括细菌、霉菌和酵母菌。其中,细菌包括气单胞菌属(*Aeromonas*)、不动杆菌属(*Acinetobacter*)、芽孢杆菌属(*Bacillus*)、发光杆菌属(*Photobacterium*)、假交替单胞菌属(*Pseudoalteromonas*)、假单胞菌属(*Pseudomonas*)、嗜冷杆菌属(*Psychrobacter*);霉菌包括曲霉属(*Aspergillus*)、青霉属(*Penicillium*);酵母菌包括短梗霉属(*Aureobasidium*)和耶氏酵母属(*Yarrowia*)等。

二、海洋脂肪酶的发酵与酶学性质研究

1. 脂肪酶的发酵条件

脂肪酶大多数是胞外酶,易受营养和物理化学因素的影响,如碳源、氮源、诱导剂、无机盐、温度、pH 和溶解氧浓度。常见的碳源是玉米油、吐温-80、米糠油、大豆油、葡萄糖、花生油、橄榄油等,氮源如大豆粉、棉籽饼粉、牛肉膏、酵母粉、蛋白胨、硫酸铵等,无机盐常用 KH_2PO_4、K_2HPO_4、$MgSO_4$、$CaCl_2$ 等。一般认为培养基中添加脂类(主要是天然油脂)能诱导合成脂肪酶。对短小芽孢杆菌(*Bacillus pumilus* B106)产酶条件的研究表明,与葡萄糖和蔗糖比较,玉米油、大豆油和橄榄油是较好的诱导剂,可使其产生的脂肪酶增加 5～6 倍。而通过培养基添加不同种类的油对 *Acinetobacter baylyi* 1173320 产酶的影响试验表明,该菌株的脂肪酶为组成型,不受油脂类底物的诱导。

几株海洋微生物脂肪酶产生的优化条件见表 4-4。

表 4-4 海洋微生物脂肪酶的发酵条件参数

微生物	碳源	氮源	pH	温度/℃	培养时间
嗜水气单胞菌 *Aeromonas hydrophila*	吐温-80	牛肉膏 鱼类废弃物	9	37	60 h
短小芽孢杆菌 *Bacillus pumilus* B106	玉米油	牛肉膏	7	37	60 h
解脂耶氏酵母 *Yarrowia lipolytica* Bohaisea-9145	花生粕 花生油	豆饼粉 棉籽饼粉	7	26	23 h
泡盛曲霉 *Aspergillus awamori* BTMFW032	米糠油	大豆粉 硫酸铵	3	35	5 d

2. 海洋脂肪酶的酶学性质

中国水产科学研究院黄海水产研究所以海洋微生物通过发酵制备的脂肪酶为材料,

对该酶的分离纯化条件及理化性质进行了研究。采用氯仿萃取、中空纤维柱超滤及 CM-Sepharose FF 阳离子交换柱层析等技术对发酵制备的脂肪酶进行了纯化,得到电泳纯的脂肪酶。在脂肪酶理化性质研究中,采用 SDS-PAGE 电泳对该脂肪酶相对分子质量进行测定,并在实验中以橄榄油为底物采用脂肪酶酸碱滴定测活法,对脂肪酶的最适水解条件、多种因素对脂肪酶稳定性的影响进行了研究。结果显示,该脂肪酶相对分子质量为 $(38.0\pm1)\times10^3$,最适水解温度为 35 ℃,最适 pH 为 8.5,为低温碱性脂肪酶。该脂肪酶可在 35 ℃ 以下、pH 4～9 范围内保持良好的稳定性,与常见金属离子、化学试剂等的配伍性较好,并且具有良好的耐盐及抗氧化性能。研究中还以 p-NPL(月桂酸对硝基苯酚酯)为底物采用脂肪酶化学发光测活法,对脂肪酶进行了酶促动力学的研究。结果表明,该脂肪酶在最适条件下 K_m 值为 7.805 μmol/L,V_{max} 为 1.238 5 mmol(/L•min)。通过对 Zn^{2+} 抑制脂肪酶水解活性的研究,发现 Zn^{2+} 对脂肪酶具有可逆抑制作用。

李鹤宾从太平洋深海热液区和厦门近海温泉分离到 50 株嗜热菌,并进一步对它们的产脂肪酶能力进行了筛选,其中 *Gebacillus* sp. 产脂肪酶能力最强。该脂肪酶基因长 1 254 bp,编码 417 个氨基酸。重组脂肪酶的最适反应温度在 40 ℃ 左右,在 90 ℃ 时约有 10% 的酶活性;最适 pH 为 7～8,在 pH 6～9 范围内保留 80%～100% 的活性。该酶在 1 mmol/L 的变性剂(EDTA,2-ME,SDS,PMSF 或 DTT)和 0.1% 的去污剂(吐温-20,Chaps 或 Triton X-100)作用下,EDTA、2-ME、SDS 可以抑制 18%～30% 的重组脂肪酶活性,DTT 和 PMSF 对酶活性基本无影响。0.1% 吐温-20、Chaps 和 Triton X-100 对粗酶活性几乎没有什么影响,而对重组脂肪酶的酶活有 5%～10% 的抑制。

海洋酵母 *Yarrowia lipolytica* Bohaisea-9145 是从渤海海泥中筛选到的一株能够分泌低温碱性脂肪酶的适冷性海洋酵母菌,该胞外脂肪酶具有的低温、碱性、抗氧化、被表面活性剂激活及生产成本低、产酶周期短等特性使其在洗涤剂行业特别是冷洗行业中具有良好的应用前景。

第三节 多糖降解酶

近年来,随着海洋药物和海洋保健生物制品的蓬勃发展,海洋多糖类物质的研究引起了人们的广泛重视,多年的科研和实践证明,海洋多糖及其降解产物具有多种新型的生理活性;在医药、化妆品、食品工业及农业等方面具有重要的应用价值。化学降解方法存在反应条件不易控制、降解产率低、目的产物不易分离等无法克服的缺点,而酶解法可以最大限度地保护反应底物的活性基团不会在降解过程中受到破坏,从而为药源开发奠定了良好的基础。因此,国外的科技工作者已经将目光转移到酶解法获取低聚糖这一新的方向。

目前,已在海洋和极地微生物中发现了具有强大寒冷适应力的酶类,如卡拉胶降解酶、海藻胶裂合酶、琼胶降解酶、岩藻聚糖降解酶、几丁质酶、壳聚糖酶、海洋纤维素酶、β-半乳糖苷酶、磷酸酶、淀粉酶、尿嘧啶 DNA 糖基酶、碱性丝氨酸蛋白酶、脂肪酶、溶菌酶、糖酵解酶等。海洋生态环境复杂,高盐度、高压力、低温及特殊的光照特征可能使海洋微生物的遗传结构和生理习性发生适应性的改变,从而产生出具有独特生理活性的酶系。利用从海洋微生物中分离提取的多糖降解酶对海洋生物多糖进行降解,得到具有新型生物活性的低聚糖组分,并逐渐发展到海洋多糖降解酶及其酶解产物的工业化生产,将会有效地推动海洋多糖活性物质的开发和利用,从而产生巨大的经济效益和社会效益。

海洋多糖降解酶的来源主要包括两类生物:一类是海洋动物,主要是无脊椎动物如紫贻贝、日本蚌、滨螺、石鳖、鲍、海兔等;另一类是海洋微生物,如产气单胞菌、假单胞菌、别单胞菌、弧菌等。

一、卡拉胶酶(carrageenase)

卡拉胶是从红藻如角叉菜、杉藻、麒麟菜等中提取的一种海藻硫酸半乳匀多糖,不同来源的卡拉胶的含量和组成变化很大。在 600 多年前,爱尔兰南部的卡拉根郡(County carragheen)的沿海居民首次使用当地盛产的爱尔兰苔 [即皱波角叉菜(*Chondrus crispus*)] 作食用、药用和肥料。据有关报道,1837 年从该藻分离出多糖,并于 1871 年提出精制的专利,称提取物为 carrageen 或 carrageenin。直到近代,根据国际多糖命名委员会的建议改名为 carrageenan,中文译为卡拉胶。现加工的原料主要产自菲律宾和印度尼西亚的麒麟菜及角叉藻、杉藻等。

表 4-5　不同类型卡拉胶的结构组成(纪明侯,1997)

	1,3 连接的 β-D-半乳糖单位	1,4 连接的 α-D-半乳糖单位	类型
β 族卡拉胶	D-半乳糖	6-硫酸基-D-半乳糖	γ
		3,6-内醚-D-半乳糖	γ、β
		2,6-二硫酸基-D-半乳糖	δ
κ 族卡拉胶	4-硫酸基-D-半乳糖	6-硫酸基-D-半乳糖	μ
		3,6-内醚-D-半乳糖	κ
		2,6-二硫酸基-D-半乳糖	ν
		2-硫酸基-3,6-内醚-D-半乳糖	ι
λ 族卡拉胶	2-硫酸基-D-半乳糖	2-硫酸基-D-半乳糖	ξ
		2,6-二硫酸基-D-半乳糖	λ
		2-硫酸基-3,6-内醚-D-半乳糖	θ
π-卡拉胶	2-硫酸基-4,6-O-(1-羧亚乙基)-D-半乳糖	2-硫酸基-D-半乳糖	π
ω-卡拉胶	6-硫酸基-D-半乳糖	3,6-内醚-D-半乳糖	ω

根据已确定的理想卡拉胶重复二糖的结构特征以及 1,3-连接的 D-半乳糖上的硫酸基位置,可将各类型卡拉胶分类为 β 族卡拉胶、κ 族卡拉胶和 λ 族卡拉胶等(表 4-5)。β 族卡拉胶(包括 γ-、β-、δ-、α-卡拉胶)在 1,3-连接的 D-半乳糖单位上不含有硫酸基;κ 族卡拉胶(包括 μ-、κ-、ν-、ι-卡拉胶)在 1,3-连接的 D-半乳糖单位 C4 上带有一个硫酸基;λ 族卡拉胶(包括 ξ-、λ-、θ-、π-卡拉胶)则在其 C2 上有一个硫酸基;θ-卡拉胶在藻体内不存在,是 λ-卡拉胶经碱处理后形成的。

不同类型的卡拉胶的结构见图 4-5。其中 κ-卡拉胶的凝固性最好,其次是 ι-卡拉胶。我国每年的卡拉胶产量在 2 000 吨以上,广泛应用于科研、食品工业、饮料、日用化工、橡胶业、医药卫生和环保等方面。已有研究表明,卡拉胶通过化学或生物手段降解和修饰后获得的硫酸半乳聚糖及其衍生物具有抗病毒、抗肿瘤、抗溃疡、抗凝血等多种生物活性,对人体的细胞免疫和体液免疫功能具有显著的增强作用。

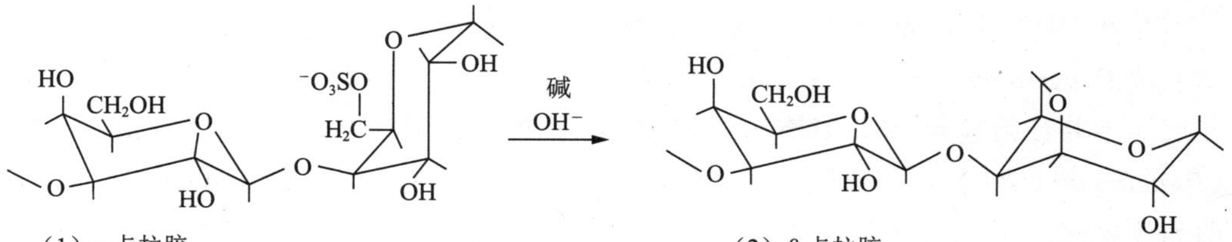

（1）γ-卡拉胶　　　　　　　　（2）β-卡拉胶

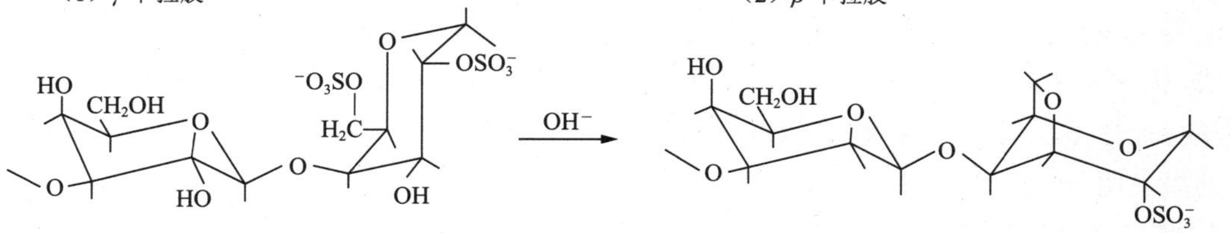

（3）δ-卡拉胶　　　　　　　　（4）α-卡拉胶

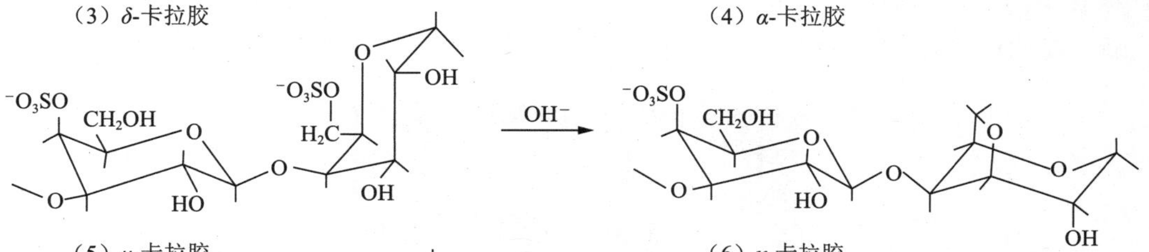

（5）μ-卡拉胶　　　　　　　　（6）κ-卡拉胶

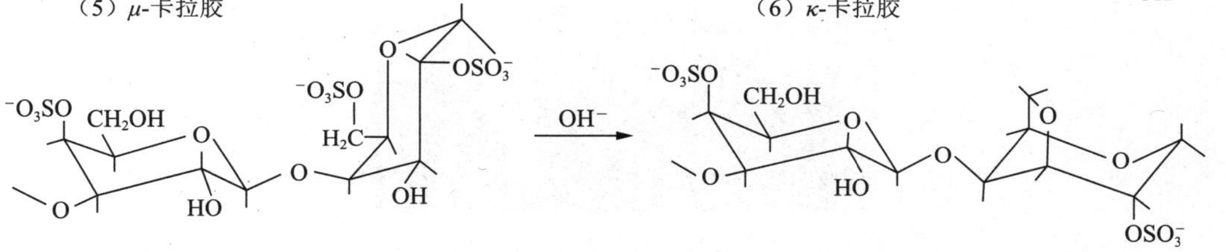

（7）ν-卡拉胶　　　　　　　　（8）ι-卡拉胶

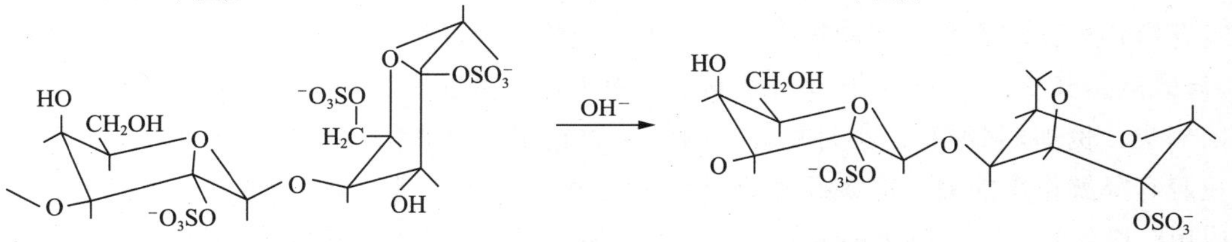

（9）λ-卡拉胶　　　　　　　　（10）θ-卡拉胶

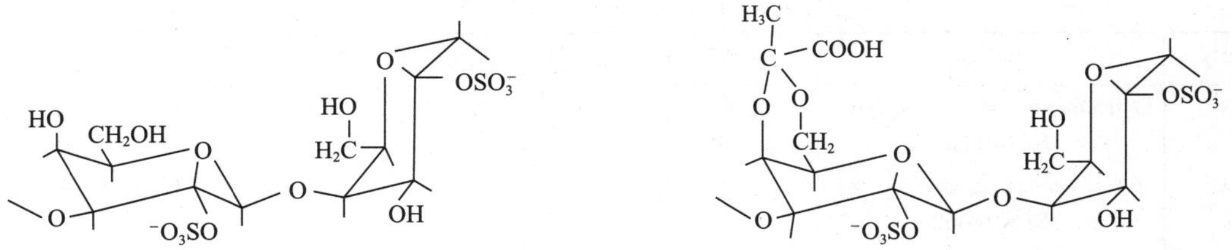

（11）ζ-卡拉胶　　　　　　　　（12）π-卡拉胶

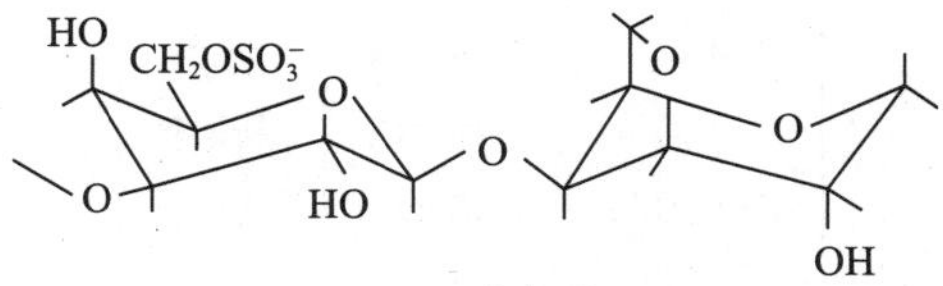

（13）ω-卡拉胶

图 4-5　不同类型卡拉胶的结构

早在 1943 年，Mori 就从海洋软体动物中提取到能够水解角叉菜卡拉胶的酶。海洋假单胞菌 *P. carrageenovora* 是最早研究的能够产生卡拉胶酶的微生物。牟海津从海藻、海水和底泥中共计筛选到 69 株具有卡拉胶降解活性的菌株，其中包括弧菌（*Vibrio*）、假单胞菌（*Pseudomonas*）和噬纤维菌（*Cytophaga*），其中噬纤维菌 MCA-2（图 4-6）所产卡拉胶降解酶为诱导酶，只有在培养环境中添加卡拉胶的情况下，菌株才能产生卡拉胶降解酶，并导致培养基黏度迅速下降，还原糖含量增加。采用 MALDI-TOF-MS 对卡拉胶酶解产物的组成、化学基团的含量及相对分子质量进行分析，采用红外光谱技术分析酶解产物携带的化学特征性基团的情况，并通过 ^{13}C-NMR 技术进一步确定该酶的具体作用位点和作用方式。结果表明，该酶为专一性内切酶，专门水解 3,6-内醚-*D*-半乳糖和 *D*-半乳糖之间的 β-1,4-糖苷键，酶解产物均以 3-位连接的 β-*D*-吡喃半乳糖-4-硫酸为还原末端，最后形成以 κ-新卡拉四糖（MW：834）和 κ-新卡拉六糖（MW：1242）为主的终产物。

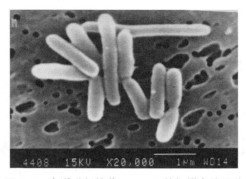

图 4-6　海洋噬纤维菌 MCA-2 的扫描电镜照片

在海洋软体动物和棘皮动物体内有也卡拉胶酶。海洋环境中有大量以红藻为食的动物，海螺就是其中最为重要的一种，从其消化液中往往可以提取到对红藻多糖具有水解作用的酶类。例如，朝鲜花冠小月螺、单齿螺、疣荔枝螺等海螺的消化液中就可以提取到对卡拉胶有降解作用的酶。但海螺酶的产率低、底物专一性差等缺点，严重制约了其的开发和应用。微生物来源的酶类成为海藻多糖降解酶研究与开发的重要来源（表 4-6）。

表 4-6　已报道的部分卡拉胶酶

种类	产生菌	类型	作用部位	主要产物	纯化情况	参考文献
κ-	*Pseudomona carrageenovora* NCMB 302	β-水解酶	G4S-DA	新二糖	部分纯化	Bellion, 1982; Weigl, 1966
κ-	*Pseudomonas carrageenovora* NCMB 302	β-水解酶	G4S-DA	未测	纯化	Østgaard, 1993
κ-	*Alteromonas carrageenovora*	β-水解酶	G4S-DA	未测	克隆并测序	Potin, 1995; Barbeyron, 1994
κ-	*Cytophaga* 1k-C783	β-水解酶	G4S-DA	未测	纯化	Sarwar, 1987
κ-	*Cytophaga* Dsij	β-水解酶	G4S-DA	新四糖	纯化	Potin, 1991
τ-	未鉴定	β-水解酶	G4S-DA	新四糖	纯化	Greer, 1984; Bellion, 1982
τ-	*Cytophaga* Dsij	β-水解酶	G4S-DA	未测	克隆并测序	Ruiter, 1997

目前有关卡拉胶酶的基因水平的研究工作较少。Barbeyron 等对别单胞菌的 κ-卡拉胶酶基因 *cgkA* 进行测序，该基因编码 397 个氨基酸的多肽和一个 25 个氨基酸的信号肽。Potin 等从 *Pseudomonas carrageenovora* 和 *Cytophaga drobachiensis* 中分别分离到 κ-卡拉胶酶基因 *cgnK* 和 τ-卡拉胶酶基因 *cgnI*，并将其克隆到 *E. coli* 中进行表达。

硫酸半乳聚糖通常具有抗病毒、抗肿瘤、抗溃疡、抗凝血等多种生物活性，特别是对 HIV-1、HIV-2、疱疹病毒、囊膜病毒、棒状病毒等许多重要病毒具有广谱抑制活性。1991 年，Girond 等人报道了 κ-、λ-、ι-卡拉胶对多种病毒的体外抗病毒活性。Hamasuna 等人（1993，1994）报道了 ι-卡拉胶对鼠巨细胞病毒（涎腺病毒 *Cytomegalovirus*）感染小鼠的保护作用。λ-卡拉胶能通过阻断疱疹病毒对宿主细胞的吸附过程，从而有效地抑制疱疹病毒（HSV-1，HSV-2）的侵染，并且其活性与多糖含硫量有关。卡拉胶还能抑制 B 型流感病毒和流行性腮腺炎病毒的生长。

未来研制的高活性、低毒性且特异性强的抗 HIV 药物很可能来源于海洋天然产物。早在 1987 年，Nakashima 等人就发现卡拉胶作为一种天然的海洋硫酸多糖，能够表现出显著的抗 HIV 活性，特别是一定相对分子质量大小的 κ-，λ-卡拉胶在阻断病毒吸附和抑制病毒逆转录酶活性方面效果显著。从此以后，人们又寻找到更多具有抗 HIV 活性的天然的或人工合成的硫酸化多糖，并且对它们抗病毒作用的构效关系进行了一定的研究。卡拉胶对能抑制人免疫缺陷病毒（HIV）的逆转录酶活性，进而抑制病毒的复制。

卡拉胶及其低聚糖的抗病毒活性与相对分子质量大小及硫酸酯化程度密切相关。一般认为，多糖相对分子质量在 5 000～60 000，硫酸根含量在每单位糖残基 1.5～2 范围内具有明显的抗病毒效果。而且，未降解的卡拉胶由于黏度大、扩散困难，难以被机体吸收，而经降解后得到的卡拉胶低聚糖则容易吸收。此外，有报道认为，降解后的卡拉胶可以再通过一定方式的化学修饰，如磺化或乙酰化，提高硫酸根含量或改变其空间构型，以增强其抗病毒活性。卡拉胶等海藻硫酸多糖抗病毒的作用机理主要表现在以下几个方面：能干扰和阻断病毒吸附及渗入组织细胞的过程，阻断病毒蛋白的合成，抑制病毒的逆转录酶的活性，进而抑制病毒的复制。

目前关于卡拉胶抗肿瘤活性的报道尚不多。现已发现，从海洋红藻中提取的硫酸化多糖能够对乳腺癌、Meth-A 纤维肉瘤、Ehrlich 腹水瘤细胞产生潜在的抑制活性。师然新等（2000）利用 H_2O_2 降解角叉菜，得到不同相对分子质量的角叉菜多糖，利用其进行对小鼠肝癌 H-22 的抗肿瘤实验，发现相对分子质量是影响角叉菜多糖抗肿瘤作用的重要因素，适当减小相对分子质量可使抑瘤率升高，但相对分子质量太小又会使抑瘤率迅速降低。牟海津发现，平均相对分子质量为 1 726，硫含量为 15.1% 的卡拉胶低聚糖对小鼠 S180 具有明显的抗肿瘤活性，并推测卡拉胶低聚糖的抗肿瘤作用需要借助于机体的免疫系统来发挥作用，间接地抑制肿瘤细胞的生长，而不是通过细胞毒作用。

二、褐藻胶裂合酶（alginate lyase）

褐藻胶具有广泛的应用价值，据统计褐藻胶的全球产量每年约有 27 000 吨，价值约 15.15 亿元，广泛应用于食品、纺织、生物、医药、发酵等工业。褐藻胶分子是由 β-D-1, 4-甘露糖醛酸（mannuronic acid，简称 M）和 α-L-1, 3-古罗糖醛酸（guluronic acid，简称 G）两种单体组成的嵌段线形聚合物(图 4-7),其分子中存在三种嵌段:均聚甘露糖醛酸(M)n、均聚古罗糖醛酸(G)n 和 M、G 两种单体交替的嵌段。不同藻中 M 和 G 比例差异也较大,如我国以海带生产的褐藻胶 M/G 比值在 2.26 左右,而马尾藻褐藻胶中 M/G 值在 0.8~1.5。海藻的不同部位 M/G 比值也有差异,如海带,M/G 大小顺序为基部>中部>尖部。褐藻胶 M/G 值不仅决定了其结构的不同,也决定了其物理化学性质的不同。

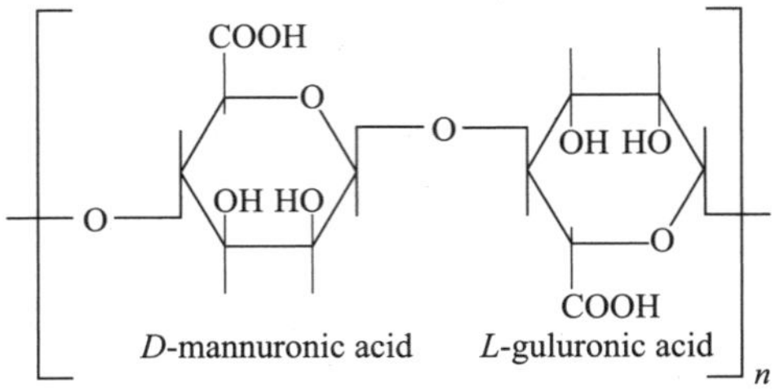

图 4-7 褐藻胶单体的化学结构

褐藻酸的降解方法可归纳为四类:选择沉淀法、稀酸水解法、酶解法和直接加热法。目前,普遍采用的方法是稀酸水解法,这种方法的降解速度慢,且需高温、高压,操作较复杂,酶解法降解条件温和,有待以酶解法降解取代稀酸水解法,因此褐藻酸裂合酶最近受到重视,而且酶解法降解褐藻酸使这种多糖有了更广泛的应用潜力。

褐藻胶裂合酶主要是 1,4-α- 古罗糖醛酸裂合酶(EC 4.2.2.11)和 1,4-β- 甘露糖醛酸裂合酶(EC 4.2.2.3),分别作用于古罗糖醛酸段和甘露糖醛酸段,并在非还原末端产生的 C4,5 不饱和双键,在 230~240 nm 有强吸收。在海洋细菌、真菌中可检测出褐藻胶裂合酶,如弧菌 *Vibrio alginolyticus*,黄杆菌 *Flavobacterium multivolum*,克雷伯氏菌 *Klebsiella aerogenes*、*K. pneumoniae*,假单胞菌 *Pseudomonas alginovora*、*P. aeruginosa*,肠杆菌 *Enterobacter cloacae*,光合细菌 *Photobacterium*,别单胞菌 *Alteromonas*,芽孢杆菌 *Bacillus circulans*,*Alginovibrio aquatilis*,*Azotobacter vinelandii*,*Agarbacterium alginicums* 等。在海洋软体动物和棘皮动物体内也有褐藻胶裂合酶。

1974 年,Lyudmila 等从软体动物(*Mollusk littorina*)分离出褐藻胶裂合酶,纯酶的相对分子质量为 40 000,最适 pH 5.6,pH 稳定范围为 4~8,在 50 ℃保温 1 h 酶完全失活,该酶水解褐藻酸及其寡糖,表现出内切反式消去酶的性质,主要断裂褐藻酸中的 M-M 键。1984 年,朱仁华从三种海螺:朝鲜花冠小月螺(*Lunella cornata coreensis*)、单齿螺(*Monodonta labio*)和疣荔枝螺(*Purpura clavigera*)分离出的粗酶提取液,以褐藻酸钠为底物用黏度法测定了酶的活性,尤其以朝鲜花冠小月螺的分解活性最高,在 60 min 内可使褐藻酸钠的黏度下降近 90%,但未对降解产物进行研究。从某些细菌或海洋动物中分离的褐藻酸降解酶,有的只降解甘露糖醛酸嵌段,有的只降解古罗糖醛酸嵌段,有的二者皆可。这些酶对褐藻胶的降解只有两种方式:① 糖苷键的水解;② 从降解链的非还原末端脱水生成双键。表 4-7 列出了褐藻胶裂合酶产生菌的培养基组成,褐藻酸钠作为培养基中的碳源甚至是唯一碳源。

表 4-7　几种褐藻胶裂合酶产生菌的培养基组成

菌　种	培养基成分（%）
Pseudomonas sp.	NH₄NO₃ 1，K₂HPO₄ 1.5，NaH₂PO₄ 0.5，MgSO₄·7H₂O 0.1，褐藻酸钠 0.11
Vibrio sp. SO-20	NaCl 3.5，(NH₄)₂SO₄ 0.5，K₂HPO₄ 0.2，MgSO₄·7H₂O 0.1，FeSO₄·7H₂O 微量，褐藻酸钠 1，pH 7.2
Vibrio harveyi AL-128	NaCl 3，褐藻酸钠 0.5，酵母提取物 0.1，蛋白胨 1
Agarbacterium alginicums	NaCl 1.5，(NH₄)₂SO₄ 0.5，MgCl₂ 0.5，Bacto Casitone 1.25，褐藻酸钠 0.25，酵母提取物 0.5，pH 7.3
Alteromonas macleodii	NaCl 0.4，CaCl₂·2H₂O 0.037，MgSO₄·7H₂O 0.8，KCl 0.07，NaNO₃ 0.03，NaHPO₄ 0.002 5，NaHCO₃ 0.034，Clewat32 0.002，EDTA·2Na·2H₂O 0.002，褐藻酸钠 0.5，蛋白胨 0.5，酵母提取物 0.25

　　迄今，只有几种褐藻胶裂解酶的基因得到克隆和测序。1991 年，Brown 等报道了用基因工程方法从褐藻附生生物分离的细菌的 *D*-甘露糖醛酸裂解酶基因克隆到大肠杆菌中表达，生产 *D*-甘露糖醛酸裂合酶。另外 *Pseudomonas* sp. OS-ALG-9、*P. alginovora*、*Klebsiella pneumoniae* 和 *P. aeruginosa* 的褐藻胶裂合酶基因也已被测序并克隆到大肠杆菌中用于大量生产褐藻胶裂合酶、甘露糖醛酸裂合酶和古罗糖醛酸裂合酶。1993 年，Malissard 等把海洋细菌 ATCC 433367 的褐藻胶裂合酶基因克隆到 *E. coli* 生产甘露糖醛酸裂合酶，发酵液产酶 50 μg/L，后用 *E. coli* BL21（DE3）/Pal-Sur/pLysS 大量生产酶，发酵液产酶量达 32 mg/L。有关微生物褐藻胶裂解酶的基因克隆及结构研究代表了这一领域最新、最重要的进展。通过将褐藻胶裂合酶的基因克隆到适于工业化生产的宿主细胞，可使褐藻胶裂合酶的发酵产率发生量的飞跃。此外对褐藻胶裂合酶结构的详细了解使得设计适于工业化应用的酶种成为可能。毫无疑问，微生物褐藻胶裂合酶的基因克隆与结构鉴定方面的突破将对酶的生产产生深刻的影响。

　　褐藻胶降解产物在医药方面有广泛的用途。用 *Alteromonas* sp. 生产的褐藻胶裂合酶降解褐藻胶，得到相对分子质量小于 1 000 的褐藻胶寡糖（其中 2～5 糖的比例占 80%），可作为人表皮角质化细胞的激活剂；用微生物褐藻胶裂合酶降解褐藻酸钠或褐藻酸钾，再用 KOH 和钙盐处理得到寡聚褐藻酸钾和寡聚褐藻酸钙，可用于防治高血压；聚合度 1～9 的寡聚甘露糖醛酸或古罗糖醛酸用于制作矿物吸收促进剂；褐藻胶寡糖可以作为血管内皮增长促进剂，促进发炎组织康复；作为补牙材料可以防止牙龈炎；制作安全可靠的真皮溃疡治疗剂，用于外科手术、烧伤、溃疡等，无任何副作用；褐藻胶酶解产物具有抑菌活性，可用于食品保存；褐藻胶寡聚糖醛酸，经特定的方式改性后，有特殊的药用活性，如国家新药 PSS、甘醣酯。此外，一些褐藻衍生寡聚糖对植物生长的生理活性的影响也引起了人们对其生物化学方面的兴趣。褐藻胶寡糖可以提高菌根真菌对植物的感染，促进作物的生长，提高果品的品质；褐藻胶寡糖可以作为兰花的培养促进剂，使兰花花茎粗壮，减少根部修剪造成的根部损伤；还可以提高植物的抗冻能力。褐藻胶降解产物也用于化工行业，如作为印泥材料的成分；添加到墨水里提高墨水的喷墨及打印质量；作为酚噻嗪染料的稳定组分。

　　褐藻酸裂合酶还用作海藻解壁酶，以获得 DNA、单细胞和原生质体。1995 年，戴继勋等由海带、裙带菜病烂处分离出海藻胶降解菌埃氏别单胞菌（*A. espejiana*）和麦氏别单胞菌（*A. macleodii*），并通过发酵培养制备出海藻胶降解酶，进行裙带菜和海带的细胞解离，获得了大量的单细胞和原生质体。海藻原生质体可通过诱变育种和种间细胞融合进行海藻优良品种的选育；酶解大型海藻可以生产用于海水养殖的单细胞饵料，解决单胞藻活体饵料供应不足的问题。图 4-8 是利用褐藻胶裂合酶对裙带菜（*Undaria pinnatifida*）进行解壁的过程。此外，微生物源的海藻解壁酶还有：琼胶酶、卡拉胶酶、甘露聚糖酶、木聚糖酶、紫菜聚糖酶等。

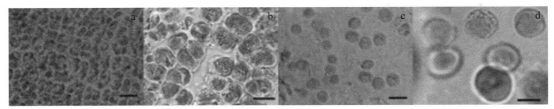

a. 完整的裙带菜（*Undaria pinnatifida*）叶片细胞，标尺 = 100 mm；b. 褐藻胶裂合酶消化叶片 0.5 h 的结果，细胞开始发生解离，标尺 = 50 mm；c. 褐藻胶裂合酶消化叶片 2 h 的结果，海藻原生质体开始游离产生，标尺 = 20 mm；d. 褐藻胶裂合酶消化叶片 2 h 的放大图片，显示海藻细胞壁破坏后，形成的球形原生质体，标尺 = 10 mm

图 4-8　海藻胶裂合酶用于海藻解壁的过程

三、琼胶酶（agarase）

琼胶是从石花菜和其他红藻中提取出的干的、无定型、类似骨胶、不含氮的物质，在微生物培养基中常用作凝固剂。它是线性含硫酸基的半乳聚糖，不溶于冷水，溶于热水，其稀中性溶液（1%～2%）冷却后生成凝胶，35 ℃～50 ℃凝固，90 ℃～100 ℃融化。琼胶包括琼脂糖和琼脂胶两种组分，不同来源的琼胶物理性质有很大的差异，但他们具有共同的化学结构，皆以 β-1,4- 和 α-1,3- 连接的 D- 半乳糖基和 3,6- 内醚-L- 半乳糖及其衍生物为主要重复二糖单位。琼胶寡糖的结构如图 4-9 所示。

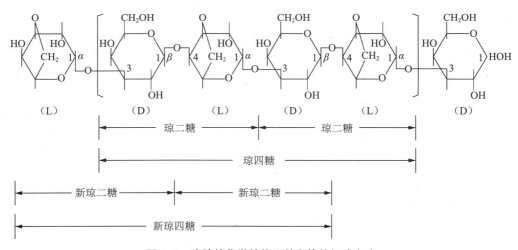

图 4-9　琼胶的化学结构及其寡糖的组成方式

琼胶寡糖具有很多生理活性，如诱导细胞凋亡、免疫调节活性、抗敏活性和抗炎活性。琼胶寡糖可作为功能性食品和药品的原料或添加剂，近年来在日用化工领域又发现琼胶寡糖的一些新用途，日本利用琼胶寡糖作为添加剂生产的化妆品对皮肤具有很好的保湿效果,对头发有很好的调理效果。TaKaRa Agaoligo TM 即为酸解琼胶所得到的琼胶寡糖混合物的商品,它是由琼二糖、琼四糖、琼六糖和琼八糖组成的,具有抗氧化的作用,能够预防与氧化有关的一些疾病,如慢性肾功能障碍、溃疡性结肠炎、关节炎和风湿性关节炎、白内障、青光眼,甚至是由于基因损伤引起的肿瘤。

分解琼胶的细菌主要存在于海洋环境中。在潮汐带,已经证明每克淤泥中含有的琼胶降解菌可达 10^7 个,占淤泥中所有好气细菌的 2%~4%。自从 1902 年 Gran 第一次从海水中分离得到琼胶的分解细菌 *Pseudomonas galatica* 以来,人们已经分离到多种琼胶分解菌,包括噬纤维菌属(*Cytophage*)、弧菌属(*Vibrio*)、链霉菌属(*Streptomyces*)、别单胞菌属(*Alteromonas*)、交替假单胞菌属(*Pseudoalteromonas*)、假单胞菌属(*Pseudomonas*)和交替球菌属(*Alterococcus*),这些微生物大多来源于海洋。此外也有少量微生物来源于河流、温泉、土壤和污水。这些降解菌可分为两类:一类菌软化琼胶,在菌落周围出现凹陷;另一类菌则剧烈地液化琼胶。降解琼胶的酶还可以从一些软体动物中分离得到,海兔属的 *Aplysia dactylomela*、鲍属的 *Haliotis coccinea*、滨螺属的 *Littorina striata*、冠海詹属的 *Diadema antillarum* 中均可分离出琼胶酶。

降解琼胶的琼胶酶根据其作用方式可分为两类:

(1)α-琼胶酶。

琼胶的 α-1,3 糖苷键被裂解,生成以 β-D-半乳糖为非还原性末端和以 3,6-内醚-α-L-半乳糖为还原性末端的琼寡糖(agarooligosaccharides)系列(表 4-8)。

表 4-8 几种 α-琼胶酶的酶解方式

产酶菌种	底 物	产 物
Alteromonas GJIB	琼胶	琼三糖,琼四糖
Vibrio JI0107	新琼寡糖 < 6	3,6-内醚半乳糖,D-半乳糖
Bacillus sp. MK03	新琼二糖	3,6-内醚半乳糖,D-半乳糖

(2)β-琼胶酶。

琼胶的 β-1,4 糖苷键被裂解,生成以 β-D-半乳糖为还原性末端和以 3,6-内醚-α-L-半乳糖为非还原性末端的新琼寡糖(neoagarooligosaccharides)系列(表 4-9)。

表 4-9 几种 β-琼胶酶的酶解方式

产酶菌种	酶系	底物	产物
Vibrio sp. AP-2	a	琼胶	新琼四糖
	b	新琼四糖,新琼六糖	新琼二糖
	c	琼胶	新琼四糖
Pseudomonas-like	I	新琼八糖	新琼二糖、四糖、六糖
	II	新琼八糖	新琼四糖
Cytophaga flevensis		含新琼二糖的多糖	新琼四糖,新琼六糖
Pseudomonas atlantica		新琼六糖	新琼二糖,新琼四糖
Bacillus sp. MK03		新琼六糖	新琼二糖,新琼四糖

产酶菌种	酶系	底物	产物
Vibrio sp. T0107	0107	琼脂	新琼二糖,新琼四糖
	0072	琼脂	新琼二糖,新琼四糖
Vibrio sp. PO-303	A	新琼六糖	新琼四糖,新琼六糖
	B	新琼四糖,新琼六糖	新琼二糖
	C	琼脂	新琼八糖,新琼十糖
Pseudoalteromonas N-1		琼脂	新琼四糖,新琼六糖
Bacillus cereus ASK202		新琼四糖,新琼六糖	新琼二糖,新琼四糖

Young 等从一种革兰氏阴性海洋细菌中分离出琼胶酶,经硫酸铵沉淀、DEAE 纤维素柱层析等进行提纯,通过纸层析法证明酶解产物含有琼四糖和琼六糖,即琼胶的 $\beta(1 \rightarrow 3)$ 键被裂解,而生成以 β-D-半乳糖为非还原性末端基和以 3,6-内醚-α-L-半乳糖为还原性末端的寡糖,因而,该水解酶为 α-琼胶酶,这是 α-琼胶酶首次得到提纯。Yaphe 从海洋细菌大西洋假单胞菌($P.$ $atlantica$)中分离出 β-琼胶酶,随后又从同种细菌细胞壁的靠细胞质区域分离出新琼二糖水解酶和 β-新琼四糖水解酶,他们认为琼胶的酶解,是细菌的胞外酶 β-琼胶酶首先将琼胶从 β-糖苷键处裂解,生成聚合度为 4 和 3 的寡糖;新琼六糖继而被水解成聚合度为 2 的寡糖,再通过 β-新琼四糖水解酶、新琼二糖水解酶的作用分解成 3,6-内醚-L-半乳糖和 D-半乳糖单糖。β-琼胶酶是细菌的胞外酶,而新琼四糖水解酶和新琼二糖水解酶则存在于细菌细胞壁区域的原生细胞膜上或其外边,为胞内酶。此外,迄今已有多种琼胶酶的基因得到了克隆和测序。Belas(1989)第一次提出了源于 *Streptomyces coelicolor* 和 *Alteromonas atlantica* 产生的 β-琼胶酶存在着氨基酸序列相同的区域,并对源于 *Pseudomonas atlantica* 琼胶酶的基因 *agrA* 进行了序列分析。Sugano(1993)对来源于 *Vibrio* 的一种独特的基因 *agaA* 进行了克隆和定序。Sugano(1994)又对同种菌的一种新的 β-琼胶酶的基因 *agaB* 进行了序列分析。Ha(1997)对源于 *Pseudomonas* sp. w7 的 β-琼胶酶进行了表达和克隆,并在大肠杆菌上进行了重组。Kang(2003)克隆了源于 *Pseudomonas* sp. SK38 的 β-琼胶酶基因 *pagA*,并将其在大肠杆菌中进行了表达;此结构基因长为 1 011 bp,包含了 337 个氨基酸和一个 18 个氨基酸的信号肽;推导出的氨基酸序列与源于 *Pseudoalteromonas atalntica* 和 *Alteromonas* sp. 的 β-琼胶酶分别有 57% 和 58% 的同源性。

四、几丁质酶(chitinase)、壳聚糖酶(chitosanase)

几丁质是乙酰氨基葡萄糖组成的均一多糖,又称甲壳素、甲壳质,是由 N-乙酰 α-氨基-D-葡萄胺以 β-1,4 糖苷键连接而成的含氮多糖(图 4-10)。几丁质在自然界中广泛存在于低等生物如真菌和藻类的细胞壁,节肢动物如虾、蟹以及昆虫的外壳,软体动物如鱿鱼、乌贼的内壳和软骨,高等植物的细胞壁等。每年生命合成几丁质资源可达 2 000 亿吨,是地球上仅次于植物纤维的第二大生物资源。

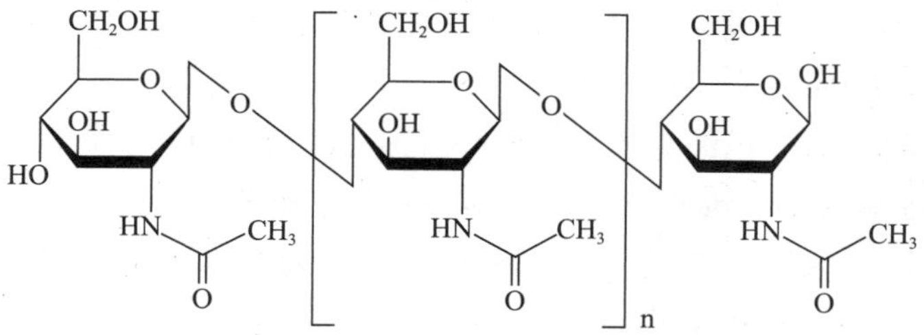

图 4-10　几丁质的化学结构

壳聚糖是几丁质经过脱乙酰作用得到的产物，一般而言，N-乙酰基脱去 55% 以上的就可称之为壳聚糖，或者说，能在 1% 乙酸或 1% 盐酸中溶解 1% 的脱乙酰几丁质被称之为壳聚糖，其别名为"壳多糖"、"脱乙酰甲壳素"、"脱乙酰甲壳质"、"可溶性甲壳素"、"可溶性甲壳质"、"壳糖胺"、"甲壳胺"、"甲壳糖"、"氨基多糖"、"甲壳多聚糖"、"几丁聚糖"等，化学名为 β-（1,4）-2-氨基-2-脱氧-D-葡萄糖。

几丁质酶类是降解几丁质的一组酶，包括几丁质酶、几丁质二糖酶、几丁质脱乙酰基酶等。海洋中筛选的多种菌分泌的几丁质酶可将几丁质降解成不同相对分子质量的寡糖、二糖和单糖，壳聚糖酶则将壳聚糖降解为壳寡糖。几丁质及壳聚糖经水解后得到的寡糖具有多种生理功能，如促进肠道有益微生物的生长，降低血液胆固醇含量，提高机体免疫功能等，在艾滋病和癌症治疗以及口腔医学领域有着广泛应用。几丁寡糖和壳寡糖是目前几丁质工业中的高附加值产品，但采用化学方法控制几丁质和壳聚糖降解，难度较大，且成本高。专家们认为，较为理想的是采用现代生物技术获得高效表达几丁质酶和壳聚糖酶的基因工程菌株来解决几丁质工业化生产的技术难关。酶解法包括专一性酶解法和非专一性酶解法，前者是利用从细菌、真菌及某些动植物体内提取的几丁质（壳聚糖）酶对底物进行专一性降解。由于几丁质与其他高分子化合物，如纤维素、淀粉等在空间结构上有一定的相似性，目前已发现有 37 种水解酶类，包括蛋白酶、脂肪酶、糖苷酶等对甲壳质和壳聚糖具有非专一性水解作用。

1905 年，Benecke 首次报道了 *Bacillus chitinovorus* 能够产生几丁质酶以来，人们相继发现多种微生物能够产生几丁质酶。在海洋中，由于浮游动物在生长过程中进行规律性的换壳，形成大量的几丁质，为几丁质降解微生物的生长繁殖提供了丰富的碳源和能源。到目前为止，已发现能够产生几丁质酶和壳聚糖酶的细菌包括：粘细菌（*Myxobacteria*）、生孢噬细菌属（*Sporocytophaga*）、芽孢杆菌属（*Bacillus*）、弧菌属（*Vibrio*）、肠杆菌属（*Enterobacter*）、克雷伯氏菌属（*Klebsiella*）、假单胞菌属（*Pseudomonas*）、沙雷氏菌（*Serratia*）、色杆菌属（*Chromobacterium*）、梭菌属（*Clostridium*）、黄杆菌属（*Flavobacterium*）等；放线菌，如节杆菌属（*Arthrobacter*）、链霉菌属（*Streptomyces*）等；真菌如曲霉属（*Aspergillus*）、青霉属（*Penicillium*）、根霉属（*Rhizopus*）等。

几丁质酶是一种诱导酶。能够产生几丁质酶的微生物，一般能在以几丁质为主要碳源和氮源及其他微量元素的培养基中良好地生长，而且几丁质来源不同，对几丁质酶的产量影响很大。微生物几丁质酶在相对分子质量上也存在很大差异，例如研究较多的粘质沙雷氏菌（*Serratia marcescens*）有 5 种几丁质酶，相对分子质量分别为 21 000、36 000、48 000、

52 000 和 57 000,而褶皱链霉菌产生两种几丁质酶,相对分子质量为 49 000 和 69 000,棉黄萎轮枝孢(*Verticillium alboatrum*)仅有 1 种,为 63 000。目前有关几丁质酶基因的克隆研究也进行了大量的工作,已经克隆出许多来自细菌和真菌的几丁质酶基因。

几丁质脱乙酰酶(chitin deacetylase)是能够将几丁质分子中的乙酰基直接脱除而生成壳聚糖的酶。目前,工业上生产壳聚糖都是以几丁质为原料,采用强碱热化学法生产,该法不仅污染严重,且反应过程不易控制,产品相对分子质量不稳定,均一性不好,难以满足生物、医药等领域对高端壳聚糖的要求。从 20 世纪 70 年代初,人们开始了酶法脱乙酰的技术探索,陆续发现多种真菌、细菌和昆虫等能够产生几丁质脱乙酰酶。1973 年,Araki 等人从接合菌纲真菌 *Mucor rouxii* 中首次发现了微生物产几丁质脱乙酰酶,推测该酶与微生物细胞壁中壳聚糖的合成有关。国内有人利用几丁质为唯一碳源,以对硝基乙酰苯胺为颜色指示剂,采用平板变色圈法,从土样中筛选到几丁质脱乙酰酶产生菌红球菌属(*Rhodococcus*),通过对粗酶液作用于胶体几丁质的产物分析,证实有乙酸产生,说明该菌种对胶体几丁质有脱乙酰作用。图 4-11 显示的是几丁质脱乙酰酶的作用过程。

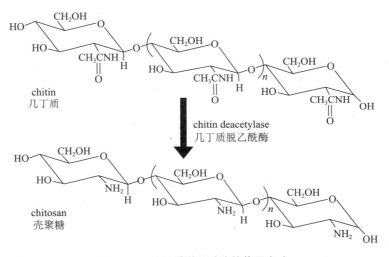

图 4-11　几丁质脱乙酰酶的作用方式

五、纤维酶(cellulase)

人们很早就知道细菌和霉菌能够降解纤维素,直至 1912 年,Pringsheim 才从耐热性纤维素细菌中分离出纤维素酶。纤维素酶可用于生物纺织助剂、棉麻产品的磨洗等后处理;也用于海藻解壁及生物肥料加工等。随着海藻工业的迅猛发展,大量的海藻加工废弃物产生并排放到环境中,造成了极为严重的环境污染问题,利用纤维素酶降解海藻加工废弃物,得到易被植物吸收利用的低聚分子片段,制成生物肥料,同时也解决了污染问题。利用细菌、放线菌、真菌对自然环境中的野生植物和废弃纤维素产品进行降解再利用,可以生产乙醇、糠醛等多种工业产品,同时还可以回收大量的微生物单细胞蛋白。

纤维素酶是一个多组分的酶系,根据纤维素酶催化功能的不同将其分为 3 类组分:内切葡聚糖酶(endo-1,4-β-D-glucanase,EC3.2.1.4),简称 CMC 酶;外切葡聚糖酶(exo-1,4-β-D-glucanase,EC3.2.1.91),即纤维二糖水解酶,简称 CBH;纤维二糖酶(β-1,

4-glucosidase, EC3. 2. 1. 21), 简称 BG 酶。表 4-10 为纤维素酶各组分的分子大小及作用机制。

表 4-10　纤维素酶组分及其对纤维素的降解机制

纤维素酶组分	相对分子质量（×10³）	特异性作用	水解产物
内切葡聚糖酶	23~146	作用于纤维素分子内部的非结晶区	小分子纤维素或寡聚糖
外切葡聚糖酶	38~118	作用于纤维素线状分子非还原性末端	纤维糊精和纤维二糖
纤维二糖酶	76	水解纤维二糖和短链的纤维寡糖	葡萄糖

　　学者们已从海洋环境中分离到多种产纤维素酶的细菌和真菌，并在 20 世纪 90 年代展开了海洋微生物耐热纤维素酶基因克隆研究。在海洋微生物纤维素酶中，主要以耐热或嗜冷细菌为研究对象，如海栖热袍菌（*Thermotoga maritima*）、海洋红嗜热盐菌（*Rhodothermus marinus*）、海洋超嗜热菌（*Thermotoga neapolitana*）。Takashi Yamasaki 等人利用紫菜粉或木聚糖分离到 275 株细菌，包括黄杆菌、别单胞菌、不动杆菌属和弧菌，它们具有多种糖苷酶活性，能够降解紫菜等海藻的细胞壁多糖，包括木聚糖、紫菜多糖、甘露聚糖和纤维素，得到紫菜细胞的原生质体。表 4-11 归纳了几株海洋交替假单胞菌的来源及其纤维素酶的性质。

表 4-11　不同来源海洋交替假单胞菌及纤维素酶性质

菌株号	菌株来源	最适生长温度 /℃	酶学性质	
			最适作用温度 /℃	最适作用 pH
BSw20308	北极楚科奇海表层海水	10	5	8
DY3	西太平洋暖池 5 000 m 深海底部沉积物	25	40	6~7
Z6	连云港高公岛海域海水或海泥	25	30	8
MB1	黄海 25~1 000 m 海底泥样品	20	35	6
545	南极海冰	10	35	9

　　β-1, 3- 葡聚糖酶（EC3. 2. 1. 39）是一类能够水解以 β-1, 3- 糖苷键链接的葡聚糖的酶系，它广泛存在于真菌、细菌、藻类、高等植物中并发挥重要的生理功能。该酶在海洋无脊椎动物中分布较广，研究者已经在海洋软体动物 *Spisula sachalinensis*、*Brachionus plicatilis*、*Strongylocentrotus purpuratus* 等中发现，认为该酶参与了海洋无脊椎动物对藻类食物的消化，并在其胚胎发育过程中发挥作用。赵军岗等人从海参肠道中分离到 β-1, 3- 葡聚糖酶，Kenichi Suzuki 等人从鲍鱼中分离到内切 β-1, 3- 葡聚糖酶。有人从海洋细菌 *Cellulophaga* 中分离到内切葡聚糖酶，该酶在 0 ℃仍具有活性，且温度稳定性好。

　　日本从东京湾海泥中分离到一株环状芽孢杆菌（*B. circulans*），在常规培养基中不生长，将培养基进行适当稀释后（如 1/3 浓度的心浸汤培养基），菌株方可生长并产生一种新的葡聚糖降解酶，该酶作用于葡聚糖的 α-1, 3 位和 β-1, 6 位，在溶解牙齿上链球菌产生的不溶性葡聚糖方面具有一定的潜在用途。

六、其他海洋多糖降解酶

岩藻聚糖是所有褐藻中所固有的细胞间多糖,它是一种含有硫酸基团,由岩藻糖、半乳糖、木糖、甘露糖、阿拉伯糖及糖醛酸等共同组成的复杂多糖。而且,不同来源的岩藻聚糖以及海藻不同部位、不同季节的岩藻聚糖含量及组成都有所差异。有关岩藻聚糖的生理活性方面,人们发现它在抗凝血、抗高血脂、抗肿瘤等方面具有重要的作用。而经酶解后得到的岩藻聚糖低分子片段,可能在更多方面具有新型的生理活性。岩藻聚糖降解酶包括微生物酶类和来源于鲍鱼、帽贝、蟹类等的动物性的酶类。Furukawa 等从海洋弧菌中检测到岩藻聚糖降解酶——岩藻聚糖酶(fucoidanase)和岩藻聚糖硫酸酯酶(fucoidan sulfatase),岩藻聚糖酶的产生较为迅速,而岩藻聚糖硫酸酯酶的产生较晚,二者对 pH、温度的稳定性较为相似。通过 DEAE-Toyopearl 650M、Sephacryl S-300HR 等方法对该菌产生的岩藻聚糖酶进行纯化,得到 3 种酶,这些酶作用于底物的产物主要是小分子寡糖。Morinaga 等对日本近海分离的 396 个样品进行分析,认为海洋底泥是岩藻聚糖降解菌分离筛选的良好资源,并从中得到 32 个菌株,其中 28 株菌属于弧菌属,另外 4 株未鉴定,而从淡水环境中没有发现岩藻聚糖降解菌的存在。另外,还有从真菌中分离纯化得到岩藻聚糖降解酶的报道,如 *Fusarium oxysporum*。

β- 甘露聚糖酶(β-mannanase)主要用于海藻解壁以制备单细胞饵料、造纸工业纸浆的漂白、油井的破胶、降解植物胶生产低聚糖用作双歧杆菌促生长因子、防病抗衰老的保健食品及饲料工业中作为抗营养因子的开发和应用,还可用作多糖链结构分析的工具酶。Araki 等从自然海区中分离到 117 株能够产生 β- 甘露聚糖酶的海洋细菌,分别属于假单胞菌、产碱杆菌克雷伯氏菌、肠杆菌、弧菌、气单胞菌、莫拉氏菌和芽孢杆菌等,可见甘露聚糖酶产生菌在自然海域中是广泛存在的。

淀粉酶(amylase)是应用最广的酶制剂之一,占全球酶工业市场份额的 25%~33%。海洋微生物能够利用淀粉酶、脂肪酶和蛋白酶等酶类催化多种生物化学反应。目前,已报道的能够产生淀粉酶的微生物种属包括不动杆菌属(*Acinetobacter*)、微球菌属(*Micrococcus*)、黄隐球酵母(*Cryptococcus flavus*)、盐单胞菌属(*Halomonas*)、青霉菌属(*Penicillium*)、类芽孢杆菌属(*Paenibacillus*)、链霉菌属(*Streptomyces*)、假单胞菌属(*Pseudoalteromonas*)等。陈吉刚等人从 156 株北冰洋海洋细菌中筛选获得了 1 株淀粉酶高产菌株,通过菌株形态学鉴定和 16S rRNA 分子鉴定,确定为交替假单胞菌属,经过条件优化,得到的最佳产酶条件为:培养基起始 pH 为 7,最佳碳源为 5% 葡萄糖,最佳氮源为 1.0% 蛋白胨,TritonX-100、吐温-20、吐温-80 等表面活性剂可以提高菌株淀粉酶活性。从威海文登海域筛选获得一株产淀粉酶的弧菌,该酶在 pH 7.5 左右活性最高,pH 在 4~7.5 范围内体现较强的稳定性,最适酶解温度为 55 ℃,酶液在 60 ℃ 以下有较好的热稳定性;表观 K_m 值为 0.973 mg/mL。

第四节　溶菌酶

一、海洋微生物溶菌酶概述

溶菌酶全称为 1,4-β-N-溶菌酶,又称细胞壁溶解酶,系统名为 N-乙酰胞壁质聚糖水解酶,专门作用于细菌细胞壁的骨架物质——肽聚糖。溶菌酶本身是一种高盐基蛋白质,能选择性地分解微生物的细胞壁形成溶菌现象,同时不破坏其他组织,安全性能高,在食品、医药、生物学中得到广泛的应用。一般的商品溶菌酶多由鸡蛋清中提取,仅对革兰氏阳性菌有作用,限制了其应用范围。

作为一种特异性溶解细胞壁的酶,溶菌酶是获取细胞壁、细胞质膜结构和免疫化学信息的有力工具;作为一种工具酶,它在分子生物学技术如制备原生质体、获取染色体及质粒 DNA 等方面发挥了重要作用;在实用上,溶菌酶可作为食品、药品的杀菌剂,并由于它的杀菌作用直接用于医疗行业如龋齿病的防治等,在制备菌体内含物,尤其是获得天然微生物蛋白等方面,溶菌酶也是必不可少的。

目前有关海洋微生物溶菌酶的具体报道较少。日本科学家从海洋微生物中、英国科学家在海岸边蟹的颗粒血细胞里也都获得了对革兰氏阳性菌及阴性菌都有灭活作用的海洋溶菌酶。王跃军等从一株海洋杆菌中分离纯化出低温溶菌酶,该酶的相对分子质量为 16 464,等电点为 9.28;该酶的最适温度为 35 ℃,最适 pH 为 6.5,摇瓶发酵的酶活为 2 200 U/mg。由孙谧等人从东海海泥中分离得到产海洋微生物溶菌酶的侧孢短芽孢杆菌 S-12-86,对溶壁微球菌的最适作用条件为:pH 8,温度 35 ℃,在 5 ℃仍保持酶活性的 25%,该溶菌酶有较宽的抑菌谱,对革兰氏阳性菌、革兰氏阴性菌和真菌均有不同程度的抑制作用,其中以对革兰氏阴性菌的抑菌效果最为明显。

二、海洋微生物溶菌酶的性质

溶菌酶作为一种酶,其基本的性质如最适温度和最适 pH 等是其应用的一个前提。鸡蛋清溶菌酶与海洋微生物溶菌酶都是相对分子质量较低的蛋白质。鸡蛋清溶菌酶最适温度偏高,酸性条件下具有较好的稳定性,在 pH 4～7 的范围内,100 ℃处理 1 min,仍保持原酶活性;当处于碱性 pH 范围时,热稳定性就很差。相比之下,海洋溶菌酶最适作用温度偏低,在酸性和碱性条件下都较稳定,热稳定性也较好。鸡蛋清溶酶菌抗菌谱不广泛,单独作用能分解微球菌、枯草芽孢杆菌、藤黄八叠球菌等革兰氏阳性菌,但对革兰氏阴性菌的抑制作用并不明显。

海洋微生物溶菌酶相对分子质量也较小,与其他微生物产生的溶菌酶相似。不同微生物来源的溶菌酶的最适 pH 因生产菌种不同而有所不同,因底物微生物或底物细胞壁的状况而异,对完整细胞的最适 pH 多为 6～8,热稳定性一般较好。微生物溶菌酶的抑菌谱与产生该溶菌酶的微生物有关,不同微生物产生的溶菌酶其抑菌谱也不相同,大多数能溶解革兰氏阳性细菌,一般不能分解革兰氏阴性菌或有些只能溶解阴性的铜绿假单胞菌。海洋微生物溶菌酶抑菌谱广泛,对革兰氏阳性菌(金黄色葡萄球菌、溶壁微球菌等)和革兰氏阴性菌(大肠埃希氏菌、铜绿假单胞菌)都有抑菌作用,表明海洋溶菌酶在抑菌作用上有其独特的优势。

三、海洋微生物溶菌酶的应用

海洋微生物溶菌酶与现有的其他来源的溶菌酶相比具有广谱杀菌作用,在高温和低温下保持较高活性,在食品、医药工业等领域具有更广阔的市场。总之,海洋微生物溶菌酶类研究开发的时间短、成果少,但由于海洋生物的多样性及生物体代谢的特殊性,开发应用的潜力巨大。因此海洋生物酶的开发越来越引起世界各沿海国家的重视。

1. 海洋微生物溶菌酶在水产养殖中的应用

自1945年磺胺药成功地应用于治疗鳟鱼疖疮病以来,化学治疗成为防治病害的重要手段。然而目前以化学药品(如抗生素)为代表的现行病害防治手段正在世界范围内被许多国家禁用和取缔,在我国水产养殖中,化学药品(如抗生素和激素)的大量使用及滥用的弊端也日益显露出来,危害人民身体健康、限制产品出口、制约该产业的发展。

作为一种蛋白质,溶菌酶的用量不受限制,能真正做到无毒、无残留、无抗药性,是一种绿色消毒剂,但国内外作为饲料添加剂或水质消毒剂应用于水产养殖方面的报道还不多。

经试验证实海洋微生物溶菌酶,在陆生及水产动物的饲料中添加时,当添加量为0.2‰～0.3‰时,对养殖动物(大菱鲆)具有防病、促生长、提高饲料效率和增加产品肥满度等特殊功效。

虾病的泛滥给对虾养殖业造成了严重的危害,人们试图从改善养殖环境、强化营养、消毒剂、绿色药物和加强管理等方面出发寻找预防和解决的途径,增强中国对虾抵抗病害的能力和对外界环境的适应能力。经试验证实,海洋微生物溶菌酶产品在这方面有特效:在饲料中添加不同剂量的海洋微生物溶菌酶皆在不同程度上提高了中国对虾的成活率;用含有病毒或细菌的病虾提取液进行浸溶感染,用不同剂量的海洋微生物溶菌酶进行水体消毒,不同程度地提高了杀菌灭毒活力,也提高了中国对虾的成活率,经实验证明,将海洋微生物溶菌酶添加在饲料中较水体消毒的效果更佳。

2. 海洋微生物溶菌酶对肉仔鸡生长发育的影响

通过反复实验,海洋微生物溶菌酶对试验雏鸡的相对日增重增加6.33%,同时能够提高饲料转化率、机体免疫力和抵抗力,说明海洋微生物溶菌酶能减轻细菌性感染所引起的雏鸡生长性能下降,在减少细菌性感染和提高机体免疫力方面有一定的效果。

3. 海洋微生物溶菌酶在化洗涤剂中的应用

海洋微生物溶菌酶消毒洗涤系列产品,其成分是由溶菌酶和柔和的中性表面活性剂组成。表面活性剂具有优良的去污能力,而溶菌酶具有良好的杀菌特点,二者按照一定比例混合使用便有良好的消毒洗涤功效。多次实验结果表明,该酶制剂对常见病原菌如金黄色葡萄球菌、大肠杆菌、溶血性链球菌、厌氧菌都有很强的杀菌能力,长期使用不产生耐药性。该酶制剂对黏膜和皮肤无刺激性、无残留,因为其自身成分是一种蛋白酶,即使透过皮肤吸收进入人体也不会有任何危害,反而靠其含有的弹性蛋白活性中心,对损伤皮肤组织具有一定的保护和修复作用。如今,在全球高呼"保护环境"的呼声中,推广不危害人体、不破坏生存环境,同时又能高效杀菌消毒的洗涤剂已成当务之急。

第五节　海洋噬菌体聚糖酶

噬菌体广泛存在于海洋环境中,在表层海水中的丰度通常可达到 10^7 cells/mL,是海洋细菌丰度的 5～25 倍。海洋中的细菌、蓝细菌及真核微生物都发现有相应的噬菌体存在,并对海洋环境中微生物群落的数量和类型产生了重要的影响。随着人们对海洋噬菌体生态学和遗传学研究的深入,海洋噬菌体的应用价值也逐渐被发掘。噬菌体可作为指示微生物,在海洋污染监测、赤潮消长及其他海洋灾害预警中发挥一定的作用;利用噬菌体专一性地抑制或杀死有害微生物,从而改善养殖生态或保障食品安全,也成为近年来国内外研究的热点。此外,还可利用噬菌体所产聚糖降解酶为工具,以海洋细菌胞外多糖为原料进行新型寡糖的批量制备,并进而筛选具有特殊生理活性的片段。

一、噬菌体聚糖酶的作用特点

噬菌体聚糖酶最早在 1956 年就被发现可以用于降解细菌胞外多糖。噬菌体在侵染宿主细胞的过程中,能够产生专一性的聚糖酶聚糖酶二聚糖降解酶,将宿主细菌的胞外多糖不断降解,逐渐穿过细菌的胞外屏障,达到细胞表面并与细胞表面受体发生特异性结合,再侵入到细胞的内部(图 4-12)。

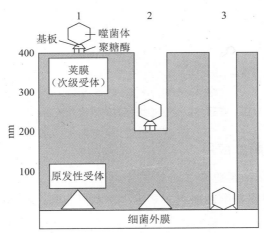

1. 噬菌体与细菌表面多糖层接触并释放聚糖酶;2. 在聚糖酶作用下,胞外多糖被逐步水解;
3. 噬菌体粒子到达宿主细胞表面,完成特异性黏附。

图 4-12　噬菌体聚糖酶在噬菌体侵染宿主细胞初期的作用(引自 Hughes. et al)。

在第三章第一节中提到,细菌胞外多糖通常是同多糖(一般是由 D- 葡聚糖组成)或杂多糖,杂多糖通常是由双糖至八糖形成的规则的重复单位构成。噬菌体聚糖酶在通过内切作用降解细菌 EPS 的过程中,可以释放出 EPS 中的寡糖重复序列。噬菌体聚糖酶对切割位点具有非常高的专一性,一种噬菌体产生的聚糖酶不会同时作用于两种不同的多糖结构。不过由于细菌的胞外多糖结构之间偶尔也会存在相同的序列,可能会被同一种噬菌体聚糖酶所降解,例如克雷伯氏菌($Klebsiella$)K11 的噬菌体产生的聚糖酶除可以降解其宿主的胞外多糖外,还能够降解其他某些血清型的克雷伯氏菌和大肠杆菌($E. coli$)的胞外多糖。图 4-13 是克雷伯氏菌 K13 的噬菌体侵染宿主细胞不同时间的效价测定结果,可见噬菌斑周围由于细菌胞外多糖降解形成的半透明区域,其直径与噬菌体聚糖降解酶的活性成正比。图 4-14 是噬菌体侵染宿主细胞后的效价和聚糖酶活性变化。

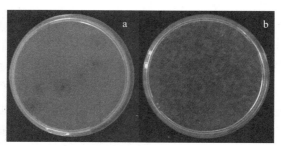

a. 0 min 的效价测定结果;b. 80 min 的效价测定结果

图 4-13　克雷伯氏菌 K13 的噬菌体侵染宿主细胞

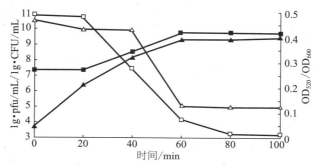

细胞密度(1 g·CFU/mL)通过平板计数获得(△);噬菌体的效价(1 g·pfu/mL)通过噬菌斑法测定(■);
噬菌体聚糖酶活性通过 DNS 法测定(▲)

图 4-14　噬菌体侵染宿主细胞后的效价和聚糖酶活性变化

二、噬菌体聚糖酶的应用

1. 噬菌体聚糖酶在细菌胞外多糖结构分析中的应用

国内外有关噬菌体聚糖酶的研究主要集中在利用该酶进行细菌胞外多糖的结构分析方面,细菌胞外多糖经噬菌体聚糖酶降解后,形成特定聚合度的寡糖片段,结合 NMR、红外光谱、甲基化等技术分析寡糖片段的结构信息,以最终确定细菌胞外多糖的化学结构,如克雷伯氏菌、醋杆菌、大肠杆菌、弧菌等。图 4-15 是克雷伯氏菌 K13 胞外多糖经噬菌体聚糖酶降解后的产物结构。

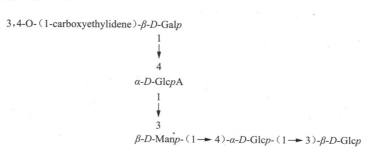

图 4-15　克雷伯氏菌 K13 胞外多糖经噬菌体聚糖酶降解后的产物结构

2.噬菌体聚糖酶在细菌生物膜研究中的应用

噬菌体聚糖酶还可作为细菌生物膜研究的工具。细菌生物膜是自然界中的一种由多种细菌黏附在一起形成的群体,外面包裹由细菌自身产生的胞外多糖形成的糖被。包被有生物膜的细菌称为"被膜菌",而那些游离于生物膜之外独立生长的细菌称为"浮游菌"。被膜菌无论其形态结构、生理生化特性、致病性,还是对环境因子的敏感性等都与浮游菌有显著的不同。

生物膜对于保护细菌免受环境因子如干燥或药物的破坏,以及贮存养料和离子极为重要。细菌生物膜对医学的影响则受到了更多的关注,因为细菌生物膜是细菌相互协调构成的具有高度分化结构的复杂群体,这种群体的形成被认为是细菌适应外界环境的重要机制。生物膜赋予细菌对各种因素的抵抗力也是许多持续性和慢性细菌感染的根源,据统计,80%以上的感染性疾病是由被膜菌引发的。生物膜及其糖被的存在,给利用药物杀灭致病性微生物带来更大的难度,生物膜内的细菌几乎对所有的抗菌药物都不敏感,表现出极强的耐药性,重要原因之一就是生物膜阻挡抗生素作用于菌体。因此,利用专一性的噬菌体聚糖酶研究生物膜中糖被的结构,对于明确生物膜细菌的组成及生活习性,并进而研究出破坏生物膜系统结构以及降低病原菌抗药性的方法,具有重要意义(图 4-16)。推测认为,将多糖解聚酶与抗生素联合运用,将可能控制由被膜菌引起的感染。

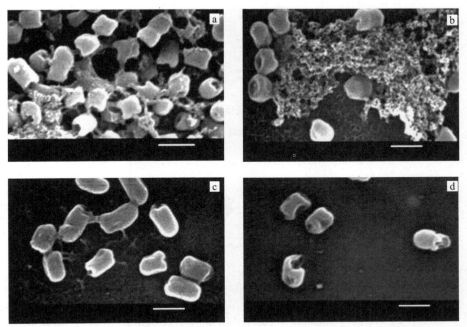

a. 细菌生物被膜的整体结构;b. 完整细菌生物被膜的胞间介质;c. 经噬菌体聚糖酶单独处理 6 h 的细菌生物被膜;d. 噬菌体聚糖酶处理 4 h 后,再通过表面消毒剂 ClO_2 处理后的细胞形态。标尺=1 μm

图 4-16 细菌生物被膜及其受到噬菌体聚糖酶降解后的扫描电镜照片(引自 Wang Shanshan 等,2015)

3.利用噬菌体聚糖酶制备新型寡糖

现有研究表明,糖链作为人体内重要的信息分子,对人类疾病的发生、发展和预测起着重要的作用,参与到多细胞生命的全部空间和时间过程。借助于化学、物理、生物的各种提取、转化、降解、合成以及分子修饰等技术,科研工作者不断开发出多种新型寡糖,并揭示其生物学功能及构效关系。

病原菌侵染宿主组织时,通常对宿主细胞表面的特异性寡糖分子进行识别,将其作为病原菌细胞或其毒素的初级受体部位加以黏附。图4-17为大肠杆菌细胞及其毒素对受体组织的黏附示意图,大肠杆菌的菌毛专一性地识别宿主黏膜细胞表面的甘露寡糖受体位点,而大肠杆菌毒素则会识别宿主黏膜细胞表面的半乳寡糖受体位点。而寡糖可用来制备抑制病原菌或其毒素对宿主组织侵染的受体模拟物——"decoy"寡糖(图4-18)。根据报道,"decoy"寡糖的半数抑制浓度(IC_{50})可以达到几十毫摩尔每升的水平。

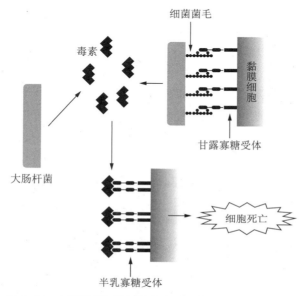

图 4-17 大肠杆菌细胞及其毒素对受体组织的黏附示意图

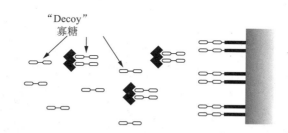

图 4-18 "Decoy"寡糖抑制病原菌及其毒素黏附的示意图

虽然寡糖作为生理活性物质和药物先导化合物的开发潜能巨大,但是其重要作用至今还没有得到充分体现,其发展缓慢的原因之一是新型寡糖的批量制备技术相对落后:采用化学手段的降解、合成或转化方法能够提供不同结构的寡糖,但存在特异性差、产物得率低和反应条件难以控制等缺点,而酶学方法又存在新型酶制剂匮乏和活性不高等亟待解决的问题。

借助于噬菌体聚糖酶的酶解技术,为批量制备这些重复寡糖序列提供了可能,从而开发出具有新型生理活性的寡糖因子,为未来研究和批量制备有效药物和食品功能因子提供了丰富的原料。由于细菌胞外多糖组成的均一性,再加上噬菌体聚糖酶作用方式的高度专一性,使得酶解获得的寡糖产物能够保持良好的均一性,保证了寡糖产品的质量和获得率。例如克雷伯氏菌 K14 的胞外多糖经相应的噬菌体聚糖酶作用后,主要水解产物为有分枝的六糖;克雷伯氏菌 K26 的噬菌体产生的聚糖酶为 β- 半乳糖苷酶,水解宿主细胞的胞外多糖后,可以产生出一种新型的七糖。大肠杆菌、霍乱弧菌(*V. cholera*)等其他多种细菌的荚膜多糖也能够被相应的噬菌体降解,产生特殊结构的寡糖。

结语

海洋极端环境微生物是开发新型海洋活性物质的另一重要来源,微生物要在这种环境中得以生存,必须从自身的生理结构、代谢方式及生活行为各方面发生适应性的改变,因此,从这些环境中筛选得到的微生物,可能具备某些特殊的生理活性,能够产生某种特殊的代谢产物。南极海洋细菌中,77% 是耐冷性,23% 为嗜冷性。Feller 等从南极环境中筛选到一株产 α- 淀粉酶的嗜冷性别单胞菌(*A. haloplanctis*),该菌在 4 ℃生长良好,在 18 ℃条件下培养细胞繁殖和酶的分泌将会受到影响,在 0 ℃~30 ℃,该菌的 α- 淀粉酶活性比来自恒温动物的 α- 淀粉酶活性高 7 倍。从南极中山站、长城站附近分离到产纤维素酶的耐冷性丝状菌,该菌在 0 ℃和 5 ℃都能分解纤维素,并能在低温下保持增殖能力。应用低温微生物具有不易受杂菌污染、作用条件要求简单、高酶活性及高催化效率等优势,可大大缩短处理过程的时间并省却昂贵的加热及冷却系统,因而在节能方面有相当大的优势。

21 世纪是海洋的世纪,海洋是巨大的资源宝库。在过去的几十年中,人们已经从海洋环境中分离到数百种具有生理活性的化合物,其中很多属于海洋环境特有的成分。然而我们对海洋微生物的研究和开发还刚刚起步,关于海洋微生物的生理结构、生活特点、代谢调控各方面还很不清楚,严重制约了人们对海洋财富的开发和利用。

由于特殊的生存环境,海洋微生物同陆地微生物相比,生长较为缓慢,代谢活力相对较低,对海洋微生物的开发和应用造成了一定的影响。在培养海洋微生物时,我们采用的培养基是参照陆地微生物的生长特点进行设计的,很难完全适合海洋微生物的营养要求,目前人们只能获得不到 1% 的海洋微生物纯培养。在海洋微生物的研究过程中,可以采用基因工程的方法,将海洋微生物活性物质的产生基因导入到受体菌中进行表达,从而得到适合于工业化生产的菌种。海洋生物技术是海洋资源研究与开发的关键技术,要深入探索海洋世界的奥秘,获得具有潜在开发应用价值的海洋微生物资源,必须同基因工程、酶工程、发酵工程等先进技术手段相结合,形成海洋资源开发的工业技术体系,保证海洋微生物资源持续有效的开发和利用。

第五章

海洋微生物与生物制药工程 *

第一节　概　述

　　自 1929 年弗莱明发现青霉素以来,人们已从微生物中发现了 30 000～50 000 种天然产物,其中 10 000 多种具有生物活性,8 000 多种是抗菌和抗肿瘤化合物。由此可见,微生物发酵产生的活性代谢产物是药物的丰富来源。尽管微生物产生如此多的可作为药物或其前体的活性物质,但仍然不能满足人类健康的需求。随着抗药菌的增加、新病原菌的出现以及癌症和心血管疾病的增加,寻找新的、具有药物活性的化合物变得更加迫切。然而,陆地微生物资源可开发空间越来越小。因此,丰富的海洋微生物成为药物活性物质筛选的一个重要目标。海洋微生物体内活性物质和代谢产物的多样性、复杂性和特殊性,为寻找新的天然产物提供了有利条件,海洋微生物被认为是最具开发前景的可持续性利用药源。尤其是近年,有关海洋微生物天然产物的报道明显增加,已从海洋微生物中分离到几百个结构新颖且具有抗菌、抗肿瘤、抗病毒、降血压、免疫调节等活性的代谢产物。因此,海洋微生物正在成为新药开发的主要来源之一。国内外许多研究单位及大型制药企业已将海洋药物的研发重点转向海洋微生物,已经从细菌、放线菌、真菌、微藻等海洋微生物中分离到多种活性物质,包括萜类、不饱和脂肪酸、多肽、环肽、生物碱、大环内酯类、聚醚类、醌类、毒素、多糖、酶类等。所分离的多种活性物质具有抗菌、抗病毒、抗肿瘤、抗心脑血管疾病、抗氧化、抗炎症、抗寄生虫、抗过敏反应等活性,这些化合物的发现不但提供了诸多药物,同时为药物研究提供了重要的先导化合物。据《天然产物报告》(*Natural Reports Product*)的不完全统计,仅 2010 年 1 月至 2013 年 2 月,在报道的 895 个海洋微生物新天然产物中,就有 66、253 和 576 个分别来源于海洋细菌、放线菌和真菌。这些化合物具有高度的化学结构多样性和生物活性多样性。海洋微生物作为药物开发的最成功例子是 1945 年从意大利撒丁岛分离到的一株海洋真菌顶头孢霉菌,它产生的头孢菌素已被开发成临床上应用广泛的 30 多个品种,如先锋霉素等。海洋微生物之所以在药物开发中有如此巨大的前景,基于以下原因:

　　第一,海洋微生物种类多。海洋是生命的发源地,其面积约占地球表面积的 71%,海

---

* 本章由刘占英编写。

洋微生物的多样性远远超过陆地微生物的多样性,其种类约为陆地微生物种类的20倍以上,丰富的海洋微生物物种为药物的开发提供广阔的来源。Beman等的研究结果表明:海水中活性菌株筛得率为10%,海泥中为27%,共附生微生物中为48%。因此,海洋微生物药物开发有巨大空间。

第二,海洋微生物能够产生特殊的代谢产物,产物在结构与功能上具有多样性。海洋环境具有高压、低温、无光照、高盐等生命极限环境以及营养分布不均、生态环境复杂多样的特点。因此,海洋微生物在适应极端特殊环境的同时,在长期的进化中,形成了自己独特的代谢和生理功能,能产生陆地生物所没有的代谢产物。近些年研究发现,海洋微生物及其代谢产物的活性成分具有化学结构的多样性、生物活性的多样性、特殊作用机制等一些非常值得关注的特点,因此成为筛选新型抗生素的重要来源。这些新型抗生素由于结构与作用机制可能有别于陆生来源的抗生素,将极有可能克服耐药性,同时为新药的研发提供新的先导化合物。

海洋微生物代谢产物在化学结构上具有多样性。结构类型包括生物碱、聚酮、甾体、萜类、大环内酯类、肽类、脂肪酸、酰胺等。活性成分主要有蛋白质、生物碱、萜类、糖类、酯类、含氮类、杂环类及乙酸酯类化合物,其中含氮化合物和乙酸酯类化合物较多,萜类化合物较少。在已鉴定的海洋微生物代谢物中,约56%为含氮化合物,30%为乙酸酯类化合物,13%为甲羟戊酸酚,13%为含硫化合物,8%为卤化物,卤化物中又以氯化物为主。含氮化合物主要包括胺、酰胺、吲哚生物碱、环肽,另外还有吩嗪、二酮呱嗪、呱类、苯并噻唑、二卤代酪氨酸等。丙二酸酯类代谢物包括脂肪族、脂环族或多聚乙酰内酯,及乙酸酯—丙酸酯类代谢物和大环内酯类。萜类化合物主要是倍半萜及二萜,也包括胡萝卜素、异戊二烯酯及甾醇。化学结构上的巨大差异与微生物的来源相关联,而不是微生物本身的种属差异。如从细菌芽孢杆菌属 *Bacillus* 中分离得到的所有代谢物是含氮化合物,但由于来源不同,其代谢物各不相同,可以是氨基甙、环肽、缩酚酞及氨基—异香豆素等。鱼类、海藻和海绵等不同来源真菌类曲霉属 *Aspergillus* 可产生烟喹唑啉、吲哚生物碱、卤化多聚乙酰及倍半萜烯。

海洋微生物生物活性物质也具有功能多样性。海洋微生物药物开发的重点在抗菌药物和抗肿瘤药物方面,短短几年便得到许多具有抗菌和抗肿瘤活性的化合物。此外,在海洋微生物产生的药物中,抗病毒、酶抑制剂和免疫调节剂等药物也较多。海洋抗肿瘤天然产物在海洋药物研究中一直占据主导地位,不仅开展得最早,而且具有扎实的研究基础。诸多学者预言,最有前途的抗肿瘤药物将来自海洋。现已发现的海洋生物提取物中,至少10%具有细胞毒活性。美国每年有1 500个海洋化合物单体被分离出来,其中1%具有抗肿瘤作用。近10年,分离纯化和化合物结构分析鉴定技术的快速发展,为海洋活性物质特别是微量化合物研究的迅速发展提供了前提条件,而分子生物学、细胞学等基础研究的深入,快速、简便、命中率高的活性筛选模型陆续建立和投入应用,极大地推动了海洋抗肿瘤活性物质的研究。同时,随着抗生素及其他抗菌药物的广泛应用,病原微生物的耐药性问题日趋严重,耐药性成为成功治疗人类细菌性疾病的一大障碍。因此,快速开发新型抗生素迫在眉睫。目前已知,许多海洋微生物可产生抗生素,包括放线菌属、链霉菌属、气单胞菌属、变单胞菌属、假单胞菌属、芽孢杆菌属、黄杆菌属、微球菌属、着色菌属、钦氏菌属、子囊菌属、半知菌属等以及许多未定菌,产生的抗生素有吡咯类、酯类、糖苷类、醌类、缩肽类、萜类和生物碱类等结构类型。

第三,海洋共生微生物能够产生大量生物活性物质。海洋中营养成分的缺乏,迫使许多海洋微生物与富含营养成分的海洋动植物共生,以获得生存必需的营养,这种结合具有很高的选择性。越来越多的研究表明,许多具有开发前景的活性物质并不是由海绵、海藻、海胆、海葵等动植物产生的,而是由与其共生或附生的海洋微生物产生的。例如海绵中约含40%的共生微生物,从海绵中可获得许多独特的化学物质,而实际上这些活性物质真正的制造者是与海绵共生的微生物。

第四,海洋微生物在物种间竞争时产生大量的生物活性物质。海洋微生物物种之间争夺宿主的竞争十分激烈,这导致很多微生物通过代谢产生一些小分子有机化合物,来争夺有限的营养或者进行自我防御,这些化学物质的主要作用是物种之间的信息传递,防御潜在天敌的进攻以及一些微生物或藻类在其机体上富集等。这些由微生物间竞争产生的生物活性物质,也可以作为生物药物。

第五,海洋微生物能够产生先导生物活性物质。海洋微生物作为一个极其重要的、不可取代的、具医药价值的生物活性物质来源地,其意义还在于,所含生物活性分子结构较简单的化合物可作为"前体",成为具有药理功能的先导生物活性物质,合成具体药物。我国第一个抗艾滋病一类新药就是从海洋微生物提取分离后经分子修饰后得到的化合物。

综上所述,海洋微生物在生物制药工程领域正在发挥着重要作用,今后仍将继续发挥重要作用。以下各节从海洋细菌、海洋放线菌和海洋真菌角度介绍海洋微生物与制药工程的关系。

第二节 海洋细菌与生物制药工程

海洋细菌是海洋微生物中的优势类群,同时具有产生生物活性物质的巨大潜力,是药物筛选的重要来源,是目前国际研究的热点。海洋细菌不但能产生抗菌和抗肿瘤活性物质,而且能合成酶抑制剂、多不饱和脂肪酸、维生素和氨基酸等。

海洋细菌产生的抗菌活性物质主要包括抗细菌、抗真菌、抗病毒三类,其中以抗细菌活性物质为主。可产生抗生素的海洋细菌有许多,包括链霉菌属(*Streptomyces*)、别单胞菌属(*Alteromonas*)、假单胞菌属(*Pseudomonas*)、黄杆菌属(*Flavobacterium*)、微球菌属(*Micrococcus*)、着色菌属(*Chromatium*)、钦氏菌属(*Chainia*)等菌及许多未定菌。已报道海洋细菌产生的抗生素有溴化吡啶、α-n-pentylquinoline、magnesidin、istamycin、aplasmomycin、altermicidin、macrolactin、diketopiperazine、3-氨基-3-脱氧-*D*-葡萄糖、oncorhyncolide、maduralide、salinamide、靛红、对羟基苯乙醇、醌、thiomarinds BC、trisindoline、pyrolnitrim等,其中有些种类在陆生菌中从未见过。

海洋细菌是海洋微生物抗肿瘤活性物质的一个重要来源,产生菌主要集中在假单胞菌属、弧菌属(*Vibrio*)、微球菌属、芽孢杆菌属(*Bacillus*)、肠杆菌属(*Enterubacrerium*)、别单胞菌属、链霉菌属、钦氏菌属、黄杆菌属和小单孢菌属(*Micromonospora*)。

海洋细菌产生的生物活性物质有大环内酯类、肽类、生物碱、神经酰胺、类胡萝卜素、多不饱和脂肪酸、维生素和氨基酸等。下面以大环内酯类和环肽类化合物为例，从发现、结构和功能等方面介绍细菌所产生的生物药物。

一、海洋细菌产生的大环内酯类化合物

海洋细菌产生的大环内酯类化合物主要为macrolactin系列大环内酯化合物。macrolactin最早由美国加利福尼亚大学海洋研究所Fenical小组的Gustafson等发现，该化合物是加州深海沉积物中分离得到的一株海洋细菌C-237的代谢产物。细菌C-237是革兰氏阳性菌，对盐有需求，不能用标准的生物化学方法鉴定。将该菌在常压下用标准方法发酵，从发酵液中以不同的量分离出了8个化合物，大环内酯macrolactins A～F（图5-1）和两种开链的羟基酸macrolactinic acid和isomacrolactinic acid及3种已知脂肪酸，这3种已知脂肪酸分别是丁酸、2-甲基丁酸和3-甲基丁酸。结构分析证明macrolactins A～F含有内酯环，而macrolactinic acid和isomacrolactinic acid不含内酯环。其中macrolactins A～F具有抗肿瘤和抗病毒活性。

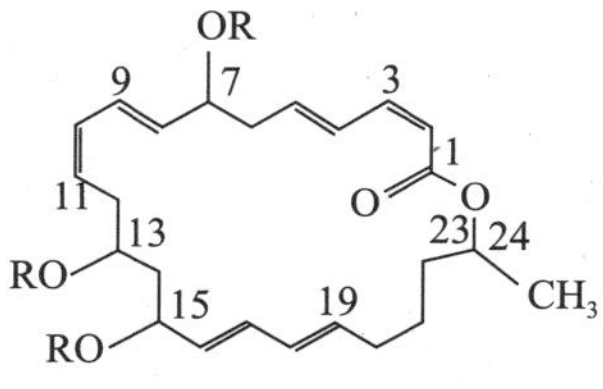

1：R＝H，macrolactin A

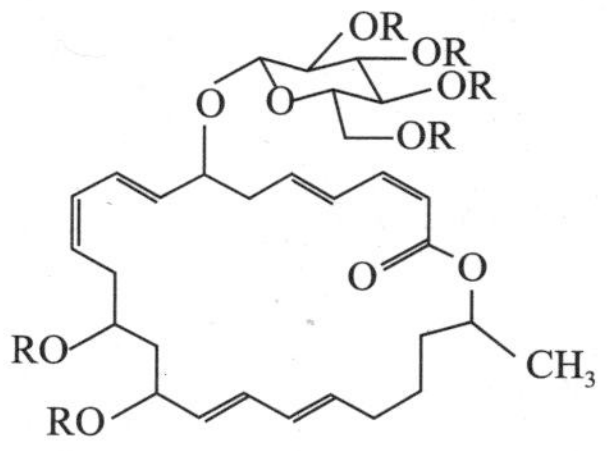

2：R＝H，macrolactin B

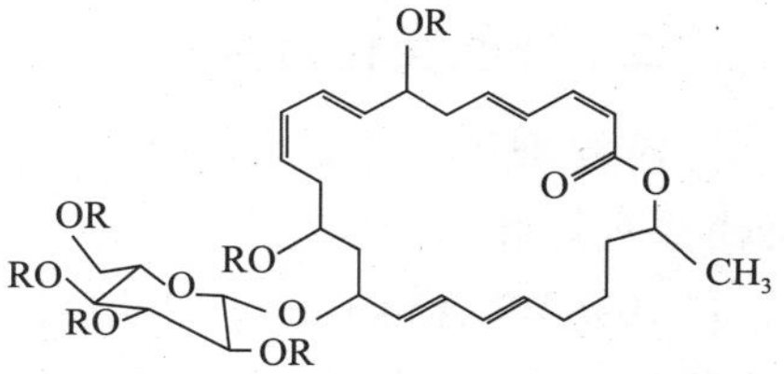

3：R＝H，macrolactin C

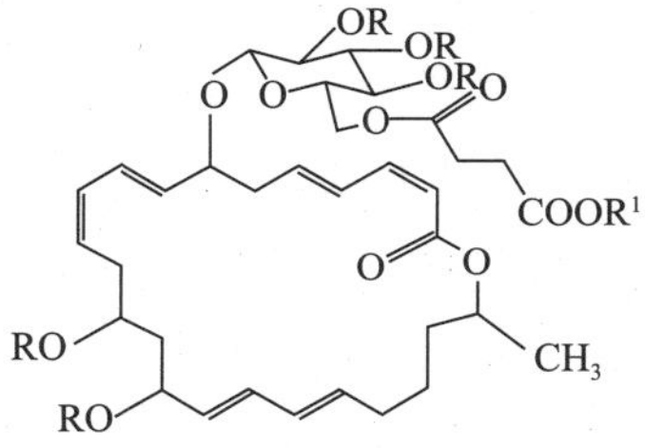

4：R＝R¹＝H，macrolactin D

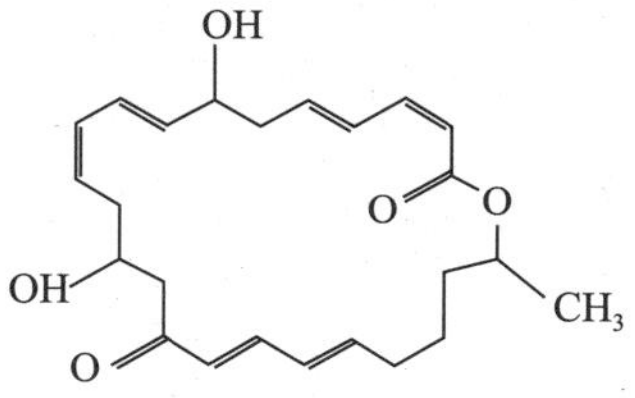

5：macrolactin E

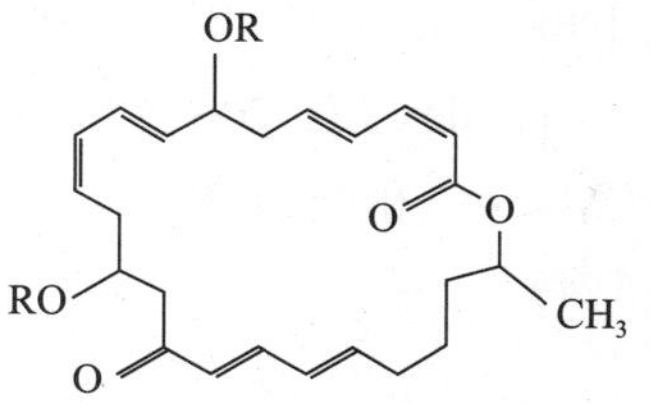

6：R＝H，macrolactin F

图5-1 大环内酯macrolactins A～F的结构式

目前，macrolactin家族共有19个成员，其中macrolactins A～F一般会一起产生，但在发酵液中，macrolactin A分泌的时间较早且量较大（5～8 mg/L），也是主要起抗肿瘤和抗病毒生物活性的物质。在标准琼脂平板实验中，macrolactin A能分别以5 μg/disk和20 μg/disk抑制金黄色葡萄球菌和枯草芽孢杆菌。macrolactin A虽然只有中等抗菌活性，但是在体外实验中对B_{16}～F_{10}海洋黑素瘤抑制活性很好（半抑制浓度IC_{50} = 3.5 μg/mL），更重要的是，macrolactin A对单纯疱疹病毒HSV（IC_{50} = 5.0 μg/mL）和人类免疫缺陷病毒HIV（IC_{50} = 10 μg/mL）均有抑制作用。macrolactin F对金黄色葡萄球菌和枯草芽孢杆菌只有很小的活性，其他的macrolactin大环内酯能抑制金黄色葡萄球菌。除了以上macrolactins A～F，还从海洋芽孢杆菌中分离到一系列其他macrolactin药物。Jaruchoktaweechai等从泰国Sichang岛周围的海泥里分离出*Bacillus* sp. Sc026，抑菌实验

发现其培养液的乙酸乙酯提取液具有抗菌活性。经分离提取,获得 3 个大环内酯化合物,除已知化合物 macrolactin F 外,还得到了新化合物 7-O-succinyl macrolactin F(图 5-2)和 7-O-succinyl macrolactin A(图 5-3)。这 3 个化合物均对枯草芽孢杆菌和金黄色葡萄球菌有抑菌活性。日本的 Adachi 研究小组从海洋细菌 *Bacillus* sp. PP19-H3 的培养液中获得 7 种新的大环内酯(macrolactins G~M)和已知大环内酯 macrolactin A 和 macrolactin F。大环内酯 macrolactins A~H 均发现具有药理活性。

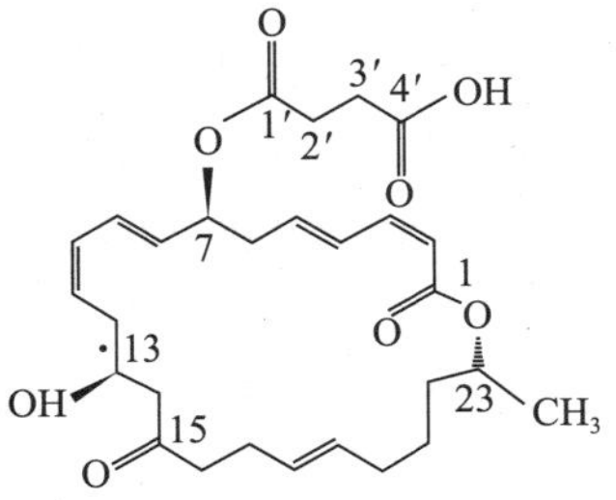

图 5-2 7-O-succinyl macrolactin F 的结构式

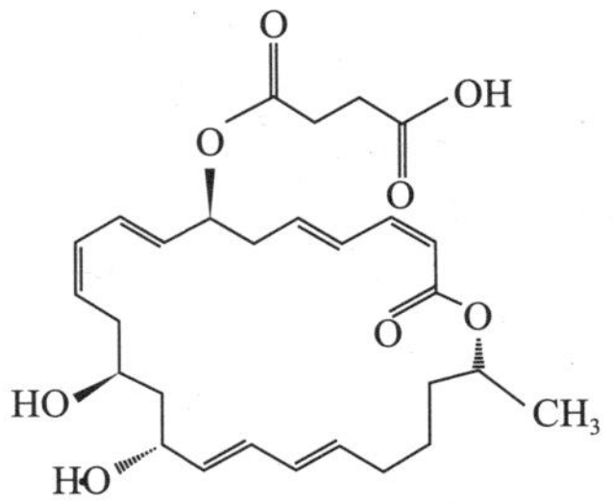

图 5-3 7-O-succinyl macrolactin A 的结构式

二、环肽类化合物

海洋细菌产生的环肽化合物包括 loloatin 类环肽化合物、andrimid 类环肽化合物和 sch 系列环肽类化合物等。

1996 年,Andersen 小组从离巴布亚新几内亚 Loloata 岛 15 km 深的地方收集到管状海虫组织,从中分离出杆菌属菌株 MK-PNG-276A,用含有海盐和其他营养成分的固体琼脂培养该菌,然后将离心后的菌体冻干,甲醇提取浓缩,得到一棕灰色浸膏。将浸膏溶解在甲醇—水中,依次用正己烷和乙酸乙酯萃取,乙酸乙酯萃取物经过羟丙基葡聚糖凝胶(Sephadex LH-20)柱层析后,其中一个馏分显示具有抗耐甲氧西林金黄色葡萄球菌(MRSA)和肠球菌(*Entercococcus*)活性,对其进一步纯化得到褐白色粉末 loloatin B(图 5-4)。

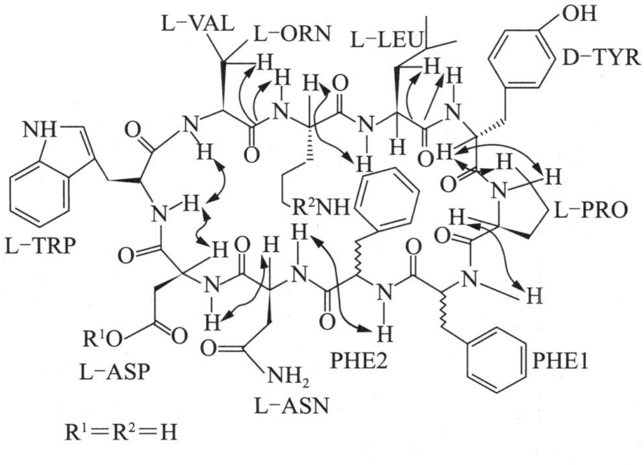

图 5-4 loloatin B 的结构式

Afonso 等从海洋细菌 *Aeromonas* sp. W-10NRRL B11053 中分离到一个具有抗菌活性

的混合物,这个混合物主要由 7 种成分组成,包括两种主要成分 sch20561 和 sch20562(图 5-5)及 5 种次要组分,混合物中起抗菌作用的主要成分为 sch20561 和 sch20562,具有潜在的抗酵母菌和表皮寄生菌活性。

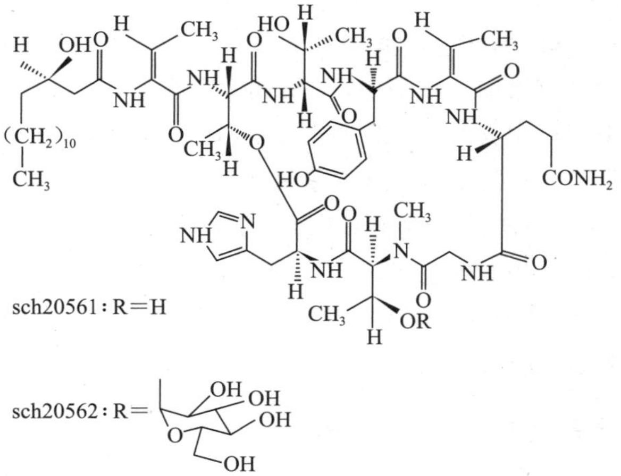

sch20561:R＝H

sch20562:R＝

图 5-5　sch20561 和 sch20562 的结构式

第三节　海洋放线菌与生物制药工程

　　海洋放线菌广泛分布在海洋环境中,如近岸、浅滩、海洋动植物体内、海水、海雪、海底沉积物深层以及海底冷泉区、结核矿区等。在近岸、红树林沉积和浅海动植物等采样容易的海洋环境中,放线菌研究相对较多,并有一定研究历史和深度。其中典型的是海绵共附生放线菌,从中已经发现大量产活性次级代谢产物的微生物类群。海洋环境下的进化过程,造就了放线菌复杂独特的代谢方式,从而产生大量结构新颖的代谢产物,这些代谢产物在结构类型以及生物活性等方面,都呈现出与陆生放线菌不同的特点。因此,海洋放线菌活性产物的研究仍然是海洋微生物产物研究中值得关注的一个热点。据不完全统计,近年来超过 50% 的新发现的海洋微生物活性物质是由海洋放线菌产生的,所以海洋放线菌具有很好的开发和应用潜力。

　　20 世纪 80 年代末,美国加利福尼亚大学 Fenical 教授领导的研究组开始研究海洋放线菌所产生的活性物质,至今已取得丰硕成果。该研究组从 Bahamas 热带海域海洋“土著”放线菌 *Salinispora* 中获得高效抗肿瘤活性次级代谢产物 salinisporamides A 和 B。此后,诸多结构新颖、生物活性显著的具药用价值的产物,已持续从海洋来源放线菌代谢产物中被发现,这些活性化合物或直接作为药物或为新药研究提供了丰富的先导化合物。现已从海水、海底泥、海水鱼胃内容物、柳珊瑚表面、叉珊藻、毒蟹、河鲀、毛颚动物等体内或体表分离到放线菌,它们可产生多种生物活性物质,包括抗氨基糖苷类耐药菌株的新氨基糖苷类抗生素,对绿脓杆菌和一些耐药性革兰氏阴性菌具有较强活性、抗菌谱广、毒性低的抗菌物质肌醇胺霉素、八氢内酰亚胺、亚酮乳酰胺、大环内酰亚胺、喹唑啉哈利凯等。此外,还有抗病毒或抗肿瘤活性的物质,增强免疫活性、促进体液免疫和细胞免疫的活性物质。同时,研究者还采用细胞周期抑制和细胞凋亡诱导筛选模型,开展了海洋微生物抗肿瘤活性产物研究,发现许多放线菌发酵产物具有细胞周期抑制和细胞凋亡诱导等活性,部分菌株活性产物的研究已获得有价值的活性化合物。

海洋放线菌主要包括链霉菌属、小单孢菌属、红球菌属(*Rhodococcus*)、诺卡氏菌属(*Nocardia*)以及游动放线菌属(*Actinoplanetes*)等稀有属种,主要分布在海底沉积物、海洋生物表面或者海水中。Federica Sponga 等对来自全球不同海域约 40 000 株海洋微生物的研究表明:在能产生活性物质的放线菌中,31%属于链霉菌,69%属于稀有放线菌(主要是小单胞菌属)。链霉菌能产生大约 7 600 个化合物,这些化合物中很多都是有效的抗生素,海洋链霉菌也是制药工业中主要的产抗生素微生物。我国地处太平洋西部,所辖海域约 500 万 km^2,有着丰富的海洋微生物资源。因此,在我国,从海洋放线菌中寻找低毒高效的药物先导化合物,有着广阔的发展前景。

从活性物质结构讲,海洋放线菌可以产生内酯类、肽类、醌类、生物碱类、酰胺类和糖苷类药物,下面以内酯类、肽类和生物碱类药物为例,介绍放线菌所产生的生物药物。

一、海洋放线菌产生的内酯类药物

Fenical 研究组从 Cortez 海面采集的珊瑚体表分离到放线菌 *Streptomyces* sp. PG-19。用乙酸乙酯粗提该菌株的肉汤培养液,得到的粗提物对 8-16-F1o 牲畜黑素瘤细胞和 HCT-11d 人类结肠肿瘤细胞有明显的体外细胞毒作用。该粗提物通过硅胶真空快速色谱梯度洗脱,然后再通过硅胶高效液相色谱法分离,得到 octalactin A 和 octalactin B(图 5-6)。其中 octalactin A 是抗肿瘤活性的主要贡献者,半抑制浓度(IC_{50})分别为 7.2×10^{-3} μg/mL(B-16-F10)和 0.5 μg/mL(HCT-116)。尽管 octalactin A 和 octalactin B(图 5-6)结构紧密相关,但后者在对牲畜和人类癌细胞细胞毒检测中完全没有活性,这可能与环氧基团有关。

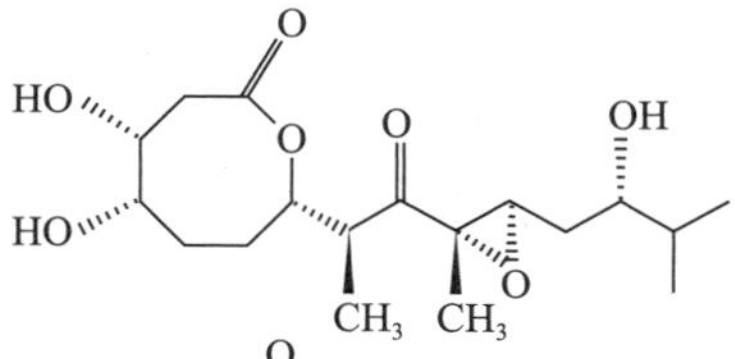

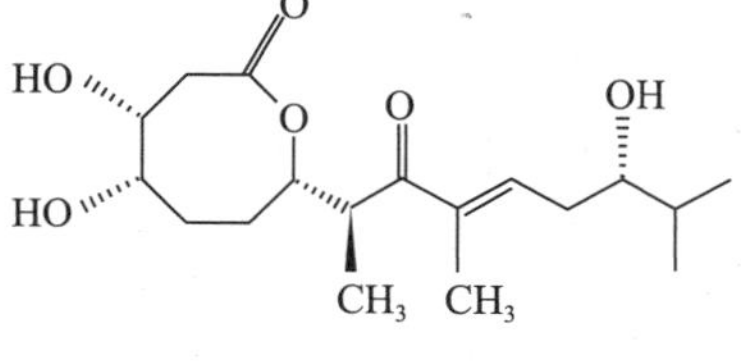

图 5-6 octalactin A 和 octalactin B 的结构式

Fenical 研究组从 Bodega 海湾浅海沉积物样品中分离到一株疑似 *Maduromycetes* 属的放线菌 CNB-032,其培养液用乙酸乙酯萃取得粗提物,粗提物中分离得到油状化合物,该化合物对 *Bacillus subtilis* 显示弱的抗菌活性,经鉴定为 maduralide 大环内酯化合物。

丁内酯类化合物以作为信号化合物而著名,可以引发和调节次级代谢物的产量,干扰病原菌体间信息的传递,从而达到抗菌目的。这种抗菌方式能降低耐药菌株的产生概率,因此是今后抗生素的发展方向。Fenical 研究组从巴哈马岛沉积物样品中分离到放线菌 BNB-228,在其发酵液中分离到新颖的丁内酯 -(1′R, 2S, 4S)-2-(1-羟基 -6- 甲基庚基)-4- 羟甲基丁内酯,它与 virginiae butanolide A 结构相似,有相同的分子式 $C_{11}H_{20}O_4$,但内酯环的 γ 位取代形式显著不同。该内酯为淡黄色油状液体,具有抑菌活性。除了放线菌 BNB-228 外,德国 Mukku 等从海洋沉积物分离到的链霉菌株 B5632 和 B3497 也可以产生几个新的丁烯内酯。菌株 B5632 在用人工海水配制的 YMG 培养基中发酵,发酵液通过硅藻土过滤,再用乙酸乙酯萃取,粗提物用甲醇环己烷分配脱脂,甲醇层浓缩后通过快速色谱柱,配以生物活性检定法获得 4 个已知的抗霉素和 3 个新的丁烯内酯,即 4,10- 二羟基 -10- 甲基 - 十二 -2- 烯 -1,4- 内酯和两个非对映异构体 4,11- 二羟基 -10-甲基 - 十二 -2- 烯 -1,4- 内酯;而菌株 B3497 用同样方法可以产生抗霉素 A（antimycin A）和 1 个新的酮式丁烯内酯,即 4- 羟基 -10- 甲基 -11- 氧代 - 十二 -2- 烯 -1,4- 内酯。从 Mozambique 海岸附近印度洋采集的海绵中,分离到一株小单孢菌属放线菌 L-25-ES25-008。从其发酵液中分离到新颖的生物活性大环内酯 IB-96212（图 5-7）,该内酯对 P-388 肿瘤细胞具有非常强的细胞毒活性,对肿瘤细胞 A-549、HT-29 和 MEL-28 亦具有细胞毒性。

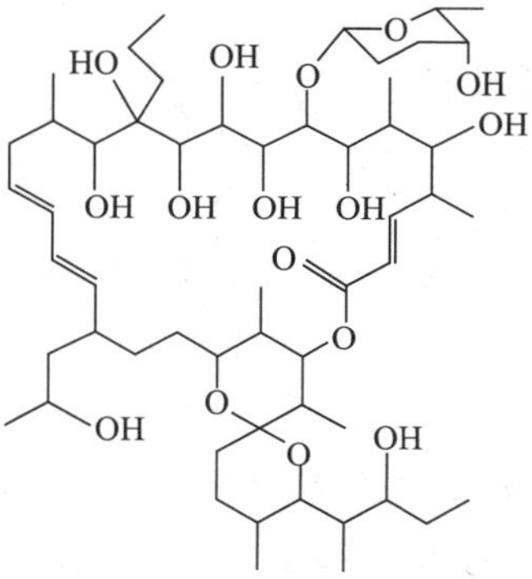

图 5-7　小单孢菌属放线菌 L-25-ES25-008 所产生的生物活性大环内酯 IB-96212 的结构式

二、海洋放线菌产生的肽类化合物

Fenical 研究组于 1994 年报道了具有消炎作用的两个环状缩肽 salinamides A 和 B,该化合物的产生菌为链霉菌 Streptomyces sp. CNB-091,此链霉菌分离自水母。随后,Fenical 研究组又陆续报道了从菌株 CNB-091 分离到的另外 3 个少量缩肽 salinamides C～E。

分离自软珊瑚中的放线菌株 L-13-ACM2-092,归类为小单孢菌属,可产生新颖的生物活性缩肽 thiocoraline（图 5-8）,该活性缩肽对革兰氏阳性细菌有明显的抑菌活性,而对革兰氏阴性细菌的活性则很弱,其作用机理为抑制 RNA 的合成。Thiocoraline 对 P-388、A-549 和 MEL-28 有强的细胞毒效应,对这些细胞产生的活性是对化合物 HT-29 产生活性的 5 倍。

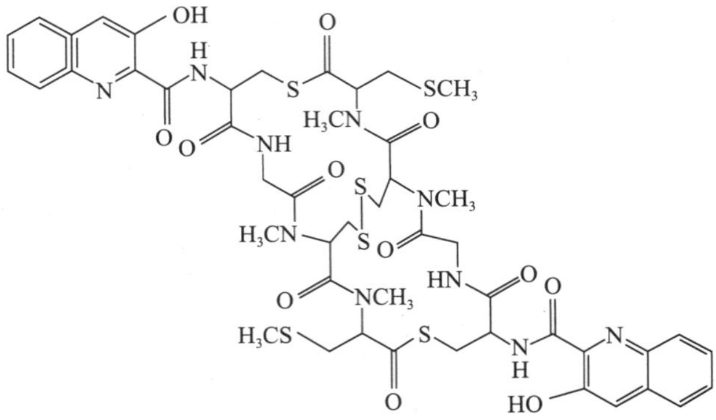

图 5-8　thiocoraline 的结构式

林永成和周世宁的研究组开展了对南海海洋微生物的研究,从南海大亚湾、香港南和小梅沙海区等 9 个采样点的海水和海泥中分离到 120 株菌,其中 No. 110 菌有明显抑菌能力,该菌采自大亚湾的海泥,暂定为拟诺卡菌属(*Noeardiopsis*),其种未鉴定。从 No. 110 菌分离到 5 种环二肽(图 5-9),具有强的生理活性,例如提高免疫能力和抗艾氏腹水癌活性。

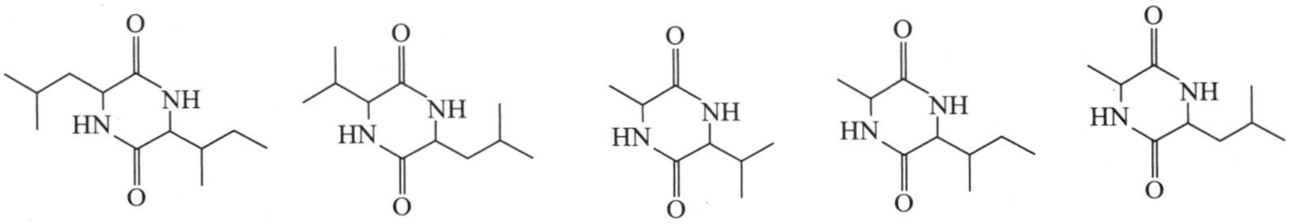

图 5-9　No.110 菌分离到的 5 种环二肽的结构式

三、生物碱类化合物

1. 放线菌产生的 staurosporine 类生物碱药物

1977 年,Omura 等人最早从海洋放线菌 *Streptomyces* sp. AM-2282(后来重新分类鉴定为 *Saccharothix* sp. AM-2282)中提取到 staurosporine,经鉴定 staurosporine 是一个吲哚[2,3-α]喹嗪生物碱。staurosporine 的许多生理活性已经被测定,例如抗微生物、扩张血管、细胞毒活性以及抑制血小板凝聚和抑制蛋白激酶 C。

1999 年,Williams 等人从采自北大西洋 13 m 深的海底的沉积物样品分离到放线菌 N96C-47,其发酵液冻干后得到的残渣于室温下用甲醇提取两次,甲醇液真空浓缩至干,得到的棕色油状物用水—乙酸乙酯分配萃取,酯萃取层依次用羟丙基葡聚糖凝胶(Sephadex LH20)柱和反相高效液相色谱分离提取,从有细胞毒作用的洗脱流分中得到纯的 staurosporine、desmethylstaurosporine、K-252 d、holyrine A 和 holyrine B,均为吲哚咔唑类生物碱。其中主要代谢产物 staurosporine 解释了粗提物中的细胞毒作用。为了获得 holyrine A 和 holyrine B 的最大产量,用高效液相色谱监测了 N96C-47 在不同条件下的培养情况,结果菌株在 15 ℃下培养 5 d 后,holyrine A 和 holyrine B 达到最高产量。

staurosporine 在抑制蛋白激酶 C 中起着关键的信号转导作用,因而成为抗肿瘤化合物中一个令人特别感兴趣的药靶。虽然 staurosporine 本身不显示所需要的特异性,但对其许多半合成衍生物进行了试验,其中,4′-N-苯甲酰基衍生物(CP 41251)显示了所需要的特异性,并被选为抗肿瘤药物,用于进一步研究。为了改进 staurosporine 的制备过程,瑞士 Hoehn 等对能产生 staurosporine 的菌株 Streptomyces longisporoflavus R19 进行了基因突变处理,分离出突变体用于提高产量和生产新的中间体。staurosporine 的生产菌 Streptomyces longisporoflavus R19 经诱变,获得一突变菌株 M14,该突变株可产生 staurosprine 生源合成中的一个新中间体 3′-去甲氧基-3′-羟基 staurosporine,尽管该中间体作为一个蛋白激酶 C 抑制剂不如 staurosporine 本身有效,但却显示对不同微型酶有更高的选择性。体外实验结果再一次说明对 staurosporine 分子微小的修饰可能对其生物活性产生更有效的影响。

2. 放线菌产生的吩嗪类生物碱

1992 年,Fenical 研究组从海洋沉积物样品分离的放线菌 Streptomyces sp. CNB-253 的次级代谢物中也分离到吩嗪类生物碱(图 5-10),以及次要组分 6-乙酰基吩嗪-1-羧酸和 saphenic acid。对吩嗪类生物碱和 6-乙酰基吩嗪-1-羧酸完整的抗菌试验表明:这些化合物对许多革兰氏阳性细菌和革兰氏阴性细菌显示出最适的广谱活性。其中吩嗪类生物碱显示对 Hemophilus influenzae 具有最有效的活性,最低抑菌浓度为 1 μg/mL,也抑制 Clostridium perfringens。总体来说,6-乙酰基吩嗪-1-羧酸的活性更大,具有抑制 E. coli、Salmonella enteritidis 和 Clostridium perfringens 的活性。这些化合物在体外对牲畜和人体癌细胞也有明显的细胞毒作用。

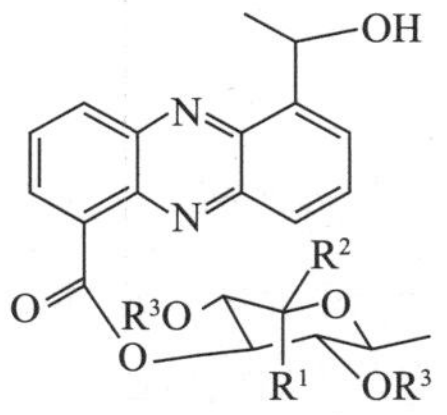

$1: R^1=OH, R^2=R^3=H$
$3: R^1=R^3=H, R^2=OH$

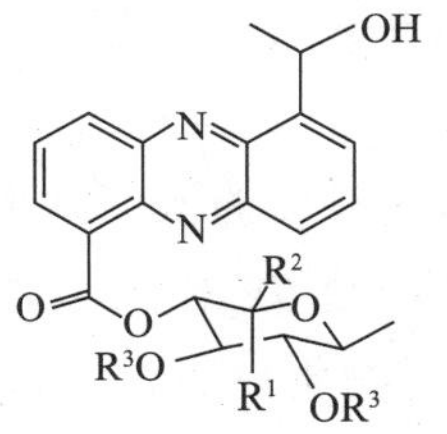

$2: R^1=OH, R^2=R^3=H$
$4: R^1=R^3=H, R^2=OH$

图 5-10　放线菌 Streptonyces sp.CNB-253 产生的 4 种吩嗪类生物碱

3. 放线菌产生的吡咯烷类生物碱——替达霉素(tirandamycin)

段传人等从南海海洋沉积物中分离到海洋链霉菌菌株 Streptomyces sp. SCSIO1666,用针对 6 种 NCI 肿瘤细胞株 A549、DU145、H1299、HCT15、HEP3B 和 SF268 的体外抗肿瘤模型及其抑菌模型对该菌株发酵液中提取物进行筛选,发现发酵产物的体外抗肿瘤活性非常强,且对枯草芽孢杆菌、苏云金芽孢杆菌、金黄色葡萄球菌、大肠杆菌都有抑菌活性,其中对枯草芽孢杆菌和大肠杆菌抑菌作用较强。对高效液相色谱馏分进行抗菌活性测试,判断最大紫外吸收波长为 215 nm 和 357 nm 的两个化合物为活性物质。利用有机溶剂萃取、正相硅胶和反相硅胶等色谱对发酵液的活性成分进行层析分离,得到两个活性成分 tirandamycin A 和 tirandamycin B(图 5-11)。

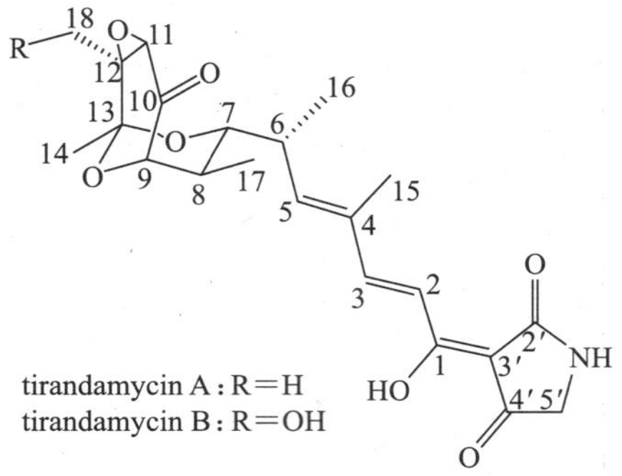

tirandamycin A : R＝H
tirandamycin B : R＝OH

图 5-11　tirandamycins A 和 B 的结构式

第四节　海洋真菌与生物制药工程

与陆地微生物相反，海洋放线菌不再是海洋微生物药物的主要来源，取而代之是真菌，然后依次是细菌和放线菌。

海洋真菌的分布很广，可以出现在所有的气候区和所有的盐浓度环境中。它们能从不同来源的海洋基质中找到，如海洋中漂浮的木头、海底沉积物、海洋动植物的体内或体表。但相对于海洋细菌和放线菌天然产物研究的巨大成就，海洋真菌活性成分的研究自20世纪80年代中期才开始有零星的报道。第一个被报道的海洋真菌活性产物为抗生素 leptosphaerin。直到近年，随着对海洋微生物研究的深入，海洋真菌因资源优势、种类繁多及新颖的代谢产物，成为海洋天然活性物质的研究热点，研究者从真菌中发现了越来越多的生物活性物质。

海洋真菌的 70%～80% 的次级代谢产物具有生物活性：萜类、生物碱、醌类、内酯类、肽类、不饱和烃类、酸类、酯类、作用于真菌细胞壁合成新靶位的脂肽类抗生素和对中枢神经系统有抑制活性的新物质。例如，Fenical 等报道从加勒比海绿藻 *Penicillus capitatus* 中分离的真菌 *Aspergillus versicolor* 中提取到 insulicolide A 和 3 个极类似的倍半萜，它们对体外 HCT-116 人体克隆癌细胞有活性，对不同的肾脏肿瘤细胞系有中等强度的选择性细胞毒。对克隆癌细胞系 HCC-116 和 CNS 癌细胞系 SNB-75 的半数致死浓度 LC_{50} 分别为 0. 53、0. 44 μg/mL。在所有的测试细胞系中，insulicolide A 对乳房癌细胞 BT-549 的细胞毒性最强，LC_{50} 为 0. 27 μg/mL。更值得注意的是，它对 5 种肾脏癌细胞系 786-O、ACHN、CAK-1、TK-10 和 UO-31 具有选择性的细胞毒性，LC_{50} 为 0. 51 μg/mL。

尽管海洋真菌可产生以上多种活性物质作为药物或药物中间体，但其中最典型的是头孢菌素。顶头孢霉菌产生的头孢菌素因低毒、抗菌谱广、有抗青霉素耐药葡萄球菌的作用而受到重视，目前已被开发成临床广泛应用的 30 多个品种，如先锋霉素，这是海洋微生物作为生物药物开发最成功的例子。

头孢菌素是继青霉素之后，在自然界中发现的第二种类型的 β- 内酰胺抗生素，二者在化学结构上都具有 β- 内酰胺环，抗菌作用机制都是抑制细菌细胞壁肽的合成。同时，其在化学性质与生物学性质上与青霉素有许多共同特征，因此，在后续的改造中也借鉴了较多青霉素的成功经验。

一、头孢菌素的发现与结构鉴定

1945 年，意大利细菌学教授 Brotzu 从撒丁岛卡利亚里港出海口的污水中分离到一株顶头孢霉菌，发现其发酵液具有抑制伤寒杆菌和布氏杆菌的作用。1953 年经英国牛津大学 Newton 与 Abraham 进一步纯化，从发酵液中相继获得三种类型的抗生素（图 5-12）：头孢菌素 P（P_1 ～ P_5）、头孢菌素 N（即青霉素 N）和头孢菌素 C。头孢菌素 C 抗菌谱较广、毒性低、又能抗耐青霉素葡萄球菌，故对它进行了重点研究。

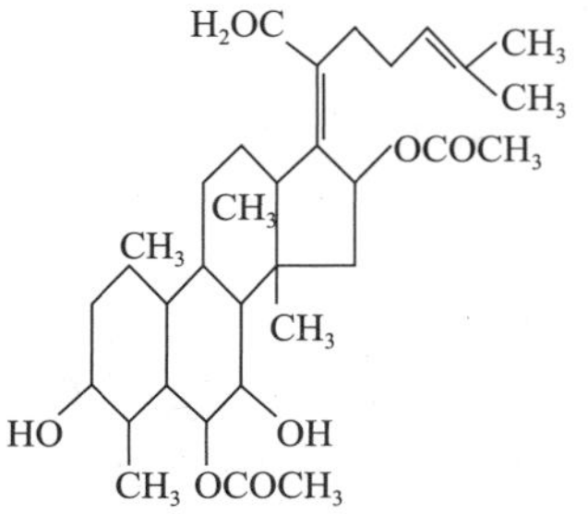

头孢菌素P_1

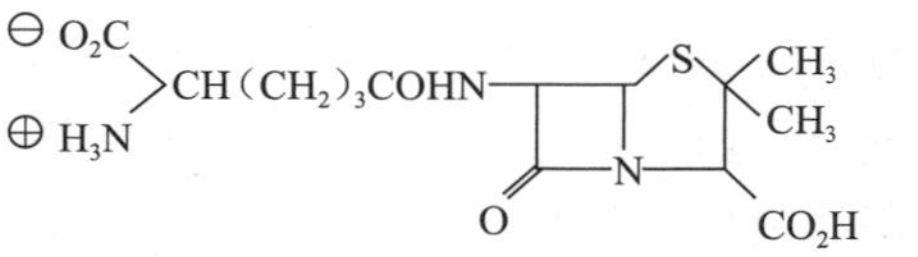

头孢菌素N（青霉素N）

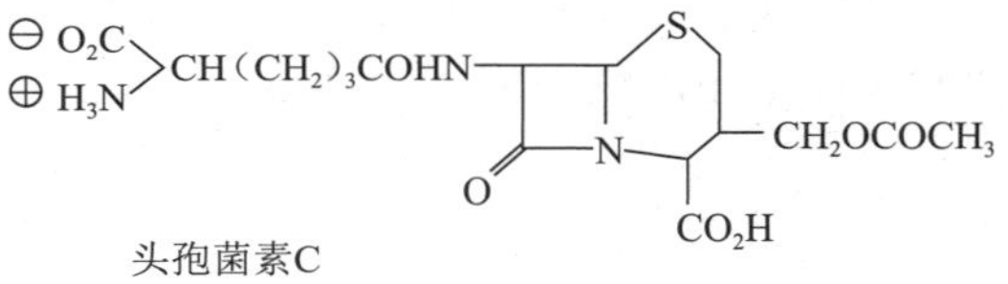

头孢菌素C

图 5-12　三种类型头孢菌素的结构式

通过一系列化学降解，并采用 X- 射线衍射晶体学的方法，证实了头孢菌素 C 是与青霉素相似的另一类具有 β- 内酰胺环的抗生素，1966 年，Woodward 等人完成了它的合成工作。

头孢菌素 C 水溶液在 pH 2. 5 ～ 8 时较稳定，pH ＞ 11 迅速失活，对葡萄球菌产生的青霉素酶稳定，但易为某些革兰氏阴性杆菌，如蜡状芽孢杆菌所产生的头孢菌素酶水解。头孢菌素 C 对茚三酮和双缩脲反应呈阳性，对硝普钠反应呈阴性。头孢菌素 C 在中性和偏酸性下呈酸性，能与碱金属结合成盐。在头孢菌素盐中，头孢菌素 C 钠盐含两个结晶水，为白色或淡黄色结晶性粉末，易溶于水，不溶于有机溶媒，对稀酸和重金属离子稳定，在 0. 1 mol/L 的盐酸溶液中于室温放置 4 h，活力不变。头孢菌素 C 锌盐也含有两个结晶水，为淡黄色微晶型粉末，不溶于水及氯仿、甲醇、乙醇等有机溶媒，锌含量约 13%。

头孢菌素 C 分子中最富有反应性的基团是 3- 乙酰氧基。在温和条件下，用酸水解头孢菌素 C，可得到少量 7- 氨基头孢烷酸（7-ACA）；用酸水解或乙酸酶处理头孢菌素 C，则生成去乙酰头孢菌素 C（DCPC），生成的去乙酰头孢菌素 C（DCPC）在酸性及无水条件下很容易内酯化生成头孢菌素 C。去乙酰头孢菌素 C（DAC）是发酵生产头孢菌素 C（CPC）过程中产生的副产物，一般占头孢菌素 C 产量的 15% ～ 20%。头孢菌素 C 在 0. 1 mol/L 盐酸溶液和室温条件下也会失去乙酰基并内酯化产生头孢菌素 C_C。在中性溶液中头孢菌素 C 可与吡啶反应生成头孢菌素 C_A，任何比氧更大的亲核试剂如一价硫化合物、叔胺等都能取代此乙酰氧基生成相应的衍生物，这为头孢菌素 C 的改造提供了有利条件。

二、头孢菌素 C 的发酵与合成

随着半合成头孢菌素的迅速发展,其基本原料头孢菌素 C 的工业生产越来越受到重视。从菌种选育、发酵培养条件的控制到高产优质提取方法的选择,都投入了较大的研究力量,不仅获得了高产菌株,而且探明了其生物合成途径,生产技术水平日益完善与提高,为发展各类半合成头孢菌素奠定了基础。

1. 菌种

尽管在自然界中也发现了其他一些能产生头孢菌素 C 的微生物,但目前工业生产上用的菌种仍然是顶头孢霉菌。Brotzu 发现的原始菌株——顶头孢霉菌 49137（ATCC11550）生产能力很低,经过世界各国育种工作者不断努力,利用诱变或基因重组技术,获得头孢菌素 C 高产菌株,目前工业发酵已达到较高生产能力。

2. 头孢菌素 C 的生物合成

已通过放射性标记化合物证实,头孢菌素 C 和青霉素相似,也是以 L-α-氨基己二酸、L-半胱氨酸和 L-缬氨酸三种氨基酸作为前体,经三肽中间体 LLD-ACV 合成得到,目前确认的其生物合成途径如图 5-13 所示。首先由三肽中间体 LLD-ACV 生成异青霉素 N,然后经差向异构酶转化为青霉素 N,并通过扩环酶系生成去乙酰氧头孢菌素 C（DOCPC）,再羟化为去乙酰头孢菌素 C（DCPC）,最后在乙酰辅酶 A 的存在下,由乙酰基转移酶催化生成头孢菌素 C。

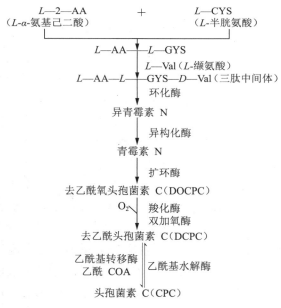

图 5-13　头孢菌素 C 的生物合成途径

研究表明,三肽中间体 LLD-ACV 的三肽至异青霉素 N 的环化,以及青霉素 N 去乙酰氧头孢菌素 C 的扩环是头孢菌素 C 生物合成中的两个关键阶段。发酵中产生的头孢菌素 C 会有一部分由酯酶降解,形成副产物去乙酰头孢菌素 C（DCPC）。而酯酶的活性,会随培养液中碳源——甲油酸酯的耗尽而增加。维持培养液中甲油酸酯的浓度在 0.005% 或稍低一些,可减少发酵产物中去乙酰头孢菌素 C（DCPC)的含量,从而提高头孢菌素 C

的含量。此外,在头孢菌素 C 的下游纯化工序中,若不分离回收这个副产物去乙酰头孢菌素 C(DCPC),不仅会浪费资源,而且会造成环境污染。去乙酰头孢菌素 C 在 C-3 位的羟甲基使之能方便地用于某些半合成头孢菌素的合成,因此,回收发酵液中的去乙酰头孢菌素 C,通过结构修饰使之成为某些头孢菌素药物的关键中间体具有重要意义。

3. 菌丝形态的分化

顶头孢霉菌在发酵培养过程中主要有三种类型的细胞:菌丝、膨胀的菌丝碎片和节孢子。发酵初期的细胞形态主要为细长、放射形和表面光滑的长菌丝,随着时间的延长,一些菌丝分化、膨胀并断裂为不规则的膨胀菌丝碎片,再演变为球形或椭圆形的单细胞节孢子,当这种膨胀的菌丝碎片在培养液中占优势时,菌体开始大量合成头孢菌素 C。

4. 蛋氨酸的刺激作用

在顶头孢霉菌发酵的生长期中,蛋氨酸对头孢菌素 C 的合成表现出明显的促进作用。这种氨基酸虽然能够作为氮源或硫源,但并不是菌体生长所必需的。目前认为蛋氨酸是一种调节物,因而有促进作用,最近还认为它能诱导抗生素产生菌的细胞壁和细胞膜的通透性发生变化。但是,目前尚未确定蛋氨酸的最终作用机理。

5. 发酵与代谢调控

头孢菌素 C 发酵是一个受代谢调控反应控制的、异常复杂的生物合成过程,如同其他抗生素一样,顶头孢霉菌在生产头孢菌素 C 的同时,往往也会产生一些副产物,例如,去乙酰头孢菌素 C(DCPC)、去乙酰氧头孢菌素 C(DOCPC)等结构相近的组分。在发酵过程中,若能从以下几方面进行调控,则可能使代谢朝着有利于头孢菌素 C 生物合成的方向转化,减少副产物,从而获得较高的目标产物产量:

(1)在菌丝生长阶段,供给充分的营养,并加入适量的蛋氨酸或硫脲等代谢调控剂、微量金属离子如 Fe^{2+}、Mg^{2+} 和必要的硫源,以促进"头孢菌素 C 合成酶系"的生成,并促使菌丝分化,形成较长的高度膨胀菌丝。

(2)在抗生素发酵过程中,常有糖降解产物的阻遏作用,头孢菌素 C 的合成也明显地发生葡萄糖阻遏现象。因此,在生长阶段向生产阶段转化时,应限制培养基内葡萄糖的浓度,使葡萄糖阻遏效应降至最低。在头孢菌素 C 生产阶段应维持一定的低碳源浓度,以延缓膨胀菌丝碎片的生长期,保持较长时间的"头孢菌素 C 合成酶系"活性,减少发酵液中去乙酰头孢菌素 C(DCPC)含量。

(3)在发酵过程中保证足够的供氧,以维持头孢菌素 C 合成关键酶——扩环酶系的活性。据 Feten 等人报道,头孢菌素 C 发酵的临界氧分压和维持最大产物合成速率的氧分压分别为 1 066. 6 Pa 和 3 066. 4 Pa。西班牙的 Matin 报道了将透明颤菌的血红蛋白(VHb)基因导入头孢菌素 C 工业生产菌——顶头孢霉中,用于改善菌体对氧的需求,降低生产成本,在相同条件下工程株的抗生素产量可高达对照株的 250%。

(4)控制适当的碳、氮和磷浓度比例,防止或减少氮和磷对生物合成的负调控作用。

三、头孢菌素 C 的提炼

头孢菌素 C 为氨基酸类化合物,通常以两性离子存在,水溶性很大,而且在发酵液中,除头孢菌素 C 外,常伴有青霉素 N、去乙酰头孢菌素 C(DCPC)、去乙酰氧头孢菌素 C

（DOCPC）等一些与头孢菌素 C 性质类似的代谢或降解产物，以及氨基酸与色素等杂质，这些都增加了从发酵液中分离与纯化头孢菌素 C 的难度。早年头孢菌素 C 的提取多使用经典的离子交换法、活性炭吸附法，后来又发展了溶媒萃取法、大孔吸附剂法及络盐沉淀法。为了得到较好的提炼效果，目前大多采用两种以上的方法交替使用。下面就上述四种主要方法在头孢菌素 C 提炼中的应用简述如下：

1. 离子交换法

头孢菌素 C 分子具有两个羧基和一个氨基，由于氨基酸碱性较弱，不能用阳离子交换树脂吸附。在中性或酸性条件下，头孢菌素 C 呈现酸性。因此，可用阴离子交换树脂提取，用强碱性树脂，吸附虽好，但解吸附困难。所以一般采用弱碱性阴离子树脂提取头孢菌素 C。

早期的离子交换法是先将头孢菌素 C 发酵液用草酸酸化至 pH 4～5，沉淀蛋白质，然后加入醋酸钡以除去过量的草酸和干扰离子交换吸附效果的多价阴离子。过滤后的滤液，通过装有强酸 H 型阳离子树脂的交换柱酸化至 pH 2.8～3，放置 3～4 h，以破坏其中的青霉素 N，再用弱碱性阴离子交换树脂吸附，以醋酸吡啶或醋酸钠（钾）水溶液解吸，经减压浓缩、冷却，即可析出头孢菌素 C 钠（钾）盐结晶。收率自发酵液计算一般为 40%～60%，常用的阳离子树脂有 Amberlite IR-120 等，弱碱性阴离子树脂有 Amberlite IRA-68 和 Amberlite LR-4B 等。

由于头孢菌素 C 钠（钾）盐水溶性大，结晶收率低，也可改用锌盐沉淀结晶，或在解吸液中，加入酰化剂，将头孢菌素 C 转化成 N-酰化衍生物，再用溶媒提取法精制。

离子交换法提取头孢菌素 C，存在选择性低、滤液中的杂质和无机盐严重影响交换容量等缺点，因此，虽经多次改进与提高，产品质量与收率仍不理想。但它具有操作简便，设备简单，节约有机溶媒的优点，所以现在仍可与其他提取方法交替使用。例如，先用大孔吸附剂法，再用离子交换法提取。

2. 大孔吸附剂法

早期曾用活性炭吸附法提取头孢菌素 C，用含水有机溶媒洗脱，此法一般收率与质量均较低。随着新型大孔吸附剂的发展，近年来为了改进头孢菌素 C 的分离与纯化，许多工厂多引用大孔树脂提取头孢菌素 C。大孔吸附剂对头孢菌素 C 的吸附作用基于范德华力，根据吸附理论中的盐析作用原理，发酵液中存在无机离子和极性物质，不但不干扰吸附过程，反而促使非极性有机大分子更好地被吸附，这一点比阴离子交换树脂更可取，从而改善和提高了头孢菌素 C 的提取与纯化效果。常用的非离子型大孔树脂有 Amberlite XAD-2、XAD-4、Diaion HP-20 和 SKC-02 等。由于有些杂质与色素不易分离，所以大孔吸附法分离后一般需再经弱碱性阴离子树脂进一步纯化。例如，将头孢菌素 C 发酵液用硫酸酸化至 pH 2.5～2.8，放置 4 h 左右，破坏其中的青霉素 N，然后过滤，滤液用 Amberlite XAD-4 大孔树脂吸附，以 20% 丙酮水溶液解吸，再经 Amberlite IRA-68 吸附，醋酸盐缓冲液洗脱，最后加入醋酸锌沉淀结晶，可制得纯度为 95% 以上的头孢菌素 C 锌盐，收率自发酵滤液计算可达 70% 以上。

采用大孔吸附剂提取头孢菌素 C 有以下优点：无须考虑极性物质与无机离子的干扰，省去脱盐操作，大孔吸附剂具有优良的选择性，解吸液纯度比离子交换法有较大的提高。但是大孔吸附剂用量大，一般为发酵液体积的一半，而且易被污染，污染严重的不能再生，故要求严格的前处理。此外,大孔吸附剂的解吸与再生,需要大量的丙酮、乙醇等亲水有机溶媒,要求有高效的溶媒回收系统,否则将会影响经济效益。尽管存在以上不足,但由于大孔吸附剂法的产品质量与收率比较理想,目前国内外多数工厂仍采用此法提取头孢菌素C。

3. 溶媒萃取法

头孢菌素C侧链的氨基与羟基常形成内盐,水溶性很大,难以用有机溶媒直接提取。因此,先要在发酵滤液中加入某些能掩蔽侧链氨基碱性的试剂,如酰氯、酸酐、异氰酸酯等,将头孢菌素C转化为其N-酰化衍生物,才能在酸性条件下用与水不互溶的溶剂甲基异丁基酮、正丁醇或乙酸乙酯提取。例如,用对硝基苯甲酰氯酰化滤液中的头孢菌素C,经甲基异丁基酮酸化提取,转化成N-(对硝基苯甲酰)头孢菌素C钠盐结晶,收率自滤液计算为90%。这种N-酰化衍生物和头孢菌素C一样,可作为半合成的起始原料。发酵液中杂质较多,酰化剂一般用量大,加之用来提取的多为亲水性溶媒,损耗也大,故溶媒法虽然收率高且质量好,但所得的经济效益往往不足以补偿酰化剂与溶媒的耗费,因此,采用此法的工厂并不多。

4. 络盐沉淀法

利用头孢菌素C可与一些二价重金属离子Cu^{2+}、Zn^{2+}、Ni^{2+}、Ca^{2+}、Fe^{2+}和Pb^{2+}等形成难溶性络盐微晶沉淀的原理,从头孢菌素C发酵液,或其他半纯化水溶液中提取头孢菌素C。在金属离子盐中,以锌盐用得最普遍。将含头孢菌素C的水溶液调节pH至微酸性(pH 5.5左右),加入醋酸锌搅拌使其溶解,然后加入水溶液体积30%左右的乙醇或丙酮,即逐渐析出头孢菌素C锌盐微晶沉淀,沉淀收率一般约为90%。此法简单,收率高,但由于重金属盐的选择性较差,需在一定浓度下才能析出络盐结晶,故多以半纯化的头孢菌素C水溶液为原料,在应用时与其他方法结合使用。此外,也可利用N-酰化头孢菌素C与某些有机碱形成复盐沉淀的原理,将该方法与溶媒萃取法结合使用。

结语

与海洋微生物活性物质研究相关的生物技术包括两个方面:一是与海洋微生物活性物质筛选相关的生物技术;二是与海洋生物活性成分改造、生产有关的生物技术。目前,海洋微生物的开发尚处于初级阶段,筛选到的活性药物一般存在有效成分含量低、难分泌到胞外、生物量低、培养困难等问题,这都限制了海洋微生物药物的产业化。为突破这一难关,一方面,通过"优中选优"来选择确定采用有机合成还是生物合成来实现海洋微生物药物的工业化生产,依靠建立海洋微生物资源和药理活性数据库,保证药物研究开发的成功率。另一方面,随着海洋生物技术的发展,利用生物反应器技术、基因工程、细胞工程、发酵工程、代谢工程、酶工程、蛋白质工程和生物信息学等手段促进海洋生物活性物质的深入研究。对海洋生物活性物质进行结构改造,以提高活性、明确功效、降低不良反应,使其更适合药用。采用生物技术扩增海洋生物活性物质,为药物开发提供结构单一、成本低廉的化合物。可以预计,在不远的将来,综合各种技术,可实现海洋微生物活性次生代谢产物的规模化生产,使海洋微生物成为新药开发的重要资源。

第六章

海洋微生物与食品工程 *

第一节 海洋食品原料中的微生物危害

影响海洋食品原料安全的生物性因素主要包括细菌、病毒、寄生虫等。这些因素与水产食品卫生有密切的关系。

一、细菌性危害

鲜活鱼、虾、蟹、贝类的肌肉、内脏以及体液在健康状态下应是无菌的,但在与外界接触的皮肤黏膜、鳃、消化道等部位,经常定居着多种类型的微生物。其微生物群的组成,常因海洋动物的品种、养殖方式及所生活的环境而异,其中有些微生物在海洋动物的体表和体内是永久性定居的,有些微生物则是暂时性携带的。当动物死亡后,附着在其上的微生物可迅速繁殖,从而引起水产食品的腐败。

在海洋动物生长的海洋环境和体内环境中,还可能存在多种对人体有害的致病性微生物,从而使水产品受到污染;另外,水产品在捕获后,在加工和运输的过程中也可能受到人和环境的污染而携带上不同的致病性微生物。由于水产品是微生物生长的良好基质,所以受到污染的水产品容易引起消费者的多种细菌性食物中毒。

(一)海洋食品原料的细菌性污染

水产食品原料的细菌性污染,可分为渔获前的污染(原发性污染)和渔获后的污染(继发性污染)。

1. 渔获前的污染

渔获前污染的微生物是指海洋食品原料在天然生长环境中与外界接触的皮肤黏膜、鳃、消化道等部位存在的一定种类和数量的微生物。据报道,鱼的表皮细菌数为 $10^3 \sim 10^8$ cells/cm²,消化道为 $10^3 \sim 10^8$ cells/mL,鳃为 $10^3 \sim 10^6$ cells/g。水产品中微生物数量的变化,亦受捕获季节、水域环境等的影响,而消化道中的微生物种类和数量与所食饵料密切相关。这些微生物包括能引起腐败变质的细菌和真菌,如假单胞菌属(*Pseudomonas*)、

＊ 本章由牟海津、王静雪、孔青编写。

无色杆菌属(*Achromobacter*)、黄杆菌属(*Flavobacterium*)等细菌,水霉属(*Saprolegnia*)、绵霉属(*Achlya*)、丝囊霉属(*Aphanomyces*)等真菌,以及能引起人致病的细菌和病毒,如沙门氏菌属(*Salmonella*)、致病性弧菌(pathogenic vibrios)及甲型肝炎病毒(hepatitis A virus, HAV)、诺瓦克病毒(Norwalk virus, NV)等。

　　海洋动物消化道中也存在着大量的细菌等微生物群落,构成了消化道微生物区系,这些微生物群落是动物长期进化的结果,易受海洋动物的种类、所处发育阶段、饲养条件、生长温度、栖息水域、是否摄饵和投饵时间、饵料性质和生理状况等多方面因素的影响。水中和饵料中沾染的细菌经鱼类的鳃和口腔会进入鱼体内,逐渐适应后在肠道中定居下来,因此许多研究者认为肠道菌群起源于水环境或饵料。鱼类处于健康状态时,体内外环境会形成一个相对稳定的微生物菌相。研究表明,一般淡水鱼类肠道内专性厌氧菌以A型拟杆菌(*Bacteroides*)等为主,好氧和兼性厌氧细菌则以气单胞菌属(*Aeromonas*)、肠杆菌科(Enterobacteriaceae)等为主。海水鱼类消化道则以弧菌属细菌为主,每克肠内容物含$10^4 \sim 10^7$ cells。其次是假单胞菌属、莫拉氏菌属(*Moraxella*)、不动杆菌属(*Acinetobacter*)、拟杆菌科(Bacteroidaceae)的细菌;此外,还有芽孢杆菌属(*Bacillus*)、黄杆菌属、微球菌属(*Micrococcus*)、梭状芽孢杆菌属(*Clostridium*)、葡萄球菌属(*Staphylococcus*)、着色菌属(*Chromatium*)的细菌。

　　2. 渔获后的污染

　　水产食品原料的渔获后污染主要是指水产品从捕获、运输到加工过程所遭受的微生物污染。水产品捕获后要经历一个极为复杂的流通途径,接触各种环境、设备和人员等,因而受到陆生性细菌污染的机会很多。捕获时附着在体表的细菌,在加工和流通过程中,其数量和种类也会发生一定的变化。据调查,鱼被捕获到船上后,因渔船甲板通常带有$10^5 \sim 10^6$ cells/cm^{2}细菌,所以鱼体表的细菌数增加。分级分类后用干净的海水洗涤,细菌数会减少到洗涤前的$1/10 \sim 1/3$。但之后冻结或加冰装入鱼舱时,鱼箱、鱼舱、碎冰中附着许多细菌,因而鱼的带菌数再次增加。运入销售市场或加工厂,还会受到操作人员、容器、市场环境或工厂环境等的污染。

　　受到污染的微生物大部分为腐败微生物,以细菌为主,其次为霉菌和酵母,主要引起水产品的腐败变质。另外,还可能会污染能引起人食物中毒的细菌,如沙门氏菌属、葡萄球菌属、大肠杆菌(*Escherichia coli*)等。

　　水产品经过冷冻处理后,其中的微生物类群会发生一定的变化。冷冻鱼类中以莫拉氏菌、微球菌、葡萄球菌等为主,而假单胞菌和弧菌则很少。这是由于鲜鱼体内不同种类的微生物对冷冻的耐受性不同所致。假单胞菌和弧菌对冷冻的耐受性很弱,如假单胞菌在−20 ℃冻藏20 d后,大部分细胞会死亡。而耐冷冻性较强的微球菌和葡萄球菌则几乎没有减少。

　　(二)水产食品原料的腐败

　　水产品腐败变质的原因主要是水产品本身带有的或储运过程中污染的微生物,在适宜条件下生长繁殖,分解鱼体等的蛋白质、氨基酸、脂肪等成分,产生有异臭味和毒性的物质,其中的蛋白质、氨基酸以及其他含氮物质被分解为氨、三甲胺、吲哚、硫化氢、组胺等低级产物;另一方面是水产品本身含有的多种水解酶类在一定环境下能促使鱼体等腐败变质。鱼、贝类的肌肉组织,比一般畜禽肌肉组织容易腐败,其原因主要包括以下几个方面:① 鱼、贝类含水量多,含脂肪量比较少,有利于细菌的生长繁殖;② 鱼肉组织脆弱,细菌较易分解;③ 鱼死后,其肉很快便呈微碱性,适合细菌繁殖;④ 鱼肉附着细菌机会多,尤其鳃及内脏所附着的细菌特别多;⑤ 鱼肉所附细菌大部分是中温细菌,在常温下生长很快;⑥ 鱼肉所含天然免疫素少。下面以鱼类为例,对其腐败特点加以介绍。

1. 腐败微生物

同鱼类腐败变质有关的细菌主要包括气单胞菌属、假单胞菌属、无色杆菌属、不动杆菌属、黄杆菌属、芽孢杆菌属、微球菌属、棒状杆菌属(*Corynebacterium*)、发光杆菌属(*Photobacterium*)等。通常在鱼类的消化道内,还有多种能产生脱羧酶催化各种氨基酸形成胺类的细菌,如埃希氏菌属(*Escherichia*)、气单胞菌属、微球菌属、链球菌属(*Streptococcus*)、乳杆菌属(*Lactobacillus*)、变形杆菌属(*Proteus*)等。此外,还可能有病原性微生物,如葡萄球菌属、志贺氏菌属(*Shigella*)、沙门氏菌属等。鱼类(贝类为对照)的腐败微生物见表6-1。

表6-1　鱼类(贝类为对照)的腐败微生物

水产动物品种	腐败微生物类群
淡水鱼类	假单胞菌、无色杆菌、黄杆菌、芽孢杆菌、棒状杆菌、八叠球菌、沙雷氏菌、梭菌、弧菌、摩氏杆菌、肠杆菌、变形杆菌、气单胞菌、短杆菌、产碱菌、乳杆菌、链球菌等
海水鱼类	假单胞菌、无色杆菌、黄杆菌、芽孢杆菌、棒状杆菌、八叠球菌、沙雷氏菌、梭菌、弧菌、肠杆菌等
贝类	与海水鱼类的相似,并混有海洋底泥微生物类群,主要有假单胞菌、变形杆菌、不动杆菌、莫拉氏菌、肠球菌、乳酸菌和酵母菌等

2. 鱼类腐败过程

鱼体死后从新鲜到腐败的鲜度变化过程,一般分为死后僵硬、解僵和自溶、腐败三个阶段。

(1)死后僵硬阶段。

死后不久的鱼体肌肉组织柔软,并富有弹性,经过一段时间后肌肉收缩变硬,失去伸展性或弹性,进入僵硬状态。鱼体僵硬所表现出的感官变化包括:肌肉收缩变硬,失去伸展或弹性,手指压,指印易凹陷;手握鱼头,鱼尾不会下弯;口紧闭,鳃盖紧合,整个躯体挺直。僵硬现象发生的早迟与持续时间的长短,因鱼的种类、死前的生理状态、死后的处理方法和保存温度等的差异而有所不同。一般僵硬始于死后数分钟或数小时后,持续数小时至数十小时后变软。在僵硬阶段,鱼体的鲜度是完全良好的。

产生僵硬的机理是:鱼死后呼吸停止,在缺氧条件下糖原酵解产生的乳酸积聚,同时肌酸磷酸(CP)和腺苷三磷酸(ATP)也先后开始分解,由于糖原和ATP分解产生的乳酸和磷酸使得肌肉组织pH下降,酸性增强。一般活鱼肌肉的pH在7.2～7.4,洄游性的红肉鱼因糖原含量较高(0.4%～1.0%),死后最低pH可达到5.6～6,而底栖性白肉鱼糖原较低(0.4%),最低pH为6～6.4。pH下降的同时,还产生大量热量(如ATP脱去一摩尔磷酸就产生7.3千卡热量),从而使鱼体温上升,促进组织水解酶的作用和微生物的繁殖。

因此当鱼类被捕获后,如不马上进行冷却,抑制其生化反应热,就不能有效及时地使以上反应延缓下来。

鱼体肌肉中的肌动蛋白和肌球蛋白在一定 Ca^{2+} 浓度下,借助 ATP 的能量释放而形成肌动球蛋白。肌肉中的肌原纤维蛋白——肌动蛋白和肌球蛋白的状态是由肌肉中 ATP 的含量所决定。鱼刚死后,肌动蛋白和肌球蛋白呈溶解状态,因此肌肉是软的。当 ATP 分解时,肌动蛋白纤维向肌球蛋白滑动,并凝聚成僵硬的肌动球蛋白。由于肌动蛋白和肌球蛋白的纤维重叠交叉,导致肌肉中的肌节增厚短缩,于是肌肉失去伸展性而变得僵硬。此现象类似活体的肌肉收缩,不同的是死后的肌肉收缩缓慢,而且是不可逆的。

一般来说,春夏饵料丰富季节捕获的鱼比秋冬饵料匮乏季节捕获的鱼僵硬持续时间长;低温季节捕获的比高温季节捕获的僵硬持续时间长;保存在较低温度下的比在较高温度下的僵硬持续时间长。此外,捕获后迅速致死的鱼,体内糖原消耗的少,比剧烈挣扎、疲劳而死的鱼进入僵硬期迟,僵硬期时间也长,有利于保存。

（2）解僵和自溶阶段。

僵硬期后,由于来自肌肉中内源性蛋白酶或来自腐败菌的外源性蛋白酶的作用,糖原、ATP 进一步减少而代谢产物乳酸、次黄嘌呤、氨不断积累,硬度也逐渐降低,直至恢复到活体时的硬度,这个过程称为解僵。

解僵过程中发生的鱼体自溶主要是鱼肉蛋白质被分解的结果,该作用来自于肌肉中的内源性蛋白酶和来自于腐败菌的外源性蛋白酶的共同作用,特别是组织蛋白酶(主要是酸性肽链内切酶和中性肽链内切酶),与蛋白质分解自溶作用有关的还有来自消化道的胃蛋白酶、胰蛋白酶等消化酶类,以及细菌繁殖过程中产生的胞外酶的作用。自溶作用的本身不是腐败分解,因为自溶作用并非无限制地进行,在使部分蛋白质分解成氨基酸和可溶性含氮物后即达平衡状态,不易分解到最终产物。

肌肉中的蛋白质分解产物和游离氨基酸含量增加,给鱼体鲜度质量带来感官上的变化;同时其分解产物——氨基酸和低相对分子质量的含氮化合物为细菌的生长繁殖创造了有利条件,加速了鱼体的解僵和自溶过程,成为由良好鲜度逐步过渡到腐败的中间阶段。

（3）腐败阶段。

在微生物的作用下,鱼体中的蛋白质、氨基酸及其他含氮物质被分解为氨、三甲胺、吲哚、硫化氢、组胺等低级产物,使鱼体产生具有腐败特征的臭味,这种过程就是细菌腐败。

生活在水体中的鱼类体表、鳃部、消化道等部位都带有一定量的细菌,死后这些细菌逐渐增殖并从肾脏、鳃等循环系统和皮肤、黏膜、腹部等侵入鱼的肌肉组织,使鱼体解僵自溶之后进入腐败阶段。进入腐败阶段的早迟,主要取决于水产品种类、体型大小、季节、保存温度和最初细菌污染程度。一般中上层鱼类、小型鱼类比底层鱼类、大型鱼类容易腐败,贝类和虾蟹类比鱼类容易腐败。细菌侵入鱼体的途径主要为两条:① 体表污染的细菌,温度适宜时在黏液中繁殖,使鱼体表面变得浑浊,并产生难闻的气味。细菌进一步侵入鱼的皮肤,使固着鱼鳞的结缔组织发生蛋白质分解,容易造成鱼鳞脱落。当细菌从体表黏液进入眼部组织时,眼角膜变得混浊,并使固定眼球的结缔组织分解,因而眼球陷入眼窝。鱼鳃在细菌酶的作用下,失去原有的鲜红色而变成褐色乃至灰色,并产生臭味。② 腐败细菌在肠内繁殖，并穿过肠壁进入腹腔各脏器组织，在细菌酶的作用下，蛋白质发生分解并产生气体，使腹腔的压力升高，腹腔膨胀甚至破裂，部分鱼肠可能从肛门脱出。细菌进一步繁殖，逐渐侵入沿着脊骨行走的大血管，并引起溶血现象，把脊骨旁的肌肉染红，进一步可使脊骨上的肌肉脱落，形成骨肉分离状态。腐败过程沿着鱼体内结缔组织和骨膜向组织深处推移，波及新组织。

3. 鱼类腐败特征

鱼的体表黏液被分解后，导致组织疏松、鱼鳞脱落。消化道内细菌的繁殖，使消化道组织溃烂，细菌进而扩散到体腔内壁，造成整个鱼体组织被严重破坏。在整个腐败过程中，当鱼肉中的糖原很快耗尽后，微生物继而利用其中的氨基酸，经脱羧酶作用产生二氧化碳和胺类，经脱氨酶作用产生氨、有机酸等物质。色氨酸分解后生成吲哚、甲基吲哚，含硫氨基酸产生硫化氢、甲硫醇、二甲基硫。

当上述腐败产物积累到一定程度，鱼体即产生具有腐败特征的臭味而进入腐败阶段。与此同时，鱼体肌肉的 pH 升高，并趋向于碱性。当鱼肉腐败后，它就会完全失去食用价值，误食后还会引起食物中毒。例如，鲐鱼、鲹鱼等中上层鱼类死后在莫拉氏菌属、无色杆菌属等细菌脱羧酶的作用下，鱼肉汁液中的主要氨基酸——组氨酸迅速分解，生成组胺，超过一定量后如给人食用，容易发生荨麻疹等过敏性反应。

由于鱼的种类不同，鱼体带有腐败特征的产物和数量也有明显差别。三甲胺是海水鱼类腐败臭味的代表物质。因为海水鱼类大多含有氧化三甲胺（TMAO），在腐败过程中被细菌的氧化三甲胺还原酶作用，还原生成三甲胺（TMA），同时还有一定数量的二甲胺（DMA）和甲醛存在，它们是海水鱼腥臭味的主要成分。

鲨鱼、鳐鱼等板鳃鱼类，不仅含有氧化三甲胺，还含有大量尿素，在腐败过程中被细菌的尿素酶作用分解成二氧化碳和氨，因而带有明显的氨臭味：

$$(NH_2)_2CO + H_2O \rightarrow 2NH_3 + CO_2$$

此外，多脂鱼类因含有大量高度不饱和脂肪酸，容易被空气中的氧所氧化，生成过氧化物后进一步分解，其分解产物为低级醛、酮、酸等，使鱼体具有刺激性的酸败味和腥臭味。

冷冻水产品在冷冻过程中的腐败与冷冻温度密切相关。在低于 $-18\ ℃$ 保存时，细菌处于冻结状态，停止繁殖，一些不耐冷的细菌会逐渐死亡。经过较长时间冷冻后虽然外观上无异常，但仍可从中检出微球菌、假单胞菌、黄杆菌和无色杆菌等。若在 $-5\ ℃$ 下保存，其中的部分嗜冷菌可以缓慢繁殖，数月后会使水产品接近腐败状态而不能食用。

冷冻鱼解冻后，残存在其中的微生物在适宜条件下会迅速生长繁殖，造成鱼的腐败，腐败后与腐败前相比，其中的菌相发生了较大的变化。解冻鱼的腐败细菌以假单胞菌、莫拉氏菌占优势，其中，假单胞菌在刚解冻时常不能检出，腐败时的检出率很高；而在刚解冻时存在的微球菌和葡萄球菌，在腐败时却又难以检出。

4. 其他种类水产品的腐败

甲壳类水产品的肌肉含氮量大大高于鱼肉，且含有较多的游离氨基酸和氮溶出物，这些特点使它们更容易受到腐败微生物的侵袭。甲壳类水产品的腐败与鱼的腐败过程类似，最初的腐败常伴随着大量挥发性盐基氮产生，某些挥发性盐基氮的产生是由于存在于甲壳类水产品中的 TMAO 还原而成。许多新鲜鱼体中存在的微生物同样也存在于甲壳类水产品中，引起甲壳类产品腐败变质的微生物主要有假单胞菌、变形杆菌、不动杆菌、莫拉氏菌和酵母菌等。据实验分析，在 0 ℃条件下贮存 13 d 变质的虾中假单胞菌是优势菌，在 5.6 ℃和 11.1 ℃下变质时，腐败菌主要为莫拉氏菌，而在 16.7 ℃和 22.2 ℃下的腐败菌主要为变形杆菌。

　　贝类的肌肉中含有一定量的碳水化合物，主要以糖原形式存在，总氮含量较低，因此，软体动物的腐败过程中碳水化合物的发酵作用占有重要地位，这就有别于其他水产品类。贝类的菌相变化非常大，在腐败初期及中间过程中，以假单胞菌、不动杆菌、莫拉氏菌属为优势菌，而在腐败后期，以肠球菌（Enterococcus）、乳酸菌和酵母菌为优势菌。

（三）水产食品原料中的致病性细菌

　　水产食品原料中的致病性微生物主要是一些能引起细菌性食物中毒的细菌以及病毒，常见的食源性病原菌包括沙门氏菌、志贺氏菌、变形杆菌、副溶血性弧菌、霍乱弧菌、葡萄球菌、肉毒梭菌、蜡样芽孢杆菌、弯曲杆菌、李斯特氏菌、致病性大肠杆菌、结肠炎耶尔森氏菌及链球菌等。这些微生物有些本身就会引发食物中毒，有些在合适的条件下会成为病原菌。

　　随着我国经济的发展，人民生活水平得以不断提高，对水产品的需求量逐年增加。同时，水产品的卫生状况和引发的食物中毒现象也更加受到重视，水产品食品安全问题成为社会关注的焦点，直接关系着广大人民群众的身体健康和生命安全。水产品含有较多的水分和蛋白质，酶的活性强，极易腐败变质，且影响其安全性的因素复杂，因此水产制品引起的食物中毒事故屡有发生。在日本，副溶血性弧菌引起的食物中毒约占细菌性食物中毒的 70%～80%。

　　来源于水产品的病原菌通常可分为两类：一类是自身原有的细菌，广泛分布于世界各地的水环境中，如霍乱弧菌（V. cholerae）和副溶血弧菌（V. parahaemolyticus）。另一类是水产品非自身原有细菌，主要是沙门氏菌、大肠埃希氏菌、金黄色葡萄球菌等嗜温菌，与水污染和在不卫生条件下加工水产品有关，最为常见的感染途径是水环境被粪便或其他污染物污染以及通过带菌的水产品加工者传播。

　　下面从生态分布、传染途径、抵抗力和致病性等几个方面对水产食品原料中几种典型的病原菌作一介绍：

1. 沙门氏菌

　　沙门氏菌属肠杆菌科（Enterobacteriaceae），这类嗜温菌遍布全世界，主要居于人和动物肠道内以及被人或动物粪便污染的环境中。沙门氏菌是细菌性食物中毒中最常见的病原菌，据统计在世界各国的细菌性食物中毒中，沙门氏菌引起的食物中毒常列榜首。水产品有时也会污染沙门氏菌，这主要是由于被水源污染所致。贝类由于生活在污水中而易受沙门氏菌污染，养殖虾也常带有沙门氏菌。美国从 1978～1987 年曾有 7 次由水产品导致沙门氏菌的暴发而引起的食物中毒，其中 3 次是由感染的贝类所引起，而这 3 次中有 2 次是因食用了从污水中捕捞的生牡蛎引起的食物中毒。我国内陆地区的细菌性食物中毒的病原菌也以沙门氏菌为首位。

沙门氏菌为兼性厌氧菌,适宜生长温度为 37 ℃,对热的抵抗力很弱,60 ℃下 20～30 min 即可被杀死,在自然环境的粪便中可生存 1～2 个月,在水、牛乳及肉类中可生存数月。当沙门氏菌随食物进入人体后,可在肠道内大量繁殖,经淋巴系统进入血液,潜伏期平均为 12～24 h,有时可长达 2～3 d。感染型食物中毒的症状为急性胃肠炎症,如果细菌已产生毒素,可引起中枢神经系统症状,出现体温升高、痉挛等。

2. 单核增生李斯特氏菌(*Listeria monocytogenes*)

单核增生李斯特氏菌(图 6-1)是一种人畜共患病的病原菌,感染后主要表现为败血症、脑膜炎和单核细胞增多。它广泛存在于自然界中,在绝大多数食品中都能找到李斯特氏菌。肉类、蛋类、禽类、海产品、乳制品、蔬菜等都已被证实是李斯特氏菌的传染源。在土壤、地表水、污水、废水、植物、青储饲料中均有该菌存在,所以动物很容易食入该菌,并通过口腔—粪便的途径进行传播。据报道,健康人粪便中单核增生李斯特氏菌的携带

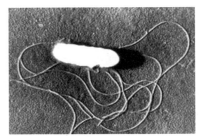

图 6-1 单核增生李斯特氏菌的电镜显微照片

率为 0.6%～16%,有 70% 的人可短期带菌,4%～8% 的水产品、5%～10% 的奶及其产品、30% 以上的肉制品及 15% 以上的家禽均被该菌污染。

李斯特氏菌具有较强的抵抗力,秋冬时期在土壤中能存活超过 5 个月,在冰块内也可存活 3～5 个月,许多冷冻肉类都是它的“温床”。在 4 ℃ 的环境中仍可生长繁殖,是冷藏食品威胁人类健康的主要病原菌之一。在 60 ℃～70 ℃ 经 5～20 min 才可将其完全杀死,70% 酒精经 5 min、2.5% 石炭酸或 2.5% 氢氧化钠或 2.5% 福尔马林经 20 min 才可杀死此菌。因此,在食品卫生微生物检验中,必须加以重视。

3. 副溶血性弧菌

大多数弧菌源于海洋环境,许多种与人类和动物的疾病相关。弧菌中最重要的病原菌有霍乱弧菌(*V. cholerea*)、副溶血性弧菌(*V. parahaemolyticus*)、创伤弧菌(*V. vulnificus*)、河弧菌(*V. fluvialis*)等。大多数弧菌产生很强的肠毒素。弧菌引发的疾病特征通常表现为胃肠道症状,从轻度腹泻到典型的霍乱症状,并伴有严重的水样腹泻。创伤弧菌的感染是一个例外,其主要特征表现为败血症。

副溶血性弧菌是分布很广的海洋性细菌,在海产品中的检出率很高,如捕捞、加工、流通、保存的条件不当,就会使相对较低的初始菌数大大增加。在沿海地区的夏秋季节,常因食用被该菌污染的海产品而引起暴发性食物中毒。该菌通过食物传播,食物多为海产品或盐腌渍品,常见者为蟹类、乌贼、海蜇、鱼、黄泥螺等,其次为蛋类、肉类或蔬菜。进食肉类或蔬菜而致病者,多因食物容器或砧板污染所引起。在日本生食的有鳍鱼类是感染副溶血性弧菌最常见的载体,在双壳贝类中也可检测出副溶血性弧菌。

副溶血性弧菌是革兰氏阴性无芽孢的多形态杆菌或稍弯曲弧菌,为兼性厌氧菌,在弧菌选择性培养基 TCBS 琼脂上形成的菌落为绿色。该菌为嗜盐菌,在含有 2.5% NaCl 的培养基中最适宜生长,在低于 0.5% 或高于 8% 的盐水中停止生长。最适生长温度为 30 ℃～37 ℃,但在 42 ℃ 时仍能生长,在 10 ℃ 以下不能生长。56 ℃ 加热 5～10 min 灭活,

1%的醋酸处理 1 min 即可杀死该菌,在1%盐酸中 5 min 死亡,大多数的菌株对弧菌抑制剂 O/129 不敏感。

副溶血性弧菌可产生耐热性的溶血毒素,使人的肠黏膜溃烂,红细胞溶解破碎,这也是此菌名称的由来。此外,毒素还具有细胞毒、心脏毒和肝脏毒等作用。男女老幼均可患病,但以青壮年为多,病后免疫力不强,可重复感染。本病多发生于夏秋沿海地区,常造成集体发病,近年来沿海地区发病有增多的趋势。潜伏期为 2~24 h,发病急,以腹痛为主,并有腹泻、恶心、呕吐、恶寒发热等症状,重者因脱水、皮肤干燥及血压下降而休克。少数病人有意识不清、痉挛、面色苍白、发绀等现象。若抢救不及时,病人呈虚脱状态,则易死亡。

副溶血性弧菌的生理生化特性如表 6-2 所示。

表 6-2　副溶血性弧菌的生理生化特性

项　目	性　状	项　目	性　状
氧化酶	+	甘露糖	+
过氧化氢酶	+	枸橼酸盐	+
运动性	+	丙二酸	−
无 NaCl	−	硝酸盐还原	+
3% NaCl	+	尿素酶	
8% NaCl	+	苯丙氨酸脱胺酶	
10% NaCl	−	明胶液化	
42 ℃生长	+	几丁质	+
TCBS	+	藻酸	
吲哚	+	淀粉分解	+
VP	−	酪蛋白分解	+
H$_2$S	−	酪氨酸脱羧酶	+
七叶苷	−	鸟氨酸脱羧酶	+
碳水化合物发酵		蜜二糖	
葡萄糖产酸	+	棉子糖	
葡萄糖产气	−	鼠李糖	
甘露醇	+	山梨糖	
乳糖	−	海藻糖	+
蔗糖	−	木糖	
阿拉伯糖	D	核糖醇	
纤维二糖	−	肌醇	
半乳糖	+	水杨苷	
果糖	+	赤藓糖醇	
麦芽糖	+	松三糖	

注:+,90%以上为阳性;−,90%以上为阴性;D,11%~89%为阳性。

4. 霍乱弧菌

霍乱弧菌是引起烈性传染病霍乱的病原体,自 1817 年以来,已发生过 7 次世界性霍乱大流行,前 6 次均由霍乱弧菌古典生物型引起,1961 年开始的第 7 次大流行由霍乱弧菌

El Tor 生物型引起。霍乱的暴发也常常反映出疾病暴发地区伴随着较差的卫生环境条件。在此病的传播过程中,污水起到了主要的作用,其次是被病菌污染的食物。许多食物都与霍乱的传播有关,水产品是其中非常重要的一类,生的贝类常常是霍乱弧菌的主要载体,在淡水龙虾中曾检测出霍乱弧菌。

在自然情况下,人类是霍乱弧菌的唯一易感者,主要通过污染的水源或食物经口传染。在一定条件下,霍乱弧菌进入小肠后,依靠鞭毛的运动,穿过黏膜表面的黏液层,借菌毛作用黏附于肠壁上皮细胞上,在肠黏膜表面迅速繁殖,经过短暂的潜伏期后便急骤发病。该菌不侵入肠上皮细胞和肠腺,也不侵入血流,仅在局部繁殖和产生霍乱肠毒素,引起患者上吐下泻,泻出物呈"米泔水样"并含大量弧菌,为本病的典型特征。在疾病最严重时,每小时失水量可高达 1 L。由于大量水分和电解质丧失而导致代谢性酸中毒,低碱血症和低容量性休克及心力不齐和肾衰竭,如未经治疗处理,病人死亡率高达 60%,但若及时给病人补充液体及电解质,死亡率可低于 1%。

5. 志贺氏菌

志贺氏菌属肠杆菌科,特别容易寄生于灵长类(包括人)体内,它在环境中的出现与粪便污染有关。据报道,志贺氏菌在水中存活时间可长达 6 个月。志贺氏菌重要的传播途径之一是水,尤其是卫生条件差的地方。水产品也是引起志贺氏菌病流行的重要来源,如金枪鱼肉色拉、虾仁等都可能成为污染源,这种病几乎全是由原料被污染或不讲卫生的带菌加工者造成的。

二、病毒性危害

自 20 世纪 50 年代以来,人们已经了解到某些病毒性疾病在人群中可以通过食用水产品传播,水产品中的病毒主要是由被污染的水体或带病毒的食品加工者引入的。病毒性疾病暴发的食物载体以双壳贝类为主。据报道,所有与水产品有关的病毒感染事件中,除极少数外都是由于食用了生的或未经充分烹调的贝类引起的。

滤食性的贝类生活在沿海水域和滩涂中,其滤水量相当惊人:一只毛蚶每小时滤水量为 5~6 L,牡蛎可达 40 L。当这些贝类生活在含有病毒的水中时,可将病毒粒子吸附到体内,由于浓缩效应,导致贝类体内的病毒含量远高于周围水体达数百倍甚至更多,成为病毒的传染源和富集地。病毒在冬天和较低温度下能够存活很好,一旦病毒进入贝类体内,能存活数月。在清洁的水域中,已污染的贝类通过正常饮食、消化和排泄可将病原体从消化道中自然清除,一般来说,清除病毒的时间比清除细菌要长。

目前已证实与水产品传播有关的病毒包括甲型肝炎病毒(HAV, hepatitis A virus)、诺瓦克病毒(Norwalk virus)、雪山力病毒(Snow Mountain Agent)、杯状病毒(calicivirus)、星型病毒(astrovirus)、非甲非乙肝炎病毒。

1. 诺瓦克病毒

诺瓦克病毒首次发现于 1968 年,从美国俄亥俄州诺瓦克镇的一腹泻暴发流行者的粪便中找到并因此而得名。随着分子生物学及免疫学技术的发展,人们找到了一组与诺瓦克病毒形态相近、同源性较高的病毒,统称为诺瓦克样病毒(Norwalk-like viruses,

NLVs），或称为诺如病毒（Norovirus，NV），如：Hawaii、Snow Mountain、Montgomery County、Southampton 等毒株。

诺瓦克病毒粒子的直径为 28～38 nm，呈二十面体对称结构（图 6-2）。基因组是由 7 642 个核苷酸组成的单股正链 RNA，有开放读码框架（ORF），分别编码非结构蛋白、衣壳蛋白以及一种未知功能的蛋白。

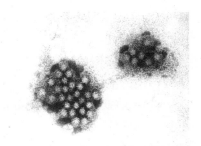

诺瓦克病毒对环境的抗性普遍较强，在 pH 2.7 的室温环境中暴露 3 h，20％乙醚 4 ℃处理 18 h 或 60 ℃孵育 30 min 后，该病毒仍具有感染性。诺瓦克病毒可耐受普通饮用水中 3.75～6.25 mg/L 的 Cl⁻浓度，但在 10 mg/L 的 Cl⁻浓度条件下，该病毒可被灭活。

图 6-2　诺瓦克病毒的电镜显微照片

诺瓦克病毒的宿主既可以是人，也可以是其他动物。诺瓦克病毒的主要传播方式是经粪—口途径，媒介为被病毒污染的水源、食物及手等，生食贝类食物是导致诺瓦克病毒感染性腹泻的最常见原因。美国联邦疾病控制中心对 1976～1980 年腹泻流行病例的调查报告中，约有 42％的胃肠炎与诺瓦克样病毒有血清学联系；美国诺瓦克样病毒导致的散发病例估计每年达 2 300 万，死亡 300 例。

诺瓦克病毒感染引起的急性胃肠炎的临床表现包括：恶心、呕吐、腹泻、腹部绞痛、头痛、发热及厌食等。在儿童中，呕吐比腹泻更常见，而成人则相反。诺瓦克病毒一般多引起轻度自限性的胃肠炎，无并发症产生，不经特别的治疗也会完全恢复，但是虚弱体质的患者仍然有可能会引起脱水或电解质流失而使病情加重。少数严重呕吐和腹泻的患者须经输液，偶尔有住院治疗者。对于诺瓦克病毒感染的预防控制目前还缺乏有效特异的方法，这主要由于对诺瓦克病毒诱导机体产生长期免疫的机制目前还不十分清楚，通过免疫的方法来预防该病毒感染的条件还不够成熟，此外在该病毒的细胞培养中所遇到的困难阻碍了疫苗的研制。因此预防措施主要依靠注意食品及饮水卫生，避免接触污染的水源和食物，避免生食海鲜，从而切断诺瓦克病毒的传播途径。

2. 甲型肝炎病毒

1973 年，Feinstone 等人用免疫电镜技术在实验性甲型肝炎患者的粪便滤液中首次观察到甲型肝炎病毒（HAV）。HAV 颗粒为球形，无囊膜，直径 27 nm。衣壳呈二十面体立体对称，由 VP1～VP4 四种多肽组成，相对分子质量分别为 33 200、24 800、27 800 和 14 000，其中 VP1 是主要的衣壳蛋白。核酸为单股线状正链 RNA（＋ssRNA），约有 7 400 个核苷酸，相对分子质量为 2 250 000。

HAV 在自然界的分布十分广泛，所引起的甲型肝炎也是世界性的疾病，全世界每年发病数超过 200 万人，加上很多病人症状较轻并未就医，因此实际病例远远高于统计数据，且主要发生在不发达国家和地区。甲型肝炎主要表现为急性肝炎症状，潜伏期 2～6 周，前期症状为全身不适、乏力、食欲不振，然后有发热、呕吐及肝部疼痛等症状。引起的症状可以自愈，成年人由于具有一定的免疫力而发病较少，然而一旦感染则症状较严重且持续时间较长，但死亡率极低。

HAV 的传播途径主要是通过粪—口传播。一般 HAV 随患者粪便排出体外,通过人与人的密切接触,或通过水源、食物、食具及日常生活用品向外界环境传播。HAV 在污染的废水、海水及食品中可存活数月或更久。毛蚶、牡蛎等贝类水生生物在受粪便污染的水域中生存,其滤器和消化腺中可大量浓缩 HAV。食用被污染的贝类食品能引起甲肝流行,危害十分严重。例如,1988 年 1~4 月上海甲肝暴发流行,31 万人感染 HAV,就是因为进食了被污染的毛蚶所致。

HAV 的抵抗力较强,对乙醚、酸、热稳定,在 4 ℃可保存数周至数月,−20 ℃贮存数年仍保持感染性。贝类经过 58.75 ℃(133 ℉),30 min 的处理后,甲型肝炎病毒还具有传染性。烹调条件诸如干热、蒸汽加热、烘烤和炖、焖等只能消灭其中一小部分病毒。而完全灭活病毒的热处理,一般将导致贝类产品在感官上不可接受。在一般的情况下,食用贝类时一定要反复冲洗,漂养 1~2 d,使其吐净污物,烹调时不要贪图其味道鲜美,一定要充分加热,烧熟煮透。如果该地区已有病毒性疾病发生,则不要食用附近水域的贝类。

第二节　传统海洋发酵食品

我国为世界渔业大国,水产品的资源丰富,种类繁多。在我国,发酵水产制品已有 2 000 多年的历史。发酵水产制品因其在常温下较长的贮藏期和独特的风味深受我国人民喜爱。发酵水产制品的传统制作方法是依靠自然界中偶然污染的微生物在适宜温度和湿度下生长繁殖,进行长期发酵而制得。但随着人们对发酵本质——酶催化水解反应更清晰的认识和酶工程技术的发展,酶制剂被广泛应用到发酵水解的过程中,使某些水产品的发酵在传统工艺的基础上有了新的突破和改进。本节主要介绍了鱼、虾蟹、贝和藻类等我国常见水产制品的传统发酵工艺和现代发酵新工艺。

一、鱼类发酵制品

鱼类发酵制品通常是腌制品。水产发酵腌制品是指在盐渍过程中自然发酵,或是在盐渍同时添加促进发酵和增加风味的辅助材料发酵而成的水产制品。本章节介绍的鱼类发酵制品中,鱼露和酶香鱼属于依靠水产品本身酶类和微生物对其蛋白质等有机成分进行分解而制得的产品,鱼鲊制品和糟醉制品则是由添加辅助材料发酵制成的。

(一)鱼露

鱼露也称鱼酱油,是由食用价值低的鱼类和水产食品加工的废弃物发酵而制成的水产调味料。鱼露风味独特、营养丰富,含有大量水溶性蛋白质和游离氨基酸,特别是赖氨酸和谷氨酸,其中赖氨酸占鱼露中总氨基酸含量的 13%～19%,谷氨酸占总氨基酸含量的 15%～20%。氨基酸态氮含量越高,鱼露的品质越好。此外,鱼露中还含有脂肪酸、有机酸以及钙、碘、镁、铁、磷等多种物质。因此,鱼露受到我国沿海地区及日本、东南亚各国人民的喜爱。越南、柬埔寨、泰国等是世界闻名的盛产和消费鱼露的大国,在越南,鱼露甚至是人们每餐必不可少的调味品。

1. 鱼露生产的传统发酵工艺

（1）传统发酵鱼露的生产工艺流程（图6-3）。

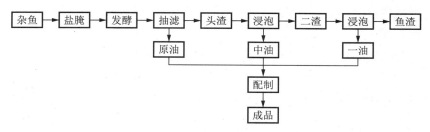

图6-3 传统发酵鱼露的生产工艺流程

（2）传统发酵鱼露操作要点。

原料选择：应选择蛋白质含量高、肉质鲜嫩的鱼类为原料，如鳀鱼、鳗鱼、七星鱼、三角鱼等。

盐腌：将小鱼放入室内的池或桶中，加鱼重25%的盐，腌制2～3 d后会有卤汁渗出，要及时封面压石。腌制自溶一般需7～8个月。

发酵：当鱼体变软成为气味清香的鱼胚醪时，转移到露天的发酵池中，进行日晒夜露并勤加搅拌，进一步促进发酵，发酵周期有可能超过1年。

抽滤：发酵结束后，将发酵醪经布袋过滤器进行过滤，使发酵液与渣分离。

浸泡：抽取原油后的渣再经过两次浸泡和过滤，先后得到中油和一油。取出一油后的滤渣与盐水或腌鱼卤共同煮沸，过滤澄清，得到熟卤，可用于浸泡头渣和二渣。

配制：取不同比例的原油、中油和一油可以配制成各种级别的鱼露。

传统发酵法生产的鱼露特点是味鲜美、氨基酸种类较全，但成品带有鱼腥味，且食盐含量高达25%以上，虽对于产品的长期保存有利，却由于加盐量过大，抑制了酶的活性，延长了发酵周期，高盐的摄入也不利于消费者的健康。

2. 鱼露发酵的新工艺

加温发酵：蛋白质分解酶和嗜盐微生物在35 ℃～40 ℃时分解蛋白质的活性最强，因此通过人工加温和保温促进鱼体中的蛋白质加速分解，缩短发酵时间。福建东山县制作鱼露时，将已发酵半年左右的杂鱼放在温度为40 ℃～45 ℃烘房中，发酵7～10 d后，即可过滤得成品，使发酵周期从一年缩短到半年左右。

低盐发酵：微生物和蛋白质分解酶均在低盐时活性较强，在发酵前期少加盐，至蛋白质被分解到一定程度时再加入足量的盐，可以有效缩短发酵周期。但是此法要求原料较为新鲜，且应严格把握加盐量和加盐时间，防止鱼体变质和蛋白质过度水解。

酶法制备：在生产中，一般选择中性蛋白酶AS1398、胃蛋白酶等蛋白酶来酶解鱼体，制备鱼露。如：将鳗鱼清洗干净并搅碎呈糜状，加入与鱼重量等量的水与适量的中性蛋白酶AS1398，置于40 ℃～50 ℃恒温环境中酶解，酶解周期为18～20 h，将醪液加热煮沸3 min，以终止酶解；向醪液中加入5%～8%的硅藻土过滤得澄清透明液；再经过后续加工，即得到酶解法鱼露。该法生产鱼露，周期仅为20～24 h，与传统鱼露的生产周期相比，效率大大提高。

加曲发酵:鱼露发酵时加入一些酿造酱油所用的米曲霉等,利用它们分泌的蛋白酶、脂肪酶等,将有机物分解转化;或从传统鱼露中分离出耐盐菌,扩大培养后,纯种接种到发酵原料中,促进蛋白质的转化,也提高了鱼露的品质。

(二)酶香鱼

酶香鱼是利用鱼体酶类的自溶作用及微生物的分解作用所制成的一类具有特殊风味的鱼制品。因鱼体中的蛋白质和核酸等被分解成为氨基酸、核苷酸等呈味物质,成品酶香鱼具有了特殊的酶香风味。其常见的加工方法有 2 种:盐渍酶香鱼和干盐酶香鱼。

1. 盐渍酶香鱼

原料选择与预处理:应选择新鲜、鳞片完整且体型较大的鱼,须清洗干净鱼体表面黏液并打破眼球内膜进行腌制。

撞盐:将盐堆拨入鱼鳃盖内,并将部分盐堆用小木棒从鳃盖捅入鱼腹内,但不能捅破腹肉。肚盐与鳃盐的用量应占鱼重的 8%～10%。然后将鱼放到竹其或桶中发酵。

腌制发酵:应先在池底撒一层约 1 cm 厚的盐,把撞盐后的鱼背朝上,平斜排入池中,排叠时鱼体之间应紧密压实,以免成品鳞片疏松。并且在每层鱼体之间均匀撒一层隔体盐,用量从下而上递增。一般用盐量在 30%～38%,根据季节、鱼体大小和鲜度而定。

压石:鱼体腌制 2～3 d 后逐渐膨胀,表明其肌肉已开始发酵,此时压石不宜太重,以免鱼体相互粘连,重量以卤汤浸没鱼体为宜。石重一般为鱼重的 8%～10%,压石时间根据发酵程度及气温状况而定,一般为 2 d。

发酵成熟后经包装制成成品。

2. 干盐酶香鱼

原料选择与预处理:应选取鳞片完整、无创伤、鲜度良好、重 0.75 kg 以上的鲜鱼,将鱼揭开鳃盖,压断鳃骨,打破眼球内膜,摘除鳃耙及内脏,用清水洗出鱼体黏液及血水。将鱼头部向下,滴干腹腔血水。

撞盐:与盐渍酶香鱼相同,盐粒要塞满腹腔和鳃腔,用盐量约占鱼重的 13%。

干盐埋腌:选用带排卤小孔的木桶,靠桶壁将干盐堆成 35°～40° 的斜坡,将撞盐后的鱼体头部向下顺堆盐坡度整齐排列。每排完一层鱼后,覆盖一层 8 cm 厚的隔体盐,至桶九成满时,覆盖约 8 cm 厚的护边盐,护边盐应堆成梯形。

此法依靠干盐加速鱼体脱水,使鱼体水分快速渗出,且鱼头朝下有利于腹腔和鱼体脱水排卤。

发酵:以室温为 24 ℃～26 ℃最适宜,在此温度条件下,鱼体 3 d 左右开始发酵,6～7 d 后发酵完全,其外观为背部肌肉收缩变硬,有浓酶香味,色泽略透明。经洗涤,晾晒至六成干,包装后制成成品。

(三)糟醉鱼制品

以鱼类等为原料,使用酒酿、酒糟和酒类等进行腌制而成的产品,亦称糟醉制品或糟渍制品。

原料处理:一般选用青鱼或草鱼。将鱼体剖腹后去内脏、鳞、头尾等,并清洗干净。

盐渍与晒干:洗净后的鱼体沥干表面水分,加入鱼重 8%～10%的食盐,腌渍 3～5 h

后,将鱼体放入清水,使其表面稍微脱盐并洗去其表面的黏滞物。晒干或风干至一般盐干品程度。

配制酒糟:常用的有甜酒原糟和黄酒糟等。使用经过压榨的甜酒原糟,其水分含量为40%～50%,酒精含量为3%～6%。要使用新鲜酒糟而非已发酵的陈糟。若酒精味偏淡可添加酒类(2%～4%)、食盐(3%～5%)、白糖(0.3%～0.5%)等调味品。

糟渍:以小口坛为容器,先在底部添加酒糟后再逐层添加鱼体,满罐后压紧,上部再添加少量烧酒和食盐,用牛皮纸或干荷叶封口,加泥密封贮藏,1～3个月后即可得成品。

(四)鱼鲊制品

鱼类盐渍后加米饭发酵而得的产品称为鱼鲊制品。我国古代即有此类加工品。在《释名》(汉刘熙著)和《齐民要术》(北魏贾思勰著)中均有鱼鲊制作的详细记载。后此法传入日本,我国反而不常见。如日本著名的琵琶湖鲫鲊的加工方法是将春季产卵前的鲫鱼除去内脏后,在鱼体外表和腹内均加盐渍至立夏前,取出后在腹内塞米饭,再一层饭一层鱼装桶压紧,发酵4～6个月后即得成品。鱼鲊制造是依靠盐渍脱水后进行乳酸发酵制成。据检测,鲫鲊中的乳酸含量约为1%。

二、虾蟹类发酵制品

(一)虾酱

虾酱是我国及东南亚地区传统的虾类食品之一。它是以小鲜虾为原料,经过加盐、研磨、发酵制成的一种黏稠的酱制品。每年5～10月是虾酱的生产加工期,我国沿海凡产虾的地区均能生产。

虾酱的传统生产工艺如下:

原料处理:应选用新鲜、体质坚硬的小型虾,如小白虾、蠓子虾等,除去小鱼及杂物,洗净沥干。

盐渍发酵:加入虾重30%～35%的食盐,与原料虾搅拌均匀后渍入缸中。用木棒将原料虾搅拌捣碎,每天2次,每次2 min。捣碎时必须上下搅匀,然后压紧抹平,以促进分解、发酵均匀。经过15～20 d,发酵过程即大体完成。酱缸应置于室外,借助日光加温,促进发酵。缸口须加盖,防止日光直晒使原料过热、变黑,同时亦能避免雨水、沙尘混入。

在加入食盐的同时,也可加入茴香、花椒、桂皮等香料,混合均匀,以提高制品的风味。

传统发酵虾酱对于原料鲜虾要求较高,生产时受时间约束较大。经过在实际生产中的不断探索,人们发现采用大豆、虾米和面粉,利用米曲霉发酵和酶制剂水解的双重作用,即可获得风味较好的发酵调味虾酱。

(二)虾油

广义上,鱼露包含了虾油,传统的虾油生产原理和鱼露是相同的,主要是利用虾体自身的多种内源性酶类的水解作用,使虾体中蛋白质、糖类、脂肪分解代谢后制得。虾油以新鲜低值虾为原料,经发酵和酶解后提取的汁液,其中含有丰富的蛋白质和氨基酸,是一种味美价廉、营养丰富的调味品。

虾油的传统生产工艺如下:

原料清洗：虾油加工季节为每年清明前 1 个月。捕获的虾类应在起网前,利用虾网在海水中淘洗,除去泥沙后运回加工。

入缸腌制：采用缸口较宽,肚大底小的陶缸腌制虾类。将陶缸放于露天场地,缸口罩塑料薄膜防雨。将原料倒入缸中,每缸约倒入容积的 60%。经日晒夜露 2 d 后,开始搅动,每天早晚各 1 次。3 ~5 d 后缸面会有红沫,此后开始加盐搅拌,每天早晚搅动时各加原料重量的 0.5% ~1% 的盐。经过 15 d 的缸内腌制后,继续每天早晚搅动 1 次,加盐量可酌情减少。30 d 后只需早上搅动,加盐少许,直至按规定的用盐量加完为止。整个腌制过程的用盐量为原料重量的 16% ~20%。虾油的酿造过程主要靠阳光曝晒和搅动。曝晒热度越足,搅动时间越长,次数越多,虾酱腥味越少,质量越好。当缸内酱液呈浓黑色且上浮一层清油时,虾油发酵成熟。

提炼煮熟：发酵成熟的虾酱液一般在初秋时开始炼油。先用勺子舀起缸内浮油,再加入与缸内剩余物等重的 5% ~6% 的凉盐水,搅动 3 ~4 次,以促使缸内虾油与渣分离。将竹篓探进缸内,使虾油滤进篓内,再用勺子渐次舀出虾油,直至舀完缸内虾油为止。随后将前后舀出的虾油混合,即为生虾油。

将生虾油置于锅内烧煮,撇去浮沫,沉淀后即为成品虾油。

虾油生产的现代工艺如下：

选用新鲜糠虾为原料,洗净后瞬时杀菌(注意不能破坏内源性酶活性),加入原料重量 10% ~15% 的食盐,入发酵罐,于 37 ℃ 保温发酵数小时。再添加适量大料、茶叶等进行配卤、压滤,使虾油分离,这一操作可在压滤机或真空吸滤器中进行。澄清的虾油滤液中可加入适量稳定剂,在灌装前将虾油煮沸数分钟,趁热滤除沉淀和悬浮杂质。

（三）黑虾油

黑虾油是刀额新对虾等由自溶水解酶酶解制得的浓缩水解液。黑虾油呈黑色,味道鲜美,具有浓郁的虾香味,是一种天然液态海鲜调味料。

所谓自溶作用是指存在于食品生物材料中的水解酶如蛋白酶、脂酶等,在一定的条件下,往往自发地对组织细胞结构起着协同一致的分解作用。前文所提及的鱼露、虾油等的传统生产法其实均有利用到自溶作用,可自溶作用非常缓慢且一直未能得到有效的控制和利用。紫外线照射对刀额新对虾等的自溶有较大的促进作用,以照射 20 min 为最佳;无机离子是虾组织自溶的激活剂,Na^+ 的影响最大,且当浓度为 0.07 mol/L 时,达到最佳效果;pH 在 7 ~7.5 时,自溶可达到最佳效果;自溶的温度条件以 40 ℃ ~65 ℃(每 30 min 升高 5 ℃)的梯度温度为最佳条件,它可以满足不同蛋白酶所需的温度域,使其活性充分体现出来,得到较好的自溶效果。

黑虾油的制作工艺流程(图 6-4)：

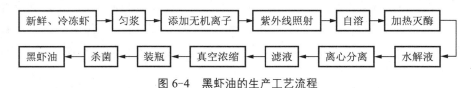

图 6-4 黑虾油的生产工艺流程

（四）虾黄酱

对虾的虾头约占全虾总重的 1/3，我国每年因加工无头对虾而废弃的鲜虾头即有 7 000～8 000 吨，因此虾头的综合利用，特别是在调味料开发上的应用较为常见。虾黄酱便是虾头调味料的一种。虾黄酱营养丰富，含有人体所需的多种氨基酸和维生素、无机物等。它具有独特的浓厚香鲜味，能促进食欲，是一种美味佐料。而由虾黄酱制成的虾黄粉则可作为汤类、方便面、糕点等食品的添加剂。

1. 虾黄酱的生产工艺

原料处理：剔除虾头中的杂物，剪须，除虾壳，洗净，用绞肉机搅碎。

酶解：向处理后的原料中加入蛋白酶，于 40 ℃，pH 为 7 条件下水解 3 h。

消化：向上述酶解液中加入 12% 食盐水及少量 BHT 抗氧化剂和苯甲酸钠防腐剂，在 30 ℃下保温消化 10 d 后，将消化后液体煮沸 10 min，趁热过 18 目筛子，冷却后得棕红色虾黄酱。

2. 虾黄粉的制备

虾黄粉的生产方法比较简单，就是使已制得的虾黄酱蒸发，除去其中的水分，在温度 100 ℃以下烘干，粉碎即成。

（五）蟹酱

蟹酱是以新鲜海蟹为原料制成的一种加盐发酵调料，一般在冬季生产，但生产情况远不及虾酱普遍，生产地区多集中在浙江、山东、河北和天津等地。蟹酱含有丰富的蛋白质，是营养丰富、味道鲜美的调味料，常用于肉类、汤类等菜肴的调味、增鲜。

1. 蟹酱的传统生产工艺

将洗净的鲜蟹置于腌缸中，用木棍将其搅碎，一般越碎越好，一次性加入原料重量 35%～45% 的食盐，拌匀以后每天搅拌一次，使下沉缸底的食盐上下拌匀，否则制品易变黑。经超过 10 d 的搅拌，即为成熟的蟹酱。成品蟹酱保持红黄色为优良制品。

2. 蟹酱生产的新工艺

生产工艺流程（图 6-5）：

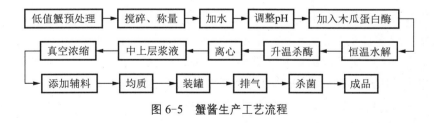

图 6-5 蟹酱生产工艺流程

三、贝类发酵制品

贝类肉质中除含有大量的呈鲜味氨基酸和助鲜剂核苷酸外，还含有琥珀酸等贝类特有的风味物质。其汁液味道异常鲜美，独具特色，是制造调味品的上好原料。蚝油便是贝类调味品中的代表产品。

蚝油加工在我国已有相当悠久的历史，传统的蚝油加工方法多是从蚝干加工所得的蚝汁经煮沸浓缩而得到的。传统生产工艺的不足之处在于原料利用率问题。在原料处理上只利用了煮蚝水,蚝肉本身未能投入提取过程中,且提取时单纯依靠热水浸出,只获得了可溶性成分,蚝肉中的蛋白质绝大部分未能利用,而新的生产工艺——蚝肉酶解法可以很好地解决这一难题。

在使用酶解法进行蚝油生产时,提高了牡蛎蛋白质的利用率,更有利于人体吸收,同时可以使成品味道更鲜美,营养价值更高。用此种方法,既可以生产出液体贝类调味品——酶解蚝油,又可以生产出固体调味品——海鲜汤料(水解牡蛎粉汤料)。除了酶解技术外,目前也有利用乳酸菌、米曲霉、酵母菌等的发酵技术,生产贝类发酵制品或用于改善贝类酶解液风味(苦味、腥味等)的研究。

四、藻类发酵制品

1. 螺旋藻营养饮料

螺旋藻具有极高的营养价值,含有多种生理活性成分,具有重要的保健功能,可广泛地用于生产保健食品等。采用酶技术,适度地降解螺旋藻蛋白,制成优质的螺旋藻营养饮料。这样既去除了螺旋藻本身带有的藻腥味,又获得了营养丰富的产品。

2. 海藻保健酒

海藻作为天然海洋食品,除具有很高的营养价值外,还含有很多陆地植物稀有的硒、碘等具有特殊生理活性的微量元素和多种具有抗病毒、抗肿瘤作用的活性多糖。因此,以水为溶剂,控制适当条件由海藻中浸提出其水溶性有效成分作为发酵基液,补充适量的营养物质后,接入葡萄酒酵母进行发酵,可酿造出营养丰富、风味独特的海藻保健酒。

操作要点:

发酵基液的制备:海藻中的多数营养成分是水溶性的,以水为浸提液,在 60 ℃,pH 为 5～6 稍偏酸性时进行浸提。这一过程是酿制海藻酒的关键。发酵基液的质量高低关系到海藻酒的风味和质量好坏。浸提时间不宜过长,长时间高温浸提易使活性多糖的活性成分水解从而失去其生理活性。

前发酵阶段:发酵基液带有浓重的海腥味,难以入口。所以接种葡萄酒酵母,利用酵母菌在生成过程中的代谢转化作用,在产酒的同时,将海藻浸提液中的腥味去掉。发酵基液中虽然微量元素含量丰富,但可发酵的糖类含量过低,因而需根据发酵基液中各种物质含量的多少来补入一定量的糖类和含氮丰富的物质作为碳源和氮源进行发酵酿制。

后发酵成熟阶段:后熟发酵是为了增加所制海藻酒的醇厚感和风味。在前发酵结束之前,向发酵液中加入适量的糖,移至冷库中停止发酵,进行后熟。一段时间后即可制成低度甜海藻酒。如加糖后继续发酵一段时间再于冷库中后熟,可制成酒精含量较高的海藻酒。

第三节　海洋食品原料的高值化生物转化工程技术

海洋生物资源的高值化利用是海洋领域一个重要的新兴交叉方向,是海洋战略性新兴产业的支柱性主导产业和突破口,是解决制约人类资源短缺等重大问题的必然选择和有效途径。海洋生物资源高值化利用以海洋中的鱼、虾、贝、藻、微生物等为代表的经济海洋生物资源为研究对象,通过活性物质与功能物质制备、活性结构改性、安全与质控技术、产业化开发技术等现代生物技术手段,研发获得海洋食品、海洋药物、海洋生物材料、海洋生物质能等高附加值产品。

　　自20世纪60年代初,海洋生物资源的开发便成为世界各国关注的新热点,90年代开始,许多沿海国家都把开发利用海洋生物资源作为一项基本国策。我国的海洋生物高值化利用研究始于20世纪60年代,在中国科学院海洋研究所曾呈奎院士等老一辈科研人员的艰辛工作下,先后突破了海带、紫菜等海藻产业发展的关键科技问题,产生了以琼胶、卡拉胶、食品添加剂等为代表的海藻工业产品。20世纪80年代,伴随着我国水产养殖产业的大发展,产生了以甲壳素、酶制剂、饲料添加剂等为代表的水产品精深加工制品。近年来,随着我国海洋生物产业的发展,海洋生物资源高值化利用的理念成为主流,形成了一批能够有效解决制约人类社会发展的食品问题、资源问题、环境问题的科技产品,提高了海洋生物原料的附加值和综合利用水平。

　　随着微生物技术以及发酵工程等学科的发展,利用海洋微生物本身以及微生物技术开发海洋生物资源已经成为一种新的发展趋势,包括海洋微生物本身产生的活性成分在食品方面的应用、海洋微生物酶工程技术、海藻的微生物利用技术、海洋生物蛋白资源及水产品加工废弃物的微生物利用技术等。

一、海洋资源生物转化工程技术概述

　　水产品是提供人类消费的蛋白质的主要来源之一,但在水产品加工以及利用的同时,其原料中有相当数量的不可直接食用部分(如头、鳍、内脏、鳞、皮、骨骼等)要被处理下来,这些一般占原料总重的30%左右,个别种类超过40%,这些不能通过一般食品加工方式加工成食品的部分,称为“废弃物”或“下脚料”。然而这些下脚料又含有蛋白质、酶、油脂,以及其他一些具有生物活性的物质如多糖类、维生素类、矿物质等多种成分。这部分原料中除了蛋白质之外,其他各类成分不论在种类上或数量上,都远比作为可食用部分的肌肉组织中的要丰富得多。这些下脚料如不加以利用,因为其易腐败的特点将可能成为环境的一个重要污染因素、一个负担。如果利用现代加工技术将其改造,则可以从中收回许多产品,有些自然可以做成食品,而且是富含多营养要素的优质保健食品;有些则可以开发成为很有价值的饲料;有些成为工业上具有多种用途的物质等。这些种类繁多、各具功效的产品,都来自水产品加工的下脚料,这种利用方式被称为“副产品加工”或叫作“综合利用”。

　　据粗略估算,我国每年水产品加工副产物已达到上千万吨。生产100吨冷冻鱼糜约需400吨原料鱼,可产生200吨～250吨副产物。虾头占虾体重量的30%～40%,我国每年剔除的虾头为1.5万～2.0万吨。鱿鱼加工副产物如鱿鱼皮、内脏、软骨、墨汁、鱿鱼眼、精巢等,鱿鱼在加工处理过程中有20%～25%副产物。海参每年的全国产量为14万～15万吨,每吨活海参约可加工出干净海参肠16千克,海参肠产量每年即可以达到2 000吨以上。海藻化工利用率不超过30%,大部分成分最终成为加工副产物,除一部分用于饲料添加剂或肥料外,其余废弃,全国每年因此而产生的海藻渣(漂浮渣)可达15万吨左右。此外,我国的非工业化加工产生的水产品副产物(废弃物)的总量更为巨大。除了加工副产物以外,每年我国还有大量的低值海洋生物资源没有得到开发和有效利用,其中最为典型的是浒苔。从2008年6月中旬开始,大量浒苔从黄海中部海域漂移至青岛附近海域,青岛近海海域及沿岸遭遇了突如其来、历史罕见的浒苔自然灾害,清除浒苔100多万吨,曾一度对青岛夏季奥运会帆船运动员海上训练造成影响。因此,如何运用生物技术对这些低值水产品和水产加工过程中产生的副产物进行高值化利用,是目前生物技术领域急需开展的研究课题。

破坏物料形态的生物转化工程是实现低值水产资源高值化的重要技术保障和必然发展方向。将现代生物工程技术引入到海洋资源开发利用中,综合运用基因工程、酶工程、蛋白质工程、发酵工程、生物催化与生物转化工程以及系统生化工程等工业生物技术手段,从海洋生物资源中挖掘一批新物种、新基因及微生物酶;通过现代海洋微生物工程和酶工程技术的转化和应用,特别是水产加工专用蛋白酶、脂肪酶和海洋特征多糖降解酶的利用,实现海洋资源有效成分的深度提取、高效转化、功能提升;进一步推动开发出水产蛋白粉、海洋活性肽、食品调味品、海洋蛋白肥、功能脂质等一批新型海洋功能食品与生物制品的问世和现有产品与技术升级,从而提升海洋生物资源的高效开发和加工副产物的综合利用水平。

在海洋蛋白原料的开发方面,可以通过复合蛋白酶降解、酶解—发酵耦合技术、固态或液态发酵技术等方式,实现海洋蛋白质的高效提取和功能提升,包括开发低相对分子质量海洋蛋白和蛋白肽、海洋调味品、鱼蛋白肥等产品。特别值得一提的是,海洋动物体内往往具有不同结构的高活性蛋白酶,在海洋蛋白质开发中应充分利用这些内源性组织蛋白酶的作用,提高酶解产物的得率和性能。例如,南极磷虾已报道了八种蛋白自溶酶:三种丝氨酸类胰蛋白酶(TL I, TL II, TL III),一种丝氨酸类胰凝乳蛋白酶(CL),两种羧肽酶A(CPA I 和 CPA II),两种羧肽酶B(CPB I 和 CPB II);三种胰蛋白酶都具有羧肽酶活性,37 ℃下南极磷虾胰蛋白酶活性高于牛胰蛋白酶12倍,1 ℃～3 ℃时高于牛胰蛋白酶60倍。

在海洋功能脂质开发方面,海洋食品富含结构特殊的脂类,以DHA(二十二碳六烯酸)及EPA(二十碳五烯酸)为代表的n-3多不饱和脂肪酸(n-3 PUFA)具备特殊营养功效,在维持动物正常脑功能、改善血脂、预防心脑血管疾病方面的有益性已经得到广泛认可。在海洋食品脂质中,DHA/EPA主要以甘油三酯和磷脂的形式存在,现有研究表明,海洋食品DHA/EPA磷脂具有更为显著的营养功能。磷脂型的DHA更容易进入到脑,并具有改善睡眠和缓解抑郁的作用。水产食品中含有DHA的磷脂主要以磷脂酰胆碱(phosphatidyl cholines, PC)和磷脂酰乙醇胺(phosphatidyl ethanolamines, PE)形式存在,磷脂酰丝氨酸(phosphatidyl serines, PS)的含量一般低于5%,因此利用生物转化的方法,以甘油三酯型鱼油和DHA-PC为对象,建立DHA-PS(磷脂酰丝氨酸)等的定向生物转化技术,可望成为新的研究方向和发展趋势。

在海洋多糖的开发方面,利用海洋酶工程技术和发酵工程技术开发新型海洋多糖和低聚糖相关产品,已经取得了显著的成果。例如利用海洋多糖降解酶制备特定聚合度的海洋低聚糖和寡糖,在本书第四章已有详细介绍。此外,近十年来,海藻肥的研究方兴未艾,已经快速占据了国内肥料市场的重要份额,在本节将做出介绍。

二、海洋蛋白资源的生物转化技术

海洋蛋白资源的生物转化主要依赖于酶工程技术和发酵工程技术。目前水产蛋白资源酶解利用的蛋白酶种类很多,根据其来源可分为三类:植物、动物和微生物来源。来自植物的蛋白酶主要有木瓜蛋白酶、菠萝蛋白酶、无花果蛋白酶、木瓜凝乳蛋白酶等,大约占用酶量的15%,其中以木瓜蛋白酶在水产蛋白资源酶解中应用最为广泛;来源于动物的蛋白酶包括胰蛋白酶、胃蛋白酶、胰凝乳蛋白酶等,大约占25%,除了上述常用的动物消化道蛋白酶之外,有些学者使用自行从海洋动物组织和消化道中提取的消化酶作为水产蛋白酶解的工具酶,如从鲭鱼肠道中提取的蛋白酶,从大西洋鲑鱼幽门盲囊中提取的蛋白酶和从金枪鱼幽门盲囊中提取的蛋白酶等。其中在水产蛋白酶解利用中应用较多的还是微生物发酵产生的蛋白酶,大约占60%,产酶微生物有细菌、霉菌、酵母和放线菌。细菌类的蛋白酶主要是枯草芽孢杆菌等芽孢杆菌产生的,一般是中性或碱性蛋白酶,如 Novozymes 的 Neutrase、Protamex、Alcalase 和 Rohm Enzymes 的 Corolase 7089 等,霉菌产生的蛋白酶有 Novozymes 的 Flavourzyme 和 Rohm Enzymes 的 Corolase PN-L 等。近十余年来关于酶解利用水产蛋白资源的总结如表6-3所示。

表6-3 近十余年来酶解利用的水产蛋白资源

水产蛋白资源		蛋白酶	研究者(发表年代)
大西洋鳕鱼	内脏	Alcalase 等	Aspmo S I 等(2005)
大西洋鲑鱼	鱼排	Protamex	Liaset B 等(2002;2003)
	内脏及鱼骨	Alcalase	Michelsen H 等(2004)
	鱼肉	Alcalase 等	Kristinsson H G 和 Rosco B A(2000)
鳕鱼	鱼椎骨	Alcalase 等	Gildberg A 等(2002)
阿拉斯加鳕鱼	鱼排	鲭鱼肠道蛋白酶	Je J Y 等(2005)
黄鳍金枪鱼	废弃物	Alcalase, Umamizyme	Guérard F 等(2001;2002)
鳞鱼		Alcalase 等	Shahidi F 等(1995)
鲭鱼		蛋白酶 N	Wu H C 等(2003)
大西洋鳕	去头的鱼排	Neutrase 等	Liaset B 等(2000)
角鲨	鱼肉	Alacalase	Diniz F M 和 Martin A M 等(1996)
红海鳕		Flavourzyme	Imm J Y 和 Lee C M 等(1999)
沙丁鱼		Alacalase 等	Quaglia G B 和 Orban E 等(1987)
鲣鱼	鱼头	中性蛋白酶等	洪鹏志等(2005)
罗非鱼	鱼肉	木瓜蛋白酶	粟桂娇等(2005)
		Alcalase 等	曾庆孝等(2004)
鲢鱼	鱼头	木瓜蛋白酶等	许庆陵等(2004)
鲐鱼		胰蛋白酶,木瓜蛋白酶	裘迪红等(2001)
鳀鱼		胃蛋白酶,胰蛋白酶	朱碧英等(2001)
冰岛扇贝		鲨肝胰腺蛋白酶	Mukhin V A 等(2001)

水产蛋白资源		蛋白酶	研究者（发表年代）
文蛤		木瓜蛋白酶,酸性蛋白酶	阎欲晓和粟桂娇（2004）
牡蛎		酸性蛋白酶,Alcalase	欧成坤和杨瑞金（2005）
翡翠贻贝		胃蛋白酶等	洪鹏志等（2002）
海参		A. S1398 中性蛋白酶等	张或等（2001）
虾	虾头	Alcalase	Gildberg A 和 Stenberg E（2001）
鱼鳞		2709 碱性蛋白酶	李春美等（2005）
螺旋藻		木瓜蛋白酶	钟耀广（2004）
小球藻		碱性蛋白酶等	钟瑞敏（2002）

酶解后的海洋生物蛋白资源可实现其高值化利用,如作为饲料蛋白源、海鲜味调味品、微生物培养基,还可以开发新型海洋药物。

随着现代生物技术的发展,微生物技术在食品领域中的应用愈加广泛,从最初的酿造业到现在的水产品加工领域,从最初的固态发酵到现在的液态高密度发酵都证实了微生物技术在食品加工领域的重要性。近几年来,微生物以及水产品加工方面的科技工作者们也开始利用学科之间的相互交叉,利用这些所谓的水产食品加工的"下脚料"为消费者提供可食用的鱼蛋白制品。下面分别介绍一下贝类、虾蟹类、鱼类下脚料的高值化发酵技术。

1. 贝类下脚料的高值化利用

贝类加工业的下脚料,主要分为两大部分,一部分是其肉质部,即扇贝边,它是扇贝丁加工过程中的下脚料,占整个可食部分的 60%。扇贝边主要由扇贝的肉质斧足(外套膜边肉)、暗绿(褐)色的中肠腺(也叫内脏团)和生殖腺组成。另一部分是贝壳。

实际上扇贝边味道非常鲜美,营养价值相当高,湿扇贝边氨基酸含量高达 90 g/kg,其中人体必需的氨基酸占氨基酸总量的 35% 左右,而且扇贝边还含有丰富的牛磺酸、精氨酸以及 DHA、EPA 等具有生理活性作用的成分,因此从某种意义上讲,扇贝边的营养价值不低于扇贝丁。

利用微生物或酶技术,可将贝类下脚料加工成调味品、食品添加剂或者保健食品,如牛磺酸及其添加食品、以扇贝边为原料应用酶解法制备的调味扇贝汁,还有将扇贝经过酶解后制备的复合氨基酸胶囊等。迟玉森等人以扇贝边为原料,采用毛霉菌种 AS3.11 发酵制取美味扇贝酱。

2. 虾蟹类下脚料的高值化利用

虾蟹类下脚料中含有多种营养成分,尤其是蛋白质含量丰富,是优良的食物资源。当前,我国在虾蟹蛋白类资源的提取及深加工方面发展较慢,随着酶工程以及微生物工程的发展,在虾蟹类下脚料方面的利用展现出广阔的市场前景。

郑红等针对虾蟹类下脚料制备海鲜调味基料的酶解工艺研究发现,复合蛋白酶和风味蛋白酶的最佳比例为 1:3;酶解 2.5 h,酶用量为 0.25%（W/W）,pH 6~7,反应温度为 54 ℃,此时氨基酸的利用率达到 46.21%。

目前还有关于发酵虾蟹类下脚料生产保健食品添加剂——虾青素的研究。钱飞等利用酶解技术针对克氏原螯虾头制备风味料和提取虾青素。在虾蟹类下脚料发酵菌种方面，有人利用嗜热链球菌发酵虾头提取虾青素，还有很多学者以共附生乳酸菌发酵虾头、虾壳等。

3. 鱼类下脚料的高值化利用

鱼类作为海洋生物资源的主体，在加工过程中产生了许多的下脚料，如鱼鳞、鱼内脏、鱼鳍等。目前我国的水产食品学者也在利用微生物的技术，通过发酵来利用这部分资源，以实现其高值化利用。如罗科丽等以罗非鱼（我国是其全球最大的生产国）内脏为原料，利用发酵乳杆菌（*Lactobacillus fermentum*）、乳双歧杆菌（*Bifidobacterium lactis*）和嗜热链球菌（*Streptococcus thermophilus*），得到罗非鱼内脏益生菌发酵液，发酵乳杆菌、乳双歧杆菌和嗜热链球菌的活菌数分别达到约 10^9 CFU/mL、10^8 CFU/mL 和 10^8 CFU/mL。

以鱼皮、鱼鳞和鱼骨为原料制备胶原蛋白肽以及利用鱼类下脚料制备水产蛋白肽的研究如火如荼，目前绝大多数研究和开发都是基于酶工程技术的。与酶工程技术相比，发酵型蛋白肽同样具有良好的发展前景，特别是：① 蛋白肽的生产工艺若仅采用酶解法，存在水解度较难控制，生产成本高，产品风味面临脱腥、脱苦的严重瓶颈问题；② 发酵型蛋白肽可以减少酶解工艺带来的成本高、风味差的问题，达到良好的脱腥和脱苦的效果；③ 利用微生物发酵过程中分泌的蛋白酶可以进一步使原料蛋白被分解成小分子蛋白和小肽分子、游离氨基酸和促生长因子等物质，同时能消减抗营养因子的一些作用，使其易被幼龄动物消化吸收；④ 发酵型产品兼具功能小肽、蛋白酶类和益生微生物多重优良品质，有望成为本领域极具发展前景的换代产品。有学者以发酵液的 DPPH 清除率为抗氧化性指标，利用枯草芽孢杆菌发酵鱼蛋白制备抗氧化型发酵液。

利用鱼类下脚料生产的海洋鱼蛋白肥料也成为近年来农业领域逐渐兴起的新产品，特别是经过酶解或发酵降解后得到的一定相对分子质量的海洋蛋白肽，能够有效促进农作物的生长和抗病力，可用作拌种喷施、苗床定植、灌根、中后期追肥等。

三、海洋多糖资源的生物转化技术

1. 海藻功能性低聚糖的酶解转化技术

海藻不仅仅是食品，还广泛用于印染、功能食品、纺织、农业、医药等领域，具有非常重要的经济、营养、药用及生态价值。31 个国家和地区有海藻养殖记录，养殖总年产量为 1 900 万吨，其中 99.6% 来自 8 个国家：中国（1 110 万吨，58.4%）、印度尼西亚（390 万吨，20.6%）、菲律宾（180 万吨，9.5%）、韩国（90 万吨，4.7%）、朝鲜（44 万吨，2.3%）、日本（43 万吨，2.3%）、马来西亚（21 万吨，1.1%）和坦桑尼亚（13 万吨，0.7%）。大型海藻养殖水域面积的净固碳能力分别是森林和草原的 10 倍和 20 倍。全球每年的生物固碳总量为 800 亿吨，其中海藻固碳 550 亿吨，是全球生物固碳的最大组成部分。我国是世界上规模最大的海藻栽培国，海藻资源高值化利用目的在于将海藻转化成为有效清除海洋环境富营养化元素、生产药物或高附加值产品的反应器，对于将全球最大的海藻产业升级为服务于海洋环境可持续发展、海洋生物资源可持续利用的高新技术产业，具有十分重要的意义。随着微生物技术以及发酵工程技术的发展，海藻资源的微生物利用技术也取得了很大的发展。

海藻低聚糖的酶解转化技术在本书第四章"多糖降解酶"部分已有详细介绍，这里仅简要介绍一种利用卡拉胶酶和纤维素酶复合降解，从海洋红藻中直接制备半乳低聚糖的方法。刘哲民利用海洋 κ-卡拉胶酶产生菌 *Zobellia* sp. ZM-2 为对象，应用 Primer-Blast 设计引物扩增得到 κ-卡拉胶酶基因 *cgkZ*，转连到表达载体 pProEX-HTa 中转化大肠杆菌 BL21（DE3）诱导表达，得到了可胞外分泌表达 κ-卡拉胶酶的重组菌 BL21-HTa-*cgkZ*。以耳突麒麟菜替代 κ-卡拉胶为原料制备 κ-卡拉胶寡糖，首先对麒麟菜进行纤维素酶的预处理：纤维素酶添加量 2.1 万 U/g 麒麟菜，酶解时间 2.5 h；再进行 κ-卡拉胶酶的处理：温度 35.71 ℃，pH 5.87，加酶量 8.86 U/g 麒麟菜。在优化条件下对耳突麒麟菜进行降解，醇沉法收集制备卡拉胶寡糖，寡糖的得率超过 50%。该工艺将重组 κ-卡拉胶酶应用于酶解麒麟菜制备卡拉胶寡糖，实现了由麒麟菜到卡拉胶寡糖的直接转化。不同于传统酶解卡拉胶制备卡拉胶寡糖的方法，该工艺避开了从麒麟菜中提取卡拉胶的过程，简化了生产工艺，节约了能源资源。双酶法降解耳突麒麟菜制备 κ-卡拉胶寡糖采用以下技术路线（图 6-6）：

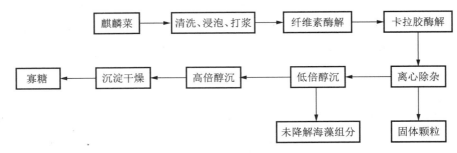

图 6-6 耳突麒麟菜降解技术路线图

2. 海藻生物肥的微生物工程技术

海藻生物肥是以海藻作为主要原料加工制成的生物肥料，主要成分是从海藻中提取的有利于植物生长发育的天然生物活性物质和海藻从海洋中吸收并富集在体内的矿物质营养元素，包括海藻多糖（寡糖）、酚类多聚化合物、甘露醇、甜菜碱、植物生长调节物质、氮、磷、钾、铁、硼、钼、碘等。近年来，海藻生物肥发展迅猛，对于改善农业生态、提高植物抗病力、增产增收产生了巨大的经济效益。目前已有的海藻生物肥的生产技术多采用化学法消化处理海藻原料，使海藻中的功能性成分得以转化和释放，这一技术的优势是成本低廉、操作简单；缺点在于，化学处理条件剧烈，会严重破坏海藻中的肥效因子，化学试剂的过多引入也改变了海藻自身的组成结构，对环境造成了一定的影响。

海藻生物肥的生产工艺中最关键的是藻体的消解，藻体消解的目的一是使细胞破碎或增溶，使细胞的内含物提取出来；二是使细胞中的大分子物质降解为可溶的易被吸收利用的小分子物质。与化学消化法相比，生物学技术为基础的发酵型海藻生物肥对生态农业和海藻资源综合利用将产生巨大贡献。这类生物肥通常应该包括三种类别的微生物：特征性海藻多糖高效降解微生物、以海藻为基质的农业生态有益菌、海藻快速腐熟环境友好型微生物。

利用微生物工程技术开发海藻肥的相关专利有：《用微生物降解褐藻胶残渣生产生物

肥料的方法》《一种海藻固氮菌肥料的制备方法》《一种冷解糖芽孢杆菌菌株及其在复合微生物海藻肥料中的应用》《微生物发酵法处理浒苔生产海藻肥的方法》等。总体来看，利用微生物发酵技术开发发酵型海藻肥的研究较少，特别是能够将海藻多糖有效转化为具有植物促生长和诱抗活性寡糖的微生物发酵技术，有很好的发展前景。图6-7为王鹏等发明的浒苔发酵生物有机肥的技术路线：

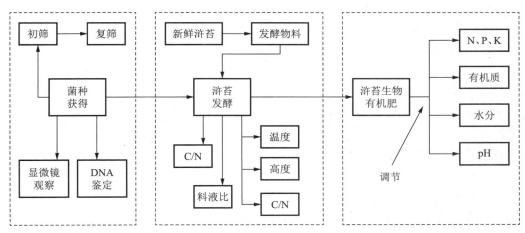

图 6-7 浒苔发酵生物有机肥的技术路线

3. 壳聚糖的生物转化技术

据统计，我国每年生产海蟹、海虾5 000多万吨，由此产生的虾蟹壳在1 000多万吨，随着水产养殖业和海产品加工业的快速发展，以虾蟹壳为原料的甲壳素产业更是发展迅速，企业数量已达百家，甲壳素及其衍生物年产量达万吨，产值100多亿元。我国已成为世界上甲壳素产品的主要输出国，但主要是低端产品。外国公司以低廉价格从我国进口甲壳素，经过深加工再以高端产品出口到我国。我国实际上仅仅是一个低端产品的生产大国，且将大量的污染留在了国内。因此，甲壳素行业的环保新技术攻关和产品升级已迫在眉睫。

壳寡糖是壳聚糖的降解产物，其不仅溶解性好，而且表现出更强的生理活性，如调节免疫、抗肿瘤、抗菌、保湿性、对植物的诱抗活性等，在医药、食品、农业、日用品等领域具有广泛的用途。目前壳寡糖价格昂贵，一般品质的价格300～700元/千克，高质量的壳寡糖在900～1 200元/千克，标准品1 mg价格在几十至几百美元。现有制备壳寡糖的化学法和酶法，每批次的产品质量无法保证、重复性差、污染重、分离复杂、规模化生产困难，亟须开发高效节能、环保且不破坏糖环本身结构的新技术、新设备、高质量的产品等。

壳寡糖作为植物诱抗剂、生长调节剂、微量元素螯合剂等应用于农业产品的开发，可促进农作物生长，既提高粮食产量和品质，又减少化学污染，保护环境。壳寡糖对植物病原菌的孢子发芽和生长有阻碍作用，并对病原菌感染的防护机能有诱导作用。壳寡糖对黄瓜枯萎病、小麦赤霉病、苹果炭疽病、玉米大斑病等病原菌的生长和萌发均有不同程度的抑制作用，其作用大小因寡糖的聚合度和脱乙酰度而有所不同，聚合度4～11的壳寡糖可以有效调动植物的抗病反应机制。例如，可以提高烟草叶片过氧化物酶、过氧化氢酶、苯丙氨酸解氨酶、多酚氧化酶等防御酶的活性。

此外,在饲料工业方面,壳寡糖作为非消化性低聚糖,是一种具有益生素活性的新型饲料添加剂,能够促进肠道健康菌群的生长,调节机体免疫系统,提高动物免疫力。2004年我国农业部发布的第 430 号公告,批准壳寡糖作为饲料添加剂在仔猪、肉鸡、肉鸭、虹鳟鱼的生产中使用。

黄藻等利用微生物发酵法处理虾壳脱钙、脱蛋白制备甲壳素,得到一种反应条件温和、可控性强、环境污染小的生产工艺来替代传统的化学生产工艺:鼠李糖乳杆菌发酵脱钙,枯草芽孢杆菌发酵脱蛋白,脱钙率和脱蛋白率分别为 98.98% 和 85.45%。

四、展望

总体而言,海洋资源生物转化工程作为海洋生物资源利用的新兴发展方向,将对未来的海洋食品与生物制品产业产生积极的推动和引领作用。在今后一段时期内,其重点研究内容可表述为以下几个方面:

(1)海洋功能生物资源的挖掘与储备。

从海洋生物资源中挖掘一批海洋水产资源开发专用工具的新菌种、新基因及功能酶,形成水产加工专用蛋白酶、专用脂肪酶和海洋特征多糖降解酶等具有我国自主知识产权的新一代海洋功能酶制剂。

(2)工业菌株的遗传改良与代谢工程。

对野生菌株进行外源基因表达与遗传改良研究,提高海洋微生物菌种的工业化应用水平,并通过代谢工程手段,提高菌株的发酵和产酶性能。

(3)海洋高值化发酵工程。

研究海洋水产原料连续酶解与分离设备、固液态自动化连续发酵技术、自溶酶与固态发酵耦合技术等生物技术和设备;实现海洋资源高值化发酵技术集成创新和系统化整体应用。

(4)海洋资源的生物催化工程。

重点开展定向可控酶解、酶膜反应系统、生物自溶酶解等关键技术和装备的研究,实现海洋生物资源高效利用的生物催化工程技术集成。

(5)海洋生物转化下游工程。

包括生物转化产物和精细化产品的高效分离、纯化、干燥、浓缩、复配等关键技术和装备研究。

第四节　海洋微生物在食品安全控制中的应用

一、噬菌体及其内溶素技术

1. 海洋噬菌体的分布

噬菌体是一种以原核生物(包括细菌和古菌等)为宿主的病毒类群,它最早发现于1915 年。研究表明,噬菌体在海洋中的数量极其丰富,总量约 10^{30} 个。著名的海洋病毒学专家 Suttle 曾就这个庞大数量打了一个形象的比喻:"如果将海洋中的病毒头尾相连排成一列,那么这个队列的长度将比地球附近的 60 个星系相互间的距离总和还要长"。噬菌体在海洋中无处不在,可以说哪里有微生物出现,哪里就会伴有噬菌体的存在。在表层海水中噬菌体的丰度约为 10^7 cells/mL,是细菌丰度的 5～25 倍。

在海洋中噬菌体具有极高的多样性,然而很少从形态上对其分类。图 6-8 概括了目前已经分离的海洋噬菌体的几种主要类型。大多数海洋噬菌体具有头和尾结构的复合形态,核酸为线型双链 DNA(dsDNA)。根据其尾部形态特征的不同,可以分为以下三科,分别是长尾病毒科(Siphoviridae)、短尾病毒科(Podoviridae)和肌病毒科(Myoviridae)。

越来越多的研究表明,噬菌体是引起海洋细菌死亡的主导因素之一。在表层海水中,由噬菌体引起的细菌死亡率达 10%～50%,与浮游动物引起的细菌死亡率几乎相当。而在一些不利于原生动物生存的环境中(如深海及沉积物中),噬菌体介导的细菌死亡率甚至达 50%～100%。例如,最近 Danovaro 等人在对大西洋、南太平洋、地中海以及黑海等处的海底沉积物及其上覆水中的病毒致死作用进行研究后,发现由噬菌体介导的细菌死亡率平均高达 80% 左右。

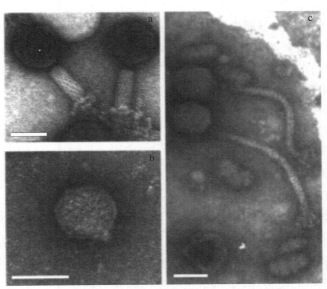

a. 肌病毒科;b. 短尾病毒科;c. 长尾病毒科。标尺 = 50 nm
图 6-8　海洋噬菌体的三种主要的形态类型。
(引自张永雨等,2011)

2. 噬菌体在食品加工与保藏中的应用

噬菌体是细菌的天敌,能够专一性地杀灭耐药型细菌,破坏细菌产生的生物被膜,是取代抗生素的有力工具。已有很多研究结果表明,应用噬菌体能够有效抑制奶酪、鸡肉、蔬菜、猪肉、水产品等食品中病原菌的生长,还可以有效降解食品加工过程中的细菌生物被膜。用噬菌体治疗疾病的历史悠久,早在抗生素出现前的 30 多年,其在细菌的控制和治疗方面就得以应用。然而,20 世纪 40 年代抗生素的推广使用使噬菌体的应用受到了极大冲击。但近年来由于"超级细菌"的出现,噬菌体的应用又重新得到重视,以解决抗生素滥用造成的"无药可医"的问题。

噬菌体在食品加工与保藏中的应用主要体现在以下几个方面：

（1）原料采集环节杀灭病原菌。

宰杀动物时，为了防止有害细菌随着血液、粪便的流出污染尸体，可以在屠宰后用噬菌体对动物尸体进行消毒，从而减少病原菌污染动物尸体的情况发生；也可以在原料采集（挤奶或屠宰）前，给动物口服噬菌体以杀灭其体内病原菌。如 *Escherichia coli* O157：H7一直持续威胁着公共健康，毒力很强，Raya 等人给羊口服噬菌体 CEV1 后，2 d 内羊肠内 *E. coli* O157：H7 的数量明显减少。

（2）生产或加工环节对设备等进行消毒。

噬菌体可以用来净化生产环境，消毒工作表面，清洁地面、墙壁、加工设备等。例如，被阪崎肠杆菌污染的不锈钢盘表面在用噬菌体混合物处理后，没有再发现该菌，而未被处理的对照组仍有该菌存活甚至可轻微生长。又如用噬菌体混合物 BEC8 处理 3 种不同材质工作表面上的 *E. coli* O157：H7，室温 1 h 内噬菌体就能起到有效的杀菌效果。

（3）延长食品储藏期。

噬菌体作为天然防腐剂可以延长食品的保质期。阪崎肠杆菌能引起严重的新生儿脑膜炎，婴儿配方奶粉是其主要感染渠道。这主要是由于生产婴儿配方奶粉时不能做到完全无菌，所以当该奶粉没有被及时食用并在室温存放时，少量的病原菌就会大量繁殖，从而对婴幼儿健康构成潜在威胁。为了安全储存婴儿配方奶粉，雀巢技术公司开发了对阪崎肠杆菌具有实质裂解潜力的无毒噬菌体，以有效防止阪崎肠杆菌污染。

（4）消毒新鲜的水果蔬菜。

噬菌体作为抗菌剂还可以对新鲜的水果蔬菜进行消毒。比如沙门氏菌是引起食物中毒的主要原因，在实验中用噬菌体混合物对已污染沙门氏菌的哈密瓜和苹果进行处理后，沙门氏菌的数量明显减少。

（5）检测食源性病原菌。

噬菌体有严格的宿主特异性，因此是用来检测宿主微生物的理想工具。在食品安全中，可用于检测食源性病原菌，如噬菌体扩增法检测技术。该方法是在待检测食品中加入某种噬菌体，若有其宿主病原菌存在，则噬菌体会迅速感染该菌，之后用高度特异的杀病毒剂清除所有未感染的噬菌体，进入宿主细胞的噬菌体则继续扩增，进而裂解细胞，释放噬菌体。所释放的噬菌体会感染随即添加的敏感细胞，最终在培养皿中出现噬菌斑。噬菌斑的出现表明食品中存在食源性病原菌。其他检测食源性病原菌的方法还有荧光染料标记法、检测报告基因法等。

已经有公司研制生产噬菌体产品。荷兰 EBI 食品安全公司就开发出一种专门针对李斯特氏菌的噬菌体制剂 Listex™ P100（图 6-9），可用来有效地避免肉类及奶酪类产品中的李斯特氏菌污染。Listex™ P100 也是世界上第一个通过美国食品药品管理局（FDA）的 GRAS（Generally regarded as safe，安全可靠）认证的噬菌体产品。表面经李斯特氏菌污染的生三文鱼片中添加 Listex™ P100 后，李斯特氏菌减少了 1.8～3.5 个数量级。2011 年，FDA 又批准了 EcoShield™ 产品，可以添加到食品中控制大肠杆菌 O157：H7 的污染；2014 年，批准了

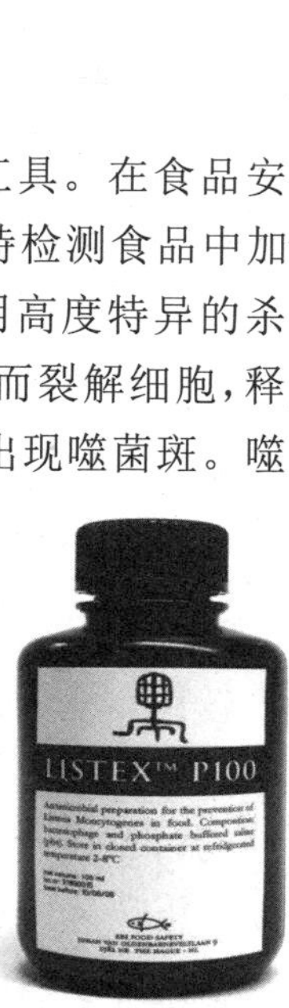

图 6-9　荷兰 EBI 食品安全公司生产的噬菌体制剂 Listex™ P100

Salmonelex™ 产品,用于控制食品中沙门氏菌污染。

　　腐败希瓦氏菌被认定为冷藏鲜鱼的特定优势腐败菌,是导致鱼制品腐败的重要因素,因此通过控制腐败希瓦氏菌的生长可以延长鱼类食品货架期。王静雪从污水中分离出一株腐败希瓦氏菌噬菌体 Spp001,对冷藏牙鲆的抑菌防腐实验效果明显,噬菌体 Spp001 实验组和山梨酸钾溶液实验组的菌落总数和腐败希瓦氏菌菌落总数均明显低于对照组;对鱼肉挥发性盐基氮的测定表明,实验组明显低于对照组,且高浓度噬菌体实验组和山梨酸钾实验组在第 14 d 仍小于 30 mg/100 g。除控制腐败菌的噬菌体技术外,噬菌体还可以用于来源于海洋的病原菌的有效控制方面(图 6-10)。

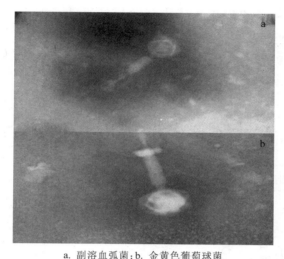

a. 副溶血弧菌;b. 金黄色葡萄球菌

图 6-10　可用于病原菌控制的海洋噬菌体的电镜照片

　　但是,噬菌体也存在缺点,如:① 细菌也会产生抗噬菌体突变,并且部分噬菌体能够转导毒素基因等毒力因子而增强细菌的致病性;② 噬菌体的裂解谱普遍较窄;③ 噬菌体的安全性仍需进一步研究等。

　　3. 噬菌体内溶素的研究与应用

　　近年来的研究表明应用噬菌体内溶素替代噬菌体可以解决上述问题。内溶素为烈性噬菌体在裂解细菌后期释放子代过程中编码的一类蛋白质,具有裂解细菌细胞壁的作用。已有研究表明内溶素能够有效地抑制肺炎双球菌(*Streptococcus pneumoniae*)、炭疽芽孢杆菌(*Bacillus anthracis*)、金黄色葡萄球菌(*S. aureus*)、克雷伯氏菌属(*Klebsiella*)、李斯特氏菌属(*Listeria*)和沙门氏菌属(*Salmonella*)等细菌。内溶素与噬菌体相比优势在于:① 目前尚无内溶素处理产生细菌抗性突变体的报道,与使用抗生素或噬菌体本身相比,内溶素导致抗性菌株快速出现的可能性要低很多;② 内溶素较源烈性噬菌体有更宽的裂解谱;③ 内溶素杀菌作用迅速,并且不同内溶素的复合应用具有良好的协同杀菌作用;④ 经基因表达并纯化的内溶素成分仅为蛋白质,在食品应用中的安全性具有保障。因此,采用内溶素控制食品中的细菌是非常可行的,且应用前景广阔。

　　噬菌体感染细菌首先吸附于细菌表面受体,受体通常为蛋白质或多糖,这种吸附具有种或株特异性,能感染多种细菌的多价噬菌体极其少见。当吸附到细菌表面后,噬菌体的核酸注入细胞质中,在细菌体内进行生物合成和装配。在感染后期,除了丝状噬菌体,大部分 dsDNA 噬菌体是通过内溶素的作用导致宿主菌细胞壁破坏而溶解,从而杀死细菌。噬菌体编码的内溶素在穿透宿主细胞膜时,需要噬菌体编码的孔蛋白协同作用,二者分别完成对宿主细胞壁肽聚糖和细胞膜的破坏,引起细菌迅速裂解。这种由于噬菌体对宿主菌表面的吸附特异性与内溶素裂解机制的复杂性共同决定了噬菌体严格的裂解专一性。

细菌的细胞壁肽聚糖层的化学键有糖苷键、酰胺键和肽键。根据作用于细胞壁共价键位点的不同,内溶素分为四类:① 葡糖苷酶(glucosidase),包括两种酶:N-乙酰胞壁酸酶(N-acetylmuramidases, lytC)(EC 3.2.1.17)和 N-乙酰氨基葡糖糖苷酶(N-acetylglucosaminidases, lytB)(EC 3.2.1.96);② 酰胺酶或 N-乙酰胞壁酰-L-丙氨酸酰胺酶(N-acetylmuramyl-L-alanine amidases, lytA)(EC 3.5.1.28);③ 肽链内切酶(endopeptidases)(EC 3.4.99.-);④ 转糖基酶(transglycosylases)(EC3.2.1.-)。其中前三类为水解酶,最后一类为糖基转移酶(图 6-11)。

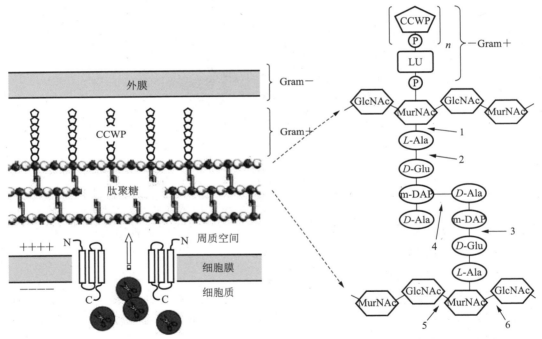

a. 噬菌体侵染后期内溶素在胞内的作用方式;b. 各种内溶素对细菌肽聚糖的不同作用位点

图 6-11　内溶素对细菌细胞的作用机制(引自 Loessner, 2005)

内溶素因具有高效裂解宿主菌和专一性作用宿主菌的特点,已经应用到各个领域中,包括食品保藏,有望作为新型生物保鲜剂用于防止细菌感染和控制细菌的生长。如前所述,噬菌体 Spp001 用于冷藏牙鲆鱼肉的防腐中可以有效延长鱼类货架期并表现出其应用潜力。进一步研究表明,该噬菌体对宿主细胞的裂解液中含有高活性内溶素,可使菌悬液的 OD_{590} 在 15 min 内快速下降,碱性磷酸酶(AKP)和分析透射电镜分析推测,内溶素可导致菌体细胞壁甚至细胞膜破裂。

二、海洋发光细菌及荧光素酶

1.化学污染物的快速检测

发光细菌的发光强度与某些污染物的浓度呈较好的线性关系，能够稳定、快速地反映环境中的污染物浓度变化；而且检测时间短（5～15 min）、灵敏度高（细胞基本物质代谢受到影响前发光反应先被抑制）。海洋发光细菌的发光特性与环境中有毒污染物的毒性有关，可用于毒物的检测。我国于1995年将这一方法列为环境毒性检测的标准方法（GB/T 15441—1995）。薛建华等在《发光细菌应用于监测水环境污染的研究》中指出，水环境中的汞、苯酚都抑制细菌发光，且抑制程度与汞、苯酚的浓度之间存在着明显的相关关系。吴伟等在《发光细菌在渔业水域污染物毒性快速检测中的应用》一文中，以明亮发光杆菌为指示生物，对渔业区域中污染物的急性毒性进行了检测；同时研究了pH、温度对检测结果的影响。海洋发光细菌种类不同时，发光特性有变化，其最佳的发光条件也不同。目前用微生物测定抗菌素效价很费时，操作也较烦琐，试验证明四环素对明亮发光杆菌发光的影响是在低浓度时刺激发光，较高浓度时则抑制发光，据此，利用发光细菌可以快速测定四环素的效价。因此，利用不同种类的海洋发光细菌的发光特性，可以监测海洋环境中的不同污染物。

此外，发光细菌体内的荧光素酶亦可用于食品生产源头的化学污染物的监测。在正常条件下，荧光素酶在加入一定浓度的底物后能够发生催化反应发出蓝绿光，但与一定浓度的污染物质如重金属接触后，荧光素酶的活性受到抑制，发光强度减弱，减弱的程度与污染物质的毒性及浓度在一定范围内呈线性相关关系。因此，可以从荧光素酶发光强度的变化推断出污染物质的含量。朱兰兰应用细菌荧光素酶：FMN-NADH氧化还原酶体外发光体系检测虾肉里 Hg^{2+} 残留的检出限为 0.000 7 μg/kg，且方法快速、简便。

2.微生物的快速检测

利用细菌荧光素酶催化的发光特性可用来检测特异性细菌如大肠杆菌、李斯特氏菌等。其原理是利用了噬菌体特异性攻击宿主细胞：将带有细菌荧光素酶 Lux 基因的噬菌体特异性攻击宿主细胞，荧光发射只出现在被噬菌体感染的细胞，并且与细胞数量呈相关关系。荧光素酶 Lux 基因可以被置入到大部分的报告噬菌体中特异性攻击其宿主菌，达到快速检测病原菌的目的，该技术具有广泛应用性。利用这种方法检测污染食品中的李斯特氏菌，可将传统的分离、培养、鉴定时间至少为96 h缩短至24 h，甚至将检测限降至1 cell/g，该方法简单、快速、灵敏、容易掌握。

在萤火虫荧光素酶催化的发光反应中，ATP在一定的浓度范围内与发光强度呈线性关系，据此建立的ATP生物发光法在微生物检验和食品生产环境清洁度等方面已得到广泛应用。美国 NHD PROFILE-1 3560 10X 型食品细菌快速测定仪是用一种新的微生物 ATP 生物发光法测定食品中的细菌污染程度的快速检测设备（图6-12），相对于传统的实验室（48～72 h)培养法，

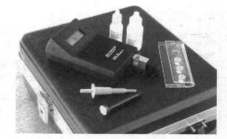

图6-12　美国 NHD PROFILE-1 3560 10X 型食品细菌快速测定仪

该仪器可在短短 5 min 内即完成测试,而且该仪器为掌中便携设备,操作简单、携带方便,可就地即时检测样品,数分钟内得结果。ATP 是所有生物,包括细菌中均有的能量分子,测定出样品中细菌细胞的 ATP 含量,即可得知细菌数。操作时,通过裂解剂裂解细菌细胞,对释放出的细菌细胞内部 ATP 进行检测。仪器精密度 10^{-18} mol ATP,而每个细菌约含有 2×10^{-18} mol ATP,相当于可以检测到样品中一个细菌的存在。

受到通过萤火虫荧光素酶专一性测定 ATP 含量推测出微生物数量这一原理的启发,王静雪等人探索了一种应用海洋发光细菌荧光素酶、通过对 NADH 定量检测进行微生物数量识别的全新方法。NADH 广泛存在于一切微生物体内,是具有代谢活性的细胞指示物。在特定代谢时期的微生物细胞中 NADH 含量相对稳定,其含量与微生物的数量存在正相关关系,且不同活细菌细胞内 NADH 含量基本一致;而细菌死亡后,在胞内酶作用下,NADH 将很快被分解。该方法建立了一种细菌荧光素酶∶FMN-NADH 氧化还原酶体外发光双酶体系,其发光强度与必需底物 NADH 的浓度在一定范围内呈正相关关系,从而以胞内 NADH 为检测指标,建立了一种检测水产品中病原菌的方法,具有应用普遍性,且操作简便、准确度高、特异性强。

三、海洋溶菌酶

溶菌酶全称为 $1,4$-β-N-溶菌酶,又称细胞壁溶解酶,系统名为 N-乙酰胞壁质聚糖水解酶,专门作用于细菌细胞壁的骨架物质——肽聚糖 β-$1,4$-糖苷键,导致细菌自溶死亡。广泛存在于高等动植物组织及分泌物和微生物中。溶菌酶能选择性地分解微生物的细胞壁形成溶菌现象,同时不破坏其他组织,安全性能高,在食品、医药、生物学中得到广泛的应用。一般的商品溶菌酶多由鸡蛋清中提取,仅对革兰氏阳性菌有作用,限制了其应用范围。因此,数十年来,国内外相继开展了一系列新型溶菌酶的开发和应用方面的研究工作。海洋独特的环境,包括高盐、高压、低营养、低温(高温)等,使海洋微生物产生的溶菌酶具有不同于其他来源溶菌酶的特殊性质。

与鸡蛋清溶菌酶相比,海洋溶菌酶抑菌谱较广泛,对大部分革兰氏阳性菌和革兰氏阴性菌都有作用,同时对白色念珠菌和黑曲霉也有作用。中国水产科学研究院黄海水产研究所科研人员从东海海域底泥中筛选得到一株产溶菌酶菌株——侧孢短芽孢杆菌 *Brevibacillus laterosporus* S-12-86,所产溶菌酶对溶壁微球菌的最适作用温度为 35 ℃,最适作用 pH 为 8,在高于和低于 35 ℃时酶活性下降都比较缓慢,5 ℃时仍保持一定活性。经海洋溶菌酶作用后,大肠埃希氏菌的细胞质固缩,导致质壁分离,部分细胞壁缺失、菌体变形,有些细胞质解体出现空腔;金黄色葡萄球菌细胞质不均匀、固缩较严重,中间有颜色较深的成团物质出现,细胞壁变薄。表 6-4 是对海洋溶菌酶的抑菌谱的介绍。

表 6-4   海洋溶菌酶的抑菌谱(引自郝杰等,2004)

菌　　株	最小抑菌浓度(MIC)/%
金黄色葡萄球菌	0.35
藤黄微球菌 CCGMC 1.0258	0.35
枯草芽孢杆菌 CCGMC 1.0107	0.175

续表

菌　株	最小抑菌浓度（MIC）/％
肺炎链球菌	0.044
铜绿假单胞菌 IFO-3446	0.175
生孢梭菌	0.35
变形链球菌 JCM-5175	0.088
白色葡萄球 CCGMC 1.0184	0.175
化脓性链球菌	0.175
蜡状芽孢杆菌 ASI.126	0.088
白色念珠球菌	0.35
表皮葡萄球菌	0.175
短小芽孢杆菌 AS 1.594	0.35
大肠杆菌	0.175
溶壁微球菌 ATCC4986	0.35
肺炎克雷伯氏菌	0.088
黑曲霉	0.35
鼠伤寒沙门氏菌 CCGMC 1.1190	0.35

　　溶菌酶是一种无毒、无副作用的蛋白质，又具有溶菌作用，因此可用作食品防腐剂。目前已广泛应用于水产品、肉食品、蛋糕、清酒、料酒及饮料中的防腐。溶菌酶属于冷杀菌，在杀菌防腐过程中不需加热，因而避免了高温杀菌对食品风味的破坏作用，尤其对热敏感的物质具有更重要的意义。溶菌酶在含有食盐、糖等的溶液中稳定，耐酸性、耐热性强。目前已被许多国家和组织批准为食品防腐剂或保鲜剂使用，广泛应用于食品的防腐。

　　其中，溶菌酶在水产品中的应用主要是和其他保鲜剂复合起到对水产品的保鲜作用。水产熟制品如鱼丸等用溶菌酶液浸渍后，可以延长保质期。用含溶菌酶的复合保鲜液（溶菌酶 0.005％，氯化钠 1％～2％，甘氨酸 6％～8％，山梨酸钾 0.06％～0.08％，抗坏血酸 0.2％～0.5％）浸渍带鱼 30 s 后冷藏 7 d，其 TVBN 为对照组的 2/3，而细菌总数为后者的 1/9。

四、乳酸菌和细菌素

　　乳酸菌是一群能利用碳水化合物并产生乳酸的革兰氏阳性细菌的统称，主要包括乳酸杆菌属（*Lactobacillus*）、乳酸球菌属（*Lactococcus*）、链球菌属（*Streptococcus*）、肠球菌属（*Enterococcus*）、双歧杆菌属（*Bifidobacterium*）（图 6-13）和芽孢杆菌属（*Bacillus*）等。乳酸菌长期以来被广泛用于奶、肉、蔬菜等食品的发酵与保藏。乳酸菌代谢中除了产生乳酸、乙酸等有机酸，生成一个不利于食源性病原

图 6-13　长双歧杆菌（*Bifidobacterium longum*）的菌体

菌和腐败菌的生存环境外，还可能产生过氧化氢、抗菌蛋白肽即细菌素等物质，对其他细菌起到抑制作用，尤其是乳酸菌素，如乳酸杆菌素（lactacin）和乳酸链球菌素（nisin）。

乳酸链球菌素亦称乳酸链球菌肽或音译为尼辛，是乳酸链球菌产生的一种多肽物质，由34个氨基酸残基组成，相对分子质量约为3 500。由于乳酸链球菌素可抑制大多数革兰氏阳性细菌，并对芽孢杆菌的孢子有强烈的抑制作用，因此被作为食品防腐剂广泛应用于食品行业。其被食用后在人体的生理pH条件和α-胰凝乳蛋白酶作用下很快水解成氨基酸，不会改变人体肠道内正常菌群以及产生如其他抗菌素所出现的抗性问题，更不会与其他抗菌素出现交叉抗性，是一种高效、无毒、安全、无副作用的天然食品防腐剂。杀菌机制是先吸附在目标菌的细胞膜上、再侵入膜内而形成通透孔道，以引起胞内重要物质，如ATP、K^+等的流失或生化反应障碍，而导致指标菌死亡。

乳酸链球菌素1953年由英国的阿普林和巴雷特公司首次以商品的形式出售。1969年，FAO/WHO食品添加剂联合专家委员会批准乳酸链球菌素作为生物型防腐剂应用于食品工业。1988年美国FDA正式批准将乳酸链球菌素应用于食品中。目前乳酸链球菌素已在50多个国家推广应用于牛奶、奶酪、罐装食品、鱼肉制品、饮料、日用甜食和沙拉等的防腐保鲜。自1990年1月19日我国卫生部批准应用乳酸链球菌素作为食品保藏剂以来，乳酸链球菌素在我国食品工业中的应用也越来越广泛。

在水产品应用方面，乳酸链球菌素可抑制腐败细菌的生长和繁殖，延长产品的新鲜度和货架期。添加25 mg/L的乳酸链球菌素，明显降低了水产品中单增李斯特氏菌的数量；显著抑制鳕鱼片、鲱鱼片及烟熏鲭鱼等海产品中肉毒梭菌的生长；虾肉糜用乳酸链球菌素等保鲜剂处理后，在25 ℃下贮存，活菌总数、嗜冷菌总数、TVB-N值的上升得到有效抑制，保质期由2 d延长至5～6 d，而虾肉糜的感官并没有受到影响。在水产品中还可以配合EDTA和柠檬酸盐等实现对革兰氏阳性菌和革兰氏阴性菌的抑制，因此与其他生物保鲜剂协同使用应用于水产品保鲜是较好的发展方向。

此外，由于双歧杆菌能在厌氧环境下产生乳酸和醋酸，有人也将其用于水产品保鲜，可以调节水产品的菌群结构，降低pH，抑制腐败菌。

在海洋乳酸菌方面，杨勇等从健康南美白对虾肠道分离到一株乳酸菌，通过对乳酸菌及其代谢产物进行弧菌的生长抑制效果试验，发现乳酸菌本身不能抑制弧菌的生长，其代谢产物对多种弧菌如溶藻弧菌、副溶血弧菌、创伤弧菌等及气单胞菌等病原性细菌均具有较强的抑制效果，且该代谢产物的抑菌活性具有酸依赖性。温度、蛋白酶试验表明该乳酸菌的代谢产物的抑菌活性不受温度、蛋白酶的影响。因此，推测乳酸菌代谢产物对弧菌的生长抑制作用是由其中的乳酸或乙酸等有机酸造成的，而不是乳酸菌产生的乳酸菌素类物质。

产细菌素的乳酸菌的属主要有乳酸杆菌属、乳酸球菌属、明串珠菌属、肠球菌属、片球菌属等。2006年，Carmen等从大比目鱼中分离到25株乳酸菌，其中3株产细菌素，有两株为肠球菌（*Enterococcus faecium, E. mundtii*）。赵鸭美等采用牛津杯打孔法，以大肠杆菌、金黄色葡萄球菌、枯草芽孢杆菌、单增李斯特氏菌、副溶血弧菌、米曲霉为指标，从南海海域中捕捞的华贵栉孔扇贝（*Chlamys nobilis*）肠道中分离到9株乳酸菌，从中筛选出一株具有较强抑菌作用产细菌素的乳酸菌 ZN-54，鉴定为坚强肠球菌（*Enterococcus durans*）；从南海沙虫（*Sipunculus nudus*）肠道中也分离到一株海洋乳酸菌 ZH-101，鉴定为棒状乳杆菌扭曲亚种（*Lactobacillus coryniformis* subsp. *torquens*），其发酵液能够显著抑制食品中常见腐败菌和病原菌，在食品防腐和质量控制中具有良好的应用前景。此外，也有从虾酱、鱼露中分离耐盐性乳酸菌的报道。

第七章

深海与极地微生物工程 *

第一节　深海与极地微生物多样性与适应性机制

一、深海环境特征

海洋约占地球表面积的 71%，且 75% 以上海域的海水深度大于 1 000 m。由于可见光不能透过深度超过 300 m 的开放海洋水层，海洋水深小于 300 m 的区域为透光区，在 300～1 000 m 深度区域的海水中，由于动物和化能有机营养微生物等的作用，仍存在着较多的生物活动。1 000 m 以深的水域，生物活动相对较少，这就是所谓的"深海"。

深海的主要环境特征包括低温、高压、有机物含量低、黑暗、高盐等，生活在这种特殊环境下的微生物必然有特殊的生理代谢机制。

低温：海平面 100 m 以深的海水温度为 2 ℃～3 ℃。在深海，除了少量特殊生境如海底火山口及其附近水体外，海水的温度一般为 3±1 ℃（少数情况除外，如 Sulu 海的海底温度为 9.8 ℃，地中海的海底温度为 13.5 ℃）。但在海底火山口及其附近海域，海水温度可高达 400 ℃，生活着世界上最嗜热的微生物。

高压：海水静压力与深度直接相关，深度每下降 10 m，海水静压力就增加约 100 kPa。如生长在 5 000 m 深度的深海生物，必然能耐受约 50 000 kPa 的压力。

有机物含量低：光线不能透过深度超 300 m 的开放海洋水层，因此光合作用也仅能在 300 m 以浅的海水水体中进行。据估计，海洋中光合作用产生的有机物约有 95% 在 300 m 以浅区域被消耗；在 300～1 200 m 深度区域海水中，4% 的有机物被分解掉，只有 1% 的光合作用产物可达 1 200 m 以深的深海和海底。

黑暗：1 000 m 以深的深海完全没有阳光，这里仅有的光线是少量的生物发出的光线和同位素产生的射线。

高盐：深海大部分地方的盐度同海水一样为 30 左右，生活在深海的生物均能耐受高于 30 的盐度。

尽管深海的主要环境特征是低温、高压，但也存在着温度极高的海底热泉等特殊生

---

* 本章由林学政、王晓雪编写。

境。热泉的形成与海底扩散中心有关,在该区域,热玄武岩和岩浆非常接近海底,造成其缓慢分隔开,渗进这些有裂缝区的海水与热矿质混合,并且从中喷出,被称为热液喷口(hydrothermal vents)。已发现的海洋热液喷口主要分为两种:温火山口,即喷发温度为6 ℃~23 ℃的热水流,流速为 0.5~2 cm/s;热火山口,喷发出 270 ℃~380 ℃的富含矿物质的海水形成的黑云,即"黑烟囱",流速较高,为 1~2 m/s。

深海可产生巨大的静水压力,如在 2 600 m 深处约 26 000 kPa,只有当温度达到450 ℃时,海水才能沸腾;(在温度为 270 ℃~380 ℃时,某一火山口海水过热(但不沸腾,热水流喷发。喷发出的热水流含有大量的金属硫化物(如硫化铁),进入冷海水后快速冷却,沉淀的金属硫化物形成一个塔,也称为"黑烟囱"。在"黑烟囱"的热水流中存在多种类型的嗜热或超嗜热细菌,如生存于"烟囱"壁上的超嗜热微生物甲烷火菌(*Methanopyrus*),为产甲烷古菌,可氧化 H_2。

二、极地环境特征

极地主要是指位于地球南北极极圈以内的陆地和海域等,其主要特点为低温、干燥和强辐射等。由于严酷的环境特征,极地特别是南极几乎无植物生长,而微生物因其强大的环境适应能力而广泛存在,是极地生态系统的重要组成部分之一。特殊的地理环境与气候特征造就了极地独特的微生物生态系统。在这个生态系统中,威胁微生物生存与繁殖的胁迫因素包括低温、强紫外辐射、高盐度和高氧、低盐度(海冰融化)、极高的静压力(如深海)等,其中低温是制约极地微生物生命活动的一个主要因素。

南极地区一般是指南纬 60° 以南地区,包括南极洲和南大洋,总面积为 5200 万 km^2,其中南极洲又包括南极大陆、南极半岛和周围岛屿,其总面积为 1 400 万 km^2。环绕南极洲的海洋有南太平洋、南大西洋和南印度洋,统称为南大洋,面积约为 3 800 万 km^2,也被称为世界第五大洋。南极洲被人们称为第七大陆,是地球上最后一个被发现、唯一没有土著人居住的大陆,全洲年平均气温为 −25 ℃,为世界最寒冷的陆地;全洲年平均降水量为 55 mm,空气非常干燥,有"白色荒漠"之称;全洲年平均风速 17.8 m/s,是世界上风力最强和最多的地区。因此,南极洲具有世界冰极、寒极、干极和风极之称。在南极绿洲区,由于气温相对较高和降水量也较多,才有地衣、苔藓和藻类植物生长,在整个南极洲也只有两种显花植物生存,即南极发草和南极石竹。但南极洲外围的南大洋却有着十分丰富的海洋生物群落。

北极是指北纬 66°34′(北极圈)以北的广大区域,也叫北极地区,包括极区北冰洋、边缘陆地海岸带及岛屿、北极苔原和最外侧的泰加林带。北冰洋是一片浩瀚的冰封海洋,周围是众多的岛屿以及北美洲和亚洲北部的沿海地区。北冰洋中有丰富的鱼类和浮游生物,为夏季在这里筑巢的数百万只海鸟提供了丰富的食物来源,同时,也是海豹、鲸和其他海洋动物的食物。北冰洋周围的大部分地区都比较平坦,没有树木生长。冬季大地封冻,地面上覆盖着厚厚的积雪。夏天积雪融化,表层土解冻,植物生长开花,为驯鹿和麝牛等动物提供了食物。

海冰不仅是极区,也是白令海、黑海和鄂霍次克海等的普遍环境特征,其面积最大时可占地球表面积的 13%,因而形成了地球上主要的生物群落栖息地之一。极区海洋的大量海冰从外表看来像是冰冻的白色荒漠,实际上在低温和低光照条件下,在其海冰内部的盐囊或盐通道中形成了某些细菌、微型植物和微型动物独一无二的生境。生存于海冰中的微生物不但要耐受常年的低温($-1\ ℃\sim-15\ ℃$,在冬季最低可达$-50\ ℃$),而且海冰在季节性反复冻融的过程中,海冰微生物还要经受盐度的急剧变化。如在海冰融解的过程中,会形成局部盐度急剧降低(<10);相反在海水结冰的过程中,盐分被排斥在冰晶之外,形成了盐囊和盐通道,造成其中的盐度急剧上升(>150),胞外渗透压的突然降低/升高必然会对海冰微生物的生长和繁殖产生重大的影响。因此,海冰微生物不仅要经受温度的季节性变化,还要经受盐度的季节性变化,后者引起的渗透压胁迫是影响其生长的主要环境因子。生存于海冰中的微生物具有一系列适应该生境所需的复杂的生理特征,表现了独特的适应机制,因而能够在海冰中很好生长和繁殖,在极地生态系统中起着关键作用。除了生态学上的重要意义外,在海冰中发现的细菌和藻类还可成为新型生物技术(开发如嗜冷酶、嗜盐酶、多不饱和脂肪酸等)关注的焦点,同时也被认为是宇宙中除地球外的冰覆盖天体的可能生命形式的代表,因而受到越来越多的关注。

三、深海与极地微生物种类多样性

在南北极、深海等特殊环境中已发现了种类繁多的可培养低温微生物,包括真细菌、蓝细菌、真菌、藻类和古菌等(表7-1);其中以真细菌的种类和数量最多,革兰氏阴性细菌分布较广的是假交替单胞菌属(*Pseudoalteromonas*)、假单胞菌属(*Pseudomonas*)、嗜冷杆菌属(*Psychrobacter*)、希瓦氏菌属(*Shewanella*)、莫拉氏菌属(*Moraxella*)和科尔韦尔氏菌属(*Colwellia*)等;革兰氏阳性细菌有节杆菌属(*Arthrobacter*)、芽孢杆菌属(*Bacillus*)和微球菌属(*Micrococcus*)等。此外,由于海底热泉的存在,深海中也存在着嗜热/超嗜热微生物,如嗜热球菌属(*Thermococcus*)、甲烷火菌属(*Methanopyrus*)、热球菌属(*Pyrococcus*)、硫化杆菌属(*Sulfobacillus*)和热厌氧杆菌属(*Thermoanaerobacter*)等。

表7-1　部分来源于深海与极地的可培养的低温微生物属

域(domain)	门(phylum)	属(genus)
细菌(Bacteria)	蛋白质 (Proteobacteria)	*Pseudolateromonas，Pseudomonas，Shewanella，Colwellia，Psychrobacter，Halomonas，Alteromonas，Photobacterium，Sulfitobacter，Loktanella，Acinetobacter，Glaciecola，Marinobacter，Moritella，Psychromonas，Marinomonas，Idionarina，Ralstonia，Burkholderia，Alcanivorax，Moraxella，Sphingomonas，Rhodococcus，Cycloclasticus，Flavobacterium*
	放线菌 (Actinobacteria)	*Arthrobcter，Salinibacterium，Brachybacterium，Janibacter，Kocuria*
	厚壁菌 (Firmutes)	*Planococcus，Aerococcus，Bacillus，Halobacillus，Oceanobacillus，Sinobaca*
	拟杆菌 (Bacteroidetes)	*Winogradskyella，Psychroserpens，Maribacter，Leeuwenhoekiella，Olleya，Arenibacter，Flavobacterium，Joostella，Bizionia，Lacinutrix，Sediminicola*
	蓝细菌 (Cyanobacteria)	*Nostoc*

域（domain）	门（phylum）	属（genus）
古菌（Archaea）	广古菌 （Euryarchaeota）	*Methanogenium, Methanococcoides, Halorubrum, Cenarchaeum*
真核（Eukaryota）	真菌（Fungi）	*Penicillium, Aspergillus, Pseudeurotium, Geomyces, Bionectria, Mycelia, Onygenales, Aureobasidium, Cladosporium, Cadophora, Chaunopycnis, Rhodotorala, Cryptococcus*

从南北极的冰芯、雪样、水样、土壤、沉积物、岩石及海洋生物等各类样品中发现了数量与种类众多的微生物，其中以嗜冷/适冷微生物为优势种群。同时，南北极的一些高盐（海冰、盐湖）、高温（火山口）、酸性（湖泊）及高压（深海、深冰芯）等特殊生境的存在，极大地丰富了极地微生物种质资源的多样性。此外，两极地区特别是南极因其独特的地理位置及严酷的自然环境条件，还未受到大规模人类活动的污染，较好地保留了原始状态。两极地区不但成为记录地球系统历史演变过程的重要场所，也成为寻找微生物新物种的资源宝库。据不完全统计，1996～2006 年期间在期刊 *International Journal of Systematic and Evolutionary Microbiology* 上发表的 71 个嗜冷菌新种、18 个新属中，有 55 个新种、15 个新属来源于极地环境。科研人员甚至在南极大陆最古老的冰层中发现了封存 800 万年、却仍然具有活性的远古微生物。根据菌落形态学特征，有人利用 Zobell 2216E 培养基和涂布平板法从 59 个站点的北极海洋沉积物样品中共分离纯化获得 570 株细菌，分别属于细菌域的 4 个门、5 个纲、12 个目、23 个科、47 个属、102 个种，其中 γ-Proteobacteria 占大多数；有 14 株菌株与模式菌株的 16S rRNA 基因序列相似性 < 97%，为 6 个潜在的新种。

广布于南北两极的海冰是地球上几种主要的特殊生境之一。海冰结构与淡水冰不同，海冰是个半固体矩阵，冰晶间弥漫着大小不等且充满卤水的孔、道网络（盐囊和盐通道），在海冰内部形成了微生物赖以生存的不同温度、盐度和营养盐浓度的微生境。海冰中的细菌最初来源于海洋浮游细菌、藻类、原生动物和小型后生动物等生物体表附着细菌以及海底沉积细菌，随着温度的逐渐降低和海冰的不断生长，这些细菌被逐步筛选，最终形成了适应海冰这一独特生境的细菌群落。研究表明，海冰细菌约有一半的种类属于嗜冷菌，其余为适冷菌。已有的研究表明，海冰细菌主要从属于四大类：变性杆菌门（Proteobacteria）、CFB 细菌群（*Cytophaga-Flavobacterium-Bacteroide*）、低 G + C 含量革兰氏阳性菌群（low mole percent G + C gram-positive bacteria）和高 G + C 含量革兰氏阳性菌群（high mole percent G + C gram-positive bacteria）。

自从 1908 年 Ekelof 首次报道在南极分离出微生物后，各国的微生物学家相继在南极地区进行了大量的研究工作，证实了在南极冰、雪、水、土壤及岩石样品中广泛存在着各种类型的微生物。而后随着分子生物学技术的快速发展，如限制性内切酶酶切片段长度多态性分析（PCR-RFLP）、变性梯度凝胶电泳（DGGE）、荧光原位杂交（FISH）、流式细胞术、单链构象多态性分析（SSCP）、质粒指纹图谱分析和低相对分子质量 RNA 分布图等技术，为南北极极端环境下微生物的多样性研究开辟了新的途径。PCR-RFLP 研究表明，南极阿德雷岛沉积物中的细菌多样性丰富,分属于 8 个类群,以 CFB 菌群和 β、γ- 变形杆菌纲为主;在 7 cm 左右深度的沉积物中,可培养微生物和 16S rDNA 序列多样性与其他深度的沉积物有明显不同,推测可能与环境的变化有关。利用 16S rRNA 技术对 7 个采自南极和 1 个采自北极的海冰微生物样品进行的比较研究表明,8 个样品均由细菌和真核微生物组成,其中细菌种群主要集中在 γ-、α-Proteobacteria、CFB 分支及革兰氏阳性细菌、衣原体目的 Chlamydiales 和 Verrucomicrobiales;而真核微生物属于自养型和异养型微型浮游生物。在南极地区,具有适冷性的古菌 Methanogenium frigidum、Methanococcoides burtonii 和 Halorubrum lacusprofundi 也被分离出来。在极地和深海中分离到一些种类的病毒,这些病毒也具有冷适应性。在南极海冰中发现一种壳体直径大于 $110 \sim 424$ nm 的病毒。有研究表明,生长在南极干燥峡谷地区多孔岩石晶体间的微生物,不但能够忍受南极夏季 $0\,^{\circ}\mathrm{C} \sim -15\,^{\circ}\mathrm{C}$ 的低温,甚至在经历了南极冬季 $-60\,^{\circ}\mathrm{C}$ 的极端温度后仍能存活。

在深海这样一个拥有深水底流、诸多海山、海沟和地壳运动、火山喷发等环境因素综合作用的特殊黑暗世界里,隐含着各种各样的特殊生境。从深海钻探岩芯中大量微生物的发现到深海科学探险多处热液区以化能自养微生物为初级生产者,从多金属结核和甲烷水合物的微生物成因证据的提出到深海不同深度微生物的分离,无不使人确信深海生物圈的存在。孙凤芹等从南沙海域 22 个站位的海域沉积物样品中获得 349 株细菌,分属于 87 个种;产芽孢的细菌(Bacillus、Halobacillus、Brevibacillus、Paenibacillus、Pontibacillus 和 Thalassobacillus)分布最广,并在 10 个站点的分离株中占多数,其中芽孢杆菌属(Bacillus)菌株无论在数量上还是种类上都最多,分别属于 34 个种,其中有 8 个可能为新种;此外,γ-Proteobacteria 是分离率较高的另一亚群,假单胞菌(Pseudomonas)、海杆菌(Marinobacter)和食烷菌(Alcanivorax)属的细菌最多;在水深 $750 \sim 2\,000$ m 之间的区域,低 G + C 含量的细菌最丰富,而 $2\,000$ m 以深的区域时,分离株则全部为 γ-Proteobacteria。

利用非培养技术对西沙海槽表层沉积物微生物群落的研究表明,扩增到的古菌的 16S rRNA 基因序列属于泉古生菌(Crenarchaeota)和广古生菌(Euryarchaeota)两大类,以 Marine Crenarchaeotic Group I(49.2%)和 Terrestrial Miscellaneous Euryarchaeotal Group(16.9%)为主要类群;细菌克隆子多样性明显高于古菌的,分属于变形杆菌门(Proteobacteria,30.5%)、浮霉菌门(Planctomycetes,20.3%)、放线菌门(Actinobacteria,14.4%)、厚壁菌门(Firmicutes,15.3%)和屈桡杆菌门(Chloroflexi,8.5%)等,以变形杆菌为优势类群(包括 α- 和 δ-Proteobacteria);多数克隆子为未培养细菌和古菌。

传统培养方法与分子生物学方法相结合的研究表明,西太平洋暖池区上 5 个位点的深海细菌群落结构相似,15 种类型主要归属于变形杆菌门(Proteobacteria)的 γ-、α-、β- 和 δ- 亚群,其中与硫代谢相关的克隆子数可达 14.03%,说明该海域的硫代谢活动较活跃;用培养法共获得 32 株细菌,归属于变形细菌的 γ-、β- 变形杆菌纲,革兰氏阳性菌;两种方法均表明 γ-Proteobacteria 为沉积物中的优势类群,说明其在太平洋海域有广泛的分布。分离到的菌株大多能在低温下产生水解大分子物质的酶类,这表明所调查海域有比较活跃的物质代谢活动。

通过提取环境总基因组 DNA 和构建 16S rRNA 基因文库,对太平洋多金属结核区东区 2 个站点沉积物的细菌群落结构分析表明,2 个文库共 93 个克隆分属 13 个类群,包括 α-、β-、γ- 和 δ- 变形杆菌纲、浮霉菌门、酸杆菌门、噬纤维菌—黄杆菌—拟杆菌群、硝化螺旋菌门、放线菌门、绿弯菌门、厚壁菌门、异常球菌—栖热菌门和 OPI1 类群。其中,γ- 变形菌纲在 2 个站点的沉积物中均是优势种群,变形菌纲、浮霉菌门、放线菌门、噬纤维菌—黄杆菌—拟杆菌群、硝化螺旋菌门是 2 个站点共有的细菌类群。DOTUR 和 LIBSHUFF 分析表明,2 个站点的沉积物均具有丰富的细菌多样性,并且物种组成具有显著性差异。

四、深海与极地微生物生境适应性机制

深海与极地等特殊生境的环境特征主要包括低温、高盐、高压和强辐射等,生存于其中的微生物经过长期的适应和历史进化过程,必然形成了与环境特征相适应的一系列独特的分子遗传适应机制和新陈代谢特征。低温作为深海与极地的主要环境特征之一,生存于其中的低温微生物的低温适应机制总结起来主要体现在以下几个方面:① 调节细胞膜膜脂的组成:膜脂中不饱和脂肪酸的增加会使脂类物质的熔点降低,从而使细胞膜在低温下保持良好的流动性;此外,其他变化如脂肪酸链长度的缩短、甲基分支的增加和环状脂肪酸比例的减少等对维持细胞膜的流动性均具有重要意义,如极地微生物的膜脂中含有自然界中不常见的高度不饱和的十八碳四烯酸。② 产生具有低温催化活性的低温酶:生物体内的绝大多数生化反应都是在酶的催化下完成的,因此酶的低温催化活性也是低温微生物耐冷的重要因素之一。低温酶的低温催化活性与酶蛋白的结构更松散且更具柔性有关,低温酶需要较少的活化能就能形成具有催化活性的构象。③ 冷激蛋白:冷激蛋白(cold-shock protein, CSP)是细胞在受到低温刺激时所产生的一系列低相对分子质量的蛋白质。低温能增加 DNA 和 RNA 二级结构的稳定性,降低复制、转录和翻译的效率;CSP 通过与 RNA 结合,阻止其稳定二级结构的形成,从而有效地保持基因表达的效率,维持正常的生理功能。

低温不仅影响了微生物的生理活动,而且也改变了其他的环境条件,如水黏度增加、无机盐及有机营养物的溶解度降低、气体溶解度增大和溶液 pH 增加等。适冷/嗜冷微生物经过长期的进化,形成了适应这种低温环境的独特的生理代谢机制。

第二节　深海与极地微生物生物活性物质

深海与极地独特的地理环境和气候特征,使生存于其中的微生物具备了相应独特的分子生物学机制和生理生化特征。深海与极地不仅是独特微生物生态系统的生存繁衍地,也是产生新型生物活性物质和先导化合物的菌株潜在种源地。表 7-2 列出了部分极地微生物生物活性物质的研发实例。

表 7-2 极地微生物生物活性物质的开发研究实例(引自李贺,2011)

微生物类别	生物活性物质	微生物类别	生物活性物质
真菌	新核苷转运抑制剂	南极细菌	低温蛋白酶
南极土壤放线菌	抗肿瘤抗生素 C3905A	南极海洋细菌 BSwl0005	抗菌活性物质
南极假丝酵母	生物表面活性剂	南极耐冷菌	低温脂肪酶
南极中山站耐冷细菌	胞外酸性蛋白酶	南极微球菌	低温淀粉酶
北极海洋细菌	胞外蛋白酶、脂质水解酶	南极放线菌	抗菌活性物质
南极乔治王岛放线菌	抗肿瘤抗生素缩酚酸肽 sandramycin	南极海冰细菌	胞外多糖
极地微生物	海藻糖合成酶	南极细菌	低温蛋白酶
极区海水低温细菌	蛋白酶、淀粉酶、琼脂酶	南极细菌	低温纤维素酶
北极细菌	抗肿瘤的活性物	南极真菌	Dextran 类型的葡聚糖

一、酶类

深海与极地大多是一个终年低温、对生命充满挑战的地方,在这种恶劣环境下生存繁殖的微生物经过长期的进化产生了适应低温环境的生命特征。深海与极地微生物产生的冷活性酶(cold-active enzyme)具有独特的生理生化特征,即具有极高的催化常数(K_{cat})值,同时具有较低和较稳定的米氏常数(K_m)值,其主要特征是具有较低的活化能和低温下的酶活性。

冷活性酶(适冷酶)是指在低温条件下具有较高的催化效率,对热相对不稳定的酶。通常把最适催化温度在 30 ℃左右、在 0 ℃左右仍有一定催化效率的酶称为适冷酶。大部分适冷酶具有以下酶学特征:① 在低温下具有较高的催化效率。这是适冷酶的基本特征,目前报道的适冷酶均具有此特征。与同类中温酶相比,适冷酶在低温下的酶活性要高出数倍甚至十几倍。② 具有较低的最适催化温度。由于适冷酶对热敏感,其最适催化温度一般都明显低于同类中温酶和高温酶的。③ 具有较高的热敏感性。适冷酶只能在相对低的温度下保持高催化效率,温度稍高即很快失活,表现出很高的热敏感性。适冷酶的热变性温度均比同类中温酶低 15 ℃～20 ℃。

关于适冷酶的研究直到 20 世纪 90 年代初期才在国际上引起广泛关注。欧盟在 1996 年启动的第 4 个框架计划中,针对嗜冷微生物专门设立了“cold enzyme”项目。日本和美国等生物技术大国以及澳大利亚、加拿大等的国家,在适冷酶研究方面也开展了大量工作,主要涉及酶的产生及理化性质、酶基因的克隆与异源表达、适冷机制及酶晶体结构解析等各个方面。在深海与极地微生物中已发现了许多具有重要价值的适冷酶,它们或是新的酶系,或具有新的酶学特性;其中已有 20 多种适冷酶得到了纯化或克隆表达,主要有:淀粉酶、β-半乳糖苷酶、谷氨酸脱氢酶、金属蛋白酶、枯草杆菌蛋白酶、酯酶、脂肪酶、壳二糖酶、乳酸脱氢酶、果胶酸裂合酶、木聚糖酶、磷酸甘油酸激酶、异柠檬酸裂合酶、苹果酸合酶、几丁质酶、乙醛脱氢酶、β-内酰胺酶、天冬氨酸转氨甲酰酶、木聚糖酶、蛋白酪氨酸激酶、RNA 聚合酶和 DEAD-box RNA 解旋酶等。

南极嗜冷菌 Moritella sp. 2-5-10-1 的最适生长温度为 5 ℃,其产生的脂肪酶的最适作用温度为 35 ℃,在 0 ℃～20 ℃ 范围内具有酶活性,0 ℃ 下仍可保持 37% 的相对酶活性；酶的最适作用 pH 为 7.5,在 pH 6～9 的范围内均存在较高酶活性；该脂肪酶的米氏常数计算为 $2.7×10^{-4}$ mol/L,活化自由能较低,仅 20 kJ/mol,对热较敏感,在 60 ℃ 保温 15 min 可丧失 50% 以上的酶活性。

通过硫酸铵沉淀、DEAE-Sephadex A50 离子交换层析、Sephadex G-75 凝胶过滤和 DEAE-Sepharose Fast Flow 阴离子交换层析,分离纯化到了南极嗜冷菌 *Colwellia* sp. NJ341 的适冷蛋白酶 —— 丝氨酸蛋白酶,其最适温度为 35 ℃;对热具有不稳定性,50 ℃ 处理 30 min 或 60 ℃ 处理 10 min 能彻底灭活其酶活性。在不同温度条件下,K_m 变化幅度不大,在温度为 35 ℃ 达到最大值；随着温度升高,K_{cat} 和 K_{cat}/K_m 一直增加,其最大值出现在 40 ℃,分别是 0 ℃ 时的 2.9 和 2.1 倍；蛋白酶的活化能为 36.7 kJ/mol。值得注意的是,该酶在 0 ℃～10 ℃ 保持 30% 的相对酶活性；在 0～2 mol/L NaCl 浓度下酶的活性保持不变；氧化剂 H_2O_2 对酶活性影响小,这些性质都有别于其他的适冷蛋白酶,显然与该菌株长期生长在南极海冰自然环境有关。

表 7-3 列出了目前研究的一些极地微生物适冷酶的生化及生物技术应用性质。

表 7-3　极地微生物产酶的生化性质和生物技术应用（引自王全富,2006）

酶	生物	K_{cat} 或 V_{max} 温度	K_m 底物	热稳定性（半衰）	潜在应用
金属蛋白酶	*Pedobacter cryoconitis*	40 ℃	—	40 ℃（30 min）	食品,洗涤剂
蛋白酶	*Pseudoalteromonas* sp. NJ276	30 ℃	0.38 mmol/L [succinyl-AAPF-p-nitroanilide, 30 ℃]	—	食品,洗涤剂
谷氨酸脱氢酶	*Psychrobacter* sp. TAD1	20 ℃	2.36 mmol/L [2-oxoglutarate]	55 ℃（15 min）	
丝氨酸肽酶	Antarctic species PA-43	27 840/min（25 ℃）	3.2 mmol/L [Amidase]	55 ℃（42 min）	食品,洗涤剂,分子生物学
脂肪酶	*Aspergillus nidulans* WG 312	29 640/min（40 ℃）	0.28 mmol/L	46 ℃（1 h）	食品,洗涤剂,化妆品
壳二糖酶	*Arthrobacter* sp. TAD20	2 400/min（5 ℃）	23 μmol/L（7 ℃）33 μmol/L（20 ℃）	40 ℃（15 min）	食品,保健品
果胶裂解酶	*Pseudoalteromonas haloplanktis* ANT/505	—	5 g/L [Citrus pectin]	40 ℃（2 min）	干酪成熟,果汁和葡萄酒工业
木聚糖酶	*Cryptococcus adeliae*	888/min（5 ℃）	2.5 g/mL [Xylan]	30 ℃（60 min）	面团发酵,葡萄酒和果汁工业
淀粉酶	*Alteromonas haloplanktis*	29 400/min（4 ℃）	1.1 g/L [Starch]	50 ℃（10 min）	洗涤剂发酵
磷酸甘油酸激酶	*Pseudoalteromonas* sp. TAC 1118	30 000/min（25 ℃）	0.21 mmol/L [ATP]	50 ℃（18 min）	生物转化
异柠檬酸裂解酶	*Colwellia maris*	1 086/min（20 ℃）550/min（10 ℃）	510 μmol/L（20 ℃）[Isocitrate]	30 ℃（1 min）	生物转化

二、次级代谢物

继 1929 年 Fleming 发现微生物产生青霉素以来,人类已经陆续从微生物中发现了大约 8 000 多种具有抗菌和抗肿瘤活性的天然产物,如 bleomycin 和 doxorubicin 等都是来源于微生物的抗肿瘤活性先导化合物。在新药研发中,先导化合物的发现与优化是新药研制的基础和源泉。深海与极地微生物的天然产物由于其化学及生物活性的多样性和特异性已成为药物先导化合物的重要来源。

从南极洲土壤中筛选的放线菌,以大肠杆菌、金黄色葡萄球菌、假单胞菌、微球菌、酵母菌和肠球菌为指示菌进行抑菌谱研究,其中 10 株放线菌具有广谱抑菌性,可用于新药开发或农业中。从南极海泥中分离的放线菌 NJ-F2,其发酵液的乙酸乙酯粗提物对枯草芽孢杆菌和金黄色葡萄球菌均具有抑菌活性。从南极乔治王岛的土壤中筛选到 43 株放线菌,其中对微生物具有拮抗作用的有 18 株,具有抗肿瘤活性的有 9 株。采用琼脂平板打孔法和 MTT 法对从北极地区(海洋沉积物、湖泊沉积物和土壤)分离出的 151 株细菌进行抗菌、抗肿瘤活性菌株的筛选,实验结果表明,6.2% 的菌株能够产生具有抗肿瘤活性的物质,12.4% 的菌株能够产生具有抗菌活性的物质,其中 3 株菌能同时产生具有抗菌、抗肿瘤的活性物质。对 55 株来自热带太平洋深海微生物(细菌和霉菌)培养液的乙酸乙酯抽提物以及菌体甲醇提取物的细胞毒活性的筛选结果表明,90% 的样品表现出细胞毒活性,其中 13 株微生物的活性较强,具有较好的开发应用前景。

从北极海底沉积物中分离得到一株芽孢杆菌(*Bacillus* sp.),并从该菌的发酵液中分离得到 3 个新的 iturin 类酰基肽 mixrins A-C。iturins 是一种环脂肪肽,这 3 个新化合物对 HCT-116 细胞株的毒性 IC_{50} 分别为 0.68、1.6 和 1.3 $\mu g/mL$。从阿拉斯加海底沉积物中分离得到一株真菌 *Streptomyces* sp.,并从其代谢产物中分离得到 3 个新的吡咯萜类化合物 glaciapyrrole A-C,其中一个化合物对 HT-29(人结肠癌肿瘤细胞)和 B16-F10(人黑色素瘤细胞)人体癌细胞株的 IC_{50} 均为 180 $\mu mol/mL$。

从极地微生物中分离筛选抑制植物病原菌或杀虫的活性菌株及活性物质的研究也正在起步,目前的研究主要有:从南极海水海单胞菌 *Marinomonas* sp. BSwl0005 的发酵液中发现了对植物病原真菌具有明显抑制作用的抑菌物质,包含吡咯 -2- 甲酸、吡咯并 [1,2α] 哌嗪 -1,4- 二酮等小分子化合物,能使西瓜枯萎病菌(*Fusarium oxysporum*)菌丝中的原生质凝聚、菌丝体壁破裂并抑制其分生孢子萌发。利用微型平板法研究了南极真菌 *Gliocladium catenulatum* T31 发酵液对小菜蛾的杀虫作用,发现发酵液的杀虫活性最高为 60.42%;发酵液经乙酸乙酯萃取后,用丙酮溶解(0.33 mg/mL),提取物的杀虫活性最高为 82.05%,菌体提取物的杀虫活性为 76.92%;从发酵液中分离得到 9 个化合物,其中黑麦酮酸 D、大黄素及羟基大黄素对小菜蛾、菜青虫、蚜虫、棉铃虫等均具有较强的杀死和胃毒作用。根据活性追踪,通过硅胶柱层析和高效液相色谱对南极适冷菌 *Pseudomonas* sp. C 发酵液中的生物活性物质进行了分离纯化,共分离得到并确定了 10 个化合物的结构,分别为环二肽类、二肽、壬基酚聚氧乙烯醚类、乙酰肼的衍生物、酯类化合物、甾体类和吲哚二酮类衍生物;其中环(Phe-Pro)、14- 壬基苯氧基 -3,6,9,12- 四氧十四烷 -1- 醇(壬基酚聚氧乙烯醚类)对尖刀镰孢菌与枯草芽孢杆菌的抑菌活性较强;9,19-cyclocholestan-3-one,4,

14-dimethyl-（甾体类）对尖刀镰孢菌具有一定的抑菌活性。可见，极地微生物产活性物质在生物农药上具有很强的应用潜力。

三、胞外多糖（exopolysaccharides，EPS）

在极地海水/海冰、盐湖等极端环境中均存在着可大量产胞外多糖的极端微生物。这些极端微生物形成了各种各样的特殊的适应机制，降低低温、高盐和强辐射等极端环境对自身造成的伤害。在所有这些策略中，EPS 合成系统是最常见的保护机制之一。微生物胞外多糖是其在生命活动过程中为了适应环境的变化、提高自身生存概率而合成的次级代谢产物，具有独特的作用和生物学活性。EPS 除了保护菌体自身免受原生动物、噬菌体等的吞噬外，在营养缺乏时还可作为储备营养物质供给菌体生命活动。除此之外，已有的研究发现胞外多糖在增强免疫、降血糖、抗肿瘤等方面具有独特的生物学活性。由于在极端环境下形成的 EPS 具有不同的特性和功能活性，因此其在食品加工、新药研发等领域具有重大应用潜力。

EPS 为细胞与周围环境提供了反应缓冲区，从而使微生物菌落可以在低温、高盐、高压等恶劣环境下得以生存。在极地海洋环境中，富含众多产 EPS 的菌株，这些菌株由于 EPS 的保护功能而提高了其在海洋环境中的生存竞争力。如从南极土壤中分离得到的菌株 *Phoma herbarum* CCFEE5080，研究发现其产生的胞外多糖在低温条件下具有防冷冻作用；从北极海底沉积物中分离到 *Colwellia psychrerythraea* 34H，对该菌株产生的 EPS 研究发现，该 EPS 不仅提高了菌株的生存能力，且其防冷冻保护的作用比甘油等效果更好。

EPS 除了对菌体具有保护作用和为微生物生长提供能源外，还具有独特的理化和生物学特性。从南极细菌 *Pseudoaltermonas* sp. S-5 的发酵液中获得胞外多糖 PEP，腹膜巨噬细胞免疫试验发现该 EPS 可以被用来作为生物性应答修饰物。南极酵母菌 *Cryptococcus laurentii* AL100 产生的 EPS 与黄原胶等凝胶具有很好的协同效应。从海底沉积物中分离到一株菌 *Hahella chejuensis*，其产生的 EPS 比黄原胶等商品多糖的乳化能力更高。南极细菌 *Pseudoaltermonas* sp. S-15-13 产生的 EPS 对白色念珠菌刺激的人角膜上皮细胞 PI3/AKT 信号通路和相关炎症因子的影响研究表明，该 EPS 具有一定的抗白色念珠菌性角膜炎活性。从南极嗜冷菌 *Pseudoalteromonas* sp. S-15-13 中分离纯化到 EPS 组分 EPS-Ⅱ，可以抑制小鼠增殖细胞核抗原 PCNA 的表达，有效抑制小鼠肿瘤生长，最高抑瘤率可达 45.1%。

四、冰活性物质

冰活性物质是一种类似抗冻蛋白功能的糖蛋白，能引起冰晶生长表面的凹陷和残缺，抑制冰晶的生长；但其不能明显降低溶液的冰点，不具有热滞活性；能够调整冰晶生长形状，显著特征是附着在冰的表面，蚀刻冰晶或使冰晶变形。冰活性物质能避免由于冰晶生长而造成的对细胞膜的破坏，从而使冰藻等能在极地海冰中的盐囊/盐通道中生存与繁殖。从南极的绿藻、硅藻和苔藓中分离出 3 种能明显抑制冰晶生长的冰活性物质，其均由蛋白质和糖两部分组成。不同冰藻的冰活性物质，其热敏感性不同，具有种间差异性。对南极冰藻（*Berkeleya*）的冰活性物质的热稳定性进行研究发现，100 ℃ 5 min 的处理对冰藻冰活性物质抑制重结晶的能力几乎没有影响;而之前研究表明,南极硅藻的冰活性物质短暂暴露在 60 ℃~70 ℃就会失去活性。此外,还有研究表明,在 5 种南极冰藻中均发现了冰活性物质,并且其活性大小存在着种间差异。这说明,冰活性物质是南极冰藻中普遍存在的一种物质,在冰藻的低温生存繁殖中起重要作用。到目前为止,所有被鉴定的冰活性物质都是在生存于寒冷环境中的生物种中发现的,还未见关于温暖地域中冰活性物质的报道,因此,冰活性物质与生物的耐寒冷密切相关。

第三节　深海与极地微生物研究与开发技术

从 20 世纪后期开始,随着深海技术能力的不断提高,越来越多的国家投身于深海研究的前沿领域。实验室深海环境模拟也取得了突破进展,已分离鉴定出嗜压、嗜碱、嗜酸、嗜盐、嗜冷和嗜热等多种极端微生物。目前国际上进行深海微生物研究的国家主要分布在欧洲、美洲及亚洲,其中美国、日本、德国和法国都是深海微生物研究的主力军。近年来,我国深海微生物的研究进展很快,特别是随着"蛟龙"号深潜器的研制成功和实际投入使用,必将极大地促进我国深海微生物的研究。1990 年,日本政府启动了为期 8 年的深海微生物第一期研究计划,通过深潜器到达水深 6 000 m 的洋底,其主要任务是采集深海极端环境中的微生物。通过该计划,日本在深海区域搜集、分离和保存了相当数量的深海微生物菌株;完成了一株嗜碱菌的全基因序列分析。在此基础上,提出了"压力生理学"的概念。20 世纪 90 年代末,日本政府又启动了第二期深海微生物研究计划,重点开展微生物对深海环境的应答,微生物自身的代谢和适应机理、基因组结构与功能研究等。还进行了深海微生物的培养及相关特性研究,提取和纯化了深海微生物特有的活性物质,并开始尝试进行深海微生物基因、酶和其他活性物质的应用开发。进入新世纪以来,在"973"、"863"和国家自然科学基金等各类科研计划的资助下,我国深海研究领域在深潜器的研制、高保真采样技术与保存技术的研发、特殊微生物培养设备的研发、生物活性物质与特殊功能基因的开发利用取得了长足进步和可喜的成绩。迄今为止,我国在深海微生物基因工程研究领域迈出了可喜的一步,已经建立了一批深海细菌和古菌样品 16S rDNA 文库/shotgun 文库/fosmid 文库/cosmid 文库等,完成了大量样品的 DNA 序列分析,利用分子探针技术设计了深海嗜冷微生物分子探针,克隆了深海微生物多种碳、氮、硫循环的关键酶基因和具有应用开发前景的酶基因,获得了一批新型生物活性物质。

一、深海采样技术

深潜器常用的采样装置就是采水器,可分为非气密采水器和气密采水器两大类。

非气密采水器有如下类型:

南森采水器(Nansen Bottle):1910 年由挪威探险家和海洋学家 Fridtjof Nansen 发明,是一种用于采集预定深度水样和固定颠倒温度计的器具,也称为颠倒采水器、南森瓶。

Niskin 采水器有两种:一种为卡盖式 Niskin 采水器;另一种为球阀式 Niskin 采水器。

美国 Delaware 大学研制了一种名为"Sipper"的小容量采水器搭载在 Alvin 号载人深潜器上使用,一次下潜可完成 12 个深海热液口附近 1~10 mL 海水样品的采集。

气密采水器有如下类型：

气密不保压采水器：AquaLAB 深海气密采水器由美国 Lamont-Doherty 地球观测所和哥伦比亚大学共同研发，由美国 EnviroTech Instruments LLC 公司生产。AquaLAB 深海气密采水器可以完成示踪气体分析、深海时间系列采样和高保真的短期采样。日本北海道大学开发了搭载在载人深潜器或 ROV（remotely operated vehicle）上的 WHATS Ⅱ（water hydrothermal fluid atsuryoku tight sampler Ⅱ）气密采水器，用于采集深海热液口的海水样品，工作最大水深为 4 000 m。美国罗得岛大学和 WHOI 海洋研究所共同研制了装在水下自治潜器（autonomous underwater vehicle，AUV）上用的气密采水器，用于采集深海海水样品。

气密保压采水器：所谓气密保压采水器，即所采海水样品既没有气体损失，也没有压力损失。气密保压采水器除了要求采集到的液相样品和气相样品都完整保存，没有污染和泄漏以外，还要求海水样品的压力与采样时的压力值一致，没有压力损失。气密保压采水器越来越受到全世界海洋资源环境学界的重视。美国 WHOI 海洋研究所研制的"Jeff"气密保压热液采样器，利用压缩氮气来保持样品的压力，其蓄能腔与采样腔串联，在两腔体之间设置阻尼孔来调节采样速度，采样时控制直流电机打开采样阀，热液在压力差驱动下进入采样腔。二次取样的时候向蓄能腔内泵入高压水，取样过程中可维持采样腔内样品的压力不变，其样品处理方法使得只需要一个采样器的样品就可以分析热液中的所有化学成分。"Jeff"气密保压采样器的采样速度可调节，样品处理效率高，因此是一种有效的能用于高温热液口和热液扩散流的取样工具。

法国地中海大学（Mediterranean University）研制了名为 HPSS 的高压系列采水器，用于测量深海微生物活动，该采水器搭载在 CTD 采水器上，通过自带蓄能器维持样品压力。它能在不同深度进行多次采样，可以在 3 500 m 深海工作，一次下放能完成 8 个 500 mL 的海水样品采样。

浙江大学在十五期间承担了与 7 000 m 载人潜水器配套的深海热液采水器的研制，在吸收了气密保压采水器工作原理的基础上，通过自行研制耐高压采样阀，研制出了机械触发式和电控触发式气密保压热液采水器。浙江大学热液采水器曾多次借助国际合作的机会，搭载在美国 Alvin 载人深潜器上进行作业，多次成功采集到高质量的气密保压热液样品。

二、生物学研究技术

压力、温度等极端条件的模拟：绝大多数深海环境是恒定低温（1 ℃～4 ℃），只有热液喷口处是高温环境。因此，分离培养深海微生物时一般都需要模拟样品的原位温度，这在技术上并不存在难度。此外，压力是深海典型的环境特征，生存在这里的所有微生物均具有耐压/嗜压的特性，其中还包括少部分在常压下无法生长的嗜压菌。耐压菌的分离培养可以在常压下进行，虽然目前没有明确的证据，但是在分离中适当增加压力可能会提高获得更多深海微生物纯培养的概率。嗜压菌属于深海"土著"微生物，在科学研究上具有重要的价值。它们的分离培养必须利用专用的压力模拟装置，在高压下进行。这种压力模拟装置一般都是根据研究需求自行设计的，Jannasch 等设计了一套连续培养系统，可以让微生物在高达 71 MPa 的压力下持续生长。我国科研工作者也研发了深海微生物培养模拟平台，并应用于耐压菌的分离与研究。在压力装置的辅助下获得了一些深海嗜压的微生物，但由于培养条件要求比较严格，所以深海嗜压微生物的研究目前仍停留在理论研究阶段。

海洋微生物高通量分离培养技术：提高可培养微生物比例需要考虑两方面因素，其一是环境条件对微生物的影响，如上述基于微生物平板培养方法的改进；其二是在环境中微生物之间的相互影响。作为一个完整的群落，不同微生物的代谢产物对群落内其他微生物的生长具有不可忽视的作用。近年来发展起来的高通量分离培养技术就是针对这种作用而进行的改进。该技术的基本要点是：首先，制备包埋单个微生物细胞的琼脂糖（或其他包埋基质）微囊；然后，将包埋在微囊中的微生物在缓慢流动的海水中进行培养，培养结束后用流式细胞仪分选含有微菌落的微囊；最后，将分选的微菌落进行扩大培养。该技术最大限度地模拟了自然环境，使所有的微生物处在一个开放的、连续的培养环境中，代谢产物和信号分子可以互相交换，不破坏微生物之间的生态联系。同时，又将单个微生物分离开培养，避免了混合培养时的营养竞争问题，使大量的微生物能够获得纯培养。科学家对包埋基质及包埋方法等进行了改进，并从我国的黄海和南海中获得了大量的微生物新种，目前正进一步改进该技术，以应用于深海微生物的分离培养。

环境宏基因组技术：自从 1991 年 Pace 等首次构建了海洋微小浮游生物环境 DNA 文库以来，目前已构建众多的海洋环境样品的宏基因组文库。所采用的载体种类包括 Cosmid、Fosmid、BAC、K2 噬菌体以及穿梭载体，其中 Cosmid、Fosmid 和 BAC 是目前常用的载体。BAC 插入的片段大（可达 350 kb），但克隆效率低，因此，目前仅应用于筛选微生物次生代谢产物这类由基因簇控制的活性物质。其他的深海微生物活性物质研究一般都采用 Cosmid 和 Fosmid 载体。这两个载体的插入片段较小（35～40 kb），但可以满足极端酶等单基因控制的活性物质的研究。而且它们的克隆效率较高，尤其是 Fosmid 插入片段在 *E. coli* 中的克隆效率和稳定性更高，因此，目前 Fosmid 已经成为最常用的载体。

三、低温环境微生物修复技术

生物修复是指利用生物将土壤、水体中的污染物降解或去除，从而修复受污染环境的一个受控或自发进行的过程。生物修复主要是利用天然的或接种的生物并通过工程措施为生物生长与繁殖提供必要的条件，从而加速污染物的降解或去除，使其浓度降至环境标准规定的安全浓度之下。目前生物修复已由细菌修复拓展到真菌修复、植物修复、动物修复和联合修复等以及由有机污染物的生物修复拓展到无机污染物的生物修复。

生物修复中以微生物修复研究得最多，其基本原理是：大多数环境中都存在着天然微生物降解有害污染物的过程，只是由于环境条件的限制，微生物自然净化速度很慢，因此需要采用提供氧气，添加氮、磷营养盐，或接种经驯化培养的高效微生物等方法以强化这一过程。基本措施是：一是环境条件的修饰；二是接种合适的微生物。影响微生物修复的因素主要为环境条件、污染物、微生物三个方面。由于生物修复降解活动的主体是生物，所以其降解效率不可避免地在很大程度上要受环境因子的制约。通风和温度对生物降解速度均有影响,其中温度的影响更大,生物降解在 30 ℃～40 ℃之间时最为活跃;季节变化对生物降解过程亦有影响;冻土层的存在对生物降解过程有很强的限制作用。

目前微生物修复技术以中温微生物为主。而占地表绝大部分的极地、海洋、湖泊以及高山和高纬度地区的土壤等,其全年平均温度大多在 15 ℃或小于 15 ℃,恰恰是低温微生物的最适生长温度。因此,以低温微生物为主的生物修复技术,在常年低温的极地、海洋、高山或高纬度地区以及若干地区冬季进行污染物的生物降解方面有独到的优势。目前,以低温微生物为主体的低温生物修复技术已成为生物修复技术研究领域的热点。

在寒冷及低温环境条件下,应用低温微生物对石油污染土壤进行修复具有非常好的应用前景。对高山冰川区域长期受柴油污染土壤的生物修复可能性研究发现,施用后土壤中柴油含量大幅度降低。对石油烃污染的极地和高山冻原土壤进行小规模的生物降解实验,证明寒冷条件下烃污染土壤的生物修复是可行的。

对极区石油污染区域的调查表明,石油降解菌在极区的土壤广泛存在,其数量与石油污染程度,其种类主要包括 α-、γ- 变形杆菌纲和放线菌纲;其降解活性受多种条件制约,如低温、湿度、营养盐、pH 和抑制性碳氢化合物等。对北极海洋沉积物石油降解微生物的研究结果也表明了石油降解菌存在的普遍性和多样性,如通过富集培养和分离纯化,从北极海洋沉积物中根据菌落形态学特征分离得到的 26 株石油降解菌,包含了变形细菌门的 γ- 变形菌纲和拟杆菌门的黄杆菌纲两大类,其中 γ- 变形菌纲占绝大多数(92.3%),其中包括假交替单胞菌属、发光杆菌属、希瓦氏菌属、科尔韦尔氏菌属、单胞菌属和盐单胞菌属共 6 个属的原油降解菌;这些菌株均能在以石油为唯一碳源和能源的无机营养盐培养基中生长,有 25 株具有胞外脂肪酶活性,表明石油降解与产脂肪酶之间具有良好的相关性。

随着海洋水产养殖业的快速发展,养殖残饵已成为养殖海域的重要污染源之一,低温微生物成为治理海洋养殖水域中有机饲料污染的选择之一。南极低温蛋白酶高产菌株 *Pseudoalteromonas* sp. AN64 在 0 ℃～30 ℃均能生存繁殖,其最适生长温度为 10 ℃;分泌胞外蛋白酶的最适作用温度和 pH 分别为 30 ℃和 9,可有效降解蛋白质,降低海水中的氨氮和亚硝态氮等有害物质。在较低温度的海水养殖环境条件下,深海与极地等来源的低温菌更能有效利用养殖水体的有机物作为自身繁殖的营养源,迅速分解水体的氨氮等有机物质,大幅度降低水体污染、增加溶氧、稳定水质、维持 pH 的稳定,为健康养殖提供了有效途径。

第八章

微生物与海洋生态修复工程 *

1982 年《联合国海洋法公约》第一条规定：所谓海洋环境污染是指人类直接或间接把物质或能量引入海洋环境（包括河口湾），以至于造成或可能造成损害海洋生物资源、危害人类健康、妨碍捕鱼和其他各种合法活动、损害海水的正常使用价值和降低海洋环境的质量等有害影响。并将污染源区分为下列各项：

（1）来自船舶的污染。

（2）倾倒废物。

（3）海底活动所造成的污染。

（4）来自陆地的污染。

（5）来自大气的污染。

据统计，我国各类直排海污染源排放情况和四大海区受纳直排海污染源污染物情况如表 8-1 和表 8-2 所示。

表 8-1　我国各类直排海污染源排放情况

污染源类别	废水量（亿吨）	化学需氧量（万吨）	石油类（吨）	氨氮（吨）	总磷（吨）	汞（吨）	六价铬（吨）	铅（吨）	镉（吨）
合计	45.65	31.29	1 864	41 531	4 213	0.25	0.31	2.7	0.16
工业	15.41	4.31	154	2 210	204	0.008	0.3	0.4	0.07
生活	7.36	7.85	703	12 110	1 384	—	—	—	—
综合	22.88	19.13	1 007	27 211	2 625	0.24	0.006	2.3	0.09

表 8-2　我国四大海区受纳直排海污染源污染物情况

海区	废水量（亿吨）	化学需氧量（万吨）	氨氮（万吨）	石油类（吨）	总磷（吨）
渤海	1.32	0.77	0.08	166.3	35.2
黄海	8.29	6.33	0.64	215.1	826
东海	26.32	13.52	1.8	526.4	1 092.2
南海	9.72	10.66	1.63	956.4	2 260.1

---

* 本章由牟海津、李秋芬编写。

按照污染物的来源、性质和毒性,海洋污染物可有多种分类法。当前,通常分为以下几类:

1. 石油及其产品

石油及其产品包括原油和从原油分馏成的溶剂油、汽油、煤油、柴油、润滑油、石蜡、沥青等以及经裂化、催化重整而成的各种产品。主要是在开采、运输、炼制及使用等过程中流失而直接排放或间接输送入海的污染物;是当前海洋中主要的且易被感官觉察的量大、面广,对海洋生物能产生有害影响,并能损害优美的海滨环境的污染物。

2. 重金属

海洋重金属污染(marine heavy metal pollution),指某些相对密度大的重金属经各种途径进入海洋而造成的污染。

3. 农药

自森林、农田等施用的农药而随水流迁移入海,或逸入大气,最终沉降入海。包括汞、铜等重金属农药,有机磷农药,百草枯、蔬草灭等除草剂,滴滴涕、六六六、狄氏剂、艾氏剂、五氯苯酚等有机氯农药以及多在工业上应用而其性质与有机氯农药相似的多氯联苯等。有机氯农药和多氯联苯的性质稳定,能在海水中长期残留,对海洋的污染较为严重;并因它们疏水亲油易富集在生物体内,对海洋生物危害尤其大,且通过食物链进入人体,产生的危害性就更大。

此外,还有渔药引起的海洋环境污染。渔药是指水产增养殖过程中用于预防、控制和治疗水产动植物的病、虫、草害,促进养殖品种健康生长,增强机体抗病能力以及改善养殖水体质量的一切物质。渔药残留是指在水产品的任何食用部分中渔药的原型化合物和(或)其代谢产物,并包括与药物本体有关杂质的残留。一般来说,水产品中的渔药残留大部分不会对人类产生急性毒副作用。但如果人们经常摄入含有低剂量渔药残留的水产品,残留的药物可在人体内慢性蓄积而导致体内各器官功能紊乱或病变,严重危害人类的健康。

4. 放射性物质

放射性物质主要来自核武器爆炸、核工业和核动力船舰等的排污。有铈-114、钚-239、锶-90、碘-131、铯-137、钌-106、铑-106、铁-55、锰-54、锌-65和钴-60等。其中以锶-90、铯-137和钚-239的排放量较大,半衰期较长,对海洋的污染较为严重。在较强放射性水域中,海洋生物通过体表吸附或通过食物进入消化系统,并逐渐积累在器官中,通过食物链作用传递给人类。

5. 废物和废水

废物包括来自造纸、印染和食品等工业的纤维素、木质素、果胶、糖类、糠醛、油脂等,以及来自生活污水的粪便、洗涤剂和食物残渣等。造纸、食品等工业的废物入海后以消耗大量的溶解氧为其特征;废水中除含有寄生虫、病原菌外,还带有氮、磷等营养盐类,可导致水体富营养化,甚至形成赤潮。

水体富营养化(eutrophication)是指在人类活动的影响下,氮、磷等营养物质大量进入湖泊、河口、海湾等缓流水体,引起藻类及其他浮游生物迅速繁殖,水体溶解氧量下降,水质恶化,鱼类及其他生物大量死亡的现象。这种现象在河流湖泊中出现时称为水华,在海洋中出现时称为赤潮。水体的富营养化严重危害水产养殖业,水体的透明度降低,藻类大量繁殖,水中溶解氧量降低,进而导致鱼、虾、贝类大量死亡;水体富营养化产生的过量硝酸盐和亚硝酸盐、藻类致病毒素对人体健康产生很大的威胁,水体散发的腥臭味更影响到周边旅游环境和人文景观。因此,对富营养化水体进行有效治理已成为急需解决的问题。

例如,我国当前有众多的水产品加工企业,从事水产品的冷冻与初级加工。水产品加工过程中产生的废水来源主要包括以下三部分:

(1)解冻与原料加工废水:主要是原料前处理过程中产生的解冻废水和清洗废水,其中主要含有鱼肉碎片、鱼血以及鱼油等物质,COD、BOD、SS(固体悬浮物)、氨氮、动植物油等是其主要的污染指标。

(2)成品加工废水:包括蒸煮废水、消毒废水、单冻废水等,除含有较高的COD和氮、磷外,还含有较高浓度的Cl^-,可能会影响水处理过程中细菌的活性。

(3)卫生废水:① 设备冲洗水:每个工序在完成每一批次的生产后,均需要对本工序的设备进行一次清洗工作,清洗废水浓度一般较高,为间歇排放。② 地面定期清洗排放的废水,其主要污染指标为COD、BOD、SS等。

6. 热污染和固体废物

热污染主要来自电力、冶金、化工等工业冷却水的排放,可导致局部海区水温上升,使海水中溶解氧的含量下降并影响海洋生物的新陈代谢,严重时可使动植物的群落发生改变,对热带水域的影响较为明显。

固体废物主要包括工程残土、城市垃圾及疏浚泥等,投弃入海后能破坏海洋自然环境及生物栖息环境。全世界每年产生各类固体废弃物约百亿吨,若1%进入海洋,其量也达亿吨。

近年来,随着大量非生物有机化合物合成的生产使用及资源的开发利用,进入环境中的有害污染物越来越多,在环境中长期存在且难以降解。这些污染物的潜在毒性、诱导性及生物累积效应,引起各国研究学者的极大重视,促进了生物修复技术的发展和应用。

生物修复,指生物尤其是微生物催化降解环境污染物,减少或最终消除环境污染的受控或自发过程。生物修复的基础是自然界中微生物对污染物的生物代谢作用。由于自然的生物修复过程一般较慢,难以实际推广应用,因此一般指的是在人为促进条件下的生物修复。与其他物理、化学治理方法相比,物理方法如填埋等,对于污染物仅是稀释、聚集或不同环境中的迁移作用,化学方法易造成二次污染,而在生物修复作用下污染物转化为稳定的、无毒的终产物如水、CO_2、简单的醇或酸及微生物自身的生物量,最终从环境中消失。目前,生物修复已成为一种新的可靠的环保技术。"条条江河归大海",海洋承纳了各式各样的污染物。陆地及淡水域的污染物质绝大部分可以在海洋中发现。由于海洋面积广、自净能力强,一直被视为天然的"垃圾处理厂"。海洋微生物由于数量大、种类多、特异性和适应性强、分布广、世代时间短、比表面积大,在水体自净、污染物生物降解中起着决定性的作用。

然而,随着近年来我国沿海地区工、农业的迅速发展以及人口的骤增,大量人工合成的污染物的不合理排放、海上石油的开发等,造成了海洋环境污染的危机,局部海域污染尤其严重,如赤潮发生频率的增加、石油污染、农药的非点源污染加剧等,损害了海洋环境和海洋生态系统,威胁到人类的生命健康,当前海洋污染环境治理已势在必行。

第一节 陆源污染及其生物修复

海洋环境的陆源污染主要包括农业面源污染和工业污染两个方面。农业面源污染有农药污染和化肥污染。工业污染有废水污染、废气污染、废渣污染和重金属污染。在这一节，以农药污染和重金属污染为例，介绍陆源污染对海洋环境造成的影响以及微生物修复的特点和方式。

一、农药污染的生物修复

我们通常所说的农药是指化学农药，化学农药是一类复杂的有机化合物，根据其用途可以分为杀虫剂、杀螨剂、杀菌剂、除草剂以及植物生长调节剂等。根据化学结构又分为有机氯杀虫剂、有机磷杀虫剂、拟除虫菊酯杀虫剂、氨基甲酸酯类杀虫剂、除草剂和杀菌剂，还有其他农药如脲类化合物、氯代酚、有机氮或有机硫化合物等。

目前，世界上生产的化学农药主要有420种，全世界的化学农药产量（以有效成分计）：1950年为20万吨，1960年为60万吨，1970年为150万吨，1975年为180万吨，自1985年后维持在200万～250万吨。由于世界耕地面积的减少和高产优质品种的开发，进入20世纪90年代以来，化学农药产量、销售额增长趋缓，全球化学农药销售额基本稳定在270亿～300亿美元。我国约有病害742种，虫害（包括螨害）838种，杂草707种，鼠害20种，其中使农作物严重减产的病、虫、草害有100多种。化学农药在农牧业的生产保收和人类传染病的预防和控制等方面发挥了不可磨灭的作用。联合国粮农组织（FAO）统计资料表明，全世界由于使用农药防治病虫害挽回的农产品的损失占世界粮食总产量的30%左右。对我国这样一个在世界上人口最多、人均耕地少的人口大国，农药对缓解人口与粮食的矛盾发挥了重要作用。

但另一方面，农药残留不仅污染大气、土壤和水域，毒化和危害自然环境，更直接残留在作物各个部位，污染农产品及其加工制成的食品，影响农产品和食品的质量，直接危害人们的身心健康，甚至引发社会恐慌，成为社会不稳定、不和谐的因素。

据统计，目前我国喷施的农药一般有40%～60%直接降落、残留在土壤中，5%～30%的农药飘浮于大气中，但最终也通过降水返回地面，进入土壤。因而，土壤成为农药污染最大的目标（图8-1）。

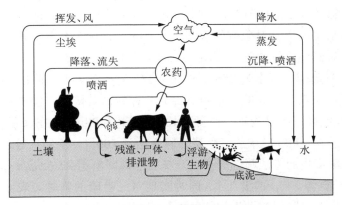

图8-1 农药污染及其侵入机体的途径

我国沿海各县每年使用的农药达 18 万吨。海洋虽然不是农药的直接使用区,但由于水体及大气的传送作用,海洋在不同程度上也受到农药的污染,滩涂和沿岸水体尤其严重。经常被检出的有机氯农药主要有 DDT、六六六、艾氏剂等。

其中据估计全世界生产的 DDT 大约有 25% 已被转入海洋,虽然有的国家已禁止使用或停止生产,但因其在环境中十分稳定,不易被分解,在自然界及生物体内可以较长时间存在,通过食物链富集,毒性增大,导致鱼类和鸟类的死亡,甚至在南极大陆定居的企鹅体内都有 DDT 的存在,对人类的健康也构成了威胁。美国海洋生物学家雷切尔·卡森的《寂静的春天》一书中,列举了大量的事实来说明 DDT 对生态环境的严重影响。书中提到:"一种奇怪的寂静笼罩了这个地方。园后鸟儿寻食的地方冷落了。在一些地方仅能见到的几只鸟儿也气息奄奄,它们战栗得厉害,飞不起来了。这是一个没有声息的春天。"20 世纪 70 年代起,美国及西欧等发达国家和地区开始限制和禁止使用 DDT。我国于 1983 年宣布停止生产和使用 DDT。

食品中的农药残留途径主要有:

(1)施用农药后对作物或食品的直接污染。

(2)大气、水、土壤的污染造成动植物体内含有农药残留,而间接污染食品。

(3)来自食物链和生物富集作用,如:水中农药 → 浮游生物 → 水产动物 → 高浓度农药残留食品。

(4)运输及贮存中由于和农药混放而造成的食品污染。

1. 降解农药的微生物种类

利用微生物降解农药的研究始于 20 世纪 40 年代末,至今已取得了很大进展。自然环境中存在的一些微生物在农药降解方面起着重要的作用,许多研究人员已经通过富集培养、分离筛选等技术发现了许多能够降解农药的微生物。这些微生物包括细菌、真菌、放线菌和微藻等,其中起主要作用的是细菌类,这与细菌生化上的多种适应能力和其更容易诱发突变以及环境条件有关。

图 8-2 是有机污染物被微生物降解的代谢主干图。

Mandelbaum 等从土壤中分离出一株 *Pseudomonas* sp. 能降解除草剂阿特拉津,能以阿特拉津为唯一氮源,在 90 min 内使 100 mg/L 阿特拉津完全降解。郑永良等从长期受有机磷农药污染的土壤中分离到一株甲胺磷降解菌 HS-A32(不动杆菌属),能以甲胺磷作为唯一碳源和氮源生长,在 30 ℃,pH 为 7 时,对浓度为 1 000 mg/L 的甲胺磷降解率达82%。李海雷等从生产甲基对硫磷的农药厂污水曝气池中分离到一株能以甲基对硫磷及其降解中间产物对硝基苯酚为唯一碳源生长的菌株 L-W,经鉴定为节杆菌属,其在 7 h 内对 50 mg/L 甲基对硫磷降解率为 85%,对 50 mg/L 对硝基苯酚的降解率达到 99%。戴青华等从长期经有机磷农药污染的土壤中分离到一株能高效降解三唑磷的菌株 mp-4,经鉴定为苍白杆菌属,能以三唑磷为唯一碳源生长,降解率为 98.3%;在水稻大田试验中,米壳的三唑磷去除率为 91.9%,糙米的三唑磷去除率达到 100%。王丽红等从三唑磷生产厂周围的土壤中用土壤富集的方法筛选分离出一株三唑磷降解菌 *Klebsiella* sp.,它能以三唑磷为唯一碳源、唯一氮源、唯一磷源生长,同时实现对三唑磷的降解。表 8-3 则列出了目前已报道的可以进行农药降解的微生物的种类。

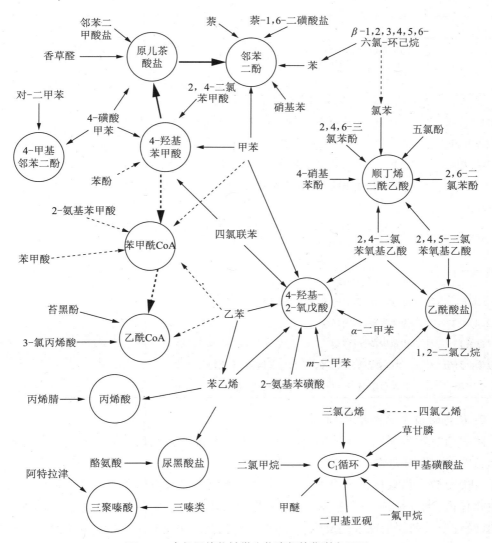

图 8-2　有机污染物被微生物降解的代谢主干图

表 8-3　可降解农药的微生物种类

农药	可降解农药的微生物
甲胺磷	芽孢杆菌、曲霉菌、青霉菌、假单胞菌、瓶型酵母、不动杆菌
阿特拉津	烟曲霉、焦曲霉、根霉、串珠镰刀菌、粉红色镰刀菌、尖孢镰刀菌、斜卧镰刀菌、微紫青霉、皱褶青霉、平滑青霉、白腐真菌、菌根真菌、假单胞菌、红球菌、诺卡氏菌、农杆菌、极瘤细菌、芽孢杆菌、产碱菌、不动杆菌、土壤杆菌、衣绿藻等
毒死蜱	黄杆菌、固氮极毛杆菌
敌杀死	产碱杆菌
2,4-D	假单胞菌、无色杆菌、节细菌、棒状杆菌、黄杆菌、枝动杆菌、生孢食纤维菌属、链霉菌属、曲霉菌、诺卡氏菌
DDT	无色杆菌、色杆菌、芽孢杆菌、梭状芽孢杆菌、埃希氏杆菌、假单胞菌、变形杆菌、链球菌、微球菌、黄单胞菌、欧文氏菌、巴斯德梭菌、根瘤土壤杆菌、产气杆菌、镰刀霉菌、诺卡氏菌、木霉菌、棒状杆菌、土壤杆菌、欧文氏菌、节杆菌、库特氏菌、乳酸杆菌、毛霉菌、白腐真菌、根霉菌、曲霉菌、沙雷铁氏菌

农药	可降解农药的微生物
六六六	白腐真菌、梭状芽孢杆菌、埃希氏菌、大肠杆菌、生孢梭菌、镰刀菌、木霉菌、气单胞菌、气杆菌、无色杆菌、假单胞菌、芽孢杆菌、楔形梭菌
对硫磷	芽孢杆菌、黄单胞杆菌、大肠杆菌、极瘤细菌、芽孢杆菌、假单胞菌、黄杆菌、产碱菌、短杆菌、固氮极毛杆菌、不动杆菌、青霉菌、曲霉菌、木霉菌
甲基对硫磷	假单胞菌、产碱菌、芽孢杆菌、黄杆菌、短杆菌、木霉菌、链格孢菌
水胺硫磷	黄杆菌
马拉硫磷	假单胞菌、节细菌、黄杆菌、极瘤细菌、木霉菌
七氯	芽孢杆菌、镰孢霉菌、小单孢菌、诺卡氏菌、曲霉菌、根霉菌、链球菌、青霉菌、木霉菌、节细菌
敌百虫	镰刀菌、曲霉菌、青霉菌
敌敌畏	无色杆菌、节细菌、棒状杆菌、黄杆菌、生孢食纤维菌属、链霉菌属、曲霉菌、诺卡氏菌、假单胞菌、芽孢杆菌、不动杆菌、埃希氏菌、木霉菌
狄氏剂、艾氏剂	芽孢杆菌、假单胞菌、镰孢霉菌、青霉菌、气杆菌、节细菌、微球菌、曲霉菌、根霉菌、木霉菌、青霉菌、诺卡氏菌、链霉菌
乐果	芽孢杆菌、假单胞菌、曲霉菌、不动杆菌
2,4,5-T	无色杆菌、枝动杆菌
毒杀芬	假单胞菌、气杆菌
拟除虫菊酯	肠杆菌、产碱菌、芽孢杆菌、假单胞菌、无色杆菌
三唑磷	玫瑰单胞菌、苍白杆菌、克雷伯氏菌、沼泽红假单胞菌

2. 农药的微生物降解机制

随着微生物降解农药研究的愈加深入,对于其降解机理也愈加清晰。微生物对农药的作用方式分为两大类:

一类是微生物直接作用于农药,其实质是酶促反应。即化合物通过一定的方式进入微生物体内,无论是共生还是单一的微生物对农药的降解大多都是在酶的参与条件下进行的,经过一系列的生理生化反应,最终将农药完全降解或分解成相对分子质量较小的无毒或毒性较小的化合物。常说的农药微生物降解多属于此类。其整个具体过程如下:首先农药吸附于微生物表面,然后穿透细胞膜进入细胞内部,与微生物所产生的降解酶结合发生酶促反应,以达到降解农药的目的。微生物直接作用于农药常见的降解途径有氧化、脱氢、脱卤、脱羧、还原、水解、合成、异构化等几种反应类型。

这些降解酶有的是微生物固有,有的则是由于变异而产生的。降解酶往往比产生这些酶的微生物本身更能忍受异常环境条件,由于降解菌在农药浓度较低时,可以利用其他碳源而不能有效地利用农药为碳源,此时酶的降解效果远胜于产生这些酶的微生物本身,再加上酶的固定化技术可以使酶更加稳定,因此,关于降解酶的研究已成为热点。最近,随着分子生物学技术的迅速发展,对农药降解微生物的功能基因组研究,利用转基因技术构建对农药高效降解的工程菌研究也取得了成功。

Derbyshire 等从无色杆菌提取呋喃丹酯键水解酶,并将该酶纯化,纯化后的水解酶对较低浓度的呋喃丹和西维因具有较好的降解效果。Schenk 等从节细菌 ATCC33790 分离到 PCP 脱氯酶,它可以催化 PCP 转化成为 2,3,4,5-四氯氢化奎宁。Munnecke 从混合菌中提取了对硫磷水解酶,其 22 ℃水解对硫磷速度比化学水解(0.1 mol/L NaOH,40 ℃)快 2 450 倍,对其他有机磷酸酯类杀虫剂(甲基对硫磷、二嗪农、毒死蜱、三唑磷、杀螟松、杀螟腈、对氧磷)的水解比化学水解快 40～1 000 倍。Maloney 等从吐温-80 为碳源的无机盐基础培养基中分离到降解菌 *Bacillus cereus* SM3,该菌能够降解拟除虫菊酯,与降解反应有关的酶称为氯菊酯酶,这是用细胞粗酶液降解拟除虫菊酯的第一个例子。西班牙 Sogorb 等研究过用酶对拟除虫菊酯类农药进行脱毒和解毒,发现酯键的水解将导致拟除虫菊酯类农药的解毒,而羧酸酯酶对拟除虫菊酯类农药的解毒可能起重要作用。Yu 等用海藻酸钙凝胶将产碱菌 *Alcaligenes* sp. YF11 中提取的降解酶进行固定化,测定了固定化酶对氰戊菊酯、杀灭菊酯的降解特性,并制成了固定化酶反应器,为降解酶投入实际生物修复应用奠定了基础。

农药降解常见的直接作用方式主要有矿化作用和共代谢作用。

所谓矿化作用就是指微生物直接以农药为碳源,将其完全无机化的过程,是与微生物生长相关的过程。被矿化的化合物作为微生物生长的基质和能源,但通常只有部分有机物被用于合成菌体组成物质,其余部分形成代谢产物,如 CO_2、H_2O、CH_4 等。矿化作用是最理想的降解方式,因为农药被完全降解成无毒的无机物。

共代谢作用(co-metabolism)是指微生物在有其可利用的碳源作为初级能源时,对原来不能利用的物质也可进行分解代谢的现象。通常情况下,共代谢只能使有机物得到修饰或转化,不能使分子完全分解。共代谢作用在农药的微生物降解过程中发挥着主要的作用。门多萨假单胞菌 DR-8 菌株降解甲单脒生成 2,4-二甲基苯胺和 NH_3,而 DR-8 菌株不能以甲单脒作为碳源和能源生长,只能在添加其他有机营养基质作为碳源的条件下降解甲单脒,且降解产物未完全矿化,属于共代谢作用类型。许育新等的研究表明了氯氰菊酯降解菌 CDT3 能以共代谢方式降解氯氰菊酯。张松柏等从农药厂污泥中分离到一株能降解甲氰菊酯的光合细菌 PSB07-19,该菌以共代谢方式降解甲氰菊酯,降解率为 45.51%。

另一类是通过微生物自身的活动改变了化学或物理环境而间接对农药起到降解的作用。

3. 农药降解菌作用方式举例

高效氯氰菊酯(cypermethrin),分子式为 $C_{22}H_{19}Cl_2NO_3$,相对分子质量 416.3。化学名称为(RS)-α-氰基-3-苯氧苄基(1RS)-顺,反-,2-二氯乙烯基)-1,1-二甲基环丙烷羧酸酯,分子结构式为:

高效氯氰菊酯具有触杀和胃毒作用,无内吸和熏蒸作用,杀虫范围广,可用于防治大田作物、蔬菜、果树、林木储藏及卫生害虫,作用迅速,对光热稳定,持效期较长(4 周),对某些害虫的卵具有杀伤作用,对水生动物、蜜蜂、蚕极毒,还对有些害虫有拒食活性。急性经口毒性值取决于下述因素:载体、样品的顺反比、种类、性别、年龄、生长阶段等,急性经口 LD_{50} 的典型值:大鼠为 251～4 123 mg/kg,小鼠为 138 mg/kg。对皮肤有轻微刺激,能引起过敏,对眼睛则有中等刺激作用,属中等毒性杀虫剂。

高效氯氰菊酯是我国用量较大且使用时间很长、应用最为广泛的菊酯类杀虫剂,与传统的有机磷类农药相比,其有着对环境安全、效果更好、亩投入成本低的优势。尤其自 2007 年以来,甲胺磷等高毒农药退市,高效氯氰菊酯更是作为替代药物被大量使用。国标中对其在食品中的限量作了明确规定:小麦、黄瓜、棉籽中高效氯氰菊酯最大残留限量为 0.2 mg/kg;玉米、大豆中高效氯氰菊酯最大残留限量为 0.05 mg/kg;豆类蔬菜及果菜类蔬菜中高效氯氰菊酯最大残留限量为 0.5 mg/kg;叶菜类蔬菜中高效氯氰菊酯最大残留限量为 2 mg/kg,每日允许摄入量(ADI)限制为 0.05 mg/kg 体重。

当农药的残留量为原施用量一半时所用的时间称为半衰期。农药的半衰期常用来表示农药的稳定性。半衰期长,农药稳定,不易降解,容易被植物、动物吸收而通过食物链对人体造成毒害。郑玲玲等从农药厂污水口污水中分离到琼氏不动杆菌(*Acinetobacter junii*)MLq,以共代谢方式降解高效氯氰菊酯,培养 84 h 对 400 mg/L 高效氯氰菊酯降解率为 70.05%。研究发现,高效氯氰菊酯在 pH 9 条件下自然降解速率较快,半衰期为 16.05 d,在 pH 5 的水中的降解较慢,半衰期为 28.88 d,在海水中的降解半衰期与 pH 7 的水体接近;而接种琼氏不动杆菌后则表现出在中性条件下的降解优势,高效氯氰菊酯半衰期相比较未添加降解菌明显缩短(图 8-3)。

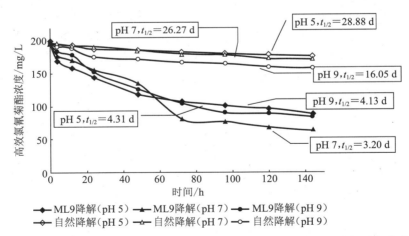

图 8-3　琼氏不动杆菌(*Acinetobacter junii*)MLq 对高效氯氰菊酯的降解动力学过程

二、重金属污染

目前污染海洋的重金属元素主要有汞、镉、铅、锌、铬、铜等。砷虽为非金属,但毒性和某些性质类似于上述元素,因此类金属砷也包括在重金属之列。

对生物体的危害一般是汞＞铅＞镉＞锌＞铜;有机汞＞无机汞、六价铬＞三价铬。

大多数砷化物都有很大的毒性,其化合价态、化合物种类和溶解性等都影响毒性,无机砷毒性大于有机砷,三价砷大于五价砷。水生生物对砷有很强的富集能力,因此在食品中,海产品的总砷含量高,以无机砷和有机砷两种形式存在,其中多数为低毒的有机砷。

海洋的重金属既有天然的来源,又有人为的来源。天然来源包括地壳岩石风化、海底火山喷发和陆地水土流失将大量的重金属通过河流、大气间接或直接注入海中,构成海洋重金属的本底值。人为来源主要是工业污水、矿山废水的排放及重金属农药的流失,煤和石油在燃烧中释放出的重金属经大气的搬运而进入海洋。

汞(Hg):由人类活动而进入海洋的汞,每年可达万吨,超过全世界年产约 9 000 吨汞的记录。这是因为煤、石油等在燃烧过程中,使其中含有的微量汞释放出来,逸散到大气中,最终归入海洋,估计全世界在这方面污染海洋的汞每年约 4 000 吨。

镉(Cd):镉年产量约 1.5 万吨,据调查镉对海洋的污染量远大于汞。镉在水生生物体内极易富集,特别是在贝类。镉成为海鲜类食品中的主要健康杀手之一。进食少量的镉便可能引发严重的中毒症状,在当今世界重要研究的毒素中镉已位居第三位,其毒性作用已引起国内外学者的广泛关注,联合国环境规划署提出了 12 种具有全球性意义的危险化学物质,镉被列为首位,美国毒物管理委员会(ATSDR)将其列为第六位危及人类健康的有毒物质,被国际癌症研究机构确定为人类和实验动物的肺癌和前列腺癌的确认致癌物。

海洋环境重金属的危害主要包括:或直接危害海洋生物的生存,或蓄积于海洋生物体内而影响其利用价值。重金属在水生动物体内的积累,通常认为经过下列途径:

(1)经过鳃不断吸收溶解在水中的重金属离子,然后通过血液输送到体内的各个部位,或积累在表面细胞之中。

(2)海洋动物在摄食时,水体或残留在饵料中的重金属通过消化道进入体内。

(3)海洋动物体表与水体的渗透交换作用也可能是重金属进入体内的一个途径。

目前一般认为,水生生物主要是通过水来吸收积累有毒物质,而陆生动物主要是通过食物积累有毒物质。

重金属在自然环境中不能被微生物降解,只能在发生各种形态之间的相互转化及分散和富集过程中进行迁移。在生物体内富集的重金属,一旦进入食物链,就可能由于生物浓缩和生物放大作用在生物体内蓄积。生物积累指同一生物个体在生长发育中直接从环境介质或从所消耗的食物中吸收并积累外来物质,会随着其生长发育而不断增加的现象,其程度可用生物富集浓缩系数表示。对水生生物来说,生物富集浓缩系数=机体内的浓度/水中的浓度。据有关调查研究,鱼通过水吸收积累镉的生物富集浓缩系数为 513。同一种生物的不同器官组织,对重金属积累量不同。动物体的不同组织对某种重金属具有高度选择性,肾脏和肝脏由于可以快速大量合成金属硫蛋白使重金属得以大量蓄积,所以成为重金属蓄积的主要靶器官。

在测定化学物质的毒性、评价其对水生生物的影响等方面的工作中,急性毒性实验已成为国际上公认的生物测试方法。急性毒性实验又称为短期试验,其基本原理是利用被测生物在不同浓度的毒物中短期暴露时产生的中毒反应,以 50% 受试生物的死亡浓度给出半致死浓度值(LC_{50}),用 LC_{50} 的大小来表示被测毒物的毒性大小。

微生物在修复重金属污染的土壤和水体方面具有如下作用:微生物可以降低环境中

重金属的存在状态,从而可能降低重金属的毒性;微生物可以改变根际微生物,从而提高植物对重金属的吸收、挥发或固定效率;微生物细胞也可以吸附积累重金属,由此发展而来的生物吸附技术也是环境生物修复技术的重要内容,但目前对于生物体细胞与重金属离子的相互作用机制,还存在认识上的不足,限制了重金属污染的生物修复技术的发展。

重金属污染引起的疾病举例如下:

1. 水俣病(Minamata disease)

20世纪50年代,日本九州水俣市及其附近地区,氮肥厂排出的含汞废水污染海水,汞受水底微生物和食物链的作用而转化为甲基汞。人摄入富集在鱼、贝类中的甲基汞导致了有机汞中毒(图8-4)。水俣病为神经系统疾病,主要症状为肢端麻木、感觉障碍、视野缩小。以后在患者中陆续发现上肢震颤、共济失调、发音困难、视力和听力障碍、智力低下、精神失常等。病理变化为大脑皮质细胞萎缩,严重者尚可侵犯小脑及脊髓。20世纪70年代日本正式确定为水俣病的病人达784名,有103名已死亡,另外尚有约3 000名可疑病人(图8-5)。

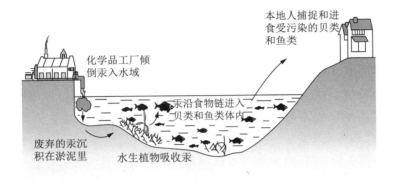

图 8-4 含汞废水沿食物链传播的方式

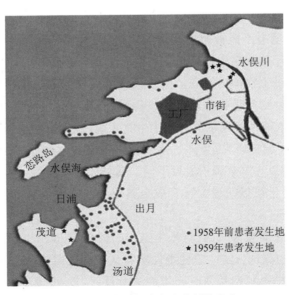

图 8-5 日本水俣病发生病例的分布

水产品中的汞污染,主要是工矿企业中汞的流失和含汞废气、废液、废固体的排放造成的。汞在水产品中主要以甲基汞的形式存在。以鱼为例,水体底质中的无机汞在微生物的作用下转化为甲基汞,并通过食物链逐级浓缩进鱼体内。另外,鱼的肝脏也可利用无机汞合成甲基汞,且鱼体表面黏液中的微生物甲基化能力也很强。因此,鱼中甲基汞的浓度增高是引起汞中毒的主要原因。鱼体内汞含量可因水体和饲料污染程度以及鱼龄和鱼体的大小而异。一般来说,水体和饲料中的污染程度越大,鱼的重量越大,鱼龄越大,其甲基汞含量就越高。

甲基汞的脂溶性较高,易于扩散并进入组织细胞,蓄积在肾脏和肝脏,并通过血脑屏障进入脑组织。甲基汞在人体内的半衰期较长,容易蓄积中毒。甲基汞中毒机制尚待研究,一般认为甲基汞能和含巯基的酶反应,成为一种酶的抑制剂,从而破坏细胞的代谢和功能。慢性甲基汞中毒的症状主要为神经系统的损伤,起初为疲乏、头晕、失眠,而后感觉异常,手指、足趾、口舌等处麻木,症状严重者可出现运动失调,发抖、失明、听力丧失、精神紊乱等。甲基汞亦可通过胎盘进入胎儿体内,引起先天性甲基汞中毒,主要表现为胎儿发育不良,智力发育迟缓、畸形,甚至发生脑麻痹而死。

目前我国对水产品中汞的残留限量要求:根据《无公害食品 水产品中有毒有害物质限量》(NY 5073—2006)标准规定,甲基汞(以 Hg 计)≤ 0.5 mg/kg。

2. 痛痛病(Itai-Itai disease)

痛痛病是首先发生在日本富山县神通川流域的一种奇怪病,因为病人患病后全身非常疼痛,终日喊痛不止,因而取名"痛痛病"(亦称骨痛病)。当地居民同饮一条叫作神通川河的水,并用河水灌溉两岸的庄稼。后来日本三井金属矿业公司在该河上游修建了一座炼锌厂,排放的废水含有大量镉,污染河流,河水、稻米、鱼虾中富集大量的镉,然后通过食物链,使镉进入人体富集,从而引起了"痛痛病"。痛痛病在当地流行 20 多年,造成 200 多人死亡。

水产品的镉污染主要是由工业排放的废水造成的。工业废水污染水体,经水生生物富集,使水产品中的镉含量明显增加。镉在人体内的半衰期为 10～40 年,易于在体内蓄积,长期摄入镉后,可引起肾功能障碍,蛋白尿、糖尿和尿钙排出量增加,引起钙负平衡,造成软骨症和骨质疏松症。另外,镉还会引起贫血,其原因可能是镉干扰食物中铁的吸收和加速红细胞的破坏所致。

目前我国对水产品中镉的残留限量要求:根据《无公害食品 水产品中有毒有害物质限量》(NY 5073—2006)标准规定,镉≤ 0.1 mg/kg(鱼类),镉≤ 0.5 mg/kg(甲壳类),镉≤ 0.5 mg/kg(贝类)。

第二节　海水养殖水域污染及其生物修复

近年来,水产养殖是提高全球水产品供给量的主要生产方式,特别是海水养殖,在世界上大多数地区以其巨大发展潜力迎合了人们对水产品不断增长的需求而获得了迅猛发展。但是,水产养殖自身的生态结构和养殖方式的缺陷,使得大部分养殖存在着许多环境问题。针对水产养殖存在的污染,有人提出了养殖污染的概念,即养殖过程中营养物的污染、药物的使用污染以及底泥的富集污染等。

一、污染来源

水产养殖过程中的污染物主要就是残饵和排泄物中所含的营养物质即氮、磷，还有悬浮颗粒物及有机物。许多研究表明水产养殖外排水对邻近水域营养物的负载在逐年增大，排出的氮、磷营养物质成为水体富营养化的主要污染源。

滤食性贝类通过过滤水体中浮游植物和有机颗粒而摄食，并通过排粪作用把废物排入海水中，沉积到水体底层。在荷兰瓦登海贝类分布的区域，每周约 43% 的浮游植物被转化为贝类的粪便或伪粪；胶州湾筏式养殖的扇贝每日废物排泄量 $8.2 \sim 12.0 \ kg/hm^2$，一年内可达 4 000～6 000 吨（养殖面积为 1 333.3 hm^2，6 000 笼/hm^2，270 个贝/笼）。有机物在底层的堆积促使微生物活动加强，增加了底质的氧需求量，易于造成缺氧或无氧环境，促进了脱氮和硫还原反应。微生物的活动还可加速无机盐从底质向水体的释放，加快水体营养盐循环的速度。生物沉降的另一个作用是改变了底栖生物群落结构，对贻贝养殖区的调查发现，和对照区相比，养殖区底栖动物种类大大减少，而耐缺氧的多毛类开始占优势。另一方面，贝类的摄食压力对浮游植物的繁殖有控制作用，研究表明浮游植物的生物量与贝类滤水率成反比关系。

投饵养殖主要有网箱养殖和池塘养殖两种形式。饵料的投入和残饵的生成是促成养殖自身污染的一个重要因素。其中虾池生态系统是一个半人工控制的生态系统。人工放养使被养殖虾种群成为该系统中的绝对优势种群，人工投饵是主要能量来源。同其他人工养殖生态系统一样，虾类养殖中也存在着残饵不断产生的问题，残饵是对虾养殖自身污染的主要来源。滩涂养虾的饲料食用率研究表明，当虾八成饱时饲料损失率为 14%～16%，人工投饵输入虾池的氮占总输入氮的 90% 左右，其中仅 19% 转化为虾体内的氮，其余大部分（62%～68%）积累于虾池底泥中，此外尚有 8%～12% 以悬浮颗粒氮、溶解有机氮、溶解无机氮等形式存在于水中。即使是在管理得最好的养虾场，也仍会有多达 30% 的饲料从未被虾摄食，其中所溶出的营养盐和有机质是影响养殖水环境营养水平甚至造成虾池自身污染（俗称虾池老化）的重要因子。养殖中大量残饵的生成，致使新、旧虾塘投饵区的自污速率都大大高于非投饵区。

饲料是网箱精养鱼类的主要营养来源。但无论是以小杂鱼粉碎而加工成的鱼糜还是配合饲料，投喂后都不能被充分利用，未摄食部分和鱼类粪便进入水体，沉积到底层。底质的有机物富集的效应之一便是其中的异养有机体耗氧增加，对沉积物进行分解，放出氮、磷等无机营养物，刺激水生植物和藻类的生长，在缺氧的情况下还释放有毒的 NH_3 和硫化物，妨碍鱼类的生长和健康。由于溶解性无机氮是沿岸浮游植物生长的限制性营养盐，网箱养殖区人工投饵活动为附近海域带来的氮、磷、维生素及铁、锰等微量元素的数量，特别是氮营养盐，还为浮游植物的增殖和赤潮的发生提供了必要的物质基础。

在海水养殖中常使用化学药物，如消毒剂、杀虫剂、治疗剂、抗生素等。长期以来，人们对于药物的药效对水体生态的影响还未彻底搞清，而且，在生产上存在滥用药物的现象。有资料表明养殖使用的抗生素仅有 20%～30% 被鱼类吸收，70%～80% 的抗生素会进入水环境中，造成环境短期或长期的退化。例如，珠江三角洲沿岸曾经大量使用 $CuSO_4$ 来治理虾病，造成现在该地区水环境中存在着相当严重的 Cu 污染。药物的施放及残留，在杀灭病虫害的同时,也使水中的浮游生物和有益菌、虫受到抑制、杀伤及致死。因此,不加选择地使用消毒剂、抗生素会造成微生态严重失衡。为了防病,多种药物大剂量重复使用,还会使细菌发生基因突变或转移,使部分病原生物产生抗药性。如在菲律宾引起幼虾发光病的细菌已对红霉素等抗生素药类产生抵抗力。Inglis 从患疖疮的大西洋鲑分离到304 株杀鲑气单胞菌,对其抗药性分析结果表明,55%的菌株对土霉素具有抗性,37%对恶喹酸具有抗性,94.7%的具抗药性的菌在第二年仍能发现。对于一些低浓度或性质稳定药物的残留,可能会在一些水生生物体内产生累积并通过食物链放大,对整个水体的生态系统乃至人体造成危害。

几乎所有的研究都表明,水产养殖底泥中碳、氮、磷的含量和耗氧量比周围水体沉积物中的含量要明显高出很多,而且底泥中经常可见残饵。这说明,水产养殖改变了底质的运输和沉积方式及溶氧状态。同时,在养殖过程中死亡的生物体沉降分解增加了底质氧的消耗,在缺氧条件下加速了脱氮和硫还原反应,产生 H_2S 和 NH_3 等有毒物质。珠江口牛头岛深湾开发网箱养鱼多年后,发现沉积硫化物含量比湾外自然沉积高 10 余倍。大量调查还表明,只有几种硫氧细菌可以生活在 H_2S 的环境中,因此含有大量有机物分解的水域很快会形成无生物区。1985 年 Kaspar 等报道了新西兰两个湾筏式贻贝养殖区与对照区的比较,养殖区底栖动物仅有多毛类,而对照区还有双壳类、海星和甲壳类等。Smith 等(1998)研究了养殖水体中底泥的物质平衡,发现在水产养殖过程中,输入水体的总氮、总磷和颗粒物分别有 24%、84%和 93%沉积在底泥里,而富集在底泥里的这些污染物,在一定条件下又会重新释放出来并污染水体,成为水体污染最重要的内源。

二、养殖水体的生物修复技术

针对海水养殖业的环境问题,许多研究者从不同角度进行了许多探讨,并提出了很多切实可行的措施,如多元立体综合生态养殖、海洋牧场化、轮换养殖、集约化养殖等,其中利用生物修复技术,特别是利用微生物降解污染物的能力来控制和改善养殖环境,也是重要措施之一。

生物修复技术是根据生态毒理学和营养动力学基本原理,利用生物修复受污染环境或消除环境中的污染物。一般包括微生物和植物修复技术。生物修复技术所利用的生物基本上无副作用,有些还具经济价值。如接种光合细菌、克隆菌、益生菌等有益菌,当有益细菌成为水中优势菌种后可控制病菌繁殖,达到防病治病的作用。如对有机物具有降解作用的微生物,可降解养殖水体中氨态氮或亚硝基态氮的硝化细菌,对养殖环境致病性细菌有裂解作用的噬菌体和蛭弧菌等,通过生物工程技术对所分离的微生物进行筛选、发酵、组合等,可得到能有效改善养殖环境的复合微生态制剂。当前,国际上利用大型海藻和经济动物混养和套养的生态养殖模式也受到推崇。充分利用微生物的生理功能和可修饰性特点进行生物修复是发展的必然趋势,单一菌剂和复合菌剂、单功能菌剂和多功能菌剂的成功研制与施用奠定了生物修复的基础。随着代谢工程、生物技术、发酵工程与微生物工程的进一步发展,结合纳米技术和分子生物学相关知识、生物修复与理化方法相结合的综合技术研究以及污染的资源化和生物修复的产业化,可以预见,微生物对海水养殖环境的生物修复技术的研究与开发具有极其广阔的前景,应用将会越来越广泛,会带来更大的经济效益和社会效益。

在养殖过程中常采用换水、曝气、投放药物等这些传统的减少氨氮及亚硝氮污染的方法,不仅成本高、操作费时费力、作用效果持续时间短而且在使用上具有极大的局限性。因此寻求新型健康的养殖模式,开发具有水质改良作用的环保型产品成为水产养殖领域的热点。微生态制剂(probiotics),也叫活菌制剂或生菌剂,是指运用微生态学原理,利用对宿主有益无害的益生菌或益生菌的促生长物质,经特殊工艺制成的制剂,具有成本低、无药物残留、无毒副作用、无抗药性等优点,可以用来改善养殖生态环境、净化水质、作为饲料添加剂等广泛应用于水产养殖业、农业、医药保健和食品等各领域,成为替代抗生素较为理想的产品。微生态制剂不仅可以改善养殖生物体内的微生态平衡,刺激机体免疫系统,拮抗致病微生物,从而减少病害的发生,促进养殖生物的生长发育;还能降解污染的有机废物,净化养殖水质,改善养殖生态环境,使水产养殖业向着良性循环方向发展。

海水养殖中的常用微生态制剂可分为单一菌群微生态制剂和复合微生物制剂两大类。目前,在海水养殖中常使用的有益微生物主要有芽孢杆菌(*Bacillus*)、乳酸杆菌(*Lactobacillus*)、双歧杆菌(*Bifidobacterium*)、酵母菌(*Saccharomyces*)、假单胞菌(*Pseudomonas*)以及光合细菌(photosynthetic bacteria)、反硝化细菌(denitrifying bacteria)、硝化细菌(nitrifying bacteria)等,其中光合细菌、芽孢杆菌、反硝化细菌、硝化细菌作为微生态制剂在水产养殖水质改良中应用最为广泛。

（1）光合细菌。

光合细菌是一种以光为能源、以二氧化碳或有机物为碳源进行营养繁殖的微生物,产品性状为紫红色液体。其主要营养成分为粗蛋白、脂肪、维生素B族、无机盐类、可溶性糖、粗纤维、叶酸、辅酶Q,并含有类胡萝卜素、促生长因子、促免疫因子等生理活性物质,广泛适用于城市污水的净化和鱼、虾、鳖、蟹、贝类等水产动物的养殖。光合细菌在水产养殖中常作为水质净化剂。利用光合细菌净化虾池水质,NH_4^+-N可下降77.8%,溶氧量提高84.8%,固定化光合细菌在鱼池中除氨率达90%以上,明显高于游离光合细菌的除氨率。光合细菌作为养殖水质净化剂,目前国内外均已进入生产应用阶段。在日本、东南亚各国和我国的养鱼池和养虾池,均已较普遍地投放光合细菌作为改善水质的净化剂。

（2）芽孢杆菌。

芽孢是芽孢杆菌特有的结构,其主要特点是抗性强,对高温、紫外线、干燥、辐射、有毒化学物质等有较强的抵抗力。由于芽孢具有厚而含水量低的多层结构,所以折光性强、对染料不易着色,在孢子状态下稳定性好,耐氧化、耐挤压、耐高温,如枯草芽孢杆菌一般在95 ℃下处理5 min后,89%的细胞仍能保持存活。此外,芽孢杆菌还能够产生多种消化酶(如蛋白酶、淀粉酶、脂肪酶、糖化酶)和多种维生素(如尼克酸、叶酸、烟酸,维生素B_1、B_2、B_6、B_{12}),提高鱼体的免疫功能。芽孢杆菌在水产养殖中的水质调节上也发挥着重要的作用。它能迅速降解进入养殖池的有机物,包括鱼的排泄物、残饵、浮游藻类尸体和底泥,使之生成硝酸盐、磷酸盐、硫酸盐等无机盐类,有效降低水中COD、BOD的含量,使水体中的氨氮(NH_4^+-N)、亚硝酸氮(NO_2-N)、硫化物浓度降低,从而有效地改良水质,避免有机物在养殖池的沉积,维持良好的水域生态环境。用芽孢杆菌对海底堆积物、鱼池的底泥进行分解净化,效果良好。向罗非鱼养殖水体中每隔 25 d 添加 1 次以芽孢杆菌为主的微生物复合菌剂,能明显改善水质条件,有效降低氨氮和亚硝酸盐浓度,营造良好的水色,促进罗非鱼的生长。

（3）硝化细菌。

主要特性是生长速率低,具有好氧性、依附性和产酸性。其大部分种类是专一的化能自养菌,能利用氨氮或亚硝态氮获得合成反应所需的化学能。硝化细菌已经比较广泛地应用于水产养殖中,人们普遍利用硝化细菌来降低养殖水体中或养殖废水中氨氮和亚硝酸氮的含量,从而达到改善养殖水体水质和净化养殖废水的目的。李长玲等在奥尼罗非鱼苗的培育体中引入不同浓度的硝化细菌以改善水质,提高罗非鱼鱼苗的抗逆性,当硝化细菌的浓度在 100 CFU/L 时,氨氮的含量相对于对照组降低了 25.05%,亚硝酸氮的含量则降低了 45.16%,COD 值降低了 12.33%;鱼苗的培育成活率相对于对照组提高 7.58%,体长增长 22.18%,体重增加 46.15%。在工厂化养殖澳洲银鲈过程中,可通过提前投放硝化细菌和以 7～10 d 的时间间隔定期向水体中补充硝化细菌来缓解氨氮和亚硝酸氮的积累,改善养殖环境。由于硝化细菌含有维生素 B_1、B_2、B_6、B_{12}、泛酸及生物碱,对鱼体保持鲜艳体色也会产生积极的影响。通过试验研究还发现,硝化细菌对预防细菌性肠炎病的发生有明显的作用。

（4）EM 菌调节水质的应用。

EM 是有益微生物群的英文缩写,它由光合细菌、乳酸菌、放线菌等多种微生物复合培养而成。EM 菌不含任何污染物和化学有害物,可用于水产养殖,对改善水质、提高成活率和相对生长率、降低发病率、提高水产品品质有明显作用。在 2 个养虾池中每隔 15 d 喷洒 EM 菌液 11.25 L/hm² 表明:EM 菌能够有效降解氨氮、亚硝酸盐、硫化物、COD,能增加溶解氧,稳定酸碱度,而一次喷洒 11.25 L/hm² EM 菌液,可使虾池保持良好水质超过 15 d。微生态制剂是当前在水产养殖中水质调节上应用较广泛的调水药物,这些微生态制剂都是绿色、无残留的无公害产品,有的单独使用,有的是几种一起组成 EM 菌,在无公害水产品养殖中起着重要作用,在水产养殖业和废水处理中具有广阔的应用前景;但由于这些微生态制剂在水产养殖上还处于初步应用阶段,实际应用中水体环境复杂,其应用效果有待进一步研究。

三、有害菌的生物控制技术

1. 蛭弧菌技术

蛭弧菌（*Bdellovibrio*）是 Stolp 和 Petold 于 1962 年从土壤中分离噬菌体时首次发现的,它是一类攻击、侵染、裂解其他微生物的寄生菌,有类似噬菌体的作用,因该类细菌具有独特的噬菌特性而引起了人们的广泛兴趣。它是一种广盐性革兰氏阴性菌,在自然界中分布非常广泛,普遍存在于各种水域以及土壤之中,一般凡有细菌的地方都有它们的存在。其大小为（0.25～40）μm×（0.8～1.2）μm,比普通细菌小。蛭弧菌有弧状、杆状、球形和球杆状 4 种基本形态,其鞭毛有极生单鞭毛、极生双鞭毛以及极生三鞭毛 3 种类型。蛭弧菌对弧菌抑制剂敏感,对噬菌体敏感,蛭弧菌噬菌体对蛭弧菌具有裂解作用。蛭弧菌的生长温度范围在 4 ℃~37 ℃,最适生长温度在 25 ℃~30 ℃,在 pH 3~9.8 均能生长,最适 pH 为 7.2~7.6。寄生和裂解细菌是蛭弧菌独特的生物学特性,蛭弧菌对大多数革兰氏阴性细菌,如志贺氏菌属、沙门氏菌属、埃希氏菌属、欧文氏菌属、变形杆菌属、弧菌属、假单胞菌属、气单胞菌属等细菌均具有较强的裂解活性。对部分革兰氏阳性细菌也能裂解,如枯草杆菌和金黄色葡萄球菌等。蛭弧菌对宿主菌的裂解与它的生长密切相关,其生长大致分为攻击期以及裂解繁殖期。首先,处于进攻状态的蛭弧菌依靠鞭毛运动极其活泼,在相差显微镜下可见其呈跳跃式积极追捕宿主菌,它与宿主细胞激烈碰撞后以无鞭毛的一端吸附到宿主细胞上面,菌体高速转动,穿透宿主菌的外膜和肽聚糖,进入宿主菌的周质空间。随后,蛭弧菌脱去鞭毛,失去运动性,进入体内的裂解繁殖期。由于蛭弧菌的侵入,宿主菌因渗透压改变而涨大成圆球状并立刻死亡,成为蛭弧菌的生长空间 —— 蛭质体。在蛭质体里蛭弧菌以宿主菌的原生质为营养物质,菌体生长为长的螺旋状,其长度和宿主细胞的空间大小有关。经过一定时间后,蛭质体被完全溶解,菌体分裂成与原来蛭弧菌外形相似的小片段,各小段长出鞭毛形成新的蛭弧菌个体,完成这一繁殖全过程需 4~6 h。最后,随着细胞增殖以及产生某些溶菌酶使宿主菌细胞壁分解,蛭弧菌子代细胞随即被释放出来进入新的生长周期。蛭弧菌在宿主菌中的生长过程不依赖于宿主菌的新陈代谢,可以直接利用宿主菌细胞的各种物质。

蛭弧菌是近些年发展起来的一种微生态制剂,自 1994 年农业部把蛭弧菌列入饲料药物添加剂允许使用的微生物有益菌类中以后,蛭弧菌的使用在国内已得到认可。目前,蛭弧菌作为一种有益微生物已经在鱼、虾、蟹以及贝类等水产养殖动物中得到成功运用且收到良好疗效。蛭弧菌的宿主范围广泛,对养殖水产动物常见病原菌都有较强的清除作用,并且对病原菌的裂解能力明显大于非病原菌,在清除病原菌的同时,对环境中有益细菌的危害不大,克服了抗生素类药物的缺点。蛭弧菌在海参养殖业也具有良好的应用前景,海参育苗及养殖的生长条件完全符合蛭弧菌的正常生长和繁殖的需要,对弧菌属、假单胞菌属、气单胞菌属等海参常见的条件病原菌均有较强的裂解活性。同时,蛭弧菌为兼性厌氧菌,在有氧及缺氧条件下均能够生存且发挥作用,适应性较强,只要其能在海参养殖条件中得以生存和繁殖,完全可以将这些病原菌的数量控制在一定数量范围之内。蛭弧菌还可以和光合细菌、芽孢杆菌以及酵母菌等制成复合微生态制剂进行应用。此外,水体中很少出现抗蛭弧菌的细菌突变株,克服了投入抗生素药物的抗药性的缺点。蛭弧菌能对病原菌发挥持续稳定的裂解作用,在缺少或者没有宿主菌的情况下,蛭弧菌的数量会自行下降甚至会因"饥饿"而死,因此,使用蛭弧菌制剂不必担心残留问题。

蛭弧菌作为一种饲料添加剂取代抗生素药物用于水产养殖业具有广阔前景,但同时也存在一些亟待解决的问题。据报道,当宿主菌低于一定密度时,蛭弧菌裂解能力也随之下降,蛭弧菌与宿主菌之间形成一种动态平衡,无法达到最终清除所有病原菌的目的。不同的蛭弧菌具有不同的宿主菌裂解谱,如何扩大蛭弧菌的裂解范围,使其裂解效力加强?蛭弧菌生长繁殖速度慢,如何快速对宿主菌进行裂解,用于暴发性疾病的治疗?这些都是有待解决的问题。当然,要想将蛭弧菌用于大规模生产,还有许多生产工艺上的问题需要解决,但对于细菌抗药性日趋严重的水产养殖业来说,蛭弧菌无疑是一个新的希望。

2. 噬菌体技术

利用噬菌体作为治疗药物的原理是利用噬菌体能对病原菌起裂解作用,从而降低病原菌密度,减少或避免病原菌感染或发病的机会,进而达到治疗和预防疾病的目的。1917年,法国学者 Felix d'Herelle 以志贺氏菌为对象,证实噬菌体具有治疗细菌病的作用,并分别用鸡的伤寒、兔的痢疾和人的杆菌性痢疾做治疗试验,都取得了良好的效果。从而初步证实噬菌体可用来治疗细菌疾病。近些年,随着抗生素弊端的日益暴露,噬菌体越来越多地受到学者们的注意并开始应用于生产。

噬菌体治疗是根据噬菌体的专一性,分离病原菌的噬菌体,通过使其扩增繁殖,研制成一种高活性微生物制剂,然后用于杀死感染组织中致病性细菌的一种生物防御措施。噬菌体治疗的优势有以下几点:专一性强,对其他细胞无伤害性;生长和繁殖快;对宿主具有依赖性,随着细菌宿主的消失而死亡,不会存在药物残留;培育和生产时间短,成本低,而且可在常温下长期保存,便于携带、运输和应用。

噬菌体在水产养殖业中同样引起了重视。变形假单胞菌是鱼类养殖中常见的一种致病性很强的细菌。日本广岛大学分离到变形假单胞菌的两株噬菌体,向投入变形假单胞菌的鱼苗养殖池塘加入这两株噬菌体,变形假单胞菌数显著降低。李太武等人利用噬菌体对皱纹盘鲍脓疱病进行治疗研究,发现投入一定浓度的噬菌体可以使河流弧菌-Ⅱ有效裂解,在治疗或推迟脓疱病引起的鲍死亡上取得了良好的效果。

无论从养殖产量还是养殖规模上来看,我国都是第一水产养殖大国,但是我国水产养殖技术还不完善,养殖所造成的污染问题没有得到根本解决,因此给海洋局部环境造成了很大压力,水产养殖的可持续发展受到了严重挑战。解决上述问题的根本方式是要对海水养殖进行基于生态环境的科学管理,基于生态学基本原理和方法,对海水养殖技术进行不断改进和创新,利用可持续发展的理念解决海水养殖的污染问题,而并非是要限制该产业的发展。把生物修复技术特别是微生物修复技术应用到水产养殖的环境修复中,对恢复和优化水产养殖环境,推动中国水产养殖业的可持续发展均具有一定的现实意义。

第三节　海洋石油污染及其生物修复

世界原油总产量每年约为30亿吨,其中1/3要经过海洋运输。石油的海上开采、运输、装卸、使用过程中,都会造成溢油事故的发生。据估计,近年来,每年约有30万吨的石油烃类物因泄漏、沿海炼油工厂污水排放、大气污染物的沉降等原因进入海洋中,且污染状况呈逐年严重的态势。1991年海湾战争期间泄漏入海的石油达150万吨,使当地生态遭受毁灭性破坏,生态恢复至少需要100年,而其湿地将永无再生可能。

石油是链烷烃、环烷烃、芳香烃及少量非烃化合物的复杂混合物。石油进入海洋环境后,在风、海浪、洋流、光照、水温、生物等条件影响下,无论在数量上、化学组成上及化学性质方面都随时间不断变化(图8-6)。低相对分子质量的烃类受蒸发过程影响进入大气,这些组分的烃在大气中受光化学氧化、降解之后,能以原来的形式回到海洋中的数量是极少的。进入海洋环境的石油烃经过海洋—大气循环可减少一半以上。海面油膜能进行光氧化作用,而表面海水中油组分也可能进行光氧化降解,这种转化对于芳烃和杂环芳烃有较大的作用。生物转化则可分为两个方面:一是海洋中微生物对石油的降解作用;二是海洋生物对石油烃的摄取作用。

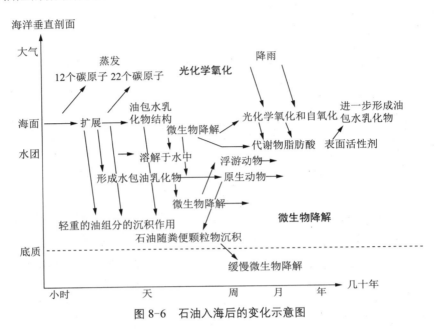

图 8-6　石油入海后的变化示意图

一、海洋石油污染带来的影响和危害

1. 对环境的污染

(1)海面的油膜阻碍大气与海水的物质交换,影响海面对电磁辐射的吸收、传递和反射。

(2)两极地区海域冰面上的油膜,能增加对太阳能的吸收而加速冰层的融化,使海平面上升,并影响全球气候。

(3)海面及海水中的石油烃能溶解部分卤代烃等污染物,降低界面间的物质迁移转化率,破坏海滨风景区和海滨浴场。

2. 对水产业的影响

(1)油污会改变某些鱼类的洄游路线。

(2)沾污渔网、养殖器材和渔获物。

(3)受污染的鱼、贝等海产品难以销售或不能食用。

(4)由于地理和水文因素使海洋中石油污染物的浓度分布不均匀,大部分石油在码头附近,靠近大的口岸,其中多数是处于河口港湾中,影响海产品的品质,以致其烃类残留物对海洋生物和通过食物链对人类健康过程造成严重威胁。

3. 对生物的危害。

(1)油膜使透入海水的太阳辐射减弱,影响海洋植物的光合作用。

（2）降低微型藻类的固氮能力，阻碍其生长甚至导致其死亡。

（3）污染海兽的皮毛和海鸟的羽毛，溶解其中的油脂，使它们丧失保温、游泳或飞行的能力。

（4）干扰生物的摄食、繁殖、生长、行为和生物的趋化性等能力。

（5）使受污染海域个别生物种的丰度和分布发生变化，从而改变生物群落的种类组成。

（6）沉降于潮间带和浅海海底的石油，使一些动物幼虫、海藻孢子等失去适宜的固着基质或降低固着能力。

二、海洋石油污染的降解

治理石油污染关键是降解烃类化合物，根据烃类的化学结构特点，烃类的降解途径主要可分两部分：链烃的降解途径和芳香烃的降解途径。直链烷烃的降解方式主要有三种：末端氧化、亚末端氧化和 ω 氧化。此外，烷烃有时还可在脱氢酶作用下形成烯烃，再在双键处形成醇后进一步代谢。关于芳香烃的降解途径，在好氧条件下先被转化为儿茶酚或其衍生物，然后再进一步被降解。因此，细菌和真菌降解石油烃的关键步骤是底物被氧化酶氧化的过程，此过程需要分子氧的参与。

具体机制如下：

（1）正烷烃在正烷烃氧化酶作用下，先转化成羧酸而后靠 β-氧化进行深入降解，形成二碳单位的短链脂肪酸和乙酰辅酶 A，释放出 CO_2。该正烷烃氧化酶是双加氧酶，能催化正烷烃为正烷烃的氢过氧化物，该反应需 O_2，但不需 $NAD(P)H$。烷烃也可先转化为酮，但不是其主要代谢方式。多分枝的烯烃主要转化成二羧酸再进行降解石油烃，甲基会影响降解的进行。

（2）环烷烃的降解需要两种氧化酶的协同氧化，一种氧化酶先将其氧化为环醇，接着脱氢形成环酮；另一种氧化酶再氧化环酮，环断开，之后深入降解。

（3）芳香烃一般通过烃基化形成二醇，环断开，邻苯二酚继而降解为三羧环的中间产物。

各类烃的具体降解过程和产物简单总结成表 8-4：

表 8-4 各类烃的具体降解过程和产物

各类烃	具体的降解过程和产物
正烷烃	正烷烃→羧酸→二碳单位的短链脂肪酸＋乙酰辅酶 A ＋ CO_2
烯烃	烯烃→二羧酸
环烷烃	环烷烃→环醇→环酮
芳香烃	芳香烃→二醇→邻苯二酚→三羧环的中间产物

据报道能够降解海洋石油污染物的微生物有 200 多种，分属于 70 个属，其中细菌 40 个属：

能够降解石油烃的细菌有假单胞菌属（*Pseudomonas*）、弧菌属（*Vibrio*）、不动杆菌属（*Acinetobacter*）、黄杆菌属（*Flavobacterium*）、气单胞菌属（*Aeromonas*）、无色杆

菌属(*Achromobacter*)、产碱杆菌属(*Alcaligenes*)、棒杆菌属(*Coryhebacterium*)、节杆菌属(*Arthrobacter*)、芽孢杆菌属(*Bacillus*)、葡萄球菌属(*Staphylococcus*)、微球菌属(*Micrococcus*)、乳杆菌属(*Lactobacillus*)、诺卡氏菌属(*Nocardia*)等;

能够降解石油烃的酵母菌有假丝酵母属(*Candida*)、红酵母菌属(*Rhodotorula*)、毕赤氏酵母菌属(*Pichia*)等;

海洋中能够降解石油烃的霉菌数量要少于细菌和酵母菌,主要有青霉属(*Penicillium*)、曲霉属(*Aspergillus*)、镰孢霉属(*Fusarium*)等。

海洋中石油降解微生物的分布特点:

(1)近海、海湾等石油污染严重的地区,石油降解微生物的数量亦多。

(2)在海洋石油的生物降解过程中,由于石油中含有微生物能利用的大量碳源,海水和海滩中有足够的微量元素,所以氮和磷成为主要的限制因子。

(3)在远洋,石油降解微生物的数量和石油的多少无关,而与细菌数量多少有关,即海水中养分多,则石油降解微生物也多。因此,远洋石油降解微生物很少,一旦受到污染,后果更为严重。

石油烃生物降解的程度取决于石油的化学组成、微生物的种类和数量以及环境参数,如温度、营养盐、陆源污染物、盐度、海流、含氧量等。影响因素具体包括:

1. 石油的化学组成

不同烃类化合物的降解率模式是:正烷烃＞分支烷烃＞低相对分子质量芳香烃＞环芳烃。

2. 微生物种类

不同微生物种类对石油烃的降解能力差别较大,同一菌株对不同石油烃类的利用能力也有较大的差别,一般情况下,混合培养的微生物对石油烃的降解比纯培养快。

3. 环境参数

(1)温度。

温度能明显影响石油烃类的降解速率。温度对烃类氧化菌降解石油的影响包括两个方面:一方面是温度直接影响细菌的生长、繁殖和代谢;另一方面温度能影响石油在海洋中的理化性质。提高温度,增加了石油的乳化程度,因而有利于细菌对石油的降解。

(2)营养盐。

氮和磷是主要的限制因子。

(3)氧。

石油中各组分完全生物氧化,需消耗大量的氧。厌氧时石油烃类的生物降解作用要比好氧条件下慢得多。据测算 1 g 石油被微生物矿化需 3～4 g 氧,即需消耗 2.1 L 以上的氧。所以,在石油严重污染的海域,氧可能成为石油降解的限制因子。

(4)陆源污染物。

陆源污染物对海洋石油烃的降解也有影响。在法国 Brittany 海岸石油泄漏的研究中发现,该地区石油烃的生物降解速度比其他地区要快,其原因是大量农用氮肥和磷肥进入 Brittany 海域,为降解微生物提供了丰富的营养物质。

在石油污染治理所经历的几十年里,物理和化学处理曾是最重要的技术,当海上溢油事件发生以后,一是建立油障(围油栏),将溢油海面封闭起来,使用撇油机、吸油带、拖油网等将油膜清除;二是投入吸附材料,将漂浮在海面上的大量油污吸附,吸附材料可以是海绵状聚合物或天然材料(如椰子壳、稻草等);三是使用化学分散剂;四是在海上条件允许的情况下采用燃烧法处理海上油污,效率较高,但容易造成二次污染;五是海岸带的污染可用高压水枪清洗。

自20世纪90年代以来,生物修复技术的发展和研究成果所展示的生物技术的生命力,使生物修复技术在石油污染治理方面逐渐成为核心技术,是当今石油污染去除的主要途径。在生物降解基础上研究发展起来的生物修复可以有效提高石油降解速率,最终将石油污染物转化为无毒性的终产物。

目前主要有三种方法:

1. 接种石油降解菌

通过生物改良的超级细菌能够高效地去除石油污染物,被认为是一种很有发展前途的海洋修复技术。在天然受污染的环境中,当合适的土著微生物生长过慢,代谢活性不高,或者由于污染物毒性过高造成微生物数量反而下降时,我们可人为投加一些适宜该污染物降解的与土著微生物有很好相容性的高效菌。特别是采用基因工程技术,将降解性质粒转移到一些能在污水和受污染土壤中生存的菌体内,定向地构建高效降解难降解污染物的工程菌的研究具有重要的实际意义。国外在石油降解菌应用方面有几项成功案例,如美国通用电气公司通过重组DNA技术构建同时含有4种质粒的“超级菌”,降解石油烃类的能力比野生菌高几十倍到几百倍,降解同样面积的海上石油,野生菌需要1年以上,而“超级菌”只需几小时。Swannell等使用Alpa Biosea TM菌剂,Tsutsumi等使用Terra Zyme TM制剂达到了较好的修复效果。郑立等在用海洋石油降解菌群DC10进行大连实际溢油岸滩生物修复实验,考察了降解菌剂对潮间带和潮上带油污的降解作用,在为期12 d的潮间带油污生物修复试验中,喷洒菌剂处理的总烷烃和总芳烃降解率分别提高了80%和72%。

但很多情况下,接种石油降解菌效果并不明显,这是因为海洋中存在的土著微生物常常会影响接种微生物的活动,接种的外源微生物的存活率很低或者活性较弱,限制了它的实际应用。尽管在实验中的基因工程菌可以迅速发挥作用,但在实际应用中基因工程菌的效果却仍是一个引起争论的问题。

2. 使用分散剂

自然界中的土著菌,通过以污染物作为其唯一碳源和能源或以共代谢等方式,对环境中的石油烃等污染物具有一定的净化功能。分散剂即表面活性剂,可以增大油/水界面面积使石油烃得以有效扩散,从而便于细胞与较大油滴之间的直接接触;或者形成胶团,将有机物分子加溶在胶团中,增加烃类物质的水溶性,从而利于细胞吸收并降解。

但并不是所有的表面活性剂均有促进作用,许多表面活性剂由于其毒性和持久性会造成环境污染,特别是沿岸地区的环境污染。因此,在实际应用中经常利用微生物产生的生物表面活性剂来加速石油的降解。

3. 使用氮、磷营养盐

投入氮、磷营养盐是石油污染修复最简单有效的方法。在海洋出现溢油后,石油降解菌会大量繁殖,碳源充足,限制降解的是氧和营养盐的供应。

在实际中通常使用的营养盐有三种:缓释肥料、亲油肥料、水溶性肥料。

（1）缓释肥料。

要求有适合的释放速度,通过海潮可以将营养物质缓慢地释放出来,为石油降解菌的生长繁殖持续补充营养盐,提高石油降解速率。

（2）亲油肥料。

亲油肥料可使营养盐"溶解"到油中。在油相中螯合的营养盐可以促进细菌在表面的生长。1989 年,美国环保局在阿拉斯加 Exxon Valdez 石油泄漏事故中,利用生物修复技术成功治理环境污染。从污染海滩分离的细菌菌株与不受污染的分离菌株相比,前者具有特殊的降解能力;同时,对现场的环境因子进行分析,发现由于营养盐缺乏,微生物降解能力受到限制,加入亲油肥料一段时间后,与没有加入营养盐的对照相比,前者污染物的降解速率加快了。毒性试验也表明,修复后的环境并没有发生负效应,沿岸海域也没有出现富营养化现象。

（3）水溶性肥料。

一些含氮、磷的水溶性盐,如硝酸铵、三聚磷酸盐等和海水混合溶解,可解决下层水体污染物的降解。在治理海洋污染的实践中,尽管人们已经开发出多种技术进行污染海洋的修复,但寻求更为经济、有效、快捷的生物修复技术的研究一直未曾停止过,更多的海洋生物修复技术不断问世。

此外,调查结果表明,在海洋中石油烃降解细菌的数量或种群与水域受到油类物质污染的程度有密切关系,通常在被油污染的水域中,石油烃降解细菌的数量明显地高于非油污染的水域。烃类降解菌数和异养细菌数的比值能在一定程度上反映水域受油污染的状况。石油污染可以诱导石油降解菌的增殖,正常环境下降解菌一般只占微生物群落的 1%,而当环境受到石油污染时,降解菌比例可提高到 10%。这说明石油污染可以使降解菌发生富集。

第四节　赤潮的发生与微生物控制

赤潮是在一定的环境条件下,海水中某些浮游植物、原生动物或细菌在短时间内突发性增殖或高度聚集引起生态异常并造成危害的现象。引发赤潮的藻类称为"赤潮藻",隶属于蓝藻、绿藻、裸藻、金藻、黄藻、硅藻、甲藻、隐藻 8 个门。在全世界 4 000 多种海洋浮游藻类中有 260 多种能形成赤潮,其中有 70 多种能产生毒素。

海水受到污染,富集了大量有机物,营养盐过剩,当温度、阳光等条件参数适宜时,赤潮藻类就会突然大量繁殖,使海水变色。海水富营养化是赤潮藻类能够大量繁殖的重要物质基础。随着人类活动的增加,海洋污染的加剧,沿海海域的赤潮现象日益频繁,对海洋水产和整个海洋环境产生严重的负面影响,直接或间接地影响了人类自身的生活景观、经济生产,威胁到人类的身体健康和生命安全。日本濑户内海 20 世纪 70 年代初平均每年发生赤潮 326 次,80 年代以来,经治理平均每年仍发生赤潮 170～200 次。福建省 1989～1991 年的 3 年间共发生赤潮 12 起,其中 4 起造成鱼、贝类大量死亡,损失达数千万元。1998 年粤港、珠海万山群岛等海域发生赤潮,导致养殖业遭受数亿元的损失。

根据 2008 年《中国海洋环境质量公报》,2008 年,中国全海域共发生赤潮 68 次,累计面积 13 738 km²。其中渤海 1 次,面积 30 km²;黄海 12 次,累计面积 1 578 km²;东海 47 次,累计面积 12 070 km²;南海 8 次,累计面积 60 km²。有毒、有害赤潮生物引发的赤潮 11 次,累计面积约 610 km²,分别占赤潮发生次数和累计面积的 16.2% 和 4.4%。东海仍为中国赤潮的高发区,其赤潮发生次数和累计面积分别占中国海域的 69.1% 和 87.9%。

在江、河口海区和沿岸、内湾海区及养殖水体比较容易发生赤潮,如渤海,东海的长江口海域、舟山群岛、杭州湾,南海的海口湾等。赤潮易发生的时间段为 5～10 月。

一、赤潮造成的危害

(1)危害水产养殖和捕捞业。

比如,赤潮生物分泌黏液附着在鱼类的鳃上,使其窒息死亡;赤潮生物产生的毒素使鱼类中毒死亡;赤潮生物死亡后分解消耗水体中的溶解氧,造成鱼类缺氧窒息死亡。

(2)损害海洋环境。

pH 升高,水体的透明度降低,除赤潮生物外的其他生物减少。

(3)危害人体健康。

水产品富集赤潮毒素,人们不慎食用威胁身体健康。

(4)影响海洋旅游业。

破坏旅游区的秀丽风光,因赤潮可能有毒,应避免在赤潮发生海域游泳或做水上活动。

二、赤潮的防治

目前对赤潮的防治,主要是采取化学方法。化学方法防治虽可迅速有效地控制赤潮,但所施用的化学药剂给海洋带来了新的污染。因此,越来越多的人将目光投向了生物防治技术。

关于生物防治,有人建议投放食植性海洋动物如贝类以预防或消除赤潮,这看起来是一条有效的途径,但不能不考虑到有毒赤潮的毒素会因此而富集在食物链中,可能产生令人担忧的后果。

微生物对赤潮藻类的抑制作用主要有以下研究进展:

(1)有一种寄生在藻类上的细菌,它们专性地寄生在这些藻类的活细胞中,可逐渐使藻类丝状体裂解致死。某些假单胞菌可分泌有毒物质释放到环境中,抑制藻类如甲藻和硅藻的生殖。粘细菌直接与多种蓝藻细胞接触,通过分泌可溶解纤维素的酶消化掉宿主的细胞壁,进而逐渐溶解整个藻细胞。

有人从水华铜绿微囊藻中分离出蛭弧菌,这种特殊的细菌能够进入铜绿微囊藻的细胞并使其溶解。其侵染过程与蛭弧菌感染细菌在某种程度上有相似之处。据推测,铜绿微囊藻水华的迅速消失,可能与蛭弧菌的专性感染有关。

对于赤潮灾害及其污染的生物修复的可能途径:一方面,在赤潮衰亡的海水中,分离出对赤潮藻类有特殊抑制效果的菌株;另一方面,采用基因工程手段,将细菌中产生抑藻因子的基因或质粒引入工程菌如大肠杆菌,并进行大规模生产。

（2）有研究也表明病毒在赤潮的生消中起着重要的作用。这些病毒包括原核藻类病毒和真核藻类病毒两类。原核藻类病毒，即蓝藻病毒，又称"噬藻体"（cyanophage）；真核藻类病毒由 4 个属组成，包括绿藻病毒属（*Chlorovirus*）、寄生藻病毒属（*Prasinvirus*）、金藻病毒属（*Prymnesiovirus*）、褐藻病毒属（*Phaeovirus*），习惯上称为"藻病毒"（phycovirus）。

据研究，噬藻体在海洋蓝藻的种群控制上发挥着重要作用。赤潮在消退过程中伴随着病毒数量的增多，病毒的裂解导致了超过 25% 的藻细胞死亡，因此藻类病毒是赤潮的主要控制因子。同时，病毒在赤潮生物种群动态、赤潮发生和消亡以及对宿主遗传基因组的变化都起着特殊的作用。

第五节　海洋环境监测中的微生物技术

对海洋污染进行监测，可以了解海洋污染状况，从而为海洋污染管理和治理提供有效的帮助。常规的海洋污染监测方法主要为理化检测即利用仪器对海洋污染进行检测。虽然理化检测方法具有较高的精确度，可以快速分析污染物的污染状况和程度，但理化检测只能反映局部的、瞬时的海洋污染状况，无法反映海洋的整体污染效应。由于环境污染物成分复杂，各种分子和各种离子之间既有协同作用，又有拮抗作用以及相加作用等，同时，污染物的毒性还受到环境因子，如 pH、酸碱性、水温等的影响，理化检测只能检知污染物的含量和类别，不能确切反映污染物对环境的综合效应，尤其是对生物的综合效应。而生物监测则直接把污染物与它们的毒性联系起来，不仅可以预测污染对环境的综合效应，还可以预测污染综合效应对生物的影响。

有关领域的科学家建立了生物检测方法，来弥补理化污染检测的不足。生物与其生存环境具有协同性，利用生物对环境变化所产生的反应，直接判断水体中污染物的影响，从而反映环境污染对生物体的危害。指示生物法是最经典的水体污染的生物监测方法之一。指示生物又叫作生物指示物，是指那些在一定区域范围内，能通过其特性、数量、种类、群落和生理生化代谢等变化，指示环境污染特征的生物。利用指示生物对水质进行监测评价已具有较长的历史。早在 1908 年 Kolksitz 和 Marsson 等提出"污水生物系统"，并为不同的水质有机污染带提出了指示生物。由于水生生物与其海洋环境之间是相互影响的，一旦海洋水体受到污染，其生物体就会表现出相应的变化。因此，生物体的变化就可作为海洋环境状况的良好指标。根据污染监测生物的种类，指示生物分为三大类：指示动物、指示植物和指示微生物。

一、指示动物

指示动物是指示生物监测方法中应用较广、研究较成熟的动物。水生动物易于辨认，对海洋环境变化敏感，能够在体内积累和代谢一定量的污染物。并且随着环境污染物浓度的不同，动物体内会发生不同的生理生化变化，根据此变化可以对海洋水质进行评价。

在利用指示动物进行海洋污染监测中，以贻贝和牡蛎监测研究和应用为最多。贻贝和牡蛎对金属元素具有很高的蓄积能力，通过测定体内污染物的含量、种类和机体的生理生化反应，来评价水体的污染状况。

鱼类也可作为水生指示生物。用鱼肝细胞色素 P4501A1 作为有机物污染的生物标志物,已经在野外现场研究实验中得到应用。Stegeman 在其研究中发现,细胞色素 P4501A1 与污染物含量之间存在剂量反应关系,通过这种关系,可以根据细胞色素 P4501A1 可诱导性的变化推测污染物的含量。金属硫蛋白存在于多种鱼体内,可以蓄积并与水体中的金属元素反应。Hogst rand 在实验中,检测到鱼体中的金属硫蛋白受 Cd 等金属的诱导,并与水体中金属含量呈现相关性。

此外,原生动物是动物界最原始、最低等的动物。它是一个能够独立生活的有机体。虽然原生动物的种类多,生态位较宽,但是每个种类在不同污染水体中的最适生长范围还是比较窄的,因此可以利用其作为水质污染的指示生物。

二、指示植物

目前应用较多的水生植物是藻类。污染物进入水体后,一旦被藻类吸收,就将会引起藻类生长代谢功能紊乱,从而改变水体中藻类的组成。通过分析藻类的种类和数量组成及变化,判断水质的污染性质和污染程度。此方法被应用于评价湖泊和海洋的水质变化情况。按“污水生物系统”关于藻类作为指示生物的标准:中污以上水质的指示藻类主要是蓝藻,寡污—清水水质的指示藻类主要是硅藻等。藻类在不同水质环境的生理生化变化,也可作为污染监测指标。浩云涛等研究重金属铜、锌、镍、镉等元素对椭圆小球藻的生长状况和叶绿素 a 含量的影响,叶绿素 a 的含量与重金属浓度呈明显的负相关性,表明小球藻的生长抑制程度与重金属浓度具有正相关性。

三、指示微生物

利用水生动物和植物作为指示生物虽然可以准确监测海洋环境,但动植物采集过程较困难,监测周期比较长。微生物取样方便,研究周期短,成本低,使其更容易在海洋污染监测中应用。水生动物和植物用于监测海洋环境污染,主要是通过生物体内的污染物积累和变化来反映,由于生物受污染的影响首先发生在细胞水平,当污染程度增大时,才会产生生物个体和生态水平的效应,需要一定的时间才能反映出来,当人们可以通过动植物对海水进行检测时,海洋受到的污染已经很严重了。如果想在海洋污染初期发现并预防,微生物是最好的选择对象,微生物学参数的变化能够早期感应和预报海洋污染情况。

1. 原核微生物

原核微生物中的发光细菌是海洋环境污染物监测的典型代表。正常情况下,发光细菌中的 $FMNH_2$ 和醛类在胞内荧光素酶的作用下,氧化生成 FMN、有机酸和水,同时释放出蓝绿色荧光。当污染物存在时,发光细菌细胞活性下降,导致发光强度的降低,根据发光细菌发光强度的变化可以对有毒污染物进行定量分析。我国于 1995 年将这一方法列为环境毒性检测的标准方法(GB/T15441—1995)。薛建华等在《发光细菌应用于监测水环境污染的研究》中指出,水环境中的汞、苯酚都抑制细菌发光,且抑制程度与汞、苯酚的浓度之间存在着明显的相关关系。吴伟等《发光细菌在渔业水域污染物毒性快速检测中的应用》一文中,以明亮发光杆菌为指示生物,对渔业区域中污染物的急性毒性进行了检测;同时研究了 pH、温度对检测结果的影响。

有机锡化合物如三丁基锡（TBT）是一种广泛污染海水水体和沉积物的污染物，以前常作为防污物料进行应用，有报道称 ng/L 级浓度的有机锡即会对水中生物产生毒害作用，因此这些化合物已被国际海事组织禁止使用。有机锡致毒浓度很低，但是目前所研究的生物传感器对有机锡的最低检测限还不能检测到致毒的最低浓度，仍有待于进一步的开发研究。Durand 等报道的基于细菌生物发光技术的生物传感器对 TBT 的检测限为 26 000 ng/L，对 DBT（二丁基锡）的检测限为 30 ng/L。

随着技术的发展，发光细菌法将会和电子技术以及光电技术、生物传感器技术、细胞固定化技术以及计算机技术紧密结合，逐步发展为在线监测系统，为水质分析提供更加快速有效的测试手段。生物传感器是一种将生物敏感元件与物理化学信号转换器及电子信号处理器相结合的仪器，其工作原理是生物敏感元件与待测物质之间的相互作用，主要有将化学变化转化为电信号、将热变化转化为电信号、将光效应转化为电信号等方式。生物传感器在环境监测中得到了广泛应用，具有快速、灵敏的特点，可对水质进行在线分析。

粪大肠菌群也是海洋和陆地水体常用的污染指示生物，该菌群来源于人和温血动物的粪便，当培养温度升高到 44.5 ℃时，仍能发酵乳糖产酸产气。利用多管发酵法得出其在水体中的数量，此数量可直接显示水体受粪便污染的程度。粪大肠杆菌已成为国际上通用的检测水体受粪便污染的指示菌。

随着生物技术的发展，DNA 技术和电泳技术也被用于进行环境污染状况评价。16S rDNA 技术可以准确地表现待测环境中原核微生物的种类和多样性。Roane 通过 16S rDNA 技术，分别对毒性金属污染和无污染的水体中的微生物进行检测，获得细菌在基因水平上的多样性，通过对不同环境下原核微生物的 16S rDNA 序列比较，证明金属污染的水体中可培养的细菌微生物数量和种类减少了。以后发展的变性梯度凝胶电泳技术能够把长度相同但序列不同的 DNA 片段区分开来，通过比较微生物种群多样性变化，预测环境污染的程度。

2. 真核微生物

虽然细菌作为指示生物在一定的范围内得到应用，但是细菌结构简单，形态不易区别。而真核微生物个体较大，可产生明显的色素，易于观察。通过研究真菌可以推测污染对高等真核生物的影响。

半知菌是真菌的一个重要类群，因在其成员的生活史中尚未发现有性阶段而得名。当海洋生态系统的动态平衡遭受某种破坏时，一些半知菌种类比较敏感，周围环境的轻微变化就会引起其形态和色素变化，人们可利用半知菌这种群体和个体的变化，对海洋污染情况进行预测。沈敏等研究不同浓度的重金属离子对青霉形态学的影响，发现青霉形态学的变化与重金属离子浓度的变化呈一定的相关性，随着离子浓度的增加，菌体的生长能力越来越弱，并且青霉对不同离子的变化效应不同，对金属离子的忍受能力为 $Pb^{2+} > Cr^{3+} > Cu^{2+} > Cd^{2+}$。利用半知菌的酶类变化则可更灵敏和准确地预测周围环境的变化，刘建忠等研究金属离子对黑曲霉的生理生化影响，发现过氧化氢酶和葡萄糖氧化酶的生物合成和活性受到金属离子的抑制，菌体体内生理生化指标会因为金属离子的浓度变化而发生相应变化。

第九章

海洋微生物与地球工程 *

第一节　微生物在海洋地球化学循环中的作用

现代海洋生物学及海洋生态学认为,微生物作为海洋环境食物网中的重要组成部分,在海洋生物地球化学循环中起到重要作用。然而微生物在海洋生态系统中的重要性的认识只有约三十年的历史。美国 Scripps 海洋研究所的 Azam 等提出了"微生物环"(microbial loop)的概念,即海洋中的溶解有机物(DOM)被异养浮游微生物摄取形成次级生产力,进而被捕食者(如原生动物等)所利用而形成的微型生物摄食关系。"微生物环"理论第一次系统地提出了微生物在海洋生物地球化学循环中扮演的重要角色,是海洋学领域的主要突破之一。其后蓬勃发展的海洋微生物研究表明:微生物是海洋生态系统中丰度最高、生物量最大的生物类群;微生物分布极为广泛,在各种海洋环境中都可以生存;微生物的进化速度快、多样性高,对海洋生命演化有着重要贡献;微生物十分活跃,几乎参与了海洋碳、氮、硫、磷循环的每个步骤,从而影响着局部环境及全球气候。本节从海洋物质循环的角度介绍海洋微生物在海洋环境中的重要作用,重点涉及浮游微生物类群及海洋水体中的物质循环。

一、碳循环

作为构成生物体的主要元素,碳元素约占有机物干重的 50%。碳的循环一直是地球科学中的研究重点,海洋碳循环,特别是海洋微生物参与的碳循环过程,是海洋生物地球化学研究的核心内容之一。碳元素在海洋中以无机(CO_2、碳酸盐等)和有机化合物[颗粒有机碳(POC)、溶解有机碳(DOC)、生物体成份等]形式存在。海洋是巨大的碳储库,对大气 CO_2 的浓度起到重要的调节作用,这一点在当前全球变化的背景下具有特殊的意义。人类活动排放的 CO_2 有将近 1/3 被海洋吸收,起到气候变化调节器的作用。

海洋中的碳循环大致可以归为三个主要过程:溶解度泵(solubility pump)、生物泵(biological pump, BP)和微型生物碳泵(microbial carbon pump, MCP)。溶解度泵主要涉及的是化学及物理的过程,因此这里不做详细介绍。海洋中的自养浮游植物(包括藻类、

---

* 本章由张锐、张晓华编写。

蓝细菌和光合细菌)是地球上光合作用的主要参与者,通过光合作用吸收大气中的CO_2,并成为海洋食物链中其他营养级生物的有机质来源;这些被固定的CO_2大部分会通过浮游植物、浮游动物及微生物的呼吸作用、微生物的降解作用等重新回到大气中,一小部分(大约0.1%)会通过颗粒有机碳(POC)的形式向深海输出而短期内不再进入碳循环。这种由有机物生产消费、传递、沉降和分解等一系列生物学过程构成的碳从表层向深层的垂直转移称为生物泵(图9-1)。生物泵的作用导致大气中的CO_2至少减少了70%。微型生物碳泵则是以微生物主导的海洋碳循环机制。微生物通过降解作用、呼吸作用或者发酵作用,使浮游植物形成的有机物分解、矿化和释放(据估计,地球上90%以上有机物的矿化作用是由微生物完成的),这些过程将海洋中的活性(可被利用的)DOC(LDOC)转化为惰性DOC(RDOC)并积累下来,成为海洋储碳的一种重要形式(图9-1)。据评估,微型生物碳泵对碳汇的能力与生物泵相当。

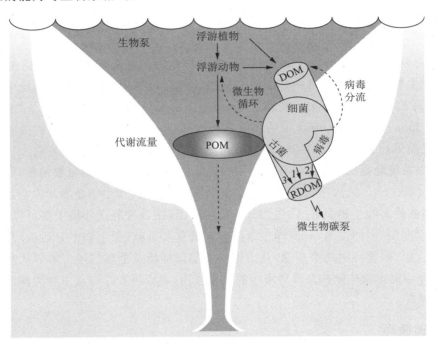

图9-1　生物泵与微型生物碳泵(引自 Jiao et al, 2010)

无论是生物泵和微型生物碳泵,CO_2从大气中进入海洋是第一步。尽管海洋中的浮游植物生物量只占陆地植物的0.05%,世界上超过一半的生物碳是由海洋生物捕获的,可以说是最高效的碳汇。初级生产力即是海洋光合生物固定于细胞内的碳的量。20世纪七八十年代发现的海洋微生物——蓝细菌(聚球藻和原绿球藻)是全球范围内海洋生物量和初级生产力的重要贡献者,在某些海区,它们对初级生产力的贡献比例甚至要大于的浮游植物。已有的研究表明颗粒有机碳与海洋真光层中微生物级别的浮游植物的生物量成正比,表明了微生物对生物泵效率的影响。此外,在POC从表层向下输入的过程中,颗粒上附着的和浮游的细菌和古菌可以通过胞外酶的作用降解POC,进而对生物泵的效率产生负效应。值得注意的是,在真光层以下的黑暗深海,包括海底的微生物席、共生微生物、热液口及冷泉处的光能自氧微生物和化能自养微生物对这些区域的初级生产力也有极为重要的贡献。而在海洋沉积物及其他厌氧环境中，一些极端嗜热古菌和细菌能够通过独特的反向（还原）三羧酸循环（tricarboxylic acid cycle，TCA cycle）途径固定 CO_2。

海洋 DOC 的生物可利用性差别很大，活性 DOC（Labile dissolved organic carbon，LDOC）的周转时间在几分钟到几小时，半活性 DOC（Semi-labile dissolved organic carbon，SLDOC）的周转时间在几周到几年之间，而 RDOC 可以在海洋中停留几十年到千年。LDOC 是海水中最容易被生物利用的有机组分，包括溶解的自由化合物如中性单糖和溶解氨基酸。由于微生物的快速利用，这些化合物周转速度很快，所以在海洋中只能维持在纳摩尔水平。异养细菌和古菌在其生长过程中利用海洋环境中的 DOC 作为营养的同时，会分泌出新的 DOC 成分，其中有一部分的 DOC 很难被异养生物继续利用，即所谓的 RDOC。同时，自养和异养的微生物都可以被病毒侵染并最终导致其细胞的裂解，释放出大量的细胞组分，其中如一些细胞壁成分具有生物惰性，从而贡献于海洋 RDOC 库。细菌和古菌的另一类致死途径——捕食，也可以产生 RDOC 组分。通过微生物活动产生的 RDOC 可以在海水中保存上千年，从而形成了有别于生物泵的海洋储碳机制。

此外，海洋微生物还参与了甲烷的生物地球化学循环。海洋沉积物中的微生物通过降解有机物和产甲烷古菌的作用产生甲烷。产甲烷古菌一般存在于厌氧环境，是无氧海洋沉积物中产生大量甲烷的主要贡献者，其中很多甲烷以甲烷水合物的形式被隔绝了几千年。甲烷水合物作为未来的能源，具有重要的战略意义。同时，甲烷的去向也是非常重要的，因为它具有比 CO_2 还强的温室效应，甲烷的大量释放会影响全球气候变化。甲烷的消耗——厌氧氧化是由甲烷氧化古菌和硫酸盐还原细菌共同作用的结果。虽然海洋环境中有大量的甲烷产生源（如甲烷水合物、冷泉等），但微生物的参与使得大部分的甲烷在进入大气之前就被消耗，从而有力地降低和减缓了甲烷对全球变暖的影响。此外，嗜甲烷菌是在"冷泉"周围海底中富含甲烷区域生长的贝类的共生微生物，为其提供直接的营养物质。

二、氮循环

海洋氮循环是海洋物质循环的重要组成部分，氮是核酸及蛋白质的主要组分，也是陆地和水体生态系统的重要营养物质，是除了碳、氢、氧之外组成有机物质的第四大元素。在海洋环境中，氮与其他营养物质相比经常处于不足而成为限制因子，从而控制着海洋的生产力。氮的氧化还原状态从 -3 到 +5 价，其中的转化是由微生物驱动的。

固氮，微生物吸收氮气并转化为含氮有机物的过程，是一个耗费能量（需要大量的 ATP）的过程。海洋微生物固氮作用补充了海洋中的结合态氮，影响着海洋氮储库的收支平衡，进而调控海洋（特别是寡营养盐的低纬度海域）的初级生产力。有研究认为，在千年到万年的时间尺度上，大气 CO_2 含量变化可能受控于海洋氮储库的变化（Altabet et al，1995）。海洋生物固氮作用与反硝化作用（包括厌氧氨氧化作用）分别是海洋氮循环中最重要的源与汇，这两个过程的相互消长最终决定了海洋氮储库的变动状态。在海洋氮循环中，好氧的蓝细菌和厌氧的产甲烷古菌起了尤为重要的作用。大量的研究认为海洋中氮的固定主要由束毛藻(*Trichodesmium*)贡献。束毛藻在全球寡营养盐的热带和亚热带海区广泛存在,并且因为其特有的细胞气囊结构可以在海洋上层水柱内垂直移动,并经常形成大规模的赤潮,在较短时间内大量固氮,构成海洋固氮速率估算中不可忽视的一部分。近年来通过分子生态学手段发现其他类群的蓝细菌和异养细菌也在大洋环境中占重要地位。与其他动植物共生并具有固氮能力的一些生物也是海洋结合态氮的一个重要来源,如胞内植生藻可与某些硅藻共生并固氮,在许多海区是仅次于束毛藻的固氮者。同时,固氮基因在海洋中的广泛存在暗示着很多种类的细菌(如 α- 和 γ- 变形菌)都可以通过固氮作用来提高它们在寡营养环境中的生存能力,但它们的固氮作用对海洋氮循环的贡献依然是个未知数。

有机物(如蛋白质、核酸等)中的氮可以通过氨氧化和硝化过程返回到无机氮的形态,这个过程由化能自养的氨氧化细菌(AOB)和氨氧化古菌(AOA,如泉古菌)来执行。氨氧化细菌/古菌和硝化细菌(如硝化刺菌属 *Nitrospina*)的代谢耦合使得还原态的氮氧化成了硝氮。在含氮有机物的氧化过程中,亚硝氮可以作为生物反应的电子受体,具有像氧气一样的氧化还原潜力,即厌氧氨氧化途径,其还原产物包括亚硝氮和氮气。海洋细菌的厌氧氨氧化过程产生的氮气占全球海洋氮气产生量的 $1/3 \sim 1/2$,这一发现从根本上改变了人们对全球氮循环的传统认识。近来研究发现厌氧氨氧化和经典的反硝化作用会在不同的时间和地点占主导。两个过程可能也存在某些联系,典型的反硝化为大洋氨氧化提供底物(亚硝氮和氨)。厌氧氨氧化广泛存在于海洋沉积物和最小溶氧区域、海冰和深海热液区,是一种把氮从海洋生态系统去除的重要途径,对于准确评估氮收支及其在海洋氮循环中的作用极其重要,同时也会在全球气候变化具有重要的影响。反硝化作用(denitrification),又称脱氮作用,是指在厌氧微生物的作用下,从 NO_3^- 开始,经过一系列的异化还原反应,将 NO_3^-、NO_2^-、NO 和 N_2O 最终还原为游离态的 N_2 的过程。反硝化是海洋氮循环中的一个重要生物过程,是固定氮素重返大气层的主要环节。近来,又发现一些原核生物在有氧条件下也能进行反硝化作用。在海洋环境中,反硝化作用一方面减少了初级生产者的可利用氮,另一方面可减轻因硝态氮过多所造成的海水富营养化程度及对生物的毒害作用。硝酸盐同化是一个将无机态氮转化成有机态氮的过程,在海洋中主要靠原核生物完成,这个途径通过硝酸还原酶来调节,硝酸还原酶在细胞内将硝酸盐还原,转化成铵盐后进而合成细胞自身物质。氨化作用(ammonification)是指微生物分解含氮有机物并将其矿化为氨的过程,是海洋生物(尤其是深海生物)获取氮源的另一条重要途径。NH_4^+ 盐很容易被异养微生物被吸收,形成细胞中大量的氨基酸、嘧啶和嘌呤,从而完成铵盐同化作用。

三、硫循环

硫是构成生命物质所必需的元素,是一些氨基酸、蛋白质、多糖、维生素和辅酶的组成成分。海洋是硫最重要的贮库,海洋中硫的主要存在形式有:SO_4^{2-}、SO_2、S、H_2S 和有机硫(包括 DMS、DMSP 及生物体硫),其中最主要是硫酸盐的形式。和氮元素一样,硫存在着多种不同的氧化态,因此硫的转化也是一个复杂的过程,每个步骤都有微生物的参与。

硫氧化作用(sulfur oxidation),又称硫化作用,是指在有氧条件下将具有还原性的

H_2S、S 或硫代硫酸盐等氧化成硫或硫酸盐的过程,是由多种化能自养硫细菌(如光能自养紫硫细菌和硫氧化细菌的某些菌属)完成的。硫的同化作用(assimilation of sulfur)是指微生物利用 SO_4^{2-} 或 H_2S 组成细胞物质的过程。同化性硫酸盐还原作用(assimilatory sulphate reduction)是指硫酸盐被还原后,最终以巯基形式固定在蛋白质等生物成分中。大多数原核生物在有氧条件下,可以同化海洋中大量存在的 SO_4^{2-} 形式的硫。异化性硫酸盐还原作用(dissimilatory sulphate reduction)是指厌氧微生物将硫酸盐作为呼吸链的末端电子受体而产生亚硫酸或 H_2S 的过程。硫酸盐还原菌所利用的底物很广,包括一些石油降解物如烷烃、甲苯、苯或多烃类物质。在海洋沉积物中,硫酸盐还原菌和甲烷氧化古菌形成紧密的互养共栖关系进行甲烷氧化。

DMS(二甲基硫,dimethylsulfide)是海水中最重要的、含量最丰富的还原态挥发性生源有机硫化物。表层海水中的 DMS 处于高度过饱和状态,可以以很大的通量进入到大气中,是参与全球硫循环的重要物质。由海洋进入大气的 DMS 与·OH、NO_3 等自由基反应生成 SO_2 和 MSA(甲磺酸),最终成为硫酸盐气溶胶的主要来源,是酸雨的重要贡献者。DMS 氧化所生成的非海盐硫酸盐和甲磺酸气溶胶具有吸湿特性,能增加水汽的凝结核数量或使原有的结核颗粒增大,影响云形成和太阳辐射的漫散射,进而影响到地球的表面温度。海洋中约 95% 的 DMS 是通过生物活动产生的。DMS 的前体 DMSP 为藻类的硫代谢产物,广泛存在于海水中,其生物生产与降解过程与真光层中的食物链有密切关系。这些溶解态的 DMSP 除来自于浮游植物的自然分泌外,也可通过动物取食、病毒侵染及细胞衰老等过程使藻体细胞破裂,促使细胞中的 DMSP 释放到海水中,然后在不同的环境中降解,对生物的新陈代谢系统产生重要影响。

四、磷循环

磷是重要的生源要素,参与海洋微生物(包括蓝细菌、异养细菌、古菌及病毒)的生长与能量传递等重要新陈代谢过程,是组成生命体必不可缺的元素。磷可以形成磷酸酯构成 DNA 和 RNA 的骨架;以磷蛋白质、磷脂的形式作为细胞膜的组成部分;可形成能量的基本单位 ATP 分子。磷的生物可利用性与海洋初级生产力、碳循环以及氮循环(如固氮)密切相关。然而,磷又是海洋环境中不能自我供给的元素,海洋中的磷主要来源于河流输入及大气沉降。进入海洋环境中的溶解态磷(溶解无机磷 DIP 和溶解有机磷 DOP)的循环是包括微生物在内的所有生物参与的。DIP 主要包括无机正磷酸盐、焦磷酸盐、多磷酸盐;DOP 主要包括磷酸酯(含有 C—O—P 键)、膦酸酯(含有 C—P 键)。海水中的正磷酸盐可以被微生物直接吸收用于自身的新陈代谢。微生物有很强的磷同化能力,海洋异养浮游细菌可与浮游植物竞争吸收无机磷酸盐,从而抑制浮游植物的生长。有机磷则通常认为是通过特定的酶(如碱性磷酸酯酶)水解转化成无机磷后再被利用,即有机磷的矿化作用。在无机磷贫乏的海域,DOP 是微生物的一个极其重要的磷源。磷被生物所利用后,转化成生物碎屑物质,通过生物泵的输送,进入深海并通过微生物的分解作用重新进入海洋溶解磷库。表层生物对磷的充分利用和深海微生物分解对磷的释放导致海洋中深海的磷浓度比表层高一个数量级。

第二节 微生物对海洋环境变化的响应

一、海洋升温

在全球气候系统中,海洋最主要的角色是吸收和储存热量。在过去的43年里,随着全球变暖的加剧,海洋上层75 m的升温速度超过每10年上升0.1 ℃;700 m水深的海洋升温速度也达到每10年上升0.017 ℃,升温的趋势在高纬度海洋及半封闭的海区更加明显。海水升温的直接后果是加剧了上层海洋的层化,据估计在过去40年里层化程度加剧了4%,使得混合层变浅,增加了浮游植物的光照。

理论上,海洋升温会增强微生物的代谢速率,但同时也会威胁到它们对温度的耐受度。总体来看,目前只有很有限的工作针对海洋微生物对升温的反馈进行研究。虽然东北大西洋球石藻没有体现出对升温的生理反应,但人们确实发现南大洋和白令海的球石藻分布向极点方向移动,这可能是升温的一个体现。同时,人们发现在升温的环境下,北冰洋及一些近海的浮游植物类群向微型化发展,北海的鞭毛虫的生长季节提前。长时间序列站的监测表明,升温导致的海冰覆盖面积减少促进了浮游植物生产力的增加,据估计,自2003年以来,北冰洋每年因此增加大概有多达27.5 Tg C的生产力。但也有研究表明南大洋并没有呈现一致的结果。另一方面,升温导致的海洋层化增加则对低纬度海区的浮游植物生产力产生负影响。人们发现南北大西洋和南北太平洋低叶绿素海区的面积有所扩大,这可能是海洋升温和层化加剧导致底层营养盐上涌减弱的影响。相对于浮游植物,人们对细菌有关的研究则更少。有实验表明自然海区的异养细菌类群在升温的条件下细菌丰度增加,对无机营养盐和有机碳的吸收增加。人们推测,细菌的异养活性会增加,因此通过细菌呼吸介导的CO_2海气交换也会增加。

二、海洋酸化

人类活动中化石燃料燃烧及土地利用而排放出大量的CO_2,其中约25%被海洋所吸收,由于人类活动所排放的CO_2日益增多,海洋吸收CO_2的速率和量也逐年增长,并正在改变海洋系统千万年来已形成的对CO_2的调节能力,显著地改变了海水的化学性质,导致了海洋酸化:即海水中氢离子浓度的升高及酸度的增加。人为引起的海洋酸化从工业革命时期就开始了,预计会发生在所有的海区(包括表层海洋与深海)。现在,海洋酸化已经导致了很明显的海洋表面CO_2分压的升高和pH的降低。布置在开阔大洋的长时间序列观测站及船载观测已经记录了上层海洋CO_2浓度的显著增加以及pH的降低。自工业革命以来,海洋的酸性增加了30%。海表平均pH已经降低了0.1,海洋酸化将在接下来的几十年加剧,并比过去的2100万年还要严重。预计到2060年,海水的酸度会增加120%。海洋酸化也会导致海水碳酸根(CO_3^{2-})浓度的降低以及碳酸钙饱和度(Ω)的降低,而钙离子是很多海洋生物外壳和骨架的组成成分。

藻类对海水中CO_2的增加的反馈取决于它们对CO_2的获取机制。有些藻类有所谓的碳浓缩机制(CCM),有研究表明南大洋的硅藻普遍具有碳浓缩机制。因此,海洋酸化对浮游植物的影响是多样的,更大的潜在影响是钙化浮游植物,如球石藻。高浓度的CO_2可以导致球石藻的形态异常和细胞聚集及钙化速率降低。一些浮游的固氮蓝细菌对 CO_2 浓度的变化很敏感。例如大洋环境中的束毛藻在高 CO_2 浓度下表现为固氮和固碳能力的提高，同时经常伴随着生长速率的增加。但并不是所有的固氮蓝细菌都是如此，如节球藻则对 CO_2 浓度的升高产生完全相反的反应：生长速率较低和固氮能力减弱。海洋酸化对聚球藻和原绿球藻的影响也不同，这会影响到全球生产力的分布和通量。到目前为止，大部分的海洋酸化对微生物影响的研究还是局限在实验室内，很多浮游植物和微生物依然无法做到实验室培育。

三、海洋去氧化

海洋中溶解氧的分布是氧气溶解度、海气界面交换、大洋环流/混合及群落生产的结果。海水中氧气的供给是影响海洋生物（包括微生物）分布、丰度、代谢活性和生存的主要因素。海洋中溶解氧浓度的区域差异很大，从南极附近海区的超过 500 μmol/kg 到黑海某些地方的永久厌氧水（溶解氧浓度为 0）。全球海洋溶解氧浓度平均约为 178 μmol/kg。海洋中的大部分呼吸是由细菌氧化溶解有机物贡献的。缺氧水体，一般指的是水体中的溶解氧浓度低于 60 μmol/kg，占整个海洋水体的 5%（7.6×10^{16} m^3）。氧最小带（OMZs），指的是氧气浓度 < 22 μmol/kg，大约有 30×10^6 km^2。中低纬度海洋中层的氧最小带在过去的 50 年里扩展。溶解氧的降低速度达到每年 0.1 到 0.3 μmol/kg。同时，人类活动通过河流和降水带给近海和陆架海区大量的营养盐和污染物，这也加重了这些海区的去氧化，极端的情况下引起"死区"（当然这是对大型生物而言，微生物依然可以存活）。2008 年全球报告了超过 400 个死区，而 20 世纪 90 年代只有 300 个，80 年代则只有 120 个。全球变化可能进一步加速海洋的去氧化。预计到 21 世纪末，因为富营养化引起的缺氧会增加 30%～70%。此外，全球升温也会增加细菌呼吸、加剧层化，从而降低溶解氧含量。

在无氧的环境中，细菌可以利用其他的电子受体，如硝酸盐、铁离子、镁离子、硫酸盐、CO_2 等。最近发现有些细菌可以在纳摩尔级别的溶解氧中进行有氧生长，这对 OMZ 的形成具有重要的启示。当维持细菌代谢的有机物供给超过溶解氧的供给，就可以形成 OMZ，同时伴随着 CO_2 分压的上升。海洋中氮的生物地球化学循环很大程度上取决于微生物，主要是细菌和古菌的氧化还原反应，其中反硝化在 OMZ 非常普遍。此外，一种潜在的温室气体氧化亚氮（N_2O）是硝化和反硝化的产物。控制氮循环的主要因素包括溶解氧浓度及有机物供给。当溶解氧低而有机物浓度高，反硝化就容易发生。全球 OMZ 中细菌主导的反硝化过程具有区域性，一些海区（如黑海、东赤道南太平洋、ETSP）自养的 Annamox 占主导并产生氮气，但在阿拉伯海，异养反硝化占主导，产生氧化亚氮。

四、海洋富营养化

河口和近岸海域的富营养化问题日益严重，这主要由人类的污染物（如污水、动物粪便以及来自过量施肥的土地中的陆源径流）所引起的。富营养化产生的效应取决于输入营养的来源、种类和含量，以及水文（尤其是潮汐的涌动和混合）和其他物理因素（尤其是光线和温度）。营养物负荷的增加（尤其是硝酸盐的输入）刺激浮游植物的生长，其数量大大超出了浮游动物摄食所可控制的范围。例如，在波罗的海（Baltic sea）经常发生大量的蓝细菌如节球蓝细菌属(*Nodularia*)、微囊蓝细菌属(*Microcystis*)和颤蓝细菌属(*Oscillatoria*)赤潮,富营养化可能是有毒甲藻赤潮发生频率增加的主要原因。活跃的微食物环运动可转换过剩的初级生产量,但这也有可能超出负荷,因为有大量的腐化碎屑及有机物颗粒下沉到海底。在这些区域,细菌的分解作用导致了对 O_2 的大量需求,有可能使上层水体少氧或缺氧,从而导致底栖动物等的大量死亡。

第三节　海洋地球工程中的微生物调控技术

全球气候变化已经成为一个不争的事实,人类活动排放的温室气体(如 CO_2)加剧了气候变化。温室气体排放不断增加对全球的气候模式、粮食生产以及人类的生活和生存造成的影响。在今后的几十年,粮食安全、社会发展、经济发展和人类发展都将受到严重危害。如何减少气候变化的风险,成为各国科学家、政府及公众关注的重大问题。目前有三种策略可供选择:第一,减缓,即减少温室气体的排放以减缓气候变化的进程;第二,适应,即通过提高人类社会的应对能力来减轻气候变化的影响;第三,对地球气候系统的直接干预,实施地球工程,即通过人为操纵地球生态系统的物理、化学或生物过程以降低温室气体排放或者增加温室气体吸收。目前来看,由于复杂的国际政治经济因素,全球可以采取的减缓措施力度有限,执行起来困难重重,远远不足以将气候变化的速度降低到能够避免潜在严重影响的程度。同时,因为 CO_2 能够在大气中存在很长时间,所以即使全球各国能够立刻减少温室气体排放,也不能避免过去排放造成的危险的气候变化。此外,人们也意识到无法通过适应手段来抵消气候变化的全部影响。因此,虽然地球工程手段绝不能代替人们正在进行的减缓努力或适应措施,但地球工程的手段无疑也是一个应对全球变化的选项。因为地球工程牵一发而动全身的特点,在介绍目前主要的地球工程手段之前,我们应当认识到地球工程既可能成为延缓气候变化的有力工具,也有导致不利影响的可能。这意味着我们有必要对地球工程进行充分的研究,了解其局限性,进行透明公开的讨论,并采取审慎的管理。

目前,比较具有可实施性的地球工程手段主要有两类。一是通过人为手段降低大气中的温室气体水平,如增加陆地生态系统 CO_2 吸收的方法:提高森林覆盖率,提高陆地植物固碳能力等;增加海洋生态系统 CO_2 吸收的方法,如海洋铁施肥(包括人工上升流)等;通过碳封存的方法将 CO_2 封存在大气 CO_2 循环之外等。二是降低太阳辐射:如通过向大气释放气溶胶颗粒来增加大气的阳伞效应,或者通过安置反光材料降低太阳辐射。与海洋微生物相关的地球工程手段大多属于第一类,包括海洋铁施肥、深海碳封存等。

海洋在全球的碳循环中起着重要的作用。作为一个巨大的碳汇,可以长期储存碳。地球上约93%的 CO_2(40万亿吨)储存在海洋中。据估计,世界上捕获的生物碳中,超过一半(55%)是由海洋生物完成的,因此,这种碳被称为蓝碳(相对于陆地植物捕获的绿碳)。尽管海洋中的植物生物量只占陆地植物生物量的0.05%,但每年循环的碳量与陆地上的几乎相同,可以说是地球上最高效的碳汇。因此,维持并增加蓝碳对于旨在减少人类社会受气候变化影响的生态系统适应战略至关重要。

海洋微生物虽然个体很小,但数量极大,占海洋生物量的90%。同时,微生物多样性高,代谢活跃,参与甚至主导了很多元素的海洋生物地球化学循环过程。因此,很多海洋地球工程手段都以微生物为主要研发对象,海洋微生物与海洋地球工程密切相关。本节主要介绍目前认知较为广泛的与微生物有关的海洋施肥。

海洋施肥是指通过一系列有目的性的人工干预行为,如直接往海洋中添加营养物质、提升营养盐的供应以及一些其他间接的手段,以达到增加海洋初级生产力和海洋固碳的目的,是迄今为止被广泛研究和讨论的海洋地球工程手段之一,也是唯一有商业运营经历的海洋地球工程技术。海洋施肥的科学原理起源于著名的"铁假说"——"给我一船铁,还你一个冰河时代"。全球大洋中广泛存在"高营养盐低叶绿素(HNLC)"海域,如亚北极太平洋、东太平洋赤道上升流区和南大洋,约占全球海洋面积的 20%。在 HNLC 海区中,浮游植物赖以生长的主要营养盐(如磷酸盐、硝酸盐等)含量较高,而叶绿素含量却非常低,造成这种现象的主要原因是浮游植物必需的微量营养元素铁在这些海区严重缺乏,限制了浮游植物的生长。因此,在这些海区施加铁元素(如硫酸亚铁),应该可以有效增加浮游植物的光合作用和初级生产力,从而增加浮游植物对大气 CO_2 的固定量,并进一步通过海洋生物泵的作用,向深层海洋传输,从而能够使更多的碳在海洋中储存,并可以在较长时间内(千年尺度)不会再返回海洋表面参与大气循环。除了 HNLC 海区外,全球海洋还存在着面积更为辽阔的低营养盐、低叶绿素(LNLC)的寡营养海区,约占海洋总面积的 40%。受制于弱的垂直混合和次表层营养盐的供给,LNLC 海域的有机物生产和沉降输出,即生物泵效率,常年维持较低的水平。人们发现在硝酸盐浓度处于限制的情况下,海洋中的固氮生物(包括藻类及微生物)可以利用氮气进行生物固氮作用生成其他浮游植物生长所需要的铵盐,从而在一定程度上缓解了硝酸盐的限制。现场研究发现大部分 LNLC 区域的固氮作用受到铁和磷酸盐的限制,从而降低了这些区域的初级生产(CO_2 的固定)以及碳的输出和储存。因此,在 LNLC 增加铁及磷酸盐的供给,可以刺激海洋藻类和微生物固氮作用的发生,从而增加海洋对 CO_2 的固定和储存。

海洋施肥在实验室内已经得到了很多营养盐添加实验的证实。为了得到更接近实际环境的验证,迄今为止,人们进行了十余次中尺度的海洋施肥实验,涵盖典型的 HNLC 海区,实验时间一般持续数周。这些实验的尺度一般在 $40\sim300$ km^2 不等,尚不能作为一个地球工程研究所需要尺度(约 $10\ 000$ km^2),但依然可以为实施海洋施肥地球工程提供很有价值的参考。所有海洋施肥实验都观察到人工添加营养盐后,浮游植物的光化学效率及对营养盐的吸收增加,浮游植物色素增加 $2\sim25$ 倍不等,初级生产力和固碳效率有所提高,同时伴随遥感卫星可观测的海洋赤潮;浮游植物生产力和生物量上的响应在表层混合层中响应更大、更快;大多数的海洋施肥实验中观察到浮游植物群落结构由小型的蓝细菌作为主导类群,到中型细胞体积的定鞭金藻,甚至更大的类群;硅藻的主导类群变化情况随海域和当地生物种类的不同而不尽相同;异养细菌生物量普遍增长 $2\sim15$ 倍不等;微型捕食者的生物量也有所增长。然而,纵观全球的海洋施肥实验,在人工施肥可否增加通过生物泵向下输送的碳量这一关键指标上却有很大的不确定性。此外,即使有些海洋施肥实验观察到了输出生产力的增加,人们也发现其对大气 CO_2 的存储还是相当有限的。

除了直接向海洋中添加营养盐进行"施肥"外,基于对自然界常见的上升流对表层海洋"施肥"作用的认识,人们设计了一种可以模拟上升流的海洋地球工程思路,即所谓的"人工上升流"。深海水体含有较高的营养盐,在自然界形成的上升流海区,深海丰富的营养盐(包括铁)被带到表层,促进上升流海区浮游植物的繁盛和初级生产力的提高,从而提高了海洋固碳的能力或者潜力。其工作原理是通过各种供能手段和泵水方式,利用单向的阀门管道实现深层海水向表层的流动。目前主要的供能方式包括风能、太阳能、海流能和波浪能等,因为海流能和波浪能分布广泛、成本低廉,是较有发展前景的供能方式。人工上升流设备主要由浮体、控制阀以及上升管构成,目前已有一些现场开展的人工上升流实验。但是人工上升流与自然上升流一样,不仅带来了深海丰富的营养盐,也带来了深海高浓度的溶解无机碳,高浓度的溶解无机碳最终会向大气释放 CO_2。因此,人们首先要进一步深入研究自然上升流海区 CO_2 源汇格局及其影响因素,也要注意到合理科学地选择实施人工上升流的海区。

任何地球工程技术手段都具有可能影响地球生态环境的风险,海洋施肥也不例外。海洋施肥首先改变了当地表层海洋的营养结构,改变了原本平衡的生态系统;海洋施肥在表层产生的生物量会在次表层被分解,从而降低次表层和中层的溶解氧浓度,这会增加近岸缺氧的频率和强度,从而导致海洋生物的死亡;有研究表明海洋施肥可以促进一些有毒藻类的生长;海洋施肥刺激的生物量分解后可能产生 N_2O 和 CH_4 等比 CO_2 存在时间更长、温室效应更强的气体,也可能会影响大气 DMS 和臭氧的含量,进而对大气气候产生目前尚不确定的影响;海洋施肥增加了施肥海区对营养盐的消耗,因此会降低施肥海区下游的营养盐水平及生产力,这不仅影响下游海区的固碳,也会对其渔业资源等产生未知的影响;海洋施肥产生的颗粒物质无疑也会对深海水体及海床生态系统产生影响,这些影响的程度和范围尚无科学定论。因此,海洋施肥在科学界引起了激烈的争论,最终国际社会同意采取审慎和保守的态度,在海洋施肥的科学问题解决之前,不再进行大规模的海洋施肥实验,一些与之有关的商业活动也被叫停。

第十章

海洋微生物与能源工程 *

第一节 微生物对海洋成油成气的影响

海洋中蕴藏着丰富的石油和天然气资源。海洋微生物在这些石油和天然气形成过程中发挥了关键性作用。

一、海洋微生物在石油形成过程中的作用

石油主要是碳氢化合物,是不同碳氢化合物的混合,组成石油的化学元素主要是碳(83%～87%)、氢(11%～14%),其余为硫(0.06%～0.8%)、氮(0.02%～1.7%)、氧(0.08%～1.82%)及微量金属元素(镍、钒、铁、锑等)。由碳和氢化合形成的烃类构成石油的主要组成部分,占95%～99%,烃类按其结构分为:烷烃、环烷烃、芳香烃等。微生物在石油原油形成过程中的作用具体体现在以下几个方面:

1. 微生物本身形成原油

微生物由蛋白质、脂肪和碳水化合物组成,这些生物大分子都是良好的成烃母质,在自溶后会转化和释放大量的烃类,这些烃类构成原油的一小部分。微生物存在于现代沉积的各种环境中,沉积物中微生物浓度最高可达 $5×10^{11}$ cells/g,其含量高达干沉积物重量的1%,因此对沉积物中总有机碳(TOC)的贡献可能达到50%。相对于有氧沉积环境,缺氧沉积环境有机碳沉积速率和有机质 H/C 原子比可分别提高50%和80%。而缺氧沉积环境有机碳沉积速率和有机质 H/C 原子比的升高则与缺氧沉积环境利于有机质保存和微生物发育有关。微生物通过酶作用对细胞中的有机质进行分解来获取代谢的能量来源和物质基础,蛋白质和碳水化合物降解后提供了氨基酸和糖,供细菌利用,而类脂化合物作为不活跃降解产物则保存在藻细胞中。因此,细菌对有机母质的降解也有利于有机母质中成烃组分(类脂化合物)的保存与富集。

2. 微生物催化沉积于海底的有机质转化为石油

微生物促使海洋中的有机物转化为烷烃和芳香烃。模拟研究表明:细菌能使异氧黄花藻的产气率提高35.9%～64.5%,并可提高产物中烃气/非烃气的比值。同时,细菌对

* 本章由严群、孔青、刘占英、牟海津编写。

海洋中有机质的降解作用能使烷烃的产出量显著提高,同时使正构烷烃的碳数分布范围缩小。此外,微生物能将海底沉积的有机质转化成烃。在低演化阶段,微生物对有机质的改造可以使有机质直接转化为石油烃类;沉积物样品经微生物发酵后,生烃潜力明显增强,包括饱和烃和芳烃在内的烃类含量显著增加,同时正构烷烃样品中轻组分增加。模拟实验结果表明:在藻类有机质受热降解之前,微生物的生物降解作用对藻类母质的改造广泛存在,微生物的生物催化有利于海底沉积的有机质向更有利于烃类生成的方向转化。

3. 微生物对有机质的"熟化"和改造

微生物不仅可使有机质向更有利于生烃的物质转化,还可使有机质中表征成熟度的一些指标趋向于"成熟"值。经微生物发酵的未熟或低熟源岩样品,生物构型的藿烷消失,地质构型藿烷和 γ 蜡烷大量出现,各项异构化参数接近或达到"终点值",反映出温度不是影响藿烷"成熟度"指标的唯一因素,微生物的参与和改造可以使未熟或低熟有机质发生"熟化"作用,形成石油烃类。由微生物直接合成或由微生物残余物热降解而来的正构烷烃无特定奇偶优势,沉积物随着埋藏深度的增加而逐渐消失的正构烷烃奇偶优势过程与微生物作用有关,它起因于与细菌有关的无特定奇偶优势的正构烷烃的不断生成,冲淡了原先在沉积中存在的奇偶优势。未熟有机质发酵后,低碳数和偶碳数正构烷烃含量的增加、类异戊二烯烃的检出及植烷优势的出现可能主要与微生物生源有关。

一些极端微生物依赖原油中脂肪烃和低碳数气态烃类生存,其活动减少了原油中烃类组分和湿气组分,增加了原油密度、硫含量、酸度和黏度。然而,在温度超过 80 ℃ 的地下深处,原油中的烃和其他组分会被一些极端嗜热微生物降解而成为重油,产生大量甲烷气体,使其成为可被开采的对象。研究发现,一些极端微生物降解作用似乎也可以对油藏起到消毒作用,能够使得那些曾遭受过微生物降解的深埋油藏在上升折返到地表浅处后,不再被后来的微生物降解或改造。

二、海洋微生物在海洋甲烷水合物形成中的作用

在海洋深水区域广泛存在的甲烷水合物,是某些低相对分子质量的气体和挥发性液体(其中主要成分为甲烷),在低温(0 ℃~10 ℃)和高压(> 10 MPa)条件下与水分子形成的类笼形结构的冰状晶体。对于甲烷水合物的甲烷气体来源,国内外学者普遍认为可以分为有机成因气和无机成因气两种来源,有机成因气包括生物成因气、热解成因气以及混合成因气。现有研究表明,生物成因是目前已发现的甲烷水合物最主要的形成原因。生物成因气是指有机质在微生物的生物化学作用下转化形成的气体。目前已经在世界多个地区发现了海洋甲烷水合物,甲烷水合物主要分布于深海沉积物或陆域的永久冻土中,其中又以深海沉积物中分布最广。

海洋微生物在海洋甲烷水合物形成中的作用主要体现在以下几个方面:

1. 甲烷水合物形成过程中微生物的贡献

从有机质的分解到生物甲烷的生成是不同微生物群共同作用的结果。甲烷菌(Methanogens)作用于厌氧微生物分解有机质的最后环节,它依赖于其他微生物将复杂的沉积有机质转变为简单化合物。甲烷菌的代谢产物都是甲烷,但其所利用的基质范围很

窄,有氢、二氧化碳、甲醇、甲酸、乙酸和甲胺等。生成甲烷的途径主要有两种,一种为二氧化碳还原作用,另一种为发酵作用。大多数甲烷菌都具有还原二氧化碳生成甲烷的能力。少数甲烷菌将一些营养基的羧酸分解成甲烷,其中最常见的为乙酸。在发酵过程中,羧酸上的甲基被转化为甲烷,羧基则先被转化为二氧化碳,而后又被转化为甲烷。

对现代海相沉积物的观察认为,活跃的甲烷生成作用并不都发生在富含有机质的沉积物中,总有机碳含量为 $0.5\%\sim1\%$ 的沉积物足以支持显著的甲烷生成活动。尽管甲烷的分布较广,但只有在埋藏较深并有相应的圈闭和封盖条件下,或有形成甲烷水合物的条件下,生成的甲烷才能保存。海洋的环境为甲烷水合物的形成和甲烷的形成提供了条件。碳同位素法分析世界各地海洋甲烷水合物中的甲烷,结果表明:甲烷水合物中的甲烷多具有微生物成因的分子和碳同位素组成特征。

2. 影响生物气生成的因素

生物气是否能够提供形成甲烷水合物的充足气源?控制生物气生成的根本因素是细菌可以利用的营养源(有机质)和细菌生存与繁衍并维持较高活性的环境地质条件,这主要表现在以下几个方面:

(1)环境的氧化还原程度:研究表明,自然沉积环境中电子受体被微生物优先利用的次序是氧、硝酸根、硫酸根和二氧化碳。因此,沉积初期好氧微生物起着分解有机物的主要作用,随着沉积环境中氧气逐渐被耗尽,厌氧微生物菌群逐渐活跃,并最终成为沉积环境中有机物的主要分解菌,同时氧化还原电位逐步降低。其中产甲烷菌是专性厌氧微生物,生长在最强的还原环境中(氧化还原电位 <-200 mV)。在自然界中,产甲烷菌需待所有的氧、硝酸盐和大部分硫酸盐被还原掉之后才能繁殖,因此是否处于还原环境成为能否形成生物气的决定性因素之一。

(2)温度:生物气的生成上限温度为 80 ℃~85 ℃,主产气带温度为 25 ℃~65 ℃,这与产甲烷菌对温度适应性基本一致。产甲烷菌的活性与温度关系密切,因此在某个温度段其活性强、数量多,而超出这个温度范围其活性就大大减弱,在其他条件具备的情况下,产生的生物气量恰恰与产甲烷菌的数量呈正比关系。由于温度对细菌的活性有明显的影响,而随着沉积物埋深的增加,温度也随之升高,细菌活性增强。然而,最新的研究发现,产甲烷菌对温度的适应性极强,从接近冰点的南极湖泊到深海热气孔中都有存在。也就是说,微生物成因甲烷并非仅仅局限在一个很窄的温度范围。地表的低温既能抑制甲烷的生成,又可使甲烷在永久冻土带成为水合物,阻止甲烷散佚,成为良好的盖层,从而形成生物气藏和生物甲烷水合物矿藏。

(3)pH:产甲烷菌的代谢受水介质的 pH 制约,最适宜的 pH 为 6.4~7.5。pH 低于 6或高于 8,产甲烷菌生长和甲烷的产率都会受到明显影响,甚至会出现产甲烷菌中毒。在一些沉积环境中,底层水 pH 高,可在一定程度上抑制表层沉积物中产甲烷菌的繁殖。当沉积物埋藏到一定深度时,有机质分解形成一些有机酸,使 pH 降低,从而使沉积物孔隙中的碳酸盐向二氧化碳转化,产甲烷菌才开始大量繁殖。由此可见,pH 与温度具有相似的作用:浅表层抑制,在适宜的深度激活微生物的生长。

(4)孔隙空间:微生物的活动需要一定的空间,微生物的大小平均为 1~10 μm,页岩的孔隙空间平均为 1~3 nm,这说明微生物不能生存于致密的页岩中。因此,细粒的泥质沉积在其被压缩到一定程度时就可抑制微生物的生长。

（5）有机质类型:由于甲烷菌并不直接分解有机质,其主要是利用发酵菌和硫酸盐还原菌分解有机质而产生的二氧化碳和乙酸等作为碳源,进行生物化学作用而产生甲烷气。在厌氧环境中二氧化碳和乙酸主要来自含氧高的碳水化合物和蛋白质。而在浅层生物化学作用阶段,碳水化合物的消耗速度大于蛋白质,木质素在厌氧条件下不易分解,脂类也较稳定。因此,陆源沉积物中纤维素、半纤维素、糖类、淀粉及果胶等有机化合物以及海相沉积物中的蛋白质,都是甲烷菌重要的碳源。最近也有观点认为,在深海环境海底硫酸盐亏损带,产甲烷菌合成甲烷的碳源很可能来自于海底火山喷发带来的大量二氧化碳,但目前尚缺乏实验证据。

三、地史早期海洋极端微生物活动与油气资源形成

地史早期海洋环境类似于现代海洋的极端环境,研究现代海洋极端环境有助于探索地史早期海洋极端微生物活动与油气资源的关系。现有资料表明,地史时期海洋极端微生物活动与油气资源的关系可追溯至太古代、元古代和早寒武时期,海洋极端微生物很可能是地史早期油气资源形成的主要有机母质。Rasmussent 和 Buick（2000）,Rasmussent（2005）报道了澳大利亚 32 亿~26.3 亿年前太古代地层中发现了含油气的流体包裹体和焦沥青,认为那时的微生物活动就参与了油气资源的形成。尽管具体形成机制尚不清楚,但认为非传统的生物源有机分子可能是太古代油气的主要烃源。Dutkiewicz（2006）报道了加拿大 Elliot 湖地区 24.5 亿年前 Matinenda 组河流相变质砾岩中含油气流体包裹体分子的地球化学研究,认为包裹体形成于大约 22 亿年之前的成岩作用和变质作用早期。并发现了大量的藻青菌和真核生物的分子化石,证明一些微生物可以存活于地史早期极端环境下,可能成为重要的烃源有机母质。此外,Bons（2004）从澳洲南部钙质页岩的碳酸钙细脉内识别出了类似于现代嗜热古菌 *Pyrodictium* 的微生物构造和化学组成,认为它们可能参与了上述碳酸钙细脉的形成,而这类微生物现今繁盛在温度达 80 ℃~120 ℃的热泉和油井中。海洋极端微生物活动与油气资源形成的关系如下:① 海洋极端微生物类型主要为细菌和古菌,热泉微生物群落主要为异养发酵菌、硫酸盐还原菌、产甲烷菌等生物群落;冷泉微生物群落主要为 ANME-2 族的厌氧甲烷氧化古菌和硫酸盐还原细菌和ANME-1 族厌氧甲烷氧化古菌。它们可利用甲烷和硫化氢等气体进行能量固定,具有较高的生物丰度和较低的分异度,具有垂向和水平分带性,并能营生一套独特的宏体生物。② 极端微生物活动直接或间接参与油气资源的形成和改造,极端微生物活动可以作为油气资源找矿标志之一。极端微生物的有机体本身可能是一种良好的生烃母质,产甲烷菌活动所产生的甲烷气体可直接形成气田和甲烷水合物,其周围靠微生物生长的宏体生物的遗骸有机体易于被保存下来变成沉积有机质,进而也参与生烃过程。极端微生物活动可能参与了整个油气的产生、运移、圈闭和后期改造过程,其活动记录可示踪油气藏的迁移或演化过程。极端微生物活动导致的局部油气资源也可能上升到上覆其他层位,或侧向转移到其他部位。原始形状展布的海底冷泉和热泉附近的烃类物质随着沉积埋藏加深,可能发生垂向或侧向转移后富集形成更大规模油气藏。

第二节 生物柴油

一、微藻与生物柴油概述

生物柴油(biodiesel)是指以油料作物和微藻等水生植物油脂,以及动物油脂、废餐饮油等为原料油通过酯交换反应(transesterification reaction)工艺制成的甲酯或乙酯燃料。作为可替代石化柴油的清洁生物燃料,生物柴油的生产成本和使用性能都与现用石化柴油基本相当,且具有良好的环境特性和可生物降解性,具有广阔的发展前景。

生物柴油主要是由 C、H、O 三种元素组成。其主要成分是软脂酸、硬脂酸、油酸、亚油酸等长链饱和或不饱和脂肪酸同甲醇或乙醇等醇类物质所形成的酯类化合物。根据研究,作为柴油替代品的理想物质应当有如下的分子结构:① 拥有较长的碳直链。② 双键的数目应尽可能少,最好只有一个双键;并且双键位于碳分子链的末端或者是均匀分布在碳分子链中。③ 含有一定量的氧元素,最好是酯类、醚类、醇类化合物。④ 分子结构尽可能没有或只有很少的碳支链。⑤ 分子中不含有芳香烃结构。

与石化柴油的性能相比,生物柴油具有以下性质,同时这也是生物柴油的优越性所在:① 生物柴油比石化柴油具有相对较高的运动黏度,这使得生物柴油在不影响燃油雾化的情况下,更容易在汽缸内壁形成一层油膜,从而提高运动机件的润滑性,降低机件的磨损;② 生物柴油的闪点较石化柴油高,有利于安全运输、储存;③ 十六烷值较高,一般大于50,抗爆性能优于石化柴油;④ 生物柴油含氧量高于石化柴油,可达 10%,在燃烧过程中所需的氧气量较石化柴油少,燃烧、点火性能优于石化柴油;⑤ 无毒性,而且生物分解性良好(98% 可降解),健康环保性能良好;⑥ 基本不含芳香族烃类成分,所以不具致癌性,而且硫、铅、卤素等有害物质含量极少;⑦ 不需改动柴油机,可直接添加使用,同时无须另添设加油设备、储存设备及人员的特殊技术训练;⑧ 既可作为添加剂促进燃烧效果,又是燃料,具有双重效果;⑨ 生物柴油以一定的比例与石化柴油调和使用,可以降低油耗、提高动力特性,降低排放污染率;⑩ 环境友好,采用生物柴油的燃烧生成物中,颗粒物为普通柴油的20%,CO_2 和 CO 排放量仅为石化柴油的 10%。

利用微藻生产生物燃料的想法最早提出于 20 世纪 50 年代,到 60 年代有关研究人员开始进行有关微藻大规模培养的研究。1970 年,由于全球能源危机,美国国家可再生能源实验室首先发起了一项名为"水生生物物种计划"(ASP)的研究,旨在利用微藻生产可再生能源。微藻与其他能源作物生产生物燃料相比具有巨大的优势:① 微藻细胞的单位含油量超过产油性状优良的能源作物近百倍;② 微藻生长于水生环境中,但是其需水量少于陆地作物;③ 微藻可以在海水或者废水中生长,不占用陆地资源,不与粮食作物争夺土地,还能达到处理废水的目的;④ 微藻利用大气中的 CO_2 进行生长,能够固定 CO_2,减少温室气体的排放;⑤ 微藻生产生物柴油的剩余产品,可用作肥料或食物,同时可以发酵生产乙醇等。

微藻具有种类多样、光合作用效率高、生物产量高、生长繁殖快、生长周期短和自身合成油脂能力强等特点,被许多学者认为是制备生物柴油最佳的生物质能原料之一。表10-1 列出了部分微藻含油量的干质量比,大部分微藻含油量都在 20%～50%,某些微藻的含油量甚至可以达到 77%。

表 10-1　部分微藻的油脂含量

微藻名称	质量分数（%，干质量）
布朗葡萄藻（*Botryococcus braunii*）	25～75
小球藻（*Chlorella* sp.）	28～32
双鞭甲藻（*Crypthecodinium cohnii*）	20
筒柱藻（*Cylindrotheca* sp.）	16～37
杜氏藻（*Dunaliella primolecta*）	23
鞭金藻（*Isochrysis* sp.）	25～33
单肠藻（*Monallanthus salina*）	＞20
微绿球藻（*Nannochloris* sp.）	20～35
微拟球藻（*Nannochloropsis* sp.）	31～68
富油新绿藻（*Neochloris oleoabundans*）	35～54
菱形藻（*Nitzschia* sp.）	45～47
三角褐指藻（*Phaeodactylum tricornutum*）	20～30
裂殖壶菌（*Schizochytrium* sp.）	50～77
四片藻（*Tetraselmis suecica*）	15～23

二、富油微藻筛选技术

1. 国内外的研究概况

在过去的 50 年里，各国开展了大量有关微藻筛选方面的工作。美国水生生物物种计划（ASP）是规模最大的微藻筛选计划，该计划从 1978 年持续至 1996 年，研究内容主要包括利用微藻生产生物柴油和一些富含油脂微藻的生理学和生物化学研究。经过多年的发展，从不同的环境中筛选和分离得到 3 000 株藻株，并对微藻的生长和油脂含量进行了评价，其中筛选到生长速度比较快、油脂含量较高的微藻藻株 300 余株，为大范围利用微藻生产生物燃料和开展微藻生物学研究奠定了坚实的基础。

我国由于人口众多，环境条件急需改善，发展生物燃料对我国经济发展的意义重大。我国近年来也开展了在能源微藻选育领域的基础研究工作，取得了巨大的成绩，尤其以中国科学院各研究所为代表的相关研究机构在藻种的筛选领域开展了大量的工作，目前筛选出富油富烃微藻 60 多株。针对目前微藻生物柴油产业化道路中所面对的技术问题，研究人员建议从以下几方面进行产油微藻的筛选（表 10-2）：

表 10-2　筛选大规模培养微藻的藻株特点

特　点	优　点
生长速率较快	能够减少其他物种对其生长的影响
高油脂含量	生产高附加值的生物质产品
耐受极端环境	能够在极端环境中生长
细胞个体较大，单细胞或者丝状	易于收集藻细胞
广泛的自然环境耐受性	能够适应室外的生长条件
CO_2 的耐受性	高效固定 CO_2
对生长环境的耐受	能够大量移除水体中氮、磷等元素

2. 影响微藻细胞生长和油脂积累的因素

微藻在正常的生长条件下,其生长符合一般微生物的生长规律,包括延滞期、对数期、稳定期和衰亡期。微藻细胞内油脂的合成属于初级代谢的一部分和次级代谢,是一个由多酶催化的复杂过程,微藻油脂的积累则分为两个阶段:培养的前期为细胞大量增殖期,该时期微藻消耗培养基中的营养元素,以满足其自身生长、代谢和增殖的需要,同时也合成部分油脂,但主要用于细胞骨架的组成,即以脂质体形式存在;培养后期,当培养液中的营养元素消耗殆尽(特别是氮、磷),但碳元素供给充足的条件下,藻细胞不再进行生长和繁殖,吸收的碳元素在藻细胞细胞质中,经糖酵解途径进入三羧酸循环,转化为甘油三酯,储存在细胞内。大量研究结果表明,生长过程中,环境因子和营养元素可以调控微藻细胞的生长和油脂含量。光照强度直接影响微藻细胞的油脂含量,且能够调节脂肪酸的组成。温度、通气量和环境 pH 也能够影响微藻的正常生理代谢,从而影响到微藻的生长和油脂的积累。

培养液的营养成分,特别是一些必需营养元素如氮、磷、硅等对微藻生长和油脂的含量有较大影响。目前普遍认为,氮缺乏会直接导致微藻的生物量较低,微藻细胞内大量积累油脂。磷是构成 DNA、RNA、ATP 和细胞膜的必需元素,与微藻细胞生长和代谢密切相关。通过研究在磷元素缺乏条件下微藻细胞内油脂含量的变化情况发现,磷缺乏会导致三角褐指藻(*Phaeodactylum tricornutum*)、鲁兹帕夫藻(*Pavlova lutheri*)和角毛藻(*Chaetoceros* sp.)的细胞内油脂含量的增加,但是绿色鞭毛藻如微绿球藻(*Nannochloris* sp.)和四片藻(*Tetraselmis* sp.)的油脂含量会降低。硅是硅藻生长必不可少的营养元素,除了作为细胞壁结构成分外,还参与光合色素、蛋白质和细胞分裂等多种生长和代谢过程。硅缺乏会导致新吸收的碳更多地用于脂类合成,而先前吸收的碳也会逐渐地由非脂类化合物转变为脂类,从而促进藻体内油脂的积累。

三、微藻生物柴油的制备

酯交换法是目前生产生物柴油最普遍的方法,即油脂在催化剂作用下与短链醇作用形成长链脂肪酸单酯。该反应需要催化剂(如酸或碱)分裂甘油三酯与短链醇重新结合为单酯,同时副产甘油。因为甲醇成本最低,从而成为最常用的短链醇。但甲醇主要来源于不可再生的天然气或煤炭,致使第一代生物柴油多为不完全可再生。而巴西拥有丰富的甘蔗资源,生物基乙醇取代了甲醇用来生产生物柴油,成为完全可再生的绿色产品。其他短链醇,如丙醇、正丁醇、异丁醇等也有研究,但无产业化报道。目前实际应用的工业催化剂多为酸、碱和脂肪酶,其中 NaOH 因价格低廉、催化活性较高而被广泛使用。按照催化剂的种类可以将生物柴油的制备方法划分为:化学法(酸、碱催化法)、生物酶催化法和无须催化剂的超临界法。

1. 化学法

目前工业化的生物柴油生产方法主要是在液体酸、碱催化剂的存在下油脂与甲醇进行的酯化或酯交换反应。优点是反应速度快、时间短、转化率高、成本较低等,缺点是液体催化剂难以分离回收再利用,副反应较多,存在乳化现象,副产物甘油精制困难,产品后续水洗与中和产生大量的工业废水,造成环境污染等。非均相固体催化剂可以重复使用,而且反应条件温和,容易实现自动化连续生产,对设备腐蚀小,对环境污染小,成为生物柴油生产新工艺的研发热点。化学法制备生物柴油的一般流程如图 10-1 所示。

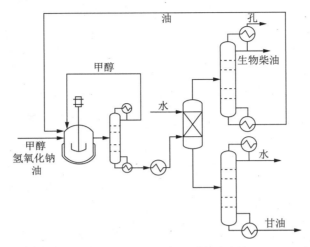

图 10-1　生物柴油的生产过程（引自滕虎等，2010）

2. 酶催化法

利用脂肪酶催化油脂与短链醇（主要是甲醇和乙醇）进行酯交换反应。该方法对原料品质要求低、副产物甘油易分离、耗能低，但反应时间长、酶容易失活。常用的脂肪酶包括 Novozym 435 脂肪酶、南极假丝酵母（*Candida antarctica*）脂肪酶、固定化假丝酵母（*Candida* sp. 99-125）脂肪酶、米根霉（*Rhizopus oryzae*）脂肪酶、洋葱假单胞菌（*Pseudomonas cepacia*）脂肪酶等。固定化酶或细胞可以克服游离脂肪酶分散不均、易聚集结块、不便回收重复利用等缺陷，如 Novozym 435 作为一种固定化脂肪酶被广泛应用于生物柴油的制备研究中。

提高脂肪酶对短链醇的耐受性是解决酶易失活的重要途径。采取批式流加甲醇、添加惰性溶剂（如正己烷）降低醇的浓度、用乙酸甲酯作为酰基受体等措施可以在一定程度上减小甲醇和甘油对酶的毒性，延长酶的使用寿命。

复合脂肪酶能有效地克服单一脂肪酶的底物专一性，改善不同脂肪酶的协同催化效应，提高转酯效率。用固定化米根霉和玫瑰假丝酵母脂肪酶作为复合酶催化油脂与甲醇的反应，反应 4 h 后生物柴油的转化率达到了 98%，反应时间比单一酶催化时间大大缩短。

3. 超临界法

超临界甲醇可以在无催化剂的情况下与油脂反应生成脂肪酸甲酯，需要相当高的温度和压力条件（350 ℃，20～50 MPa）。利用共溶剂可以改善超临界的工艺条件，但不能将温度降到临界点附近。少量碱性催化剂可以减少甲醇的用量，也能降低反应温度和压力，从而大大降低该方法的成本。

4. 其他

乙醇取代甲醇用来生产生物柴油引起人们的关注，乙醇无毒，脂肪酸乙酯的热值和十六烷值相应增加，浊点和倾点比甲酯要低，而且是完全可再生的。另外微波加热可以大大缩短酯交换反应时间，降低醇油摩尔比，明显提高固体酸的催化效率。超声波也能显著减少酯交换反应的时间。

四、展望

优质能源微藻的选育和基因工程构建获得优质的藻种是生产微藻生物燃料的前提。对一些油脂含量较高、遗传性能稳定、产业化前景较好的藻种,应加强对其分子生物学、基因工程和代谢工程方面的研究。

低成本、高密度培养体系的建立目前在微藻的高密度培养研究方面取得了较为理想的成果,但是从产业化的角度考虑,仍然存在成本高的经济性问题。在高油脂含量、高适应性、高生长速率的基础之上,利用有机废水、火电厂烟道气体、酒精发酵厂尾气为主要培养基质,通过兼养或异养培养方式可实现微藻培养基的低成本化。还可通过海水、盐碱水培养驯化能源微藻,降低培养成本;通过控制培养液中的碳氮比、延长对数期等手段,提高微藻细胞的生物量和总脂含量。

高效、低成本光生物反应器的开发是实现微藻大规模培养的关键技术之一,它直接决定微藻燃料的成本。微藻的规模化生产中还必须要解决低成本的采收技术。针对微藻的培养特点和藻细胞特征,絮凝法和气浮法被认为是最有前景的分离技术,因为它们具有设备投入成本较低、动力消耗少、操作简单、分离效果好的优点。通过基因工程改良和培养条件的调节来控制微藻细胞的絮凝特性,辅助气浮法期望实现微藻细胞的低成本采收。

新型可再生能源的研发势不可挡。在众多的生物质中,微藻被认为是取代石油液体燃料最理想的可再生生物柴油原料。我国的沿海、内陆盐碱、荒漠地域广阔,日照充足,自然条件非常适合发展微藻能源产业。相信通过积极努力,新型的藻类清洁生物能源可能会成为世界经济发展和人类文明进步的能源助推器。

第三节 燃料乙醇

一、利用海藻生产燃料乙醇的研究进展

21世纪能源危机和环境问题已成为全球所面临的巨大挑战之一。虽然石油、煤和天然气至今仍然是燃料和有机化学原料的主要来源,但是随着化石能源的日益枯竭和全球环境问题的日趋严重,开发洁净可再生能源已成了紧迫的课题。在此背景下,生物质能作为唯一可以储存和运输的可再生能源,其高效转换率和清洁性日益受到全世界的重视。地球上每年光合作用的产物(生物质)高达1 500亿~2 000亿吨,是地球上的一种超大规模的实物性资源。全球每年产生的生物量的5%所含的能量即可与人类对化石资源的需求量相当,而目前对生物质能源的开发还不到其总量的1%。生物燃料主要包括生物乙醇、生物柴油和氢气。

巴西和美国在20世纪70年代的两次石油危机的大背景下,率先推行了生物乙醇的发展计划。从20世纪90年代中期以后,伴随着原油的紧缺导致石油价格的攀升,更多的国家开始重视生物乙醇的开发和应用。发展至今,巴西以甘蔗糖蜜为原料生产的生物乙醇产量位居世界第一,最高年产达160亿升,成为世界上唯一不供应纯汽油的国家。美国的生物乙醇项目启动于1978年,主要以玉米为加工原料,在政府扶持下目前美国已成为世界第二大乙醇生产国。目前还有许多农业资源国家如英国、荷兰、南非、德国、奥地利等国政府

也已制定规划,积极发展生物乙醇工业。

但是,随着生物能源的发展也产生了相关的问题:粮价的上涨以及用于种植粮食作物的土地的减少。生物乙醇的转化原料可以是糖、淀粉质及纤维素质原料,同其他两类原料相比,纤维素质原料对于粮食安全和土地安全都不具有威胁性,是生物乙醇发展潜在的重要原料来源,也是当前研究的热点。另外,来自于海洋的藻类已经逐渐地被人们意识到是一种潜在的巨大的替代资源,如果能够将海藻原料转化为生物乙醇,无疑会为生物质能的发展增添新的力量。海洋生物质能的开发可能会为生物能源产业提供充足和廉价的原料,拓宽生物能源的原料供应范围。

海洋生物质能是海洋植物利用光合作用将太阳能以化学能的形式储存起来,海洋生物质的主要来源为海洋藻类。海洋藻类包括海洋微藻和大型藻类。大型海藻生物质能含有丰富的碳水化合物:海藻胶、纤维素、海藻淀粉等,可以作为生物乙醇的转化原料。例如,缘管浒苔和海带中的粗纤维的含量分别为10.2%和11.8%;浒苔、孔石莼中的多糖和粗纤维含量占藻体干重的63.9%。某些海藻细胞壁的典型成分是淀粉类型多糖,如孔石莼,具有更高的转化为乙醇的潜力。与食品类作物或陆生纤维素材料相比,某些海藻可自然地产生和集聚,并可在生长过程中通过吸收利用氮氧化物和二氧化碳而净化废物,有助于碳封存和减缓气候变化。

海藻纤维素转化为乙醇通常需要经过纤维素预处理、酶解糖化和乙醇转化几个步骤。而海藻中的特征多糖因为含有大量的特征性基因,如羧基、硫酸基,对于乙醇的发酵转化而言,通常难以代谢;因此,海藻特征性多糖的乙醇转化,需要对这些基团加以脱除或结合海洋微生物的作用,将其转变为中性单糖后,再由细菌或酵母菌发酵生产乙醇。

二、利用海藻生产生物乙醇的优势

(1)相比于农作物具有更高的生产效率,藻类的生长速度十分惊人,是其他植物生长的40倍到50倍,养殖每公顷藻类新炼出的生物能源比同面积的农产品多几十倍甚至上百倍。

(2)利用海藻生产生物乙醇可以避免能源与粮食作物争夺生产资料。

(3)海藻具有很强的温室气体吸收的潜能,如利用海藻每生产1 000万加仑乙醇的同时,可以吸收150万吨的CO_2,是一种真正意义上的清洁能源。

(4)海藻中的木质素含量极低,在海藻的降解过程中可以省去对木质素的去除,避免了木质素降解产物对后续发酵的抑制作用。而传统的农作物秸秆的主要成分是纤维素、半纤维素、木质素以及其他的一些有机物质,其中纤维素含量为31%~40%、半纤维素含量更是多达35%~48%、木质素含量为11%~25%。木质素与半纤维素以共价键形式结合,将纤维素分子包埋在其中,形成一种天然屏障,使酶不易与纤维素分子接触,而木质素的非水溶性、化学结构的复杂性,导致了秸秆的难降解性。与之相比,海藻藻体柔软、机械强度低,容易被破碎和降解,从而能够降低生物乙醇等的转化成本。

(5)另外,开发海藻资源,还有利于保护生物环境,防止赤潮、绿潮等自然灾害;大型海藻的栽培可以有效地吸收海洋中的富营养化元素,预防海洋灾害。

近年来,日本在海藻生物质能研究领域中的发展十分迅速,对马尾藻和海带的生物质能技术开展了一系列研究。2007 年,日本启动了大型海藻的生物质能源计划 OSP 项目,利用马尾藻大规模生产汽车用乙醇。该项目计划在日本海沿岸水深 400 m 的海域建立栽培场,预计到 2020 年,栽培面积将达 1 万 km^2,一年将可收获 6 500 吨的干藻,生产约 200 万升的燃料乙醇,可以替代现有日本汽车燃油消耗量的 1/3。东京海洋大学的研究小组称,以海藻(孔石莼)为原料使用发酵方法生产乙醇时,乙醇的单位产量分别为干燥海白菜重量的 10%。日本东京水产振兴会估算,利用日本现有条件,每年可以养殖 1.5 亿吨海藻,生产出 400 万吨生物乙醇,其原料价格要低于田间作物。挪威科学家 Sevin Jarle Horn 对利用挪威资源量较大的两种褐藻 *Laminaria hyperborea* 和 *Ascophyllum nodosum* 开发生物质能进行了较为系统的研究,两种褐藻都能产生一定量乙醇。国内葛蕾蕾等对褐藻胶生产过程中产生的废弃物 —— 漂浮渣的分步糖化发酵工艺进行了研究,原料经过 121 ℃、0.1% 稀硫酸(W/V)、反应 1 h 预处理后,在纤维素酶和纤维二糖酶的协同作用下,能够取得最大的葡萄糖得率:277.5 mg/g 原料。

第四节　其他类能源

一、生物沼气

1. 生物沼气概述

早在几千年以前,人们就已经发现了自然界中存在一种可燃的气体。1776 年,意大利物理学家沃尔塔测出湖泊底部植物体腐烂产生的气体中含有甲烷。直到 1875 年俄国学者波波夫首先利用河底泥加入纤维素物质产生出甲烷,并发现了甲烷发酵是一个微生物学的过程。这个发现为以后沼气发酵的应用奠定了基础。此后,大量的微生物学家对沼气发酵的过程进行了许多探索和研究。1916 年,俄国微生物学家奥梅梁斯基分离出第一株甲烷菌。1936 年巴克尔命名其为奥氏甲烷杆菌,并发现沼气发酵分为产酸和分解酸形成沼气两个阶段,初步建立了沼气发酵的两阶段学说。1950 年,美国亨格特教授利用厌氧技术解决了甲烷菌的分离和培养的难题。1967 年布赖恩特用改良的亨格特技术将奥氏甲烷菌进行分离,获得了甲烷杆菌 MOH 菌株和"S"有机体,证实了原奥氏甲烷杆菌是此两种菌的共生体,从而揭示了产氢细菌和甲烷菌之间的相互依赖关系,更进一步推动了甲烷发酵的研究。沼气发酵广泛存在于自然界,如湖泊或沼泽中常常可以看到有气泡从污泥中冒出,将这些气体收集起来便可以点燃,所以叫它沼气。

沼气是一种可燃性气体混合物,随着其产生的地点和原料的不同有着多种称呼(表 10-3),最通常的称呼是沼气(marsh gas)和生物气(biogas)。

表 10-3　沼气的来源及命名

命名依据		名　称
产生沼气的地点	沼泽地及池塘	沼气(marsh gas)、污泥气(sludge gas)
	阴沟	阴沟气(culvert gas)
	粪坑	粪料气(manure gas)
	矿井和煤层	瓦斯气、煤气、天然气(natgas)、天然瓦斯等

续表

命名依据		名　称
研究者	沃而塔(发现其可燃)	沃而塔可燃气(Volta combustible gas)
气体成分	主要是甲烷	甲烷气(methane gas)
形成原料	生物质	生物气(biogas)
制造方法	自然界形成	沼气、天然气
	人工制造	统称为沼气,国际上一般称之为生物气

沼气与自然界存在的天然气在成分、热值和制取方法上也有不同(表 10-4);在热值方面,天然气一般较沼气高出 30%左右。

表 10-4　沼气与天然气的差异

	沼气	天然气
制取方法	发酵法	钻井法
可燃成分	甲烷、氢气、一氧化碳、硫化氢	甲烷、丙烷、丁烷、戊烷
甲烷含量/%	55～70	85 以上
热值(kJ/m³)	20 000～29 000	39 000 左右

沼气的成分是个变量,其含量受发酵条件、工艺流程、原料性质等因素的影响。一般沼气中含甲烷(CH_4)55%～70%,二氧化碳(CO_2) 25%～40%,还有少量的硫化氢(H_2S)、氮气(N_2)、氢气(H_2)、一氧化碳(CO)等,有时还含少量的高级碳氢化物(C_mH_n)。

2. 沼气发酵原理

(1)沼气发酵特点。

在甲烷形成过程中,各类反应的比例,可用图 10-2 表示,从图中看到有机物以 COD 为表示时,甲烷的形成有 72%是经过乙酸途径转化而来。

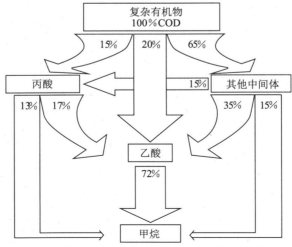

(图中百分数是废物的化学需氧量通过各条途径的转换率)

图 10-2　城市废物、污泥等复杂废物形成甲烷的途径

（2）沼气发酵的阶段性。

沼气发酵的实质是微生物自身物质代谢和能量代谢的一个生理过程。沼气发酵过程中，微生物在厌氧的情况下为了取得进行自身的生活和繁殖所要的能量，而将一些高能量的有机物质分解，有机物质在转变为简单的低能量成分的同时释放出能量以供微生物代谢之用。沼气发酵的过程十分复杂，国内外许多部门与专家投入了研究，有过二阶段论、三阶段论甚至四阶段论的说法。通常来说，沼气发酵的三阶段理论为：

第一阶段是液化阶段。由微生物的胞外酶，如纤维素酶、淀粉酶、蛋白酶和脂肪酸酶等对有机物质进行体外酶解，将多糖水解成单糖或二糖、蛋白质分解成多肽和氨基酸、脂肪分解成甘油和脂肪酸。通过这些微生物对有机物质进行体外酶解，把固体有机物转变成可溶于水的物质。这些水解产物可以进入微生物细胞，并参与细胞内的生物化学反应。

第二阶段是产酸阶段。上述水解产物进入微生物细胞后，在胞内酶的作用下，进一步将它们分解成小分子化合物，如低级挥发性脂肪酸、醇、醛、酮、脂类、中性化合物、氢气、二氧化碳、游离状态氨等。其中主要是挥发性酸，乙酸比例最大，约占 80%，故此阶段称为产酸阶段。参与这一阶段的细菌，统称为产酸菌。液化阶段和产酸阶段是一个连续过程，可统称为不产甲烷阶段。这个阶段是在厌氧条件下，经过多种微生物的协同作战，将原料中的碳水化合物（主要是纤维素和半纤维素）、蛋白质、脂肪等分解成小分子化合物，同时产生二氧化碳和氢气，这些都是合成甲烷的基质。甲烷大部分是在发酵过程中由乙酸形成的，所以这个阶段为大量产生甲烷奠定了雄厚的物质基础。

第三阶段是产甲烷阶段。在这一阶段中，产氨细菌大量繁殖和活动，氨态氮浓度增高，挥发酸浓度下降，为产甲烷菌创造了适宜的生活环境，产甲烷菌大量繁殖。产甲烷菌利用简单的有机物、二氧化碳和氢等合成甲烷。在这个阶段中合成甲烷主要有以下几种途径。

① 由醇和二氧化碳形成甲烷。

$$2CH_3CH_2OH + CO_2 \longrightarrow 2CH_3COOH + CH_4$$

$$4CH_3OH \longrightarrow 3CH_4 + CO_2 + 2H_2O$$

② 由挥发酸形成甲烷。

$$2CH_3CH_2CH_2COOH + 2H_2O + CO_2 \longrightarrow 4CH_3COOH + CH_4$$

$$CH_3COOH \longrightarrow CH_4 + CO_2$$

③ 二氧化碳被氢还原形成甲烷。

$$CO_2 + 4H_2 \longrightarrow CH_4 + 2H_2O$$

沼气发酵是有机物在厌氧条件下，被各类沼气发酵微生物分解转化，最终生成沼气的过程。参与沼气发酵活动的微生物有以下五大类群：① 发酵性细菌；② 产氢产乙酸细菌；③ 产乙酸细菌；④ 食氢产甲烷菌；⑤ 食乙酸产甲烷菌。各种复杂有机物，无论是固体或是溶解状态，都可以经微生物的发酵作用而最终生成沼气。上述五类微生物在沼气发酵过程中的作用如图 10-3 所示。

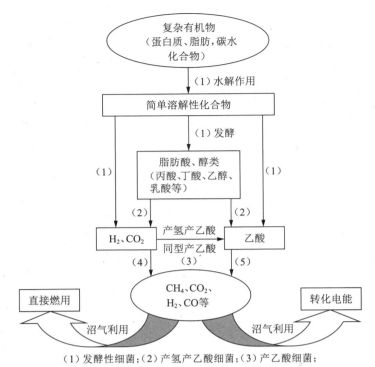

（1）发酵性细菌；（2）产氢产乙酸细菌；（3）产乙酸细菌；
（4）食氢产甲烷菌；（5）食乙酸产甲烷菌

图 10-3　沼气发酵微生物在生成沼气过程中的作用

3. 海洋沼气开发

在全球气候变化和 CO_2 减排的压力下，许多国家正在致力于研究开发不以化石能源为基础的太阳能、风能、地热能、海洋能、生物质能和氢能等替代能源。海藻发酵生产甲烷属生物质能，是一种碳中性的清洁能源，对于解决能源危机、改善环境、保护生态平衡等具有重要的意义。

目前，对于海藻发酵产甲烷的研究还不多。国内海藻生物质能源方面的研究主要集中在微藻提取油或产氢等，大型海藻的研究还比较少。在福建等地已建立了一些海藻产沼气再发电的模型，随着技术的日渐完善，这种利用方式将会得到更广泛的应用。国外对于海藻发酵产甲烷的研究相对较早，美国在 20 世纪 60 年代就开始了这方面的研究，在 70 年代成功建立了海带提取甲烷的技术工艺，随后几年又在海藻高产养殖技术、生物燃料转化动力学、稳定性和获得率方面取得了一系列突破。近年来，有一些企业也投入到大型海藻能源开发的活动中来，建立起一系列的沼气能源生产模式。此外，欧洲各国和日本也对海带、石莼、浒苔等进行了不同程度的大型海藻发酵产甲烷技术研究。由于目前在这一领域的研究还很少，理论、数据等都不完善，所以主要参考了陆生植物沼气发酵研究的技术路线、实验结果及数据等，这两者之间具有一定的共性。

近年来，有"能源新秀"之称的巨藻重新被从事生物质能源研究的科学家们所重视。研究发现，将巨藻的植物体粉碎，加入微生物发酵一段时间后，每 1 000 吨原料就可以产生 4 000 m³ 以甲烷为主的可燃性气体，转化效率达到 80% 以上，利用这种沼气作为原料还可以制造酒精、丙酮等。同时，科学家们还致力于用巨藻提炼汽油和柴油的研究。这一绿色能源的发现具有诱人的前景,随着研究的深入,将有可能建立可行的技术工艺,实现生物燃料的产业化生产,从而部分地解决人类对替代能源的迫切需求。

目前,我国沿海地区已经有海藻发酵产沼气,再通过沼气发电和用于生活上的小规模试验。陈秉良、金章旭等在福建省平潭县海岛岱峰村已经建立了海藻发酵沼气发电与风力发电互补电站,取得了很好的效果。同样,海藻发酵生成甲烷可以用于化石能源的有效补充,如前所述的巨藻,其生产率极高,可提供大量的发酵原料用于发酵生产甲烷。海藻生物质能源是碳中性的,它一方面解决了能源危机,另一方面可以极大地改善环境、减少污染、保护生态平衡。沼气发电在一些发达国家同样受到广泛重视和积极推广,如美国的"能源农场"工程、日本的"阳光工程"、荷兰的"绿色能源"工程等。瑞典沼气产量约占其全国总能源消耗的 0.3%。在印度农村,沼气被用来作为内燃机、抽水机、发电机和碾磨机的燃料。这些都是沼气应用的例子,说明生物质能源越来越受到人们的重视。

二、海底沉积物微生物燃料电池

海底沉积物微生物燃料电池(sediment microbial fuel cell,SMFC)是海洋微生物电化学系统的一种,它以海底沉积物中的有机物为燃料,以石墨电极(或铂电极)和金属导线等为媒介,利用附着在阳极表面的微生物在厌氧条件下将有机物氧化,产生的电子首先被微生物传递到阳极然后通过外电路到达阴极,从而形成电子回路产生电流(图 10-4)。

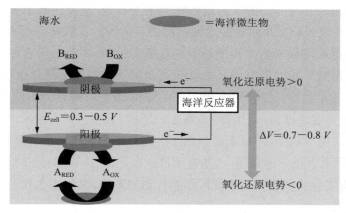

图 10-4　海洋微生物燃料电池工作原理

1. SMFC 工作原理

海底沉积物中富含大量的有机质和无机化合物,包括腐殖质、小分子糖类等多种含碳化合物以及硫化物、多种金属化合物等。

海底沉积物微生物燃料电池的阳极表面附着有大量细菌,这些细菌在阳极表面形成一层微生物膜。在这些细菌的影响下,海洋环境中的海水及沉积物表面形成一个电势差,海底沉积物微生物燃料电池就是利用这一电势差在原位输出电能。附着在阳极表面的细菌本身就存在于沉积物中,以底泥中有机物质作为电池的燃料,对电池的电流输出过程起生物催化的作用。

与传统的微生物燃料电池不同,海底沉积物微生物燃料电池的装置在海水与沉积物的界面之间工作,海水中溶解氧与沉积物中的有机物质均是天然的,并且可以得到自然的持续补充。因此海底沉积物微生物燃料电池是一种新型的免维护的能源装置,与其他微生物燃料电池相比具有很大优势,可以为海洋上的检测仪器如温度监测仪器、盐度监测仪器、湿度监测仪器等提供能源。

2. 海洋微生物与 SMFC 效率的关系

海洋底泥中常见的细菌是变形菌门、拟杆菌门、放线菌门和厚壁菌门的细菌及其他一些未定名的类群。用分子生物学方法分析海底沉积物微生物燃料电池阳极微生物菌群表明,常见阳极产电细菌种类除了地杆菌、希瓦氏菌等模式菌种外,还包括另外一些细菌如脱硫叶菌科(Desulfobulbaceae)、嗜水气单胞菌(Aeromonas hydrophila)和假单胞菌(Pseudomonas)等,这几类产电细菌为异养型可培养兼性厌氧菌,需要腐殖质等介质的介导来产电。其中 β- 变形菌纲、δ- 变形菌纲和拟杆菌门的菌种能在电极上大量富集,是电极上的优势菌群,适应在微生物燃料电池的阳极表面附着。拟杆菌门细菌的代谢途径具有多样性,能进行发酵。有报道称这种代谢的多样性会造成底物的浪费,因此拟杆菌属的存在可能会降低电量的输出。但这种猜测至今未得到证实。

海底沉积物微生物燃料电池输出的电能至少来自以下两个阳极反应:沉积物中有机物质的氧化和硫化物(或者其他还原性无机物)的氧化。其中被氧化的无机物是在微生物分解沉积物中的有机物过程中产生的。在接种产电细菌实验中,研究表明添加醋酸盐可导致产电细菌 G. metallireducens 67 h 形成致密的微生物膜,电流达到 1.6 mA,但添加醋酸盐显著降低了海底沉积物微生物燃料电池菌群的多样性。在俄勒冈州的滨海和纽约盐沼地区两个地点的海底沉积物微生物燃料电池现场实验中,实验阳极表面富集的微生物种类主要属于地杆菌科。相同类型的海底沉积物微生物燃料电池在亚奎纳湾运行以后,电极表面铁元素和硫元素的含量分别增加了 400 倍和 20 倍。种群分析结果表明 δ- 变形菌是优势菌种,主要为硫还原菌;硫化物(主要是 FeS 和 FeS_2)是细菌用来产电的主要底物来源。在深海冷泉底泥环境中,阳极表面沉积了分布并不均匀的大量硫单质,阻碍了产电细菌在阳极表面的附着及电子的传递,这是电池性能在工作一段时间后下降的直接原因。由此可见,海底沉积物微生物燃料电池受沉积物代谢的影响,其长期工作的持续和稳定性还有待进一步的研究。

3. SMFC 应用实例

与实验室条件下的 SMFC 相比,现场实验由于要考虑自然条件下的可操作性而变得复杂。美国海军研究实验室 Tender 等人首先在两个不同的水域进行了实际海洋实验,并考查了其持久性和对沉积物化学成分的影响,为 SMFC 的实际应用提供了基础。

环境监测和海洋调查具有长期持续性,为了满足这一要求,所使用的传感器要具有低耗能性,这就为 SMFC 在这方面的应用提供了可能。采用 SMFC 为传感器供电,可以解决传感器寿命受其电池寿命限制和更换电池困难等一系列问题。到目前为止,已经有在自然环境中使用 SMFC 为传感器供电的报道。Tender 等人第一次将 SMFC 用作可进行空气温度、压力、相对湿度和水温等监测的气象浮标(平均能耗为 18 mW)的电源,如图 10-5 所示。与此同时,他们还不断改进电池的构造来提高 SMFC 的性能同时降低成本,到目前为止其已经发展到了第三代。

图 10-5　第一代基于 SMFC 的海洋浮床数据采集器

参考文献

[1] 鲍时翔. 海洋微生物学 [M]. 青岛:中国海洋大学出版社,2008.

[2] 郱晖,高炳淼,于海鹏,等. 海洋生物毒素研究新进展 [J]. 海南大学学报:自然科学版,2011,29(1):78-85.

[3] 曹军卫. 微生物工程 [M]. 北京:科学出版社,2002.

[4] 曹军卫,沈萍,李朝阳. 嗜极微生物 [M]. 武汉:武汉大学出版社,2004.

[5] 曹涛,刘同军,王艳君. 微生物溶菌酶的研究及应用 [J]. 中国调味品,2011,36(3):23-26,32.

[6] 陈吉刚,杨季芳. 极地微生物的工业应用及其与天体生物学研究的联系 [J]. 生命的化学,2008,28(1):97-100.

[7] 陈秀兰,张玉忠,高培基. 深海微生物研究进展 [J]. 海洋科学,2004,28(1):61-66.

[8] 范晓. 海洋生物技术新进展 [M]. 北京:海洋出版社,1999.

[9] 高福成,迟玉森. 新型海洋食品 [M]. 北京:中国轻工业出版社,1999.

[10] 韩春然. 传统发酵食品工艺学 [M]. 北京:化学工业出版社,2010.

[11] 季秀玲,魏云林. 低温微生物环境污染修复技术研究进展 [J]. 环境污染治理技术与设备,2006,7(10):6-11.

[12] 焦念志. 海洋固碳与储碳——并论微型生物在其中的重要作用 [J]. 中国科学:地球科学,2012,10:1473-1486.

[13] 焦瑞身. 微生物工程 [M]. 北京:化学工业出版社,2003.

[14] 孔维宝,华绍烽,宋昊,等. 利用微藻生产生物柴油的研究进展 [J]. 中国油脂,2010,35(8):51-56.

[15] 李江. 南极适冷菌 *Pseudoalteromonas* sp. S-15-13 胞外多糖的研究 [D]. 中国海洋大学,2006.

[16] 李晶晶,刘瑛,马炯. 破囊壶菌生产 DHA 的应用前景 [J]. 食品工业科技,2013,34(16):367-371.

[17] 李来好. 新型水产品加工 [M]. 广州:广东科技出版社,2002.

[18] 李涛,王鹏,汪品先. 南海西沙海槽表层沉积物微生物多样性 [J]. 生态学报,2008,28(3):1166-1173.

[19] 李颖,孙永明,孔晓英,等. 微生物燃料电池中产电微生物的研究进展 [J]. 微生物学通报,2009,32(9):1404-1409.

[20] 林学政,边际,何培青. 极地微生物低温适应性的分子机制 [J]. 极地研究,2003,15(1):75-82.

[21] 林学政,边际,黄晓航. 冷激蛋白在极地微生物冷适应中的作用 [J]. 生命的化学,

2004,24(5):406-408.

[22] 林学政,沈继红,杜宁,等.北极海洋沉积物石油降解菌的筛选及系统发育分析[J].环境科学学报,2009,29(3):536-541.

[23] 林永成,周世宁.海洋微生物及其代谢产物[M].北京:化学工业出版社现代生物技术与医药科技出版中心,2003.

[24] 刘红英.水产品加工与贮藏[M].北京:化学工业出版社,2012.

[25] 刘杰凤,薛栋升,姚善泾.海洋微生物纤维素酶的研究进展及其应用[J].生物技术通报,2011,(11):41-47.

[26] 牛德庆,田黎,周俊英,等.南极生境真菌 *Gliocladium catenulatum* T31 菌株杀虫活性的研究[J].极地研究,2007,19(2):131-138.

[27] 邵铁娟,孙谧,郑家声,等.Bohaisea-9145 海洋低温碱性脂肪酶研究[J].微生物学报,2004,44(6):789-793.

[28] 沈月新.水产食品学[M].北京:中国农业出版社,2001.

[29] 施安辉,周波.粘红酵母 GLR$_{513}$ 生产油脂最佳小型工艺发酵条件的探讨[J].食品科学,2003,24(1):48-51.

[30] 宋晓金.富含 DHA 的裂殖壶菌的工业化生产试验、脂肪酸提取及应用研究[D].中国海洋大学,2008.

[31] 孙昌魁,冯静,马桂荣.海洋微生物多样性的研究进展[J].生命科学,2001,13(3):97-99.

[32] 孙风芹,汪保江,李光玉,等.南海南沙海域沉积物中可培养微生物及其多样性分析[J].微生物学报,2008,48(12):1578-1587.

[33] 滕虎,牟英,杨天奎,等.生物柴油研究进展[J].生物工程学报,2010,26(7):892-902.

[34] 王海亭,孙谧,王宇婧,等.黄海黄杆菌 YS-9412-130 低温碱性蛋白酶的应用研究Ⅱ.——洗涤剂用包覆型酶的配伍特性与应用效果评价[J].渔业科学进展,2002,23(3):30-36.

[35] 王家生,王永标,李清.海洋极端环境微生物活动与油气资源关系[J].地球科学:中国地质大学学报,2007,32(6):781-788.

[36] 王立群.微生物工程[M].北京:中国农业出版社,2007.

[37] 王鹏,肖湘,王风平.西太平洋暖池区深海沉积物细菌群落结构分析[J].同济大学学报:自然科学版,2009,37(3):404-409.

[38] 王新,郑天凌,胡忠,等.海洋微生物毒素研究进展[J].海洋科学,2006,30(7):76-81.

[39] 韦革宏,杨祥.发酵工程[M].北京:科学出版社,2009.

[39] 吴松刚.微生物工程[M].北京:科学出版社,2004.

[40] 吴信忠.中国海洋病害学主流研究的进展[J].太平洋学报,2005,10:49-59.

[41] 席峰,郑天凌,张瑶,等.深海微生物生态分布的若干特点[J].海洋科学,2004,28(2):64-68.

[42] 相建海.海洋生物学[M].北京:科学出版社,2003.

[43] 徐怀恕,杨学宋,李筠,等. 对虾苗期细菌病害的诊断与控制 [M]. 北京:海洋出版社,1999.

[44] 薛超波,王国良,金珊,等. 海洋微生物多样性研究进展 [J]. 海洋科学进展,2004,22(3):377-384.

[45] 杨宏. 水产品加工新技术 [M]. 北京:中国农业出版社,2012.

[46] 杨秋明,蔡慧农,宋思扬,等. 海洋红酵母产虾青素培养基优化的初步研究 [J]. 微生物学杂志,2007,27(1):72-75.

[47] 杨向科,邹艳丽,孙谧,等. 海洋微生物溶菌酶的抑菌作用及抑菌机理初步研究 [J]. 渔业科学进展,2005,26(5):62-68.

[48] 阴家润,王薇薇. 深海洋底热泉生态系和冷泉生物研究综述 [J]. 地质科技情报,1995,2:31-36.

[49] 曾胤新,陈波,邹扬,等. 极地微生物——新天然药物的潜在来源 [J]. 微生物学报,2008,48(5):695-699.

[50] 张桂玲,张经. 海洋中溶存甲烷研究进展 [J]. 地球科学进展,2001,16(6):829-835.

[51] 张兰威. 发酵食品工艺学 [M]. 北京:中国轻工业出版社,2011.

[52] 张锐,林念炜,赵晶,等. 南极阿德雷岛地表沉积物中细菌多样性及对环境的响应 [J]. 自然科学进展,2003,13(10):1067-1072.

[53] 张文杰,张心齐,应意,等. 太平洋多金属结核区深海沉积物细菌多样性分析 [J]. 浙江大学学报:理学版,2009,36(5):578-585.

[54] 张晓华. 海洋微生物学 [M]. 青岛:中国海洋大学出版社,2007.

[55] 张琇,孙谧,王清印,等. 海洋微生物溶菌酶的发酵优化与中试生产 [J]. 化学工程,2007,35(7):45-48.

[56] 郑重,李少菁,许振祖. 海洋浮游生物学 [M]. 北京:海洋出版社,1984.

[57] 周德庆. 微生物学教程(第二版)[M]. 北京:高等教育出版社,2002.

[58] 朱天骄,顾谦群,朱伟明,等. 南极微生物的分离及抗肿瘤活性筛选 [J]. 中国海洋药物,2006,25(1):25-27.

[59] Austin B. Marine microbiology[M]. Cambridge:Cambridge University Press,1988.

[60] Austin B, Zhang X H. *Vibrio harveyi*:a significant pathogen of marine vertebrates and invertebrates[J]. Letters in Applied Microbiology,2006,43(2):119-124.

[61] Bergh O, Borsheim K Y, Bratbak G , et al. High abundance of viruses found in aquatic environments[J]. Nature,1989,340:467-468.

[62] Davey M E, O'Toole G A. Microbial biofilms:from ecology to molecular genetics[J]. Microbiology & Molecular Biology Reviews,2000,64(4):847-67.

[63] Delong E F. Resolving a methane mystery[J]. Nature,2000,407(6804):577-579.

[64] Delong E F. Everything in moderation:Archaea as 'non-extremophiles' [J]. Current Opinion in Genetics & Development,1998,8(6):649-654.

[65] Delong E F. Marine microbial diversity:the tip of the iceberg[J]. Trends in Biotechnology,1997,15(6):203-207.

[66] Henke J M, Bassler B L. Three parallel quorum-sensing systems regulate gene expression in *Vibrio harveyi*[J]. Journal of Bacteriology, 2004, 186(20): 6902-6914.

[67] Lee H K, Chun J, Moon EY, et al. *Hahella chejuensis* gen. nov., sp nov., an extracellular-polysaccharide-producing marine bacterium[J]. International Journal of Systematic & Evolutionary Microbiology, 2001, 51(2): 661-666.

[68] Lo-Giudice A, Bruni V L. Characterization of antarctic psychrotrophic bacteria with antibacterial activities against terrestrial microorganisms[J]. Journal of Basic Microbiology, 2007, 47(6): 496-505.

[69] Meyers S P. Developments in aquatic microbiology[J]. International Microbiology, 2000, 3(4): 203-211.

[70] Milton D L. Quorum sensing in vibrios: complexity for diversification[J]. International Journal of Medical Microbiology, 2006, 296(2-3): 61-71.

[71] Munn C B. Marine microbiology: ecology and applications[J]. Garland Pub, 2004.

[72] Nedialkova D, Naidenova M. Screening the antimicrobial activity of actinomycetes strains isolated from antarctica[J]. Journal of Culture Collections, 2005, 4(1): 29-35.

[73] Nianzhi J, Herndl G J, Hansell D A, et al. Microbial production of recalcitrant dissolved organic matter: long-term carbon storage in the global ocean[J]. Nature Reviews Microbiology, 2010, 8(8): 593-599.

[74] Nichols D S, Nichols P D, Mcmeekin T A. Polyunsaturated fatty acids in Antarctic bacteria[J]. Antarctic Science, 1993, 5(2): 149-160.

[75] Paul J H. Marine microbiology[M]. San Diego: Academic Press, 2001.

[76] Poli A, Anzelmo G, Nicolaus B. Bacterial exopolysaccharides from extreme marine habitats: production, characterization and biological activities[J]. Marine Drugs, 2010, 8(6): 1779-1802.

[77] Prescott L M, Harley J P, Klein D A. Microbiology(5th edition)[M]. Ohio: McGraw-Hill Companies, 2002.

[78] Rothschild L J, Mancinelli R L. Life in extreme environments[J]. Nature, 2002, 409(6823): 1092-1101.

[79] Spencer R. A marine bacteriophage[J]. Nature, 1955, 175: 690-691.

[80] Thompson F L, Tetsuya I, Jean S. Biodiversity of vibrios[J]. Microbiology & Molecular Biology Reviews, 2004, 68(3): 403-431.

[81] Turley C. Bacteria in the cold deep-sea benthic boundary layer and sediment-water interface of the NE Atlantic[J]. FEMS Microbiology Ecology, 2000, 33(2): 89-99.

[82] Wommack K E, Colwell R R. Virioplankton: viruses in aquatic ecosystems[J]. Microbiology & Molecular Biology Reviews, 2000, 64(1): 69-114.

[83] Zehr J P, Kudela R M. Nitrogen cycle of the open ocean: from genes to ecosystems[J]. Annual Review of Marine Science, 2011, 3(1): 197-225.